“十三五”国家重点出版物出版规划项目
面向可持续发展的土建类工程教育丛书
普通高等教育工程造价类专业融媒体新形态系列教材

安装工程计量与计价

第3版

主　编　李海凌　卢永琴
参　编　郭丹丹　李太富
主　审　陶学明

机械工业出版社

本书依据国家标准《建设工程工程量清单计价规范》（GB 50500—2013）、《通用安装工程工程量计算规范》（GB 50856—2013）以及2020年《四川省建设工程工程量清单计价定额——通用安装工程》，详细完整地介绍了安装工程计量与计价原理及方法。其主要内容包括安装工程造价概述，安装工程工程量清单计量与计价概述，机械设备安装工程计量与计价，电气设备安装工程计量与计价，通风空调工程计量与计价，消防工程计量与计价，给排水、采暖安装工程计量与计价，刷油、防腐蚀、绝热工程计量与计价，以及完整的建筑电气工程、给排水工程、通风空调工程工程量清单及招标控制价编制实例。

本书增加了以微课的形式讲解知识点、重点、难点的视频，微信扫描书中二维码可观看相应视频。章后附有思考题与习题和二维码形式客观题（微信扫描二维码可在线做题，提交后可查看答案），方便学生完成学习效果的自我评价。此外，书中的思政微课有机地将培养职业道德和家国情怀融入其中。

微信扫描封面二维码可观看与本书配套的完整授课视频（参见封四说明）。

本书可作为高等院校工程造价、工程管理、建筑环境与能源应用工程、给排水科学与工程、电气工程等专业的教学用书，也可供建筑类相关专业学生和建筑设备安装、工程造价从业人员学习参考。

本书配套有PPT电子课件和课后习题答案，免费提供给选用本书作为教材的授课教师，需要者请登录机械工业出版社教育服务网（www.cmpedu.com）注册后下载。

图书在版编目（CIP）数据

安装工程计量与计价 / 李海凌，卢永琴主编. — 3版. — 北京：机械工业出版社，2022.6（2024.12重印）
（面向可持续发展的土建类工程教育丛书）
“十三五”国家重点出版物出版规划项目　普通高等教育工程造价类专业融媒体新形态系列教材
ISBN 978-7-111-70755-4

Ⅰ.①安…　Ⅱ.①李…　②卢…　Ⅲ.①建筑安装－工程造价－高等学校－教材　Ⅳ.①TU723.32

中国版本图书馆CIP数据核字（2022）第079841号

机械工业出版社（北京市百万庄大街22号　邮政编码100037）
策划编辑：刘　涛　　　　　　责任编辑：刘　涛
责任校对：潘　蕊　王　延　封面设计：马精明
责任印制：单爱军
保定市中画美凯印刷有限公司印刷
2024年12月第3版第7次印刷
184mm×260mm・20.75印张・512千字
标准书号：ISBN 978-7-111-70755-4
定价：65.00元

电话服务　　　　　　　　　　网络服务
客服电话：010-88361066　　机　工　官　网：www.cmpbook.com
　　　　　010-88379833　　机　工　官　博：weibo.com/cmp1952
　　　　　010-68326294　　金　　书　　网：www.golden-book.com
封底无防伪标均为盗版　　机工教育服务网：www.cmpedu.com

前　言

党的二十大报告强调加强工程建设领域监管的重要性，在工程造价方面，需要建立健全的造价管理制度和监督机制，保障工程的顺利进行和资金的有效使用。党的二十大报告提出促进建筑业高质量发展的目标，在工程造价方面，需要注重提高造价工作的精准性和效率性，通过加强信息化建设和技术创新等手段，提升造价管理的水平和服务质量，为建筑业的高质量发展提供有力支撑。党的二十大报告还强调深化重点领域改革的重要性，这包括深化工程建设领域改革，推动构建更加完善的市场机制和公平竞争环境，在工程造价方面，需要进一步完善造价市场机制，打破行业壁垒和保护主义，促进市场竞争和创新发展，推动工程造价行业的健康有序发展。

通过规范计量及市场机制下的计价，工程造价的合理确定成为落实党的二十大报告中对工程建设领域提出的目标的重要基础工作。工程造价的确定是现代化建设中一项重要的基础性工作，是规范建设市场秩序、提高投资效益的关键环节，具有很强的技术性、经济性、政策性。工程造价是项目决策的依据，是制定投资计划和控制投资的依据，是筹集建设资金的依据，是评价投资效果的重要指标，是利益合理分配和调节产业结构的手段。安装工程造价是建设工程造价的一个重要组成部分，“安装工程计量与计价”是工程造价专业学生的一门专业必修课。

本书依据现行国家标准《建设工程工程量清单计价规范》（GB 50500—2013）及《通用安装工程工程量计算规范》（GB 50856—2013）阐述安装工程工程量清单计量与计价原理及方法，依据2020年《四川省建设工程工程量清单计价定额——通用安装工程》阐述分部分项工程综合单价、措施项目费用的计取。

通用安装工程涉及建筑设备工程多学科知识，包括各种设备、装置的安装工程，即工业、民用设备，电气、智能化控制设备，自动化控制仪表，通风空调，工业、消防、给排水、采暖燃气管道以及通信设备等的安装工程。本书内容主要涉及通用安装工程中偏民用的建筑管道（给排水、消防、燃气）、采暖通风空调、建筑电气，即通常意义上的水、暖、电；涉及专业性较强、偏工业的热力设备、静置设备、工业管道、自动化控制仪表等安装工程。在掌握专业知识的基础上，工程量清单的计量与计价原理与方法可触类旁通。

本书结构体系完整，教学性强，内容注重实用性，支持启发性和交互式教学。涉及专业计量与计价的章，每章首先介绍专业安装基础知识，然后是工程量计算规则，最后是计价方法。计量计价难点均有例题指导，章后有小结。配套有电子课件及实例CAD施工图，以方便教学及帮助学习者实践练习。本书作为工程造价专业“安装工程计量与计价”课程的教材，也可作为建筑类相关专业学生和建筑设备安装、工程造价从业人员学习的教材。

全书由西华大学李海凌、卢永琴担任主编，郭丹丹、李太富参编，陶学明教授主审。第1、2、3、4、8章由李海凌编写，第5、6、7章由卢永琴编写，第9章由李海凌、卢永琴共同编写，书中实例计算、工程量清单及招标控制价的编制由郭丹丹、李太富完成，第9章实例图由李太富提供，微课视频由李海凌、卢永琴、郭丹丹共同完成录制。

在本书的编写过程中，西华大学建筑与土木工程学院陶学明教授和李颖教授提出了很多宝贵意见。另外，王青青和钟亚雯对书中计量数据进行了复核，管玲玲和胡兆鑫进行了微课视频剪辑及编辑，在此表示衷心的感谢。

本书在编写过程中参考了许多相关书籍和资料，主要参考文献列于书末，谨向作者及资料提供者致以诚挚谢意。

编者虽然努力，但疏漏难免，恳请广大读者批评指正！

编　者

目　录

数字资源（微课、案例讲解视频二维码）索引

第8章　刷油、防腐蚀、绝热工程

第1章 安装工程造价概述

1.1 工程造价的含义

按照建设产品价格属性和价值的构成原理，工程造价有两种含义：第一种是指建设一项工程预期开支或实际开支的全部固定资产投资费用；第二种是指工程价格，即为建成一项工程，预计或实际在土地市场、设备市场、技术劳务市场、承包市场等交易活动中形成的建筑安装工程的价格和建设工程总价格。

工程造价的第一种含义是从投资者——业主的角度来定义的。投资者选定一个投资项目，为了获得预期的收益，就要通过项目评估进行决策，然后进行勘察设计、施工，直至竣工验收等一系列投资管理活动。在投资活动中所支付的全部费用形成了固定资产、无形资产和其他资产。所有这些开支就构成了工程造价。从这个意义上说，工程造价就是工程投资费用，建设项目工程造价就是建设项目固定资产投资。

工程造价的第二种含义是从承包商、供应商、设计者的角度来定义的。在市场经济条件下，工程造价以工程这种特定的商品形成作为交换对象，通过招标投标或其他发承包方式，在各方多次测算的基础上，最终由市场形成的价格。其交易的对象，可以是一个很大的建设项目，也可以是一个单项项目，甚至可以是整个建设工程中的某个阶段，如土地开发工程、建筑装饰工程、安装工程等。通常，工程造价的第二种含义被认定为工程承发包价格。

工程造价的两种含义既共生于一个统一体，又相互区别。最主要的区别在于需求主体和供给主体在市场追求的经济利益不同，因而管理的性质和管理的目标不同。从管理性质上讲，前者属于投资管理范畴，后者属于价格管理范畴。从管理目标上讲，作为项目投资或投资费用，投资者关注的是降低工程造价，以最小的投入获取最大的经济效益。因此，完善项目功能、提高工程质量、降低投资费用、按期交付使用，是投资者始终追求的目标。作为工程价格，承包商所关注的是利润。因此，他们追求的是较高的工程造价。不同的管理目标，反映不同的经济利益，但他们之间的矛盾正是市场的竞争机制和利益风险机制的必然反映。正确理解工程造价的两种含义，不断发展和完善工程造价的管理内容，有助于更好地实现不同的管理目标，提高工程造价的管理水平，从而有利于推动经济全面的增长。

1.2 工程造价的构成

我国现行的工程造价费用构成主要划分为建筑安装工程费、设备及工器具购置费、工程建设其他费用、预备费、建设期贷款利息、固定资产投资方向调节税，如表1-1所示。

1.2.1 建筑安装工程费

建筑安装工程费，即建筑安装工程造价，是指各种建筑物、构筑物的建造及其各种设备的安装所需要的工程费用。建筑安装工程费按照费用构成要素划分为人工费、材料（包含工程设备）费、施工机具使用费、企业管理费、利润、规费和税金。

表1-1　我国现行工程造价构成

	费　用	
固定资产投资（工程造价）	建筑安装工程费	1. 人工费 2. 材料费 3. 施工机具使用费 4. 企业管理费 5. 利润 6. 规费 7. 税金
	设备及工器具购置费	1. 设备购置费 2. 工器具、生产家具购置费
	工程建设其他费用	1. 土地使用费 2. 与项目建设有关的其他费用 3. 与未来企业生产经营有关的费用
	预备费	1. 基本预备费 2. 价差预备费
	建设期贷款利息	
	固定资产投资方向调节税	

1. 人工费

人工费是指按工资总额构成规定，支付给从事建筑安装工程施工的生产工人和附属生产单位工人的各项费用。内容包括：

（1）计时工资或计件工资　按计时工资标准和工作时间或对已做工作按计件单价支付给个人的劳动报酬。

（2）奖金　对超额劳动和增收节支支付给个人的劳动报酬，如节约奖、劳动竞赛奖等。

（3）津贴补贴　为了补偿职工特殊或额外的劳动消耗和因其他特殊原因支付给个人的津贴，以及为了保证职工工资水平不受物价影响支付给个人的物价补贴，如流动施工津贴、特殊地区施工津贴、高温（寒）作业临时津贴、高空津贴等。

(4) 加班加点工资　按规定支付的在法定节假日工作的加班工资和在法定日工作时间外延时工作的加点工资。

(5) 特殊情况下支付的工资　根据国家法律、法规和政策规定，因病、工伤、产假、计划生育假、婚丧假、事假、探亲假、定期休假、停工学习、执行国家或社会义务等原因按计时工资标准或计时工资标准的一定比例支付的工资。

2. 材料费

材料费是指施工过程中耗费的原材料、辅助材料、构配件、零件、半成品或成品、工程设备的费用。内容包括：

(1) 材料原价　材料、工程设备的出厂价格或商家供应价格。

(2) 运杂费　材料、工程设备自来源地运至工地仓库或指定堆放地点所发生的全部费用。

(3) 运输损耗费　材料在运输装卸过程中不可避免的损耗。

(4) 采购及保管费　为组织采购、供应和保管材料、工程设备的过程中所需要的各项费用。包括采购费、仓储费、工地保管费、仓储损耗。

工程设备是指构成或计划构成永久工程一部分的机电设备、金属结构设备、仪器装置及其他类似的设备和装置。

3. 施工机具使用费

施工机具使用费是指施工作业所发生的施工机械、仪器仪表使用费或其租赁费。内容包括：

(1) 施工机械使用费　以施工机械台班耗用量乘以施工机械台班单价表示，施工机械台班单价应由下列 7 项费用组成：

1) 折旧费：施工机械在规定的使用年限内，陆续收回其原值的费用。

2) 大修理费：施工机械按规定的大修理间隔台班进行必要的大修理，以恢复其正常功能所需的费用。

3) 经常修理费：施工机械除大修理以外的各级保养和临时故障排除所需的费用。包括为保障机械正常运转所需替换设备与随机配备工具附具的摊销和维护费用，机械运转中日常保养所需润滑与擦拭的材料费用，以及机械停滞期间的维护和保养费用等。

4) 安拆费及场外运费：安拆费指施工机械（大型机械除外）在现场进行安装与拆卸所需的人工、材料、机械和试运转费用，以及机械辅助设施的折旧、搭设、拆除等费用；场外运费指施工机械整体或分体自停放地点运至施工现场或由一施工地点运至另一施工地点的运输、装卸、辅助材料及架线等费用。

5) 人工费：机上驾驶员（司炉）和其他操作人员的人工费。

6) 燃料动力费：施工机械在作业中所消耗的各种燃料及水、电等。

7) 税费：施工机械按照国家规定应缴纳的车船使用税、保险费及年检费等。

(2) 仪器仪表使用费　工程施工所需使用的仪器仪表的摊销及维修费用。

4. 企业管理费

企业管理费是指建筑安装企业组织施工生产和经营管理所需的费用。内容包括：

(1) 管理人员工资　按规定支付给管理人员的计时工资、奖金、津贴补贴、加班加点工资及特殊情况下支付的工资等。

（2）办公费　企业管理办公用的文具、纸张、账表、印刷、邮电、书报、办公软件、现场监控、会议、水电、烧水和集体取暖降温（包括现场临时宿舍取暖降温）等费用。

（3）差旅交通费　职工因公出差、调动工作的差旅费、住勤补助费、市内交通费和误餐补助费，职工探亲路费，劳动力招募费，职工退休、退职一次性路费，工伤人员就医路费，工地转移费，管理部门使用的交通工具的油料、燃料等费用。

（4）固定资产使用费　管理和试验部门及附属生产单位使用的属于固定资产的房屋、设备、仪器等的折旧、大修、维修或租赁费。

（5）工具用具使用费　企业施工生产和管理使用的不属于固定资产的工具、器具、家具、交通工具和检验、试验、测绘、消防用具等的购置、维修和摊销费。

（6）劳动保险和职工福利费　由企业支付的职工退职金、按规定支付给离休干部的经费、集体福利费、夏季防暑降温、冬季取暖补贴、上下班交通补贴等。

（7）劳动保护费　企业按规定发放的劳动保护用品的支出。如工作服、手套、防暑降温饮料、在有碍身体健康的环境中施工的保健费用等。

（8）检验试验费　施工企业按照有关标准规定，对建筑以及材料、构件和建筑安装物进行一般鉴定、检查所发生的费用，包括自设试验室进行试验所耗用的材料等费用。不包括新结构、新材料的试验费，对构件做破坏性试验及其他特殊要求检验试验的费用和建设单位委托检测机构进行检测的费用，对此类检测发生的费用，由建设单位在工程建设其他费用中列支。但对施工企业提供的具有合格证明的材料进行检测不合格的，该检测费用由施工企业支付。

（9）工会经费　企业按《中华人民共和国工会法》规定的全部职工工资总额比例计提的工会经费。

（10）职工教育经费　企业为职工进行专业技术和职业技能培训，专业技术人员继续教育、职工职业技能鉴定、职业资格认定，以及根据需要对职工进行各类文化教育所发生的费用。按职工工资总额的规定比例计提。

（11）财产保险费　施工管理用财产、车辆等的保险费用。

（12）财务费　企业为施工生产筹集资金或提供预付款担保、履约担保、职工工资支付担保等所发生的各种费用。

（13）税金　企业按规定缴纳的房产税、车船使用税、土地使用税、印花税等。

（14）其他　包括技术转让费、技术开发费、投标费、业务招待费、绿化费、广告费、公证费、法律顾问费、审计费、咨询费、保险费等。

5. 利润

利润是指施工企业完成所承包工程获得的盈利。

6. 规费

规费是指按国家法律、法规规定，由省级政府和省级有关权力部门规定必须缴纳或计取的费用。包括：

（1）社会保险费

1）养老保险费：企业按照规定标准为职工缴纳的基本养老保险费。

2）失业保险费：企业按照规定标准为职工缴纳的失业保险费。

3）医疗保险费：企业按照规定标准为职工缴纳的基本医疗保险费。

4）生育保险费：企业按照规定标准为职工缴纳的生育保险费。

5）工伤保险费：企业按照规定标准为职工缴纳的工伤保险费。

（2）住房公积金　企业按规定标准为职工缴纳的住房公积金。

（3）工程排污费　按规定缴纳的施工现场工程排污费。

其他应列而未列入的规费，按实际发生计取。

7. 税金

税金是指国家税法规定的应计入建筑安装工程造价内的增值税、城市维护建设税、教育费附加以及地方教育附加。

1.2.2 设备及工器具购置费

设备及工器具购置费由设备购置费和工具、器具及生产家具购置费组成，它是固定资产投资中的积极部分。在生产性工程建设中，设备及工器具购置费用占工程造价比重的增大，意味着生产技术的进步和资本有机构成的提高。

1. 设备购置费

设备购置费是指为建设项目购置或自制的达到固定资产标准的各种国产或进口设备、工具、器具的购置费用。它由设备原价和设备运杂费构成

设备购置费 = 设备原价 + 设备运杂费　　（1-1）

式中，设备原价指国产设备或进口设备的原价；设备运杂费指除设备原价外的关于设备采购、运输、途中包装及仓库保管等方面支出费用的总和。

（1）国产设备原价

1）国产标准设备原价一般是指设备制造厂的交货价，即出厂价。

2）国产非标准设备是指国家尚无定型标准，设备生产厂不可能采用批量生产，只能根据具体的设计图样按订单制造的设备。非标准设备原价有多种不同的计算方法，如成本计算估价法、系列设备插入估价法、分部组合估价法、定额估价法等。无论采用哪种方法都应使非标准设备原价接近实际出厂价，并且计算方法要简便。按成本计算估价法，非标准设备的原价可由下面的公式表达：

单台非标准设备原价 ={［（材料费 + 加工费 + 辅助材料费）×（1+ 专用工具费率）×（1+ 废品损失费率）+ 外购配套件费］×（1+ 包装费率）－外购配套件费 }×（1+ 利润率）+ 销项税金 + 非标准设备设计费 + 外购配套件费　　（1-2）

（2）进口设备原价　进口设备的原价是指进口设备的抵岸价，即抵达买方边境港口或边境车站，且交完关税等税费后形成的价格。进口设备抵岸价的构成与进口设备的交货类别有关。进口设备的交货类别分为内陆交货类、目的地交货类、装运港交货类。装运港交货类是我国进口设备采用最多的一种货价。采用装运港船上交货价（FOB），抵岸价的构成为

进口设备抵岸价（进口设备原价）= 货价（FOB）+ 国际运费 + 运输保险费 + 银行财务费 + 外贸手续费 + 关税 + 增值税 + 消费税 + 海关监管手续费（减免进口税或实行保税时计算）+ 车辆购置附加费　　（1-3）

（3）设备运杂费　通常由下列各项构成。

1）运费和装卸费：国产设备由设备制造厂交货地点起至工地仓库（或施工组织设计指定的需要安装设备的堆放地点）止所发生的运费和装卸费；进口设备则由我国到岸港口或边境车站起至工地仓库（或施工组织设计指定的需要安装设备的堆放地点）止所发生的运费和装卸费。

2）包装费：在设备原价中没有包含的，为运输而进行的包装支出的各种费用。

3）设备供销部门的手续费：按有关部门规定的统一费率计算。

4）采购与仓库保管费：采购、验收、保管和收发设备所发生的各种费用。包括设备采购人员、保管人员和管理人员的工资、工资附加费、办公费、差旅交通费，设备供应部门办公和仓库所占固定资产使用费、工具用具使用费、劳动保护费、检验试验费等。这些费用可按主管部门规定的采购与保管费费率计算。

设备运杂费也可按设备原价乘以设备运杂费率计算：

$$设备运杂费 = 设备原价 \times 设备运杂费率 \tag{1-4}$$

式中，设备运杂费率按各部门及省、市等的规定计取。

2. 工器具及生产家具购置费

工器具及生产家具购置费是指新建或扩建项目为保证初期正常生产必须购置的没有达到固定资产标准的设备、仪器、工卡模具、器具、生产家具和备品备件等的购置费用。一般以设备购置费为计算基数，按照部门或行业规定的工器具及生产家具费率计算。计算公式为

$$工器具及生产家具购置费 = 设备购置费 \times 定额费率 \tag{1-5}$$

1.2.3　工程建设其他费用

工程建设其他费用是指从工程筹建起到工程竣工验收交付使用止的整个建设期间，除建筑安装工程费用和设备及工器具购置费用以外的，为保证工程建设顺利完成和交付使用后能够正常发挥效用而发生的各项费用。

工程建设其他费用，按其内容大体可分为以下三类：

（1）土地使用费　由于工程项目建设必须占用一定的土地，则必然要发生为获取建设用地而支付的费用。包括土地征用及拆迁补偿与临时安置补助费、土地使用权出让金与转让金等。

（2）与工程项目建设有关的其他费用　包括建设单位管理费、勘察设计费、研究试验费、建设单位临时设施费、工程监理费、工程招标代理服务费、工程造价咨询服务费、工程保险费、引进技术和进口设备费用、工程承包费等。

（3）与未来企业生产经营有关的费用　包括联合试运转费、生产准备费、办公和生活家具购置费。

1.2.4　预备费

预备费是指考虑建设期可能发生的风险因素而导致增加的建设费用，包括基本预备费和价差预备费。

1. 基本预备费

基本预备费是指在初步设计及概算内难以预料的工程费用，主要包括以下三方面：

1）在批准的初步设计范围内，技术设计、施工图设计及施工过程中所增加的工程费用；设计变更、局部地基处理等增加的费用。

2）一般自然灾害造成的损失和预防自然灾害所采取的措施费用。实行工程保险的工程项目，该费用应适当降低。

3）竣工验收时为鉴定工程质量对隐蔽工程进行必要的挖掘和修复费用。

基本预备费是以设备及工器具购置费、建筑安装工程费和工程建设其他费用三者之和为计取基础，乘以基本预备费费率进行计算。

$$\text{基本预备费}=(\text{设备及工器具购置费}+\text{建筑安装工程费}+\text{工程建设其他费用})\times\text{基本预备费费率} \tag{1-6}$$

式中，基本预备费费率的取值应执行国家及部门的有关规定。

2. 价差预备费

价差预备费是指建设项目在建设期内由于价格等变化引起工程造价变化的预测预留费用。其费用内容包括人工、设备、材料和施工机械的价差费，建筑安装工程费及工程建设其他费用调整，利率、汇率调整等所增加的费用。

价差预备费一般根据国家规定的投资综合价格指数，以估算年份价格水平的投资额为基数，采用复利方法计算。计算公式为

$$\mathrm{PC}=\sum_{t=1}^{n} I_t\left[(1+f)^m(1+f)^{0.5}(1+f)^{t-1}-1\right] \tag{1-7}$$

式中 PC——价差预备费；

I_t——建设期第 t 年的计划投资额，包括工程费用、工程建设其他费用及基本预备费；

f——年价差率，政府主管部门有规定的按规定执行，没有规定的由工程咨询人员合理预测；

n——建设期年份数；

m——建设前期年限（从编制估算到开工建设的年限）。

1.2.5 建设期贷款利息

建设期贷款利息是指工程项目在建设期间发生并计入固定资产的利息，包括向国内银行和其他非银行金融机构贷款、出口信贷、外国政府贷款、国际商业银行贷款以及在境内外发行的债券等在建设期间应偿还的借款利息。根据我国现行规定，在建设项目的建设期内只计息不还款。

当总贷款是分年均衡发放时，建设期利息的计算可按当年借款在年中支用考虑，即当年贷款按半年计算，上年贷款按全年计算。计算公式为

$$q_j=\left(P_{j-1}+\frac{1}{2}A_j\right)\times i \tag{1-8}$$

式中 q_j——建设期第 j 年应计利息；

P_{j-1}——建设期第 $j-1$ 年末贷款累计金额与利息累计金额之和；

A_j——建设期第 j 年贷款金额；

i——年利率。

国外贷款利息的计算中，还应包括国外贷款银行根据贷款协议向贷款方以年利率的方式收取的手续费、管理费、承诺费，以及国内代理机构经国家主管部门批准的以年利率的方式向贷款单位收取的转贷费、担保费、管理费等。

1.2.6　固定资产投资方向调节税

固定资产投资方向调节税是为了贯彻国家产业政策，控制投资规模，引导投资方向，调整投资结构，加强重点建设，促进国民经济持续、稳定、协调发展，而对在我国境内进行固定资产投资的单位和个人征收的税种，简称投资方向调节税。

根据《中华人民共和国固定资产投资方向调节税暂行条例》规定，其固定资产应税项目自 2000 年 1 月 1 日起新发生的投资额，暂停征收固定资产投资方向调节税，但该税种并未取消。

1.3　安装工程造价

安装工程是指各种设备、装置的安装工程，即工业、民用设备，电气、智能化控制设备，自动化控制仪表，通风空调，工业管道，消防，给排水、采暖、燃气工程以及通信设备等的安装工程。

建筑安装工程费可划分为建筑工程费和安装工程费，即建筑工程造价和安装工程造价。安装工程造价主要包括以下内容：

1）房屋建筑的供水、供暖、供电、通风、煤气、网络、电视、电话等工程的各种管道、电力、电信和电缆导线敷设及设备安装费用。

2）生产、动力、起重、运输、传动和医疗、试验等各种需要安装的机械设备的装配费用，与设备相连的工作台、梯子、栏杆等装饰工程以及附设于安装设备的管线敷设工程和被安装设备的绝缘、防腐、保温、油漆等工程的材料费用和安装费用。

3）为测定安装工程质量，对单个设备进行单机试运转和对系统设备进行系统联动无负荷试运转工作的调试费。

安装工程涉及较多专业，各专业均可对应为一个单位工程，如给排水工程、电气工程、消防工程等。每一个单位安装工程，其工程造价按照费用构成要素组成可划分为人工费、材料（包含工程设备）费、施工机具使用费、企业管理费、利润、规费和税金。另外，为指导工程造价专业人员计算安装工程造价，可将安装工程造价按工程造价形成顺序划分为分部分项工程费、措施项目费、其他项目费、规费和税金。两种安装工程造价费用组成划分的对应关系如图 1-1 所示。

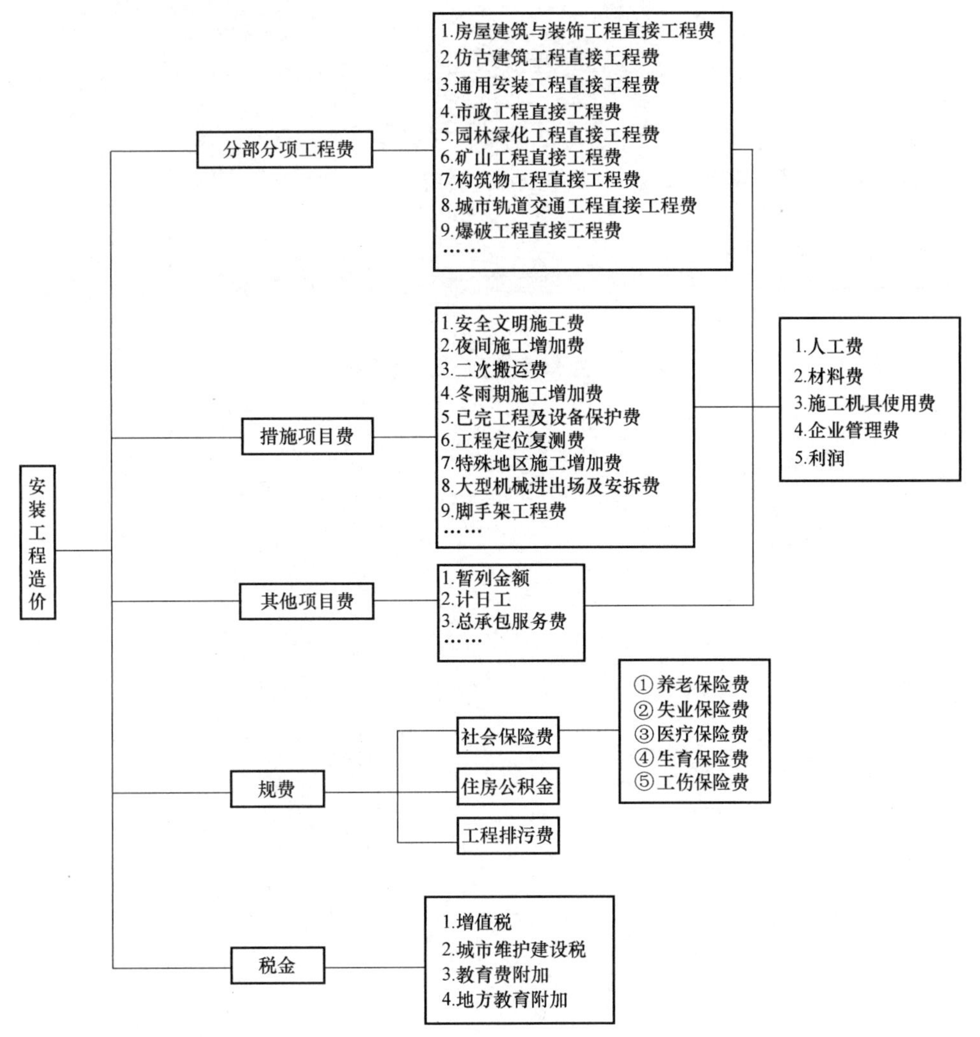

图 1-1　安装工程造价构成

本章小结

1. 本章主要介绍工程造价的含义、构成及安装工程造价包含的内容。

2. 工程造价即工程的建造价格，也就是建设工程产品的价格。按照建设产品价格属性和价值的构成原理，工程造价有两种含义：第一种含义是指建设一项工程预期开支或实际开支的全部固定资产投资费用；第二种含义是指工程价格，即为建成一项工程，预计或实际在土地市场、设备市场、技术劳务市场、承包市场等交易活动中形成的建筑安装工程的价格和建设工程总价格。

3. 建筑安装工程费可划分为建筑工程费和安装工程费，即建筑工程造价和安装工程造价。安装工程造价按照费用构成要素组成可划分为人工费、材料（包含工程设备）费、施工机具使用费、企业管理费、利润、规费和税金；按工程造价形成顺序可划分为分部分项工程费、措施项目费、其他项目费、规费和税金。

思考题与习题

1. 论述工程造价的含义。
2. 工程造价的构成有哪两种划分标准？各包含哪些费用？
3. 安装工程的定义是什么？
4. 安装工程造价包含哪些内容？

二维码形式客观题

微信扫描二维码，可自行做客观题，提交后可查看答案。

2

第2章

安装工程工程量清单计量与计价概述

2.1 工程量清单

工程量清单是载明建设工程分部分项工程项目、措施项目、其他项目的名称和相应数量以及规费、税金项目等内容的明细清单。

招标工程量清单是招标人依据国家标准、招标文件、设计文件以及施工现场实际情况编制的，随招标文件发布供投标报价的工程量清单。

已标价工程量清单是构成合同文件组成部分的投标文件中已标明价格，经算术性错误修正（如有）且承包人已确认的工程量清单，包括其说明和表格。

招标工程量清单是工程量清单计价的基础，作为编制招标控制价、投标报价、计算或调整工程量、索赔等的依据之一。作为招标文件的组成部分，其准确性和完整性由招标人负责。

2.1.1 工程量清单编制依据

编制工程量清单的依据包括：

1）《建设工程工程量清单计价规范》（GB 50500—2013）和相关工程的国家计量规范。

2）国家或省级、行业建设主管部门颁发的计价定额和办法。

3）建设工程设计文件及相关资料。

4）与建设工程有关的标准、规范、技术资料。

5）拟定的招标文件。

6）施工现场情况、工程水文资料、工程特点及常规施工方案。

7）其他相关资料。

2.1.2 工程量清单的组成

工程量清单由分部分项工程量清单、措施项目清单、其他项目清单、规费项目清单、税金项目清单组成。

1. 分部分项工程量清单

分部工程是单项或单位工程的组成部分，是按结构部位、路段长度及施工特点或施工任务，将单项或单位工程划分为若干分部的工程；分项工程是分部工程的组成部分，是按不同施工方法、材料、工序及路段长度等，将分部工程划分为若干个分项或项目的工程。

分部分项工程量清单应载明分部分项工程的项目编码、项目名称、项目特征、计量单位和工程量，见表2-1，且项目编码、项目名称、项目特征、计量单位和工程量计算规则均应根据相关工程现行国家计量规范的规定进行编制。

表2-1　分部分项工程和单价措施项目清单与计价表

工程名称：　　　　　　　　　　　　　标段：　　　　　　　　　　　第　页　共　页

<table>
<tr><th rowspan="3">序号</th><th rowspan="3">项目编码</th><th rowspan="3">项目名称</th><th rowspan="3">项目特征</th><th rowspan="3">计量单位</th><th rowspan="3">工程量</th><th colspan="3">金额（元）</th></tr>
<tr><th rowspan="2">综合单价</th><th rowspan="2">合价</th><th>其中</th></tr>
<tr><th>暂估价</th></tr>
<tr><td></td><td></td><td></td><td></td><td></td><td></td><td></td><td></td><td></td></tr>
<tr><td></td><td></td><td></td><td></td><td></td><td></td><td></td><td></td><td></td></tr>
<tr><td></td><td></td><td></td><td></td><td></td><td></td><td></td><td></td><td></td></tr>
<tr><td></td><td></td><td></td><td></td><td></td><td></td><td></td><td></td><td></td></tr>
<tr><td></td><td></td><td></td><td></td><td></td><td></td><td></td><td></td><td></td></tr>
<tr><td></td><td></td><td></td><td></td><td></td><td></td><td></td><td></td><td></td></tr>
<tr><td></td><td></td><td></td><td></td><td></td><td></td><td></td><td></td><td></td></tr>
<tr><td colspan="7">本页小计</td><td></td><td></td></tr>
<tr><td colspan="7">合计</td><td></td><td></td></tr>
</table>

注：为计取规费等的使用，可在表中“其中”项增设“定额人工费”。

编制安装工程分部分项工程量清单所依据的现行国家计量规范为《通用安装工程工程量计算规范》（GB 50856—2013），共包含13个附录，对应通用安装工程的不同专业，如消防工程、电气设备工程、通风空调工程等。

工程量清单的项目编码，应采用12位阿拉伯数字表示，1~9位应按国家计量规范附录的规定设置，10~12位应根据拟建工程的工程量清单项目名称和项目特征设置，同一招标工程的项目编码不得有重码。

工程量清单的项目名称应按国家计量规范附录的项目名称结合拟建工程的实际确定。

工程量清单项目特征应按国家计量规范附录中规定的项目特征，结合拟建工程项目的实际予以描述。

工程量清单中所列工程量应按国家计量规范附录中规定的工程量计算规则计算。

工程量清单的计量单位应按国家计量规范附录中规定的计量单位确定。

2. 措施项目清单

措施项目是指为完成工程项目施工，发生于该工程施工准备和施工过程中的技术、生活、安全、环境保护等方面的项目。措施项目清单应根据相关工程现行国家计量规范的规定编制。此处的国家计量规范，针对安装工程工程量清单计量而言即指《通用安装工程工程量计算规范》（GB 50856—2013）。

措施项目清单的编制需考虑多种因素，除工程本身的因素外，还涉及水文、气象、环境、安全等因素。由于影响措施项目设置的因素太多，计量规范不可能将施工中可能出现的措施项目一一列出。在编制措施项目清单时，因工程情况不同，出现计量规范附录中未列的措施项目，可根据工程的具体情况对措施项目清单做补充。

计量规范将措施项目划分为两类：一类是不能计算工程量的项目，如文明施工和安全防护、临时设施等，就以“项”计价，称为“总价项目”，见表 2-2；另一类是可以计算工程量的项目，如脚手架、降水工程等，就以“量”计价，更有利于措施费的确定和调整，称为“单价项目”，见表 2-1。措施项目中列出了项目编码、项目名称、项目特征、计量单位、工程量计算规则的项目，编制工程量清单时，应按分部分项工程量清单的规定执行。

表 2-2　总价措施项目清单与计价表

工程名称：　　　　　　　　　　　　标段：　　　　　　　　　　　　第　页　共　页

序号	项目编码	项 目 名 称	计算基础	费率（%）	金额（元）	调整费率（%）	调整后金额（元）	备　注
		安全文明施工费						
		夜间施工增加费						
		二次搬运费						
		冬雨季施工增加费						
		已完工程及设备保护费						
合计								

注：1. “计算基础”中安全文明施工费可为“定额基价”“定额人工费”或“定额人工费＋定额机械费”，其他项目可为“定额人工费”或“定额人工费＋定额机械费”。

2. 按施工方案计算的措施费，若无“计算基础”和“费率”的数值，也可只填“金额”数值，但应在备注栏说明施工方案出处或计算方法。

3. 其他项目清单

其他项目清单应按暂列金额、暂估价、计日工、总承包服务费列项，见表 2-3。

表2-3　其他项目清单与计价汇总表

工程名称：　　　　　　　　　　　标段：　　　　　　　　　　　第　页　共　页

序　号	项目名称	金额（元）	结算金额（元）	备　注
1	暂列金额			
2	暂估价			
2.1	材料（工程设备）暂估价/结算价			
2.2	专业工程暂估价/结算价			
3	计日工			
4	总承包服务费			
5	索赔与现场签证			
合计				

注：材料（工程设备）暂估单价进入清单项目综合单价，此处不汇总。

（1）暂列金额　招标人在工程量清单中暂定并包括在合同价款中的一笔款项。用于工程合同签订时尚未确定或者不可预见的所需材料、设备、服务的采购，施工中可能发生的工程变更、合同约定调整因素出现时的工程价款调整，以及发生的索赔、现场签证确认等的费用。暂列金额应根据工程特点，按有关计价规定估算。

（2）暂估价　招标人在工程量清单中提供的用于支付必然发生但暂时不能确定价格的材料、工程设备的单价以及专业工程的金额，包括材料暂估单价、工程设备暂估单价、专业工程暂估价。材料、工程设备暂估价应根据工程造价信息或参照市场价格估算；专业工程暂估价应分不同专业，按有关计价规定估算。

（3）计日工　在施工过程中，承包人完成发包人提出的工程合同范围以外的零星项目或工作，按合同中约定的单价计价的一种方式。计日工应列出项目和数量。

（4）总承包服务费　总承包人为配合协调发包人进行的专业工程分包，对发包人自行采购的材料、工程设备等进行保管以及施工现场管理、竣工资料汇总整理等服务所需的费用。

工程建设标准的高低、工程的复杂程度、工程的工期长短、工程的组成内容、发包人对工程管理的要求等直接影响其他项目清单的具体内容，《建设工程工程量清单计价规范》（GB 50500—2013）提供了5项内容作为列项参考，不足部分，可根据工程具体情况进行补充。

4. 规费项目清单、税金项目清单

规费是根据国家法律、法规规定，由省级政府或省级有关权力部门规定施工企业必须缴纳的，应计入建筑安装工程造价的费用，应按照下列内容列项：

1）社会保险费。包括养老保险费、失业保险费、医疗保险费、工伤保险费、生育保险费。

2）住房公积金。

3）工程排污费。

出现上述未列的项目，应根据省级政府或省级有关权力部门的规定列项。

税金是国家税法规定的应计入建筑安装工程造价内的增值税、城市维护建设税、教育费附加及地方教育附加。

出现上述未列的项目，应根据税务部门的规定列项。

规费、税金项目计价表见表 2-4。

表 2-4　规费、税金项目计价表

工程名称：　　　　　　　　　　　　标段：　　　　　　　　　　　第　页　共　页

序号	项 目 名 称	计 算 基 础	计 算 基 数	计算费率（%）	金额（元）
1	规费	定额人工费			
1.1	社会保险费	定额人工费			
（1）	养老保险费	定额人工费			
（2）	失业保险费	定额人工费			
（3）	医疗保险费	定额人工费			
（4）	工伤保险费	定额人工费			
（5）	生育保险费	定额人工费			
1.2	住房公积金	定额人工费			
1.3	工程排污费	按工程所在地环境保护部门收取标准，按实计入			
2	税金	分部分项工程费＋措施项目费＋其他项目费＋规费－甲供材料费－不计税设备金额			
合计					

编制人（造价人员）：　　　　　　　　　　　　　　　　　复核人（造价工程师）：

2.2 工程量清单计价

工程量清单计价是指完成由招标人提供的工程量清单所需的全部费用，其计价过程包括工程单价的确定和总价的计算。工程量清单计价所需确定的工程单价为综合单价，即完成一个规定清单项目所需的人工费、材料和工程设备费、施工机具使用费和企业管理费、利润及一定范围内的风险费用。综合单价与其分部分项工程工程量的乘积为该分部分项工程的总价，汇总全部的分部分项总价就可得出该单位工程的分部分项工程费。分部分项工程费与措施项目费、其他项目费、规费和税金之和即为该单位工程工程造价。

工程量清单计价是国际上较为通行的做法。在建设工程招投标时，招标人依据工程施工图，按照招标文件的要求，按现行的工程量计算规则为投标人提供实体工程量项目和技术措施项目的数量清单，供投标单位逐项填写单价，并计算出总价，再通过评标，最后确定合同价。工程量清单计价是一种较为客观合理的计价方式，它要求投标单位根据市场行情、自身实力自主报价，这就要求投标人注重工程单价的分析，在报价中反映出投标单位的实际能力，公平竞争。工程量清单计价还有利于加强工程合同的管理，明确承发包双方的责任，实现风险的合理分担，即量由发包方（招标方）确定，工程量的误差由发包方承担，工程报价的风险由投标方承担。工程量清单计价本质上是单价合同的计价模式，增加了报价的可靠性，有利于工程款的拨付和工程造价的最终确定。工程量清单计价推动计价依据的改革发展，推动企业编制自己的企业定额，提高企业的工程技术水平和经营管理能力。

全部使用国有资金投资或国有资金投资为主的建设工程施工发承包，必须采用工程量清单计价。非国有资金投资的建设工程，宜采用工程量清单计价。在工程量清单计价模式下，建设工程施工发承包造价由分部分项工程费、措施项目费、其他项目费、规费和税金组成，如图1-1所示。

思政微课

2.2.1　工程量清单计价的组成

1. 分部分项工程费

分部分项工程费是指各专业工程的分部分项工程应予列支的各项费用。

（1）专业工程　按现行国家计价规范划分的房屋建筑与装饰工程、仿古建筑工程、通用安装工程、市政工程、园林绿化工程、矿山工程、构筑物工程、城市轨道交通工程、爆破工程等各类工程。

（2）分部分项工程　按现行国家计价规范对各专业工程划分的项目。如安装给排水工程划分的管道工程、支架、管道附件、卫生器具等。各类专业工程的分部分项工程划分见现行国家或行业计价规范。

$$\text{分部分项工程费} = \sum(\text{分部分项工程量} \times \text{综合单价}) \tag{2-1}$$

式中，综合单价包括人工费、材料费、施工机具使用费、企业管理费和利润以及一定范围的风险费用。

2. 措施项目费

措施项目费是指为完成建设工程施工，发生于该工程施工前和施工过程中的技术、生活、安全、环境保护等方面的费用。

（1）安全文明施工费

1）环境保护费：施工现场为达到环保部门要求所需要的各项费用。

2）文明施工费：施工现场文明施工所需要的各项费用。

3）安全施工费：施工现场安全施工所需要的各项费用。

4）临时设施费：施工企业为进行建设工程施工所必须搭设的生活和生产用的临时建筑物、构筑物和其他临时设施费用，包括临时设施的搭设、维修、拆除、清理费或摊销费等。

安全文明施工费的计算公式为

$$\text{安全文明施工费} = \text{计算基数} \times \text{安全文明施工费费率}(\%) \tag{2-2}$$

式中，计算基数应为定额基价（定额分部分项工程费 + 定额中可以计量的措施项目费）、定额人工费或（定额人工费 + 定额机械费），其费率由工程造价管理机构根据各专业工程的特点综合确定，不得作为竞争性费用。

（2）夜间施工增加费　因夜间施工所发生的夜班补助费、夜间施工降效、夜间施工照明设备摊销及照明用电等费用。计算公式为

$$夜间施工增加费 = 计算基数 \times 夜间施工增加费费率（\%） \tag{2-3}$$

（3）二次搬运费　因施工场地条件限制而发生的材料、构配件、半成品等一次运输不能到达堆放地点，必须进行二次或多次搬运所发生的费用。计算公式为

$$二次搬运费 = 计算基数 \times 二次搬运费费率（\%） \tag{2-4}$$

（4）冬雨季施工增加费　在冬季或雨季施工需增加的临时设施、防滑、排除雨雪，人工及施工机械效率降低等费用。计算公式为

$$冬雨季施工增加费 = 计算基数 \times 冬雨季施工增加费费率（\%） \tag{2-5}$$

（5）已完工程及设备保护费　竣工验收前，对已完工程及设备采取的覆盖、包裹、封闭、隔离等必要保护措施所发生的费用。计算公式为

$$已完工程及设备保护费 = 计算基数 \times 已完工程及设备保护费费率（\%） \tag{2-6}$$

（6）建筑物超高增加费　高层施工引起的人工工效降低以及由于人工工效降低引起的机械降效，高层施工中的通信联络设备使用等费用。计算公式为

$$建筑物超高增加费 = 计算基数 \times 建筑物超高增加费费率（\%） \tag{2-7}$$

上述（2）~（6）项措施项目的计费基数应为定额人工费或（定额人工费 + 定额机械费），其费率由工程造价管理机构根据各专业工程特点和调查资料综合分析后确定。

（7）工程定位复测费　工程施工过程中进行全部施工测量放线和复测工作的费用。

（8）特殊地区施工增加费　工程在沙漠或其边缘地区、高海拔、高寒、原始森林等特殊地区施工增加的费用。

（9）大型机械设备进出场及安拆费　机械整体或分体自停放场地运至施工现场，或由一个施工地点运至另一个施工地点，所发生的机械进出场运输及转移费用，以及机械在施工现场进行安装、拆卸所需的人工费、材料费、机械费、试运转费和安装所需的辅助设施的费用。

（10）脚手架工程费　施工需要的各种脚手架搭、拆、运输费用以及脚手架购置费的摊销（或租赁）费用。

国家计量规范规定应予计量的措施项目，其计算公式为

$$措施项目费 = \sum（措施项目工程量 \times 综合单价） \tag{2-8}$$

各类专业工程措施项目及其包含的内容详见各类专业工程的现行国家或行业计量规范。

3. 其他项目费

其他项目费包括的项目见表 2-3。

（1）暂列金额　由建设单位根据工程特点，按有关计价规定估算。施工过程中由建设单位掌握使用，扣除合同价款调整后如有余额，归建设单位。

（2）暂估价　投标时，投标人按照工程量清单中的暂估价计价；施工中，由建设单位与施工单位通过认质认价确定最终价格，按实计价。

（3）计日工　由建设单位和施工企业按施工过程中的签证计价。

（4）总承包服务费　由建设单位在招标控制价中根据总包服务范围和有关计价规定编制，施工企业投标时自主报价，施工过程中按签约合同价执行。

4. 规费

规费包括的项目内容见表 2-4。

（1）社会保险费和住房公积金　应以定额人工费为计算基础，根据工程所在地省、自

治区、直辖市或行业建设主管部门规定费率计算。计算公式为

社会保险费和住房公积金 = ∑（工程定额人工费 × 社会保险费和住房公积金费率）　　(2-9)

式中，社会保险费和住房公积金费率可以每万元发承包价的生产工人人工费和管理人员工资含量与工程所在地规定的缴纳标准综合分析取定。

（2）工程排污费等其他应列而未列入的规费　应按工程所在地环境保护等部门规定的标准缴纳，按实计取列入。

建设单位和施工企业均应按照省、自治区、直辖市或行业建设主管部门发布标准计算规费，不得作为竞争性费用。

5. 税金

税金计算公式为

税金 =（税前工程造价 − 甲供材料费 − 不计税设备金额）× 销项增值税税率（%）　　(2-10)

式中，税率为11%。

建设单位和施工企业均应按照省、自治区、直辖市或行业建设主管部门发布标准计算税金，不得作为竞争性费用。

2.2.2　综合单价

实行工程量清单计价应采用综合单价法，不论分部分项工程费用、措施项目、其他项目，还是以单价或以总价形式表现的项目，其综合单价的组成内容均包括人工费、材料费、施工机具使用费、企业管理费和利润以及一定范围的风险费用，包括除规费、税金以外的所有金额。

2.3　安装工程工程量清单计量与计价

2.3.1　安装工程计量计价的依据

安装工程工程量清单计量计价依据主要包括工程量清单计价和计量规范，国家、省级或行业建设主管部门颁发的计价定额和计价办法，建设工程设计文件及招标要求，与建设项目相关的标准、规范、技术资料，施工现场情况、工程特点及施工方案及价格信息等。

其中，安装工程计量计价所依据的两个重要的现行国家标准为《建设工程工程量清单计价规范》（GB 50500—2013）和《通用安装工程工程量计算规范》（GB 50856—2013）。由于安装工程涉及较多专业，《通用安装工程工程量计算规范》包括13个附录，分别为：

（1）附录A 机械设备安装工程

（2）附录B 热力设备安装工程

（3）附录C 静置设备与工艺金属结构制作安装工程

（4）附录D 电气设备安装工程

（5）附录E 建筑智能化工程

（6）附录F 自动化控制仪表安装工程

（7）附录 G 通风空调工程
（8）附录 H 工业管道工程
（9）附录 J 消防工程
（10）附录 K 给排水、采暖、燃气工程
（11）附录 L 通信设备及线路工程
（12）附录 M 刷油、防腐蚀、绝热工程
（13）附录 N 措施项目

2.3.2　安装工程计量计价的范围

安装工程是指各种设备、装置的安装工程，具体包括机械设备安装工程，热力设备安装工程，静置设备与工艺金属结构制作安装工程，电气设备安装工程，建筑智能化工程，自动化控制仪表安装工程，通风空调工程，工业管道工程，消防工程，给排水、采暖、燃气工程，通信设备及线路工程，刷油、防腐蚀、绝热工程，措施项目 13 项。与《通用安装工程工程量计算规范》的附录相对应。

其中，电气设备安装工程与市政工程路灯工程的界定为：厂区、住宅小区的道路路灯安装工程、庭院艺术喷泉等电气安装工程，按安装工程相应项目执行；涉及市政道路、市政庭院等电气安装工程的项目，按市政工程中“路灯工程”的相应项目执行。

工业管道与市政工程管网工程的界定为：给水管道以厂区入口水表井为界；排水管道以厂区围墙外第一个污水井为界；热力和燃气以厂区入口第一个计量表（阀门）为界。

给排水、采暖、燃气工程与市政工程管网的界定为：室外给排水、采暖、燃气管道以市政管道碰头井为界；厂区、住宅小区的庭院喷灌及喷泉水设备安装按安装工程相关项目执行；公共庭院喷灌及喷泉水设备安装按市政工程中“管网工程”的相应项目执行。

安装工程中涉及管沟、坑及井类的土方开挖、垫层、基础、砌筑、抹灰、地沟盖板预制安装、回填、运输、路面开挖及修复、管道支墩的项目，按建筑与装饰工程和市政工程的相应项目执行。

2.3.3　安装工程措施项目

1. 专业措施项目

专业措施项目工程量清单项目设置、项目特征描述的内容、计量单位及工程量计算规则见表 2-5。

表 2-5　专业措施项目（编码：031301）

项目编码	项目名称	工程内容及包含范围
031301001	吊装加固	1. 行车梁加固 2. 桥式起重机加固及负荷试验 3. 整体吊装临时加固件，加固设施拆除、清理
031301002	金属抱杆安装、拆除、移位	1. 安装、拆除 2. 位移 3. 吊耳制作安装 4. 拖拉坑挖埋

（续）

项 目 编 码	项 目 名 称	工程内容及包含范围
031301003	平台铺设、拆除	1. 场地平整 2. 基础及支墩砌筑 3. 支架型钢搭设 4. 铺设 5. 拆除、清理
031301004	顶升、提升装置	安装、拆除
031301005	大型设备专用机具	
031301006	焊接工艺评定	焊接、试验及结果评价
031301007	胎（模）具制作、安装、拆除	制作、安装、拆除
031301008	防护棚制作安装拆除	防护棚制作、安装、拆除
031301009	特殊地区施工增加	1. 高原、高寒施工防护 2. 地震防护
031301010	安装与生产同时进行施工增加	1. 火灾防护 2. 噪声防护
031301011	在有害身体健康环境中施工增加	1. 有害化合物防护 2. 粉尘防护 3. 有害气体防护 4. 高浓度氧气防护
031301012	工程系统检测、检验	1. 起重机、锅炉、高压容器等特种设备安装质量监督检验检测 2. 由国家或地方检测部门进行的各类检测
031301013	设备、管道施工的安全、防冻和焊接保护	保证工程施工正常进行的防冻和焊接保护
031301014	焦炉烘炉、热态工程	1. 烘炉安装、拆除、外运 2. 热态作业劳保消耗
031301015	管道安拆后的充气保护	充气管道安装、拆除
031301016	隧道内施工的通风、供水、供气、供电、照明及通信设施	通风、供水、供气、供电、照明及通信设施安装、拆除
031301017	脚手架搭拆	1. 场内、场外材料搬运 2. 搭、拆脚手架 3. 拆除脚手架后材料的堆放
031301018	其他措施	为保证工程施工正常进行所发生的费用

注：1. 由国家或地方检测部门进行的各类检测，指安装工程不包括的属经营服务性项目，如通电测试、防雷装置检测、安全、消防工程检测、室内空气质量检测等。

2. 脚手架按《通用安装工程工程量计算规范》各附录分别列项。

3. 其他措施项目必须根据实际措施项目名称确定项目名称，明确描述工作内容及包含范围。

2. 安全文明施工及其他措施项目

安全文明施工及其他措施项目工程量清单项目设置、计量单位、工作内容及包含范围见表2-6。

表 2-6　安全文明施工及其他措施项目（编码：031302）

项 目 编 码	项 目 名 称	工作内容及包含范围
031302001	安全文明施工	1. 环境保护：现场施工机械设备降低噪声、防扰民措施；水泥和其他易飞扬细颗粒建筑材料密闭存放或采取覆盖措施等；工程防扬尘洒水；土石方、建渣外运车辆保护措施；现场污染源的控制、生活垃圾清理外运、场地排水排污措施；其他环境保护措施 2. 文明施工："五牌一图"；现场围挡的墙面美化（包括内外粉刷、刷白、标语等）、压顶装饰；现场厕所便槽刷白、贴面砖，水泥砂浆地面或地砖，建筑物内临时便溺设施；其他施工现场临时设施的装饰装修、美化措施；现场生活卫生设施；符合卫生要求的饮水设备、淋浴、消毒等设施；生活用洁净燃料；防煤气中毒、防蚊虫叮咬等措施；施工现场操作场地的硬化；现场绿化、治安综合治理；现场配备医药保健器材、物品费用和急救人员培训；用于现场工人的防暑降温、电风扇、空调等设备及用电；其他文明施工措施 3. 安全施工：安全资料、特殊作业专项方案的编制，安全施工标志的购置及安全宣传；"三宝"（安全帽、安全带、安全网）、"四口"（楼梯口、电梯井口、通道口、预留洞口），"五临边"（阳台围边、楼板围边、屋面围边、槽坑围边、卸料平台两侧），水平防护架、垂直防护架、外架封闭等防护措施；施工安全用电，包括配电箱三级配电、两级保护装置要求、外电防护措施；起重机等起重设备（含井架、门架）及外用电梯的安全防护措施（含警示标志）及卸料平台的临边防护、层间安全门、防护棚等设施；建筑工地起重机械的检验检测；施工机具防护棚及其围栏的安全保护设施；施工安全防护通道；工人的安全防护用品、用具购置；消防设施与消防器材的配置；电气保护、安全照明设施；其他安全防护措施 4. 临时设施：施工现场采用彩色、定型钢板，砖、混凝土砌块等围挡的安砌、维修、拆除；施工现场临时建筑物、构筑物的搭设、维修、拆除，如临时宿舍、办公室、食堂、厨房、厕所、诊疗所、临时文化福利用房、临时仓库、加工场、搅拌台、临时简易水塔、水池等；施工现场临时设施的搭设、维修、拆除，如临时供水管道、临时供电管线、小型临时设施等；施工现场规定范围内临时简易道路铺设，临时排水沟、排水设施安砌、维修、拆除；其他临时设施的搭设、维修、拆除
031302002	夜间施工增加	1. 夜间固定照明灯具和临时可移动照明灯具的设置、拆除 2. 夜间施工时，施工现场交通标志、安全标牌、警示灯等的设置、移动、拆除 3. 夜间照明设备及照明用电、施工人员夜班补助、夜间施工劳动效率降低等
031302003	非夜间施工增加	为保证工程施工正常进行，在地下（暗）室、设备及大口径管道内等特殊施工部位施工时所采用的照明设备的安拆、维护及照明用电、通风等；在地下（暗）室等施工引起的人工工效降低以及由于人工工效降低引起的机械降效
031302004	二次搬运	由于施工场地条件限制而发生的材料、成品、半成品等一次运输不能到达堆放地点，必须进行二次或多次搬运
031302005	冬雨季施工增加	1. 冬雨（风）季施工时增加的临时设施（防寒保温、防雨、防风设施）的搭设、拆除 2. 冬雨（风）季施工时，对砌体、混凝土等采用的特殊加温、保温和养护措施 3. 冬雨（风）季施工时，施工现场的防滑处理、对影响施工的雨雪的清除 4. 冬雨（风）季施工时增加的临时设施、施工人员的劳动保护用品、冬雨（风）季施工劳动效率降低等

（续）

项目编码	项目名称	工作内容及包含范围
031302006	已完工程及设备保护	对已完工程及设备采取的覆盖、包裹、封闭、隔离等必要保护措施
031302007	建筑物超高增加	1. 高层施工引起的人工工效降低以及由于人工工效降低引起的机械降效 2. 通信联络设备的使用

注：1. 本表所列项目应根据工程实际情况计算措施项目费用，需分摊的应合理计算摊销费用。

2. 施工排水是指为保证工程在正常条件下施工而采取的排水措施所发生的费用。

3. 施工降水是指为保证工程在正常条件下施工而采取的降低地下水位的措施所发生的费用。

4. 建筑物超高增加：

1）单层建筑物檐口高度超过20m按《通用安装工程工程量计算规范》各附录分别列项。

2）突出主体建筑物顶的电梯机房、楼梯出口间、水箱间、瞭望塔、排烟机房等不计入檐口高度。计算层数时，地下室不计入层数。

本章小结

1. 本章主要介绍了工程量清单及工程量清单计价的概念和组成，并对安装工程的计量计价范围及措施项目进行了介绍。

2. 工程量清单是载明建设工程分部分项工程项目、措施项目、其他项目的名称和相应数量以及规费、税金项目等内容的明细清单，由分部分项工程量清单、措施项目清单、其他项目清单、规费项目清单、税金项目清单组成。

3. 在工程量清单计价模式下，建设工程施工发承包造价由分部分项工程费、措施项目费、其他项目费、规费和税金组成。

4. 实行工程量清单计价应采用综合单价法，不论分部分项工程费用、措施项目、其他项目，还是以单价或以总价形式表现的项目，其综合单价的组成内容均包括人工费、材料费、施工机具使用费、企业管理费和利润以及一定范围的风险费用，包括除规费、税金以外的所有金额。

5. 安装工程是指各种设备、装置的安装工程，具体包括机械设备安装工程，热力设备安装工程，静置设备与工艺金属结构制作安装工程，电气设备安装工程，建筑智能化工程，自动化控制仪表安装工程，通风空调工程，工业管道工程，消防工程，给排水、采暖、燃气工程，通信设备及线路工程，刷油、防腐蚀、绝热工程，措施项目。

思考题与习题

1. 区分工程量清单、招标工程量清单、已标价工程量清单的概念。
2. 掌握工程量清单的组成。
3. 什么是分部分项工程？熟悉分部分项工程量清单包含的内容。
4. 什么是措施项目？《建设工程工程量清单计价规范》是如何对措施项目进行规定的？

5. 其他项目清单包含了哪些列项?
6. 掌握暂列金额、暂估价、计日工、总承包服务费的概念。
7. 规费项目清单包含哪些列项?
8. 掌握工程量清单模式下，建设工程施工发承包造价的构成。
9. 熟悉安装工程计量计价的范围。

二维码形式客观题

微信扫描二维码，可自行做客观题，提交后可查看答案。

第3章 机械设备安装工程

工业与民用设备种类繁多，结构功能各异。依据设备费用计算的性质可将其分为需要安装的设备和不需要安装的设备，见图3-1。

需要“配合基础验收、铲麻面、画线、定位，起重机具装拆，清洗、吊装、组装、连接、安放垫铁及地脚螺栓、设备找正、调平、精平、焊接、固定、灌浆、单机试运转”等工序方能就位工作的设备属于“需要安装的设备”；反之，则属于“不需要安装的设备”。

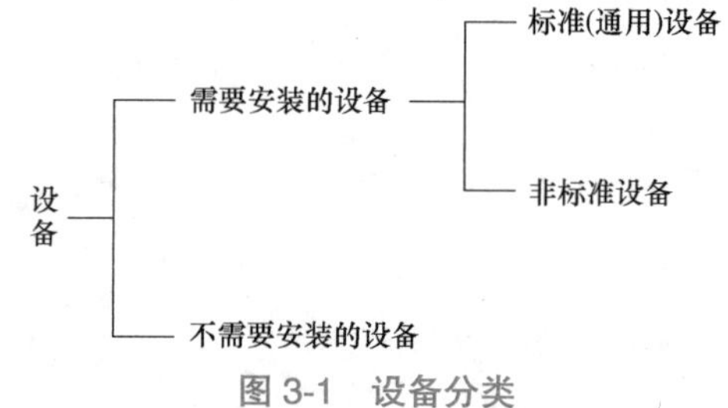

图3-1 设备分类

“不需要安装的设备”，其设备价值等相关费用计算为设备及工器具购置费；“需要安装的设备”，其设备价值等相关费用也计算为设备及工器具购置费，但其施工现场的安装费用则计算为建筑安装工程费。

标准（通用）设备是指按国家规定的产品标准进行批量生产并形成系列的设备；非标准设备是指国家未定型，使用量较小，非批量生产，由设计单位提供制造图样，由承制单位或施工企业在工厂或施工现场加工制作的特殊设备。

本章重点介绍一般工业与民用建筑中通用的新建、扩建及技术改造项目的机械设备安装工程，非标准设备则不在本章范围之内。

3.1 机械设备安装基础知识

3.1.1 设备安装工序

通用机械设备安装工序包括施工准备、安装、清洗润滑、试运转、收尾工作。

1. 施工准备

施工准备包括下列内容：

1）施工前的现场清理，工具、材料的准备。

2）临时脚手架（梯子、高凳、跳板等）的搭设。

3）设备及其附件的地面运输和移位，以及施工机具在设备安装范围内的移动。

4）设备开箱清点。

5）基础放线验收、划定安装基准线、垫铁组配、铲麻面、地脚螺栓的除锈脱脂。常用垫铁见图 3-2。

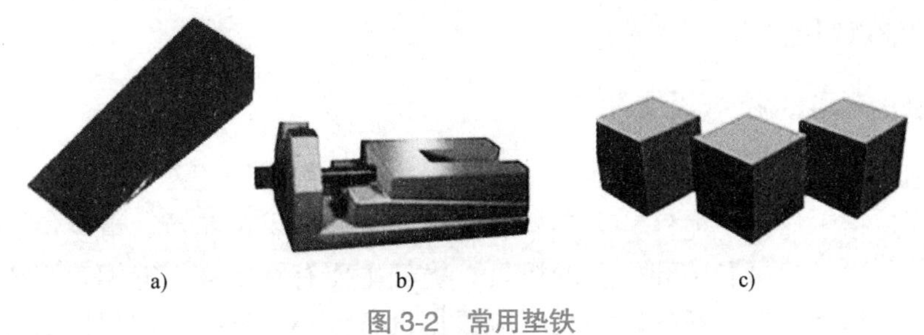

图 3-2　常用垫铁

a）斜垫铁　b）调整垫铁　c）等高垫铁

2. 安装

1）吊装。使用起重设备将被安装设备就位、初平、找正，找正部位的清洗和保护。

2）精平组装。精平、找平、找正、对中、附件装配、垫铁焊固、地脚螺栓孔灌浆、设备底座与基础间灌浆。图 3-3 所示为地脚螺栓的安装。

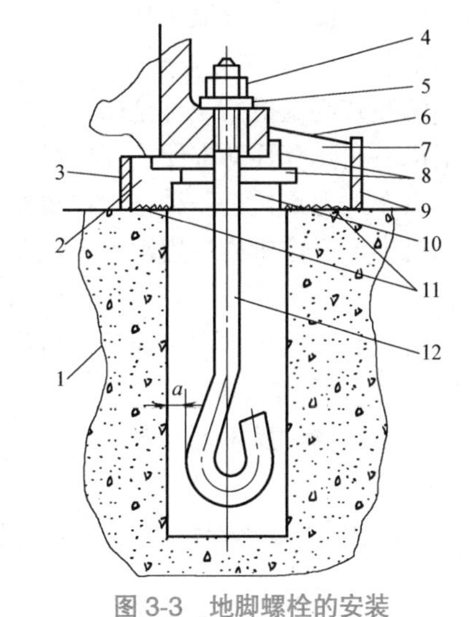

图 3-3　地脚螺栓的安装

1—地坪或基础　2—设备底座底面　3—内模板　4—螺母　5—垫圈　6—灌浆层斜面　7—灌浆层　8—成对斜垫铁　9—外模板　10—平垫铁　11—麻面　12—地脚螺栓

3）本体管路、附件和传动部分的安装。

3. 清洗润滑

清洗润滑是要求比较精细的一道工序，如果清洗不好会给以后设备正常运行造成影响。在试运转之前，应对设备传动系统、导轨面、液压系统、油润滑系统密封、活塞、罐体、进排气阀、调节系统等构件及零件进行物理清洗和化学清洗；对各有关零部件检查调整、加注润滑油脂。清洗程度必须达到试运转要求。

4. 试运转

试运转是综合检验设备制造和设备安装质量的重要环节。发现缺陷，及时修理和调整，使设备的运行特性能够达到设计指标的要求。

机械设备的试运转步骤为：先无负荷、后负荷，先单机、后系统，最后联动。试运转首先从部件开始，由部件至组件，再由组件至单台设备。不同设备的试运转要求不一样。

1）无负荷试运转的设备：金属切削机床、机械压力机、液压机、弯曲校正机，活塞式气体压缩机、活塞式氨制冷压缩机、通风机等。

2）需要进行无负荷、静负荷、超负荷试运转的设备：电动桥式起重机、龙门式起重机。

3）需要进行额定负荷试运转的设备：各类泵。

4）中、小型锅炉安装试运转：包括临时加药装置的准备、配管、投药、排气管的敷设和拆除、烘炉、煮炉、停炉、检查、试运转等的全部工作。

5. 收尾工作

施工后的现场清理；临时脚手架（梯子、高凳、跳板等）的拆除；专用工具、备品、备件施工完后的清点归还。

3.1.2　安装中常用的起重设备

1. 起重机具

起重机具是指千斤顶、桅杆、人字架、三脚架、环链手拉葫芦、滑轮组、钢丝绳、地锚等，能对设备进行起吊和装卸作业的机具。桅杆主要有圆木或无缝钢管制成的单柱桅杆及人字桅杆，或型钢格构式桅杆。安装时应根据设备大小，选择适用规格的起重机具进行作业。

2. 起重机械

起重机械主要有起重机、卷扬机、绞磨等。

履带式起重机是自行式、全回转、接地面积较大、重心较低的一种起重机。它具有灵活、使用方便，在一般平整坚实的道路上可以吊荷载行驶的特点，是目前建筑安装工程中使用的主要起重机械。

轮胎式起重机是一种全回转、自行式、起重机构安装在以轮胎为行走轮的特种底盘上的起重机。它具有移动方便、安全可靠等特点。

汽车式起重机是一种把工作机构安装在通用或专用汽车底盘上的起重机械。一般由汽车发动机供给工作机构所用动力。汽车式起重机具有行驶速度快、机动性能好、适用范围较广等优点。

塔式起重机也常用于通用机械设备的安装作业。

3. 水平运输机械

水平运输机械主要有载重汽车、牵引车、挂车、卷扬机、绞磨、滚杠等。

3.2　机械设备安装工程工程量清单计量

本节内容对应《通用安装工程工程量计算规范》“附录A 机械设备安装工程”，附录A分为13个分部，见表3-1。

表3-1　机械设备安装工程分部及编码

编　码	分部工程名称	编　码	分部工程名称
030101	A.1 切削设备安装	030108	A.8 风机安装
030102	A.2 锻压设备安装	030109	A.9 泵安装
030103	A.3 铸造设备安装	030110	A.10 压缩机安装
030104	A.4 起重设备安装	030111	A.11 工业炉安装
030105	A.5 起重机轨道安装	030112	A.12 煤气发生设备安装
030106	A.6 输送设备安装	030113	A.13 其他机械安装
030107	A.7 电梯安装		

3.2.1　切削设备

切削设备包括台式及仪表机床、卧式车床、立式车床、钻床、镗床、磨床、铣床、齿轮加工机床、螺纹加工机床、刨床、插床、拉床、超声波加工机床、电加工机床、金属材料试验机械、数控机床、木工机械、其他机床、跑车带锯机19个分项。

切削设备的安装根据名称、型号、规格、质量、灌浆配合比和单机试运转要求，按设计图示数量以“台”计。其中，跑车带锯机的安装根据名称、型号、规格、质量、保护罩材质和形式以及单机试运转要求，按设计图示数量分别列项以“台”计。

工作内容：本体安装、地脚螺栓孔灌浆、设备底座与基础间灌浆、单机试运转和补刷（喷）油漆。其中，跑车带锯机的安装工作内容为本体安装、保护罩制作和安装、单机试运转、补刷（喷）油漆。

3.2.2　锻压设备

锻压设备是将加热的金属坯料，通过锤击或加压，使坯料发生塑性变形，成为一定形状和尺寸工件的设备，包括机械压力机、液压机、自动锻压机、锻锤、剪切机、弯曲校正机、锻造水压机7个分项。

锻压设备中除了锻造水压机以外的设备的安装根据设备名称、型号、规格、质量、灌浆配合比和单机试运转要求，按设计图示数量以“台”计；锻造水压机的安装根据名称、型号、质量、公称压力、灌浆配合比和单机试运转要求，按设计图示数量分别列项以“台”计。

工作内容：本体安装、随机附件安装、地脚螺栓孔灌浆、设备底座与基础间灌浆、单机试运转、补刷（喷）油漆。

3.2.3　铸造设备

铸造设备是指将金属熔化后浇注于模具中，形成工件的设备，包括砂处理设备、造型设备、制芯设备、落砂设备、清理设备、金属型铸造设备、材料准备设备、抛丸清理室、铸铁平台9个分项。

1）砂处理设备、造型设备、制芯设备、落砂设备、清理设备、金属型铸造设备、材料准备设备根据设备名称、型号、规格、质量、灌浆配合比和单机试运转要求，按设计图示数量以“台”或“套”计。

工作内容：本体安装和组装、设备钢梁基础检查和复核调整、随机附件安装、设备底座与基础间灌浆、管道酸洗和液压油冲洗、安全护栏制作安装、轨道安装调整、单机试运转、补刷（喷）油漆。

2）抛丸清理室根据设备名称、型号、规格、质量、灌浆配合比和单机试运转要求，按设计图示数量以“室”计。

工作内容：抛丸清理室机械设备安装、抛丸清理室地轨安装、金属结构件和车挡制作与安装、除尘机及除尘器与风机间的风管安装、单机试运转、补刷（喷）油漆。

设备质量应为包括抛丸机、回转台、斗式提升机、螺旋输送机、电动小车等设备以及框架、平台、梯子、栏杆、漏斗、漏管等金属结构件的总质量。

3）铸铁平台根据设备名称、规格、质量、安装方式和灌浆配合比，按设计图示尺寸以“t”计。工作内容为平台制作、安装和灌浆。

3.2.4　起重设备

起重设备是提升并搬移重物的机械设备，包括桥式起重机、吊钩门式起重机、梁式起重机、电动壁行悬臂挂式起重机、旋臂壁式起重机、旋臂立柱式起重机、电动葫芦、单轨小车8个分项。

起重设备的安装根据名称、型号、质量、跨距、起重量、配线材质和规格以及敷设方式、单机试运转要求，按设计图示数量以“台”计。

工作内容为本体组装、起重设备电气安装和调试、单机试运转、补刷（喷）油漆。

3.2.5　起重机轨道

起重机轨道是由钢轨、轨枕、连接零件等组成，承受起重机传来的荷载并传布于轨枕、行车梁、柱或路基之上的一种结构物。

起重机轨道的安装根据安装部位、固定方式、纵横向孔距、型号、规格和车挡材质，按设计图示尺寸以单根轨道长度“m”计。工作内容为轨道安装、车挡制作和安装。

3.2.6　输送设备

输送设备是完成车间内部、企业内部、企业之间甚至城市之间物料搬运的机械化和自动化设备，包括斗式提升机、刮板输送机、板（裙）式输送机、悬挂输送机、固定式胶带输送机、螺旋输送机、卸矿车、皮带秤8个分项。

输送设备的安装根据名称、型号及设备的性能功能参数，按设计图示数量以“台”计。工作内容为设备本体安装、单机试运转、补刷（喷）油漆。

3.2.7　电梯

电梯属于起重机械类中升降机中的一种，包括交流电梯、直流电梯、小型杂货电梯、观光电梯、液压电梯、自动扶梯、自动步行道、轮椅升降台8个分项。

1）交流电梯、直流电梯、小型杂货电梯、观光电梯、液压电梯根据名称、型号、用途、层数、站数、提升高度和速度以及配线材质、规格和敷设方式、运转调试要求，按设计图示数量以“部”计。

工作内容为本体安装、电梯电气安装和调试、辅助项目安装、单机试运转及调试、补刷（喷）油漆。

2）自动扶梯根据名称、型号、层高、扶手中心距、运行速度以及配线材质、规格和敷设方式、运转调试要求，按设计图示数量以“部”计。

工作内容为本体安装、自动扶梯电气安装和调试、单机试运转及调试、补刷（喷）油漆。

3）自动步行道根据名称、型号、宽度、长度、前后轮距、运行速度以及配线材质规格和敷设方式、运转调试要求，按设计图示数量以“部”计。

工作内容为本体安装、步行道电气安装和调试、单机试运转及调试、补刷（喷）油漆。

4）轮椅升降台根据名称、型号、提升高度、运转调试要求，按设计图示数量以“部”计。工作内容为本体安装、轮椅升降台电气安装和调试、单机试运转及调试、补刷（喷）油漆。

3.2.8 风机

风机是依靠输入的机械能，提高气体压力并排送气体的机械，它是一种从动的流体机械，包括离心式通风机、离心式引风机、轴流通风机、回转式鼓风机、离心式鼓风机、其他风机6个分项。

风机的安装根据名称、型号、规格、质量、材质、减振底座形式和数量、灌浆配合比、单机试运转要求，按设计图示数量以“台”计。

工作内容为本体安装、拆装检查、减振台座制作安装、二次灌浆、单机试运转、补刷（喷）油漆。

直联式风机的质量是包括本体及电动机、底座的总质量。风机支架的安装应按《通用安装工程工程量计算规范》“附录C静置设备与工艺金属结构制作安装工程”相关项目编码列项。

3.2.9 泵

泵由电动机驱动，用以增加液体压力并使之产生流动的机械，包括离心式泵、旋涡泵、电动往复泵、柱塞泵、蒸汽往复泵、计量泵、螺杆泵、齿轮油泵、真空泵、屏蔽泵、潜水泵、其他泵12个分项。

泵的安装根据名称、型号、规格、质量、材质、减振装置形式和数量、灌浆配合比、单机试运转要求，按设计图示数量以“台”计。

工作内容为本体安装、泵拆装检查、电动机安装、二次灌浆、单机试运转、补刷（喷）油漆。

直联式泵的质量是包括本体、电动机及底座的总质量；非直联式的不包括电动机质量；深井泵的质量是包括本体、电动机、底座及设备扬水管的总质量。

3.2.10 压缩机

压缩机是将低压气体提升为高压气体的一种从动的流体机械，是制冷系统的核心。它从吸气管吸入低温低压的制冷剂气体，通过电动机运转带动活塞对其进行压缩后，向排气管排出高温高压的制冷剂气体，为制冷循环提供动力，从而实现压缩→冷凝→膨胀→蒸发（吸热）的制冷循环。压缩机包括活塞式压缩机、回转式螺杆压缩机、离心式压缩机、透平式压缩机4个分项。

压缩机的安装根据名称、型号、质量、结构形式、驱动方式、灌浆配合比、单机试运转要求，按设计图示数量以“台”计。

工作内容为本体安装、拆装检查、二次灌浆、单机试运转、补刷（喷）油漆。

设备质量是包括同一底座上主机、电动机、仪表盘及附件、底座等的总质量，但立式及L型压缩机、螺杆式压缩机、离心式压缩机不包括电动机等动力机械的质量。活塞式D、M、H型对称平衡压缩机的质量包括主机、电动机及随主机到货的附属设备的质量，但其安装不包括附属设备的安装。随机附属静置设备，应按《通用安装工程工程量计算规范》“附录C静置设备与工艺金属结构制作安装工程”相关项目编码列项。

3.2.11　工业炉

工业炉是在工业生产中，利用燃料燃烧或电能转化的热量，将物料或工件加热的热工设备，包括电弧炼钢炉、无芯工频感应电炉、电阻炉、真空炉、高频及中频感应炉、冲天炉、加热炉、热处理炉、解体结构井式热处理炉9个分项。广义地说，锅炉也是一种工业炉，但《通用安装工程工程量计算规范》未将它包括在工业炉范围内，而是考虑在“附录B热力设备安装工程”中。工业炉的安装均按设计图示数量以“台”计。

1）电弧炼钢炉、无芯工频感应电炉根据名称、型号、质量、设备容量、内衬砌筑要求的不同分别列项。工作内容为本体安装、内衬砌筑和烘炉、补刷（喷）油漆。

2）电阻炉、真空炉、高频及中频感应炉根据名称、型号、质量、内衬砌筑要求的不同分别列项。工作内容为本体安装、内衬砌筑和烘炉、补刷（喷）油漆。

3）冲天炉根据名称、型号、质量、熔化率、车挡材质、试压标准、内衬砌筑要求的不同分别列项。工作内容为本体安装、前炉安装、冲天炉加料机的轨道加料车和卷扬装置等安装、轨道安装、车挡制作与安装、炉体管道的试压、内衬砌筑和烘炉、补刷（喷）油漆。

4）加热炉、热处理炉根据名称、型号、质量、结构形式和内衬砌筑要求的不同分别列项。工作内容为本体安装、内衬砌筑和烘炉、补刷（喷）油漆。

5）解体结构井式热处理炉根据名称、型号、质量、试压标准、内衬砌筑要求的不同分别列项。工作内容为本体安装、设备补刷（喷）油漆、炉体管道安装试压、内衬砌筑和烘炉。

附属设备钢结构及导轨的安装，应按《通用安装工程工程量计算规范》“附录C静置设备与工艺金属结构制作安装工程”相关项目编码列项。

3.2.12　煤气发生设备

煤气发生设备是为机械、冶金、建材、轻工、化工等行业热加工车间提供混合发生炉煤气的设备，包括煤气发生炉、洗涤塔、电气滤清器、竖管、附属设备5个分项。煤气发生设备的安装均按设计图示数量以“台”计。

1）煤气发生炉根据名称、型号、质量、规格、构件材质分别列项。工作内容为本体安装、容器构件制作安装、补刷（喷）油漆。

2）洗涤塔根据名称、型号、质量、规格、灌浆配合比分别列项。工作内容为本体安装、二次灌浆、补刷（喷）油漆。

3）电气滤清器根据名称、型号、质量、规格分别列项。工作内容为本体安装、补刷（喷）油漆。

4）竖管根据类型、高度、规格分别列项。工作内容为本体安装、补刷（喷）油漆。

5）附属设备根据名称、型号、质量、规格、灌浆配合比分别列项。工作内容为本体安装、二次灌浆、补刷（喷）油漆。

3.2.13 其他机械

其他机械包括冷水机组、热力机组、制冰设备、冷风机、润滑油处理设备、膨胀机、柴油机、柴油发电机组、电动机、电动发电机组、冷凝器、蒸发器、贮液器（排液桶）、分离器、过滤器、中间冷却器、冷却塔、集油器、紧急泄氨器、油视镜、储气罐、乙炔发生器、水压机蓄势罐、空气分离塔、小型制氧机附属设备、风力发电机26个分项。

其他机械的安装根据名称、型号及设备的性能功能参数，按设计图示数量以“台”“支”“组”计。

工作内容为本体安装、二次灌浆、单机试运转、补刷（喷）油漆、调试等，根据具体分项确定。

3.2.14 计量规则小结

机械设备安装一般以种类、型号、规格不同，按单机质量分项，以“台”计。设备质量以铭牌数值为准；无铭牌数值的设备，以机械产品目录、样本或说明书所标注的设备净重为准。成套设备应以设备本体、联体的平台、梯子、栏杆、支架、屏盘、电机、安全罩和设备本体第一个法兰盘以内的管道等全部质量作为设备安装质量。

【例3-1】 某氧气加压站工艺管道系统如图3-4所示。

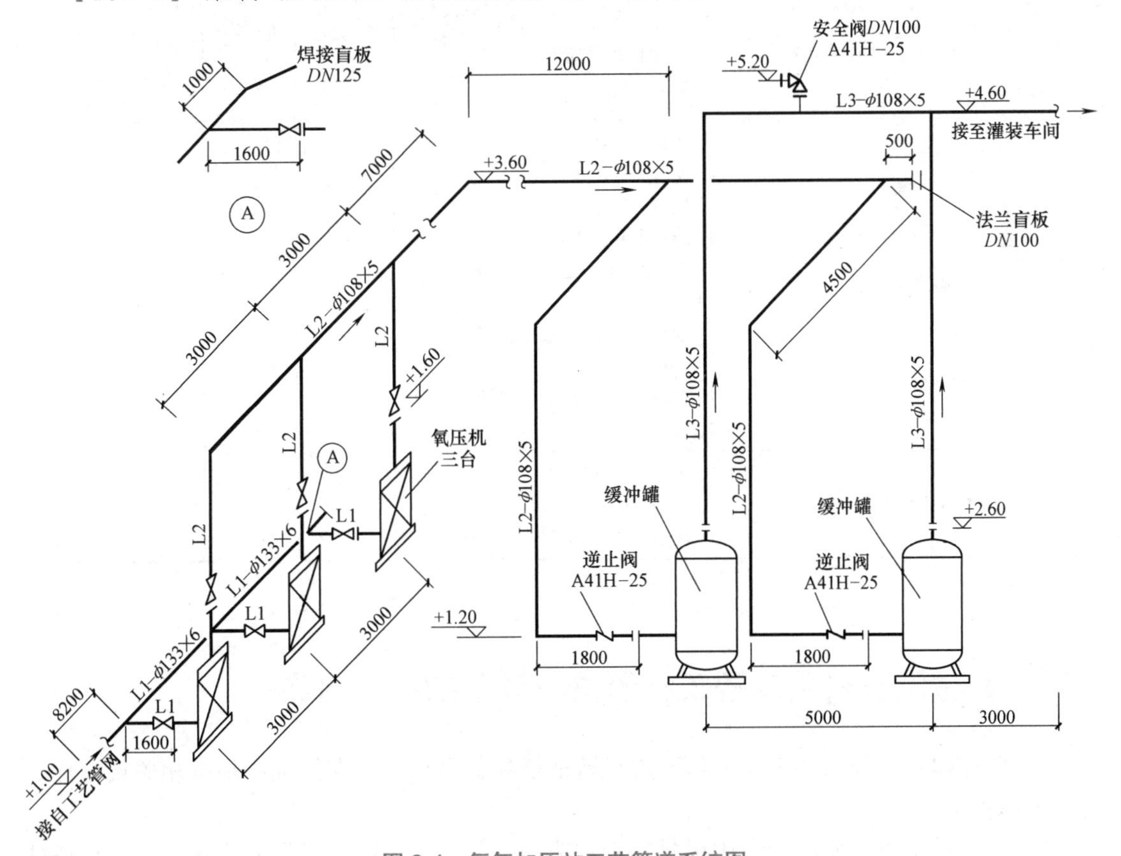

图3-4 氧气加压站工艺管道系统图

该管道系统工作压力为3.2MPa。图中标注尺寸标高以“m”计，其他均以“mm”计。

管道：采用碳钢无缝钢管，系统连接均为电弧焊；弯头采用成品冲压弯头，三通现场挖眼连接。

阀门、法兰：所有法兰为碳钢对焊法兰，阀门型号除图中说明外，均为J4H-25，采用对焊法兰连接。

管道支架为普通支架，其中，ϕ133×6管支架共5处，每处26kg；ϕ108×5管支架共20处，每处25kg。

管道安装完毕做水压试验，然后对L3-ϕ108×5管道焊口均做X射线无损检测，胶片焊格为80mm×150mm，其焊口数量为6个。

管道安装就位后，所有管道外壁刷漆，L3-ϕ108×5采用岩棉管壳（厚度为60mm）做绝热层，外缠铝箔保护层。

试计算设备安装工程量，编制设备安装的工程量清单。

解： 清单编制时，项目特征描述应详细具体，将完成该项目的全部工作、施工工艺体现在项目特征描述中，不要遗漏，便于投标人报价。该氧气加压站工艺管道系统的设备安装工程量清单编制见表3-2。

表3-2　分部分项工程和单价措施项目清单与计价表

工程名称：某氧气加压站工艺管道工程

序号	项目编码	项目名称	项目特征描述	计量单位	工程量	金额（元）		
						综合单价	合价	其中
								暂估价
1	030110003001	氧压机	1. 名称：氧压机 2. 型号：6061B 3. 质量：72kg 4. 结构形式：单轴 5. 驱动方式：变频电动机驱动 6. 灌浆配合比：微膨胀混凝土C30 7. 单机试运转要求：传统工艺试运行	台	3			
2	030113021001	缓冲罐	1. 名称：缓冲罐 2. 型号：HD 3. 规格：C-3/1.0	台	2			

3.3 机械设备安装工程工程量清单计量的相关内容

1）工作内容含补漆的工序，可不进行特征描述，由投标人在投标中根据相关规范标准自行考虑报价。

2）大型设备安装所需的专用机具、专用垫铁、特殊垫铁和地脚螺栓应在清单项目特征中描述，组成完整的工程实体。

3）通用机械设备安装的电气系统（起重设备和电梯除外），如电气控制箱、电机检查接线配管配线等，按《通用安装工程工程量计算规范》“附录 D 电气设备安装工程”相关项目编码列项。

4）通用机械设备本体第一个法兰以外的管道系统，如给水和冷冻水管、输油管道、输气管道、蒸汽管道、循环水管道等，按《通用安装工程工程量计算规范》“附录 H 工业管道工程”相关项目编码列项。

5）通用机械设备安装的仪表系统，如设备本身不自带的仪表、传感器、执行器等，按《通用安装工程工程量计算规范》“附录 F 自动化控制仪表安装工程”相关项目编码列项。

6）通用机械设备安装的通风系统，按《通用安装工程工程量计算规范》“附录 G 通风空调工程”相关项目编码列项。

7）工业炉烘炉、设备负荷试运转、联合试运转、生产准备试运转，按《通用安装工程工程量计算规范》“附录 N 措施项目”相关项目编码列项。

8）设备的除锈、刷漆（补刷漆除外）、保温及保护层安装，按《通用安装工程工程量计算规范》“附录 M 刷油、防腐蚀、绝热工程”相关项目编码列项。

9）钢结构及支架制作、安装，按《通用安装工程工程量计算规范》“附录 C 静置设备与工艺金属结构制作安装工程”相关项目编码列项。

10）设备基础砌筑、浇筑，按《房屋建筑与装饰工程工程量计算规范》相关项目编码列项。

3.4 机械设备安装工程工程量清单计价

3.4.1 计价定额概述

分部分项工程的综合单价应根据分部分项工程量清单的项目特征描述、工作内容及相关施工工艺等予以确定。各省或地区相关部门制定的工程量计价定额是招标人组合综合单价，编制招标控制价，衡量投标报价合理性的基础；投标人自主报价，其报价时可依据计价定额进行组价参考。本书结合 2020 年《四川省建设工程工程量清单计价定额——通用安装工程》（简称计价定额），阐述工程量清单计量。计价定额中“机械设备安装工程”分册适用于一般工业及民用建设工程中常见的新建、扩建及技术改造项目的机械设备安装工程，分为 13 节，包括切削设备、锻压设备、铸造设备、起重设备、起重机轨道、输送设备、风机、泵、压缩机、工业炉、煤气发生设备、制冷设备、其他机械。

计价定额适用于一般工业及民用建设工程中常见的新建、扩建及技术改造项目的机械设备安装工程。安装工程拆除（除各册有规定外）按相应安装子目（人工 + 机械 + 管理费 + 利润）的 50% 计算。安装工程拆除的工作内容包括：拆除前检测设备精度及完好程度，填写记录，铲除设备底座灌浆层，部件、附件及地脚螺母拆除；起重机具搭拆，起吊、上排、10m 范围内的移位、涂油防护。

1. 计价定额包含的工作内容

计价定额除另有说明外，均包括下列工作内容：

1）整体安装：施工准备，设备、材料及工、机具水平搬运，设备开箱检验，配合基础验收，垫铁设置，地脚螺栓安放，设备吊装就位安装、连接，设备调平找正，垫铁点焊，配合基础灌浆，设备精平对中找正，与机械本体连接的附属设备、冷却系统、润滑系统及支架防护罩等附件部件的安装，机组油、水系统管线的清洗，配合检查验收。

解体安装：施工准备，设备、材料及工、机具水平搬运，设备开箱检验，配合基础验收，垫铁设置，地脚螺栓安放，设备吊装就位、组对安装，各部间隙的测量、检查、刮研和调整，设备调平找正，垫铁点焊，配合基础灌浆，设备精平对中找正，与机械本体连接的附属设备、冷却系统、润滑系统及支架防护罩等附件部件的安装，机组油、水系统管线的清洗，配合检查验收。

解体检查：施工准备，设备本体、部件及阀门以内管道的拆卸，清洗检查，换油，组装复原，间隙调整，找平找正，记录，配合检查验收。

2）施工及验收规范中规定的调整、试验及无负荷试运转。

3）与设备本体联体的平台、梯子、栏杆、支架、屏盘、电机、安全罩以及设备本体第一个法兰以内的管道等安装。

4）工种间交叉配合的停歇时间，临时移动水、电源时间，以及配合质量检查、交工验收、收尾结束等工作。

5）配合检查验收。

2. 计价定额不包含的工作内容

计价定额除本书3.4.2~3.4.14节另有说明外，均不包括下列内容，发生时应另行计算。

1）设备场外运输。

2）因场地狭小，有障碍物等造成设备不能一次就位所引起的设备、材料增加的二次搬运、装拆工作。

3）设备基础的铲磨，地脚螺栓孔的修整、预压，以及在木砖地层上安装设备所需增加的费用。

4）设备、构件、机件、零件、附件、管道及阀门、基础及基础盖板等的修理、修补、修改、加工、制作、焊接、揻弯、研磨、防振、防腐、保温、刷漆以及测量、透视、无损检测、强度试验等工作。

5）设备试运转所用的水、电、气、油、燃料等。

6）联合试运转、生产准备试运转。

7）专用垫铁、特殊垫铁（如螺栓调整垫铁、球形垫铁、钩头垫铁等）、地脚螺栓和设备基础的灌浆。

8）脚手架搭设与拆除。

9）电气系统、仪表系统、通风系统、设备本体第一个法兰以外的管道系统等的安装、调试工作；非与设备本体联体的附属设备或附件（如平台、梯子、栏杆、支架、容器、屏盘等）的制作、安装、刷油、防腐、保温等工作。

3. 计价定额中部分名词含义

1）安装现场：距所安装设备基础100m范围内。

2）安装地点：设备基础及基础周围附近。

3）指定堆放地点：施工组织设计中所指定的，在安装现场范围内较合理的堆放地点。

4）解体安装：一台设备的结构，分成几个大部件供货，需在安装地点进行清洗、组装等工作。

5）拆装检查（或解体拆装）：将一台整体或解体结构的设备全部拆散（肢解），进行清洗、检查、刮研、换油、调整，重新装配组合成为原形式的整体或解体结构设备。

6）设备质量：定额所列设备质量均为设备净重，以铭牌数值为准；无铭牌数值的设备，以机械产品目录、样本或说明书所标注的设备净重为准。成套设备应以设备本体、联体的平台、梯子、栏杆、支架、屏盘、电机、安全罩和设备本体第一个法兰盘以内的管道等全部质量作为设备安装质量。

3.4.2 切削设备

1. 计价定额适用范围

1）台式及仪表机床：包括台式车床、台式刨床、台式铣床、台式磨床、台式砂轮机、台式抛光机、台式钻床、台式排钻、多轴可调台式钻床、钻孔攻丝两用台钻、钻铣机床、钻铣磨床、台式冲床、台式压力机、台式剪切机、台式攻丝机、台式刻线机、仪表车床、精密盘类半自动车床、仪表磨床、仪表抛光机、硬质合金轮修磨床、单轴纵切自动车床、仪表铣床、仪表齿轮加工机床、刨模机、宝石轴承加工机床、凸轮轴加工机床、透镜磨床、电表轴类加工机床。

2）车床：包括单轴自动车床、多轴自动和半自动车床、转塔车床、曲轴及凸轮轴车床、落地车床、卧式车床、精密普通机床、仿形卧式车床、马鞍车床、重型卧式车床、仿形及多刀车床、联合车床、无心粗车床，以及轮、轴、锭、辊及铲齿车床。

3）立式车床：包括单柱和双柱立式车床。

4）钻床：包括深孔钻床、摇臂钻床、立式钻床、中心孔钻床、钢轨及梢轮钻床、卧式钻床。

5）镗床：包括深孔镗床、坐标镗床、立式及卧式镗床、金刚镗床、落地镗床、镗铣床、钻镗床、镗缸机。

6）磨床：包括外圆磨床、内圆磨床、砂轮机、珩磨机及研磨机、导轨磨床、2M 系列磨床、3M 系列磨床、专用磨床、抛光机、工具磨床、平面及端面磨床、刀具刃具磨床，以及曲轴、凸轮轴、花键轴、轧辊及轴承磨床。

7）铣床、齿轮及螺纹加工机床：包括单臂及单柱铣床、龙门及双柱铣床、平面及单面铣床、仿型铣床、立式及卧式铣床、工具铣床、其他铣床；直（锥）齿轮加工机床、滚齿机、剃齿机、珩齿机、插齿机、单（双）轴花键轴铣床、齿轮磨齿机、齿轮倒角机、齿轮滚动检查机、套丝机、攻丝机、螺纹铣床、螺纹磨床、螺纹车床、丝杠加工机床。

8）刨、插、拉床：包括单臂刨、龙门刨、牛头刨、龙门铣刨床、插床、拉床、刨边机、刨模机。

9）超声波及电加工机床：包括电解加工机床、电火花加工机床、电脉冲加工机床、刻线机、超声波电加工机床、阳极机械加工机床。

10）其他机床：包括车刀切断机、砂轮切断机、矫正切断机、带锯机、圆锯机、弓锯机、气割机、管子加工机床、金属材料试验机械。

11）木工机械：包括木工圆锯机、截锯机、细木工带锯机、普通木工带锯机、卧式木工带锯机、排锯机、镂锯机、木工刨床、木工车床、木工铣床及开榫机、木工钻床及榫槽机、木工磨光机、木工刃具修磨机。

12）跑车木工带锯机。

13）其他木工设备：包括拨料器、踢木器、带锯防护罩。

2. 计价定额工程量计算规则

1）金属切削设备安装以“台”为计量单位。

2）气动踢木器以“台”为计量单位。

3）带锯机保护罩制作与安装以“个”为计量单位。

3. 计价定额包括的内容

1）机体安装：底座、立柱、横梁等全套设备部件安装，以及润滑装置及润滑管道安装。

2）清洗组装时结合精度检查。

3）跑车杠带锯机跑车轨道安装。

4. 计价定额未包括的内容

1）设备的润滑、液压系统的管道附件加工、煨弯和阀门研磨。

2）润滑、液压的法兰及阀门连接所用的垫圈（包括紫（纯）铜垫）加工。

3）跑车木结构、轨道枕木、木保护罩的加工制作。

发生上述安装内容时，应另行计算。

3.4.3 锻压设备

1. 计价定额适用范围

1）机械压力机：包括固定台压力机、可倾压力机、传动开式压力机、闭式单（双）点压力机、闭式侧滑块压力机、单动（双动）机械压力机、切边压力机、切边机、拉伸压力机、摩擦压力机、精压机、模锻曲轴压力机、热模锻压力机、金属挤压机、冷挤压机、冲模回转头压力机、数控冲模回转压力机。

2）液压机：包括薄板液压机、万能液压机、上移式液压机、校正压装液压机、校直液压机、手动液压机、粉末制品液压机、塑料制品液压机、金属打包液压机、粉末热压机、轮轴压装液压机、轮轴压装机、单臂油压机、电缆包覆液压机、油压机、电极挤压机、油压装配机、热切边液压机、拉伸矫正机、冷拔管机、金属挤压机。

3）自动锻压机及锻压操作机：包括自动冷（热）镦机、自动切边机、自动搓丝机、滚丝机、滚圆机、自动冷成形机、自动卷簧机、多工位自动压力机、自动制钉机、平锻机、辊锻机、锻管机、扩孔机、锻轴机、镦轴机、镦机及镦机组、辊轧机、多工位自动锻造机、锻造操作机、无轨操作机。

4）模锻锤：包括蒸汽、空气两用模锻锤，无砧模锻锤，液压模锻锤。

5）自由锻锤及蒸汽锤：包括蒸汽空气两用自由锻锤、单臂自由锻锤、气动薄板落锤。

6）剪切机和弯曲校正机：包括剪板机、剪切机、联合冲剪机、剪断机、切割机、拉剪机、热锯机、热剪机、滚板机、弯板机、弯曲机、弯管机、校直机、校正机、校平机、校正弯曲压力机、切断机、折边机、滚波纹机、折弯压力机、扩口机、卷圆机、滚圆机、滚形机、整形机、扭拧机、轮缘焊渣切割机。

2. 计价定额工程量计算规则

1）空气锤、模锻锤、自由锻锤及蒸汽锤以“台”为计量单位。

2）锻造水压机以“台”为计量单位。

3. 计价定额包括的内容

1）机械压力机、液压机、水压机的拉紧螺栓及立柱热装。

2）液压机及水压机液压系统钢管的酸洗。

3）水压机本体安装包括底座、立柱、横梁等全部设备部件安装，润滑装置和润滑管道安装，缓冲器、充液罐等附属设备安装，分配阀、充液阀、接力电机操纵台装置安装，梯子、栏杆、基础盖板安装，立柱、横梁等主要部件安装前的精度预检，活动横梁导套的检查和刮研，分配器、充液阀、安全阀等主要阀件的试压和研磨，机体补漆，操纵台、梯子、栏杆、盖板、支撑梁、立式液罐和低压缓冲器表面刷漆。

4）水压机本体管道安装包括设备本体至第一个法兰以内的高低压水管、压缩空气管等本体管道安装、试压、刷漆；高压阀门试压、高压管道焊口预热和应力消除；高低压管道的酸洗；公称直径小于或等于70mm的管道煨弯。

5）锻锤砧座周围敷设油毡、沥青、砂子等防腐层以及垫木排找正时表面精修。

4. 计价定额未包括的内容

1）机械压力机、液压机、水压机拉紧大螺栓及立柱如需热装时所需的加热材料（如硅碳棒、电阻丝、石棉布、石棉绳等）。

2）除水压机、液压机外，其他设备的管道酸洗。

3）锻锤试运转中，锤头和锤杆的加热以及试冲击所需的枕木。

4）水压机工作缸、高压阀等的垫料、填料。

5）设备所需灌注的冷却液、液压油、乳化液等。

6）蓄势站安装及水压机与蓄势站的联动试运转。

7）锻锤砧坐垫木排的制作、防腐、干燥等。

8）设备润滑、液压和空气压缩管路系统的管子和管路附件的加工、焊接、揻弯和阀门的研磨。

9）设备和管路的保温。

10）水压机管道安装中的支架、法兰、纯（紫）铜垫圈、密封垫圈等管路附件的制作，管子和焊口的无损检测和机械强度试验。

发生上述安装内容时，应另行计算。

3.4.4　铸造设备

1. 计价定额适用范围

1）砂处理设备：包括混砂机、碾砂机、烘砂机、松砂机、筛砂机等。

2）造型及制芯设备：包括震压式造型机、震实式造型机、震实式制芯机、吹芯机、射芯机等。

3）落砂及清理设备：包括震动落砂机、型芯落砂机、圆形清理滚筒、喷砂机、喷丸器、喷丸清理转台、抛丸机等。

4）抛丸清理室：包括室体组焊、电动台车及旋转台安装，抛丸喷丸器安装，铁丸分配、输送及回收装置安装，悬挂链轨道及吊钩安装，除尘风管和铁丸输送管敷设，平台、梯子、栏杆等安装，设备单机试运转。

5）金属型铸造设备：包括卧式冷室压铸机、立式冷室压铸机、卧式离心铸造机等。

6）材料准备设备：包括C246及C246A球磨机、碾砂机、蜡模成形机械、生铁裂断机、涂料搅拌机等。

2. 计价定额工程量计算规则

铸造设备中的抛丸清理室的安装，以“室”为计量单位，以室所含设备质量“t”分列定额项目。抛丸清理室安装的“每1室”，是指除设备基础等土建工程及电气箱、开关、敷设电气管线等电气工程外，成套供应的抛丸机、回转台、斗式提升机、螺旋输送机、电动小车等设备以及框架、平台、梯子、栏杆、漏斗、漏管等金属结构件。设备质量是指上述全套设备加金属结构件的总质量，即计算设备质量时应包括抛丸机、回转台、斗式提升机、螺旋输送机、电动小车及框架、平台、梯子、栏杆、漏斗、漏管等金属结构的总质量。

铸铁平台安装以“10t”为计量单位，按方形平台或铸梁式平台的安装方式（安装在基础上或支架上）及安装时灌浆与不灌浆分列定额项目。

3. 计价定额未包括的内容

1）地轨安装。

2）抛丸清理室的除尘机及除尘器与风机间的风管安装。

3）垫木排仅包括安装，不包括制作、防腐等工作。

发生上述安装内容时，应另行计算。

3.4.5 起重设备

1. 计价定额适用范围

该计价定额适用于工业用的起重设备安装，起重量为0.5~400t；能适应不同结构、不同用途的起重机安装，包括手动、电动。

2. 计价定额工程量计算规则

（1）起重机　以“台”为计量单位，按起重机主钩的起重量“t”和跨距“m”分列定额项目。

（2）双小车起重机　以“台”为计量单位，按两个小车的起重量“t”分列定额项目。

（3）双钩挂梁桥式起重机　以“台”为计量单位，按两个钩的起重量“t”分列定额项目。

（4）梁式起重机、臂行及旋臂起重机、电动葫芦及单轨小车　以“台”为计量单位，按起重机的起重量“t”和不同类型及名称的起重机分列定额项目。

3. 计价定额包括的内容

1）起重机静负荷、动负荷及超负荷试运转。

2）必需的端梁铆接及脚手架搭拆。

3）解体供货的起重机现场组装。

4. 计价定额未包括的内容

试运转所需的重物供应和搬运，发生时，应另行计算。

3.4.6　起重机轨道

1. 计价定额适用范围

计价定额适用于工业用起重输送设备的轨道安装和地轨安装。

2. 计价定额工程量计算规则

1）起重机轨道安装以单根长度每“10m”为计量单位，按轨道的标准图号型号，固定形式和纵、横向孔距安装部位等来分列定额项目。

2）车挡制作按图示，以“t”为计量单位。车挡安装以“每组 4 个”为计量单位，按每个质量“t”分列定额项目。

3. 计价定额包括的内容

1）测量、领料、下料、矫直、钻孔。

2）钢轨切割、打磨、附件部件检查验收、组对、焊接（螺栓连接）。

3）车挡制作与安装的领料、下料、调直、组装、焊接、刷漆等。

4. 计价定额未包括的内容

1）吊车梁调整及轨道枕木干燥、加工、制作。

2）“8”字形轨道加工制作。

3）“8”字形轨道工字钢轨的立柱、吊架、支架、辅助梁等的制作与安装。

发生上述安装内容时，应另行计算。

3.4.7　输送设备

1. 计价定额适用范围

斗式提升机、刮板输送机、板式（裙式）输送机、螺旋输送机、悬挂输送机、固定式胶带输送机。

2. 计价定额工程量计算规则

输送设备安装按型号规格以“台”为计量单位；刮板输送机定额单位是按一组驱动装置计算的。超过一组时，按输送长度除以驱动装置组数（即 m/ 组），以所得 m/ 组数来选用相应子目。

例如：某刮板输送机，宽为 420mm，输送长度为 250mm，其中共有四组驱动装置测其 m/ 组为 250m 除以 4 组等于 62.52 组，应选用定额“420mm 宽以内；80m/ 组以内”的子目。现该机有四组驱动装置，因此将该子目的定额乘以 4.0，即得该台刮板输送机的费用。

3. 计价定额已包括的内容

设备本体（机头、机尾、机架、漏斗）、轨道、托辊、拉紧装置、制动装置、制动装置、附属平台梯子栏杆等的组对安装、敷设及接头。

4. 计价定额未包括的内容

1）钢制外壳、刮板、漏斗制作安装。

2）平台、梯子、栏杆制作。

3）输送带接头的疲劳性试验、振动频率试验、滚筒无损检测、安全保护装置灵敏可靠性等特殊试验。

发生上述安装内容时，应另行计算。

3.4.8　风机

1. 计价定额适用范围

离心式通（引）风机、轴流通风机、离心式鼓风机、回转式鼓风机的安装，离心式通（引）风机、轴流通风机、离心式鼓风机、回转式鼓风机的拆装检查。

1）离心式通（引）风机：包括中低压离心通风机、排尘离心通风机、耐腐蚀离心通风机、防爆离心通风机、高压离心通风机、锅炉离心通（引）风机、抽烟通风机、多翼式离心通风机、硫酸鼓风机、恒温冷暖风机、暖风机、低噪声离心通风机、低噪声屋顶离心通风机。

2）轴流通风机：包括工业轴流通风机、冷却塔轴流通风机、防爆轴流通风机、可调轴流通风机、屋顶轴流通风机、隔爆型轴流式局部扇风机的安装。

3）离心式鼓风机、回转式鼓风机（罗茨鼓风机、HGY 型鼓风机、叶式鼓风机）。

4）离心式通（引）风机、轴流通风机、离心式鼓风机、回转式鼓风机的拆装检查。

2. 计价定额工程量计算规则

风机安装以“台”为计量单位，以设备质量“t”分列定额子目。在计算设备质量时，直联式风机以本体及电动机、底座的总质量计算；非直联式的风机以本体和底座的总质量计算，不包括电动机质量，但电动机的安装已包括在定额内。

3. 风机安装计价定额包括的内容

1）风机本体、底座、电动机、联轴器与本体联体的附件、管道、润滑冷却装置等的清洗、刮研、组装、调试。

2）联轴器、皮带、减振器及安全防护罩安装。

4. 风机安装计价定额未包括的内容

1）风机底座、防护罩、键、减振器的制作。

2）电动机的抽芯检查、干燥、配线、调试。

发生上述安装内容时，应另行计算。

5. 风机拆装检查计价定额包括的内容

风机拆装检查定额包括设备本体及部件以及第一个阀门以内的管道等拆卸、清洗、检查、刮研、换油、调间隙及调配重、找正、找平、找中心、记录、组装复原。凡施工技术验收规范或技术资料规定，在实际施工中需进行拆装检查工作时，可套用相关定额。

6. 风机拆装检查计价定额未包括的内容

1）设备本体的整（解）体安装。

2）电动机安装及拆装、检查、调整、试验。

3）设备本体以外的各种管道的检查、试验等工作。

发生上述安装内容时，应另行计算。

3.4.9　泵

1. 计价定额适用范围

（1）离心式泵

1）单级离心泵、离心式耐腐蚀泵、多级离心泵、锅炉给水泵、冷凝水泵、热水循环泵。

2）离心油泵。

3）离心式杂质泵。

4）离心式深水泵、深井泵。

5）DB 型高硅铁离心泵。

6）蒸汽离心泵。

（2）旋涡泵

（3）往复泵

1）电动往复泵：一般电动往复泵、高压柱塞泵（3~4 柱塞）、电动往复泵、高压柱塞泵（6~24 柱塞）。

2）蒸汽往复泵：一般蒸汽往复泵、蒸汽往复油泵。

3）计量泵。

（4）转子泵　包括螺杆泵、齿轮油泵。

（5）真空泵

（6）屏蔽泵　包括轴流泵、螺旋泵。

2. 计价定额工程量计算规则

1）泵安装以“台”为计量单位，以设备质量“t”分列项目。在计算设备质量时，直联式泵以本体及电动机、底座的总质量计算；非直联式的泵以本体和底座的总质量计算，不包括电动机质量。直联式、非直联式安装均已包括电动机安装，不再另计。

2）离心式深水泵按本体、电动机、底座及吸水管的总质量计算。

3. 泵安装计价定额包括的内容

1）设备开箱检验、基础处理、垫铁设置、泵设备本体及附件（底座、电动机、联轴器、皮带等）吊装就位、找平找正、垫铁点焊、单机试车、配合检查验收。

2）设备本体与本体联体的附件、管道、滤网、润滑冷却装置的清洗、组装。

3）离心式深水泵的泵体吸水管、滤水网安装及扬水管与平面的垂直度测量。

4）联轴器、减振器、减振台、皮带安装。

4. 泵拆除检查计价定额包括的内容

泵拆除检查定额包括设备本体及部件以及第一个阀门以内管道等拆卸、清洗、检查、刮研、调间隙、找正、调平、找中心、记录、组装复原、配合检查验收。凡施工技术验收规范或技术资料规定，在实际施工中需进行拆装检查工作时，可套用相应定额。

5. 泵安装、拆除检查计价定额未包括的内容

1）底座、联轴器、键的制作。

2）泵排水管道组对安装。

3）电动机的检查、干燥、配线、调试等。

4）试运转时所需排水的附加工程（如修筑水沟、接排水管等）。

发生上述安装内容时，应另行计算。

3.4.10　压缩机

1. 计价定额适用范围

活塞式 L 及 Z 型 2 列、3 列压缩机，活塞式 V、W、S 型压缩机，制冷压缩机，回转式螺杆压缩机，离心式压缩机，活塞式 2M（2D）、4M（4D）型电动机驱动对称平衡压缩机安

装；离心式压缩机电动机驱动无垫铁安装；活塞式H型中间直联同步压缩机及中间同轴同步压缩机安装。

2. 计价定额工程量计算规则

1）整体安装压缩机的设备质量，按同一底座上的压缩机本体、电动机、仪表盘及附件、底座等总质量计算。

2）解体安装压缩机按压缩机本体、附件、底座及随本体到货附属设备的总质量计算，不包括电动机、汽轮机及其他动力机械的质量。电动机、汽轮机及其他动力机械的安装按相应项目另行计算。

3）D、M、H型对称平衡式压缩机［包括活塞式2D（2M）型对称平衡式压缩机、活塞式4D（4M）型对称平衡式压缩机、活塞式H型中间宜联同步压缩机］的重量，按压缩机本体、随本体到货的附属设备的总质量计算，不包括附属设备的安装，附属设备的安装按相应项目另行计算。

3. 压缩机安装计价定额包括的内容

1）设备本体及与主机本体联体的附属设备、附属成品管道、冷却系统、润滑系统以及支架、防护罩等附件的安装。

2）与主机在同一底座上的电动机安装。

3）空负荷试车。

4. 压缩机安装计价定额未包括的内容

1）除与主机在同一底座上的电动机已包括安装外，其他类型解体安装的压缩机，均不包括电动机、汽轮机及其他动力机械的安装。

2）与主机本体联体的各级出入口第一个法兰外的各种管道、空气干燥设备及净化设备、油水分离设备、废油回收设备、自控系统及仪表系统安装，以及支架、沟槽、防护罩等制作、加工。

3）介质的充灌。

4）主机本体循环油（按设备带有考虑)。

5）电动机拆装检查及配线、接线等电气工程。

6）负荷试车及联动试车。

发生上述安装内容时，应另行计算。

3.4.11　工业炉

1. 计价定额适用范围

（1）电弧炼钢炉

（2）无芯工频感应电炉　包括熔铁、熔铜、熔锌等熔炼电炉。

（3）电阻炉、真空炉、高频及中频感应炉

（4）冲天炉　包括长腰三节炉、移动式直线曲线炉胆热风冲天炉、燃重油冲天炉、一般冲天炉及冲天炉加料机构等。

（5）加热炉及热处理炉

1）按型式分为室式炉、台车式炉、推杆式炉、反射式炉、链式炉、贯通式炉、环形炉、传送式炉、箱式炉、槽式炉、开隙式炉、井式（整体组合）炉、坩埚式炉等。

2）按燃料分为电炉、天然气炉、煤气炉、重油炉、煤粉炉、煤块炉等。

（6）解体结构井式热处理炉　包括电阻炉、天然气炉、煤气炉、重油炉、煤粉炉等。

2. 计价定额工程量计算规则

1）电弧炼钢炉、无芯工频感应电炉安装，以“台”为计量单位，以设备容量“t”分列定额项目。无芯工频感应电炉安装是按每一炉组为二台炉子考虑，如每一炉组为一台炉子时，则相应子目乘以系数 0.6。

2）冲天炉安装，以“台”为计量单位，按设备熔化率（t/h）分列定额项目。冲天炉的加料机构，按各类型式综合考虑，已包括在冲天炉安装内。冲天炉出渣轨道安装，套用计价定额地坪面上安装轨道的相应子目。

3）加热炉及热处理炉，如为整体结构（炉体已组装并有内衬砌体），则定额人工乘以系数 0.7，计算设备质量时应包括内衬砌体的质量；如为解体结构（炉体是金属结构件，需现场组合安装，无内衬砌体），则定额不变，计算设备质量时不包括内衬砌体的质量。对内衬砌体部分，应执行炉窑砌筑工程定额的相应项目及工程量计算规则。

3. 计价定额包括的内容

1）无芯工频感应电炉的水冷管道、油压系统、油箱、油压操纵台等安装以及油压系统的配管、刷漆。

2）电阻炉、真空炉以及高频、中频感应炉的水冷系统、润滑系统、传动装置、真空机组、安全防护装置等安装。

3）冲天炉本体和前炉安装。

4）冲天炉加料机构的轨道、加料车、卷扬装置等安装。

5）加热炉及热处理炉的炉门升降机构、轨道、炉箅、喷嘴、台车、液压装置、拉杆或推杆装置、传动装置、装料、卸料装置等。

4. 计价定额未包括的内容

1）各类工业炉安装均不包括炉体内衬砌筑。

2）电阻炉电阻丝的安装。

3）热工仪表系统安装、调试。

4）风机系统的安装、试运转。

5）液压泵房站的安装。

6）阀门的研磨、试压。

7）台车的组立、装配。

8）冲天炉出渣轨道的安装。

9）解体结构井式热处理炉的平台安装。

10）设备二次灌浆。

11）烘炉。

发生上述安装内容时，应另行计算。

3.4.12　煤气发生设备

1. 计价定额适用范围

以煤或焦炭作燃料的冷热煤气发生炉及其各种附属设备、容器、构件的安装，气密试验，分节容器外壳组对焊接。

2. 计价定额工程量计算规则

1）煤气发生设备安装以“台”为计量单位，按炉膛内径（m）和设备质量选用定额项目。

2）安装煤气发生炉时，如其炉膛内径与定额规定相近，质量大于 10% 时，按式（3-1）求得设备质量差系数，再乘以表 3-3 所示的相应定额调整系数调整安装费。

$$设备质量差系数 = 设备实际质量 / 定额设备质量 \tag{3-1}$$

表 3-3　定额调整系数

设备质量差系数	1.1	1.2	1.4	1.6	1.8
安装费调整系数	1.0	1.1	1.2	1.3	1.4

3）洗涤塔电气滤清器竖管附属设备安装，以“台”为计量单位，按设备名称、规格型号分列定额项目。

4）煤气发生设备的附属设备及其他容器构件，以“t”为计量单位，按单位质量小于或等于 0.5t 和大于 0.5t 分列两个定额项目。

5）煤气发生设备分节容器外壳组焊，以“台”为计量单位，按“设备外径（m）/ 组成节数”分列定额项目。如所焊设备外径大于 3m，则以 3m 外径及组成节数（3/2、3/3）的子目为基础，乘以表 3-4 中相应的调整系数。

表 3-4　调整系数

设备外径（m）/ 组成节数	4/2	4/3	5/2	5/3	6/2	6/3
调整系数	1.34	1.34	1.67	1.67	2.00	2.00

6）除洗涤塔外，其他各种附属设备外壳均按整体安装考虑，如为解体安装需要在现场焊接时，除执行相应整体安装子目外，尚需执行“煤气发生设备分节容器外壳组焊”的相应子目。且该子目是按外圈焊接考虑。如外圈和内圈均需焊接时，则按相应子目乘以系数 1.95。

3. 计价定额包括的内容

1）煤气发生炉本体及其底部风箱、落灰箱安装，灰盘、炉箅及传动机构安装，水套、炉壳及支柱、框架、支耳安装，炉盖加料筒及传动装置安装，上部加煤机安装，本体其他附件及本体管道安装。

2）无支柱悬吊式（如 W-G 型）煤气发生炉的料仓、料管安装。

3）炉膛内径 1m 及 1.5m 的煤气发生炉包括随设备带有的给煤提升装置及轨道平台安装。

4）电气滤清器安装包括沉电极、电晕极检查、下料、安装，顶部绝缘子箱外壳安装。

5）竖管及人孔清理、安装，顶部装喷嘴和本体管道安装。

6）洗涤塔外壳组装及内部零件、附件以及必须在现场装配的部件安装。

7）除尘器安装包括下部水封安装。

8）盘阀、钟罩阀安装包括操纵装置安装及穿钢丝绳。

9）水压试验、密封试验及非密闭容器的灌水试验。

4. 计价定额未包括的内容

1）煤气发生炉炉顶平台安装。

2）煤气发生炉支柱、支耳、框架因接触不良而需要的加热和修整工作。

3）洗涤塔木格层制作及散片组成整块、刷防腐漆。

4）附属设备内部及底部砌筑、填充砂浆及填瓷环。

5）洗涤塔、电气滤清器等的平台、梯子、栏杆安装。

6）安全阀防爆薄膜试验。

7）煤气排送机、鼓风机、泵安装。

发生上述安装内容时，应另行计算。

3.4.13　制冷设备

1. 计价定额适用范围

1）制冷机组包括活塞式制冷机、螺杆式冷水机组、离心式冷水机组、热泵机组、溴化锂吸收式制冷机。

2）制冰设备包括快速制冰设备、盐水制冰设备、搅拌器。

3）冷风机包括落地式冷风机、吊顶式冷风机。

4）制冷机械配套附属设备包括冷凝器、蒸发器、贮液器、分离器、过滤器、冷却器、玻璃钢冷却塔、集油器、油视镜、紧急泄氨器等。

5）制冷容器单体试密与排污。

2. 计价定额工程量计算规则

1）制冷机组安装以“台”为计量单位，按设备类别、名称及机组质量“t”选用定额项目。

2）制冰设备安装以“台”为计量单位，按设备类别、名称、型号及质量选用定额项目。

3）冷风机安装以“台”为计量单位，按设备名称、冷却面积及质量选用定额项目。

4）立式、卧式管壳式冷凝器、蒸发器、淋水式冷凝器、蒸发式冷凝器、立式蒸发器、中间冷却器、空气分离器均以“台”为计量单位，按设备名称、冷却或蒸发面积（m^2）及质量选用定额项目。

5）立式低压循环储液器和卧式高压储液器（排液桶）以“台”为计量单位，按设备名称、容积（m^3）和质量选用定额项目。

6）氨油分离器、氨液分离器、氨气过滤器、氨液过滤器安装以“台”为计量单位、按设备名称、直径（mm）和质量选用定额项目。

7）玻璃钢冷却塔以“台”为计量单位，按设备处理水量（m^3/h）选用定额项目。

8）集油器、油视镜、紧急泄氨器以“台”或“支”为计量单位，按设备名称和设备直径（mm）选用定额项目。

9）制冷容器单体试密与排污以“每次 / 台”为计量单位，按设备容量（m^3）选用定额项目。

10）制冷机组、制冰设备和冷风机的设备质量按同一底座上的主机、电动机、附属设备及底座的总质量计算。

3. 计价定额包括的内容

1）设备整体、解体安装。

2）设备带有的电动机、附件、零件等安装。

3）制冷机械附属设备整体安装；随设备带有与设备联体固定的配件（放油阀、放水阀、安全阀、压力表、水位表）等安装。

4）制冷容器单体气密试验（包括装拆空气压缩机本体及连接试验用的管道、装拆盲板、通气、检查、放气等）与排污。

4. 计价定额未包括的内容

1）与设备本体非同一底座的各种设备、起动装置与仪表盘、柜等的安装、调试。

2）电动机及其他动力机械的拆装检查、配管、配线、调试。

3）非设备带有的支架、沟槽、防护罩等的制作安装。

4）设备保温及油漆。

5）加制冷剂、制冷系统调试。

3.4.14　其他机械安装及设备灌浆

1. 计价定额适用范围

1）润滑油处理设备包括压力滤油机、润滑油再生机组、油沉淀箱。

2）制氧设备包括膨胀机、空气分馏塔及小型制氧机械配套附属设备（洗涤塔、干燥器、碱水拌和器、纯化器、加热炉、加热器、储氧器、充氧台）。

3）其他机械包括柴油机、柴油发电机组、电动机及电动发电机组、空气压缩机配套的储气罐、乙炔发生器及其附属设备、水压机附属的蓄势罐。

4）设备灌浆包括地脚螺栓孔灌浆、设备底座与基础间灌浆。

2. 计价定额工程量计算规则

1）润滑油处理设备以“台”为计量单位，按设备名称、型号及质量（t）选用定额项目。

2）膨胀机以“台”为计量单位，按设备质量（t）选用定额项目。

3）柴油机、柴油发电机组、电动机及电动发电机组以“台”为计量单位，按设备名称和重量（t）选用定额项目。大型电机安装以“t”为计量单位。

4）储气罐以“台”为计量单位，按设备容量（m^3）选用定额项目。

5）乙炔发生器以“台”为计量单位，按设备规格（m^3/h）选用定额项目。

6）乙炔发生器附属设备以“台”为计量单位，按设备质量（t）选用定额项目。

7）水压机蓄水罐以“台”为计量单位，按设备质量（t）选用定额目。

8）小型整体安装空气分馏塔以“台”为计量单位，按设备型号规格选用定额项目。

9）小型制氧附属设备中，洗涤塔、加热炉、加热器、储氧器及充氧台以“台”为计量单位，干燥器和碱水拌和器以“组”为计量单位，纯化器以“套”为计量单位，以上附属设备均按设备名称及型号选用定额项目。

10）设备减振台座安装以“座”为计量单位，按台座质量（t）选用定额目。

11）地脚螺栓孔灌浆、设备底座与基础间灌浆，以“m^3”为计量单位，按一台备灌浆体积（m^3）选用定额项目。

12）座浆垫板安装以"墩"为计量单位，按垫板规格尺寸（mm）选用定额。

3. 计算工程量时的注意事项

1）乙炔发生器附属设备、水压机蓄水罐、小型制氧机械配套附属设备及解体安装空气分馏塔等设备质量的计算应将设备本体及与设备联体的阀门、管道、支架、平台、梯子、保护罩等的质量计算在内。

2）乙炔发生器附属设备是按"密闭性设备"考虑的。如为"非密闭性设备"时测相应定额的人工、机械乘以系数 0.8。

3）润滑处理设备、膨胀机、柴油机、电动机及电动发动机组等设备质量的计算方法：在同一底座上的机组按整体总质量计算；非同一底座上的机组按主机、辅机及底座的总质量计算。

4）柴油发电机组定额的设备质量，按机组的总质量计算。

5）以"型号"作为项目时，应按设计要求（或实物）的型号执行相同的项目。新旧型号可以互换。相近似的型号，如实物的质量相差小于或等于 10% 时，可以执行该子目。

6）所有设备地脚螺栓孔灌浆、设备底座与基础间灌浆套用相应定额项目；灌浆材料定额是按水泥、碎石、砂子等来考虑；当实际灌浆材料与本标准中材料不一致时，扣除定额材料费，灌浆材料另计。

4. 计价定额包括的内容

1）设备整体、解体安装。

2）整体安装的空气分馏塔包括本体及本体第一个法兰内的管道、阀门安装；与本体联体的仪表、转换开关安装；清洗、调整、气密试验。

3）设备带有的电动机安装；主机与电动机组装联轴器或皮带机。

4）储气罐本体及与本体联体的安全阀、压力表等附件安装，气密试验。

5）乙炔发生器本体及与本体联体的安全阀、压力表、水位表等附件安装；附属设备安装、气密试验或试漏。

6）水压机蓄势罐本体及底座安装；与本体联体的附件安装，酸洗、试压。

5. 计价定额未包括的内容

1）各种设备本体制作以及设备本体第一个法兰以外的管道、附件安装。

2）电动机及其他动力机械的拆装检查、配管、配线、调试。

3）平台、梯子、栏杆等金属构件制作、安装（随设备到货的平台、梯子、栏杆的安装除外）。

4）小型制氧设备及其附属设备的试压、脱脂、阀门研磨，稀有气体及液氧或液氮的制取系统安装。

5）空气分馏塔安装前的设备、阀门脱脂、试压；冷箱外的设备安装；阀门研磨、结构、管件、吊耳临时支撑的制作。

6）其他机械安装不包括刮研工作；与设备本体非同一底座的各种设备、起动装置、仪表盘、柜等的安装、调试。

发生上述安装内容时，应另行计算。

6. 注意事项

1）乙炔发生器附属设备、水压机蓄水罐、小型制氧机械配套附属设备及解体安装空气分偕塔等设备质量的计算应将设备本体及与设备联体的阀门、管道、支架、平台、梯子、保护罩等的质量计算在内。

2）乙炔发生器附属设备是按“密闭性设备”考虑的。如为“非密闭性设备”时测相应定额的人工、机械乘以系数0.8。

3）润滑处理设备、膨胀机、柴油机、电动机及电动发动机组等设备质量的计算方法：在同一底座上的机组按整体总质量计算；非同一底座上的机组按主机、辅机及底座的总重量计算。

4）柴油发电机组定额的设备质量，按机组的总质量计算。

5）以“型号”作为项目时，应按设计要求的型号执行相同的项目。新旧型号可以互换。相近似的型号，如实物的质量相差在10%以内时，可以执行该定额。

6）计价定额所有设备地脚螺栓孔灌浆、设备底座与基础间灌浆套用相应定额项目；灌浆材料定额是按水泥、碎石、砂子等来考虑；当实际灌浆材料与计价定额中材料不一致时，扣除定额材料费，灌浆材料另计。

3.5 机械设备安装工程措施项目费

3.5.1 安全文明施工费

安全文明施工措施清单编码为031302001，内容包括环境保护、文明施工、安全施工以及临时设施相关工作产生的费用。计算公式为

$$安全文明施工费 = \sum分部分项工程及单价措施项目（定额人工费 + 定额机械费）\times 费率 \tag{3-2}$$

3.5.2 专业措施项目

1. 脚手架搭拆费

起重设备安装、起重机轨道安装的脚手架搭拆费，按定额人工费的8%计算，其中人工占35%，机械占5%，措施项目清单编码为031301017001。

2. 操作高度增加费

操作高度增加措施清单编码借用房屋建筑与装饰工程清单编码011704001。

设备底座的安装标高，如超过地平面正或负10m时，其超出的部分按定额的人工和机械乘以表3-5中相应的调整系数。

表3-5 操作高度增加费系数

设备底座正或负标高（m）	≤20	≤30	≤40	≤50
系数	1.15	1.20	1.30	1.50

本章小结

1. 本章根据《通用安装工程工程量计算规范》附录A介绍了机械设备安装工程的工程量计算规则，参考2020年《四川省建设工程工程量清单计价定额——通用安装工程》中“机械设备安装工程”分册的规定介绍了机械设备安装工程工程量清单计价。

2. 机械设备安装工程的工程量计算规范的计算规则与计价定额的工程量计算规则基本一致，一般按质量分档以“台”计。计价定额的计量规则、工作内容描述得更为详细，编制工程量清单时可参照理解。

3. 注意脚手架搭拆工作费的计算。

4. 设备搬运。

1）安装现场内的设备搬运，计价定额已综合考虑，设备的装卸有起重机装卸和人力装卸；水平运输有卷扬机拉运，绞磨拉运，滚杠运，人力滚运、抬运、滑运；垂直运输有用卷扬机、起重机、绞磨等方法。安装现场内的搬运无论用何种方法均不调整。

2）设备从仓库运至安装现场指定地点的搬运工作，应另行计算。

3）因场地狭小，有障碍物（沟、坑）等所引起的设备、材料、机具等增加的二次搬运、装拆工作，应另行计算。

5. 设备基础的清洗与验收。

1）设备安装包括基础铲麻面、清洗、验收、画线定位。

2）设备安装不包括基础的铲磨，地脚螺栓孔的修整、预压，以及在木砖地层上安装设备所需增加的费用。

6. 垫铁。

1）设备安装包括一般垫铁的制作与安装。

2）设备安装不包括专用垫铁、特殊垫铁（如螺栓调整垫铁、球形垫铁等）和地脚螺栓的制作和安装。

7. 除3.4.2~3.4.13节注明者外，设备安装均包括地脚螺栓孔灌浆和设备底座与基础间灌浆。当设备安装需要两次以上灌浆，按3.4.14节相应子目计取。若采用新技术无垫铁坐浆施工法时，只调整灌浆料价差，人工、机械消耗量不变。

8. 设备调试与试运转。

1）计价定额包括施工及验收规范中规定的设备调整、试验及无负荷试运转。

2）计价定额不包括设备本体无负荷试运转所用的水、电、气、油、燃料等费用，发生时另行按实计算。

3）计价定额不包括负荷试运转、联合试运转、生产准备试运转，发生时另行按实计算。

思考题与习题

1.《通用安装工程工程量计算规范》“附录A机械设备安装工程”的适用范围包括哪些？熟悉《通用安装工程工程量计算规范》附录A对机械设备的分类。

2. 通过学习机械设备安装工程量清单计量，总结机械设备安装工程的一般工程量计算规则。

3. 如何确定设备的质量？《通用安装工程工程量计算规范》附录A与2020年《四川省建设工程工程量清单计价定额——通用安装工程》中“机械设备安装工程”分册的规定是否一致？

4. 《通用安装工程工程量计算规范》如何划分机械设备安装与其他安装工程（如电气设备安装工程、工业管道工程等）的界线？

5. 2020年《四川省建设工程工程量清单计价定额——通用安装工程》在确定机械设备安装工程分部分项综合单价时的作用是什么？

6. 安装现场、安装地点、指定堆放地点、解体安装、拆装检查（或解体拆装）概念的含义是什么？上述概念可能产生的费用如何计取？2020年《四川省建设工程工程量清单计价定额——通用安装工程》中“机械设备安装工程”分册是如何规定的？

7. 机械设备安装工程需要考虑哪些措施费用？如何计取这些措施费用？

4

第4章 电气设备安装工程

建筑电气工程主要分为强电和弱电两部分。一般来说强电的处理对象是能源（电力），其特点是电压高、电流大、功率大、频率低，主要考虑的问题是减少损耗、提高效率；弱电的处理对象主要是信息，即信息的传送和控制，其特点是电压低、电流小、功率小、频率高，主要考虑的问题是信息传送的效果，如信息传送的保真度、速度、广度、可靠性。本章主要讲授强电（建筑电气设备）安装工程的计量与计价。弱电工程，即本章的建筑智能化工程，主要包括综合布线系统、建筑信息综合管理系统、有线电视系统、音频视频系统、安全防范系统等，实际工程中往往做到管道的敷设，其余（如线缆穿管、设备安装）由专业公司（如电信）施工。

4.1 电气设备安装工程概述

在建设项目中，电力系统包括发电厂、输电线路、变电所、配电线路及用电设备，如图4-1所示。输送用户的电能经过了以下几个环节：发电→升压→高压送电→降压→10kV高压配电→降压→0.38kV低压配电→用户。

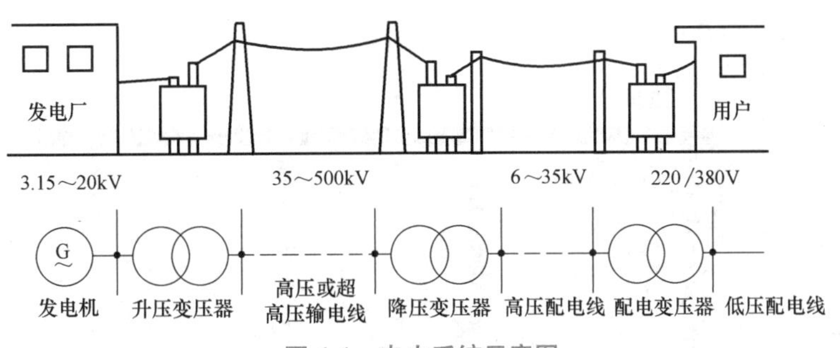

图4-1 电力系统示意图

通常将35kV及其以上的电压线路称为输（送）电线路，10kV及其以下的电压线路称为配电线路。将额定1kV以上电压称为“高电压”，1kV以下电压称为“低电压”。220V、380V、6kV、10kV、35kV、110kV、220kV、330kV、500kV是目前我国常用的电压等级。380V电压用于民用建筑内部动力设备供电或工业生产设备供电，220V电压多用于向生活设备、小型生产设备及照明设备供电。

建筑电气设备安装工程是指新建、扩建工程中10kV以下变配电设备及线路安装、车间动力电气设备及电气照明器具、防雷及接地装置安装、配管配线、电气调整试验等建筑强电工程。

4.1.1　电气设备安装工程系统组成

1. 变配电工程

变配电工程将电源接入、降压并分配给用户，它的范围为电力网接入电源点到分配电能的输出点，由变电设备和配电设备两部分组成，同时还包括变配电工程内的照明、防雷接地工程。

2. 动力工程

动力工程将电能作用于电动机使动力设备（一般指三相设备）运转：电源引入→各种控制设备（如动力开关柜、箱、屏及闸刀开关等）→配电管线（包括二次线路）→电动机或用电设备以及接地、调试。

3. 照明工程

照明工程是将电能作用于照明设备（一般指单相设备），通过电光源将电能转换为光能：电源引入→控制设备→配电线路→照明灯器具（包括插座）。

4. 防雷接地工程

建筑物的防雷装置一般由接闪器、引下线、接地装置三部分组成。等电位联结是将建筑物内的金属构架、金属装置、电气设备不带电的金属外壳和电气系统的保护导体等与接地装置做可靠的电气联结。由于建筑物的防雷系统也需要做接地装置，因此建筑物防雷保护与电气设备保护可共用同一接地系统，合并设计并安装。

4.1.2　变配电装置、控制设备及低压电器

目前，我国的建筑变配电系统一般由以下环节构成：高压进线→ 10kV 高压配电→变压器变压→ 0.38kV 低压配电、低压无功补偿，如图 4-2 所示。变压器是利用电磁感应的原理来改变交流电压的装置。配电装置是计量和控制电能的分配装置，由母线、控制开关设备、保护电器、测量仪表和其他附件等组成。

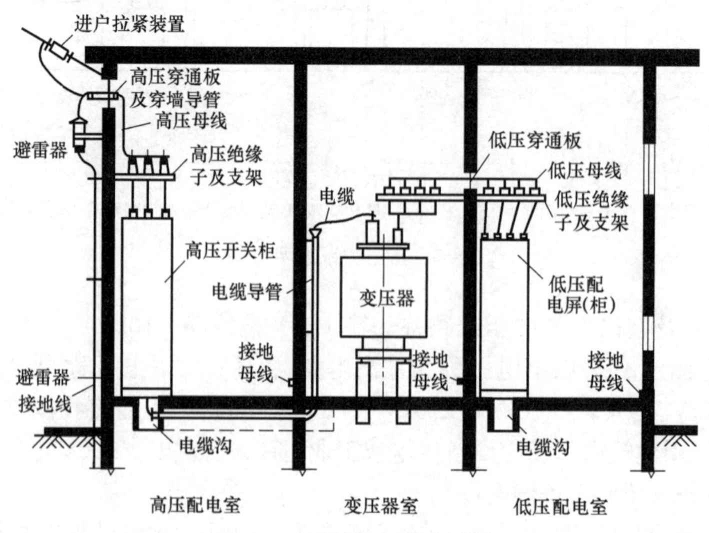

图 4-2　变配电装置示意图

控制设备一般称为低压配电装置，一般以支架和面板为基本结构，做成柜、箱、屏、台等形式，是集中装有控制开关、熔断器、测量仪器、信号和监控装置等的成套设备。低压电器与高压电器名称相对，但额定电压不同，包括刀开关、自动开关、控制器、接触器、启动器、继电器、熔断器等。

1. 变压器

变压器的主要功能有：电压变换、电流变换、阻抗变换、隔离、稳压（磁饱和变压器）等。按冷却介质分类，可分为：干式变压器、液（油）浸变压器及充气变压器等。按用途分类，可分为：电力变压器、特种变压器（电炉、整流、工频试验变压器，矿用、音频变压器，中频、高频变压器，冲击、仪用、电子变压器等）。按线圈数量分类，可分为：自耦变压器、双绕组、三绕组、多绕组变压器等。按调压方式分类，可分为无励磁调压变压器、有载调压变压器。

2. 配电装置

10kV以下配电装置常用的控制开关设备有断路器、隔离开关和负荷开关三大类。保护电器、测量仪表和其他附件主要有熔断器、避雷器、互感器、电抗器、电容器等。

1）断路器是指能够关合、承载和开断正常回路条件下的电流，并能关合、在规定的时间内承载和开断异常回路条件（包括短路条件）下的电流的开关装置。断路器可用来不频繁地启动异步电动机，对电源线路及电动机等实行保护，当它们发生严重的过载或者短路及欠压等故障时能自动切断电路，并且在分断故障电流后一般不需要变更零部件。断路器按灭弧介质可分为油浸式断路器、六氟化硫断路器、真空式断路器和空气式断路器。

2）隔离开关的作用是断开无负荷电流的电路，使所检修的设备与电源有明显的断开点，以保证检修人员的安全。隔离开关没有专门的灭弧装置，不能切断负荷电流和短路电流，所以必须在断路器断开电路的情况下才可以操作隔离开关。

3）负荷开关是介于断路器和隔离开关之间的一种开关电器，具有简单的灭弧装置，能切断额定负荷电流和一定的过载电流，但不能切断短路电流。

4）接触器是指能频繁关合、承载和开断正常电流及规定的过载电流的开断和关合装置。一般情况下，断路器的额定电流比接触器大，具有很好的短路电流开断能力，而接触器需要和熔断器配合才能开断短路电流；但接触器的额定电流开断次数要比断路器多，适合频繁操作。

5）互感器是按比例变换电压或电流的设备。电力系统为了传输电能，往往采用交流电压、大电流回路把电力送往用户，无法用仪表进行直接测量。互感器的功能主要是将交流电压和大电流按比例降到可以用仪表直接测量的数值，便于仪表直接测量，同时为继电保护和自动装置提供电源。互感器性能的好坏，直接影响电力系统测量、计量的准确性和继电器保护装置动作的可靠性。

6）熔断器是当电流超过规定值时，以本身产生的热量使熔体熔断，断开电路的一种电器。根据使用电压可分为高压熔断器和低压熔断器。

7）避雷器是能释放雷电并能释放电力系统过电压能量，保护电气设备免受瞬时过电压危害，又能截断续流，不致引起系统接地短路的电器装置。避雷器通常接于带电导线与大地之间，与被保护设备并联。当过电压值达到规定的动作电压时，避雷器立即动作，流过电荷，限制过电压幅值，保护设备绝缘；电压值正常后，避雷器又迅速恢复原状，以保证系统正常供电。

8）电容器是由两片接近并相互绝缘的导体制成的储存电荷和电能的器件。电力电容器包括移相电容器、串联电容器、耦合电容器、均压电容器等。移相电容器又称并联补偿电容器，其作用主要是并联在线路上提高线路的功率因数，减少电压和电流谐振，提高电力系统的稳定性。

9）电抗器也叫“电感器”。导体通电时就会在其所占据的一定空间范围产生磁场，所以所有能载流的电导体都有一般意义上的电感性。然而通电长直导体的电感较小，所产生的磁场不强，因此实际的电抗器是导线绕成螺线管形式，称“空心电抗器”；有时为了让这只螺线管具有更大的电感，便在螺线管中插入铁心，称“铁心电抗器”。电抗分为感抗和容抗，感抗器（电感器）和容抗器（电容器）可统称为电抗器，然而由于过去先有了电感器，并且被称为电抗器，所以现在人们所说的电容器就是容抗器，而电抗器专指电感器。电抗器按结构及冷却介质可分为空心式、铁心式、干式、油浸式等，如干式空心电抗器、干式铁心电抗器、油浸铁心电抗器、油浸空心电抗器、夹持式干式空心电抗器、绕包式干式空心电抗器、水泥电抗器等。

10）高压成套配电柜是将断路器、隔离开关、互感器、熔断器、避雷器、电容器、操作机构以及控制、测量仪表等电器，用母线连接起来，布置在金属柜内形成的成套设备。

11）箱式变电站是一种将高压开关设备、配电变压器和低压配电装置按一定接线方案排成一体的工厂预制户内、户外紧凑式配电设备，即将高压受电、变压器降压、低压配电等功能有机地组合在一起，安装在一个防潮、防锈、防尘、防鼠、防火、防盗、隔热、全封闭、可移动的钢结构箱体内，机电一体化，全封闭运行。

3. 控制设备及低压电器

1）控制屏是以支架和面板为基本结构，集中装有测量仪器、信号和监督装置及控制开关，遥控和显示电气设备或电力系统运行情况的成套设备。

2）继电、信号屏具有灯光、音响报警功能，分为带冲击继电器的信号屏和不带冲击继电器的信号屏两种。

3）模拟屏是一种应用于配电室、变电所和变电站中的电力设备，属于必配装置之一，其主要功能是用于防止电力误操作。模拟屏上有电气主结线图，有能进行操作前预演的手柄（俗称“钮子开关”）和能指示设备状态的指示灯等。

4）低压开关柜常用于发电厂、石油、化工、冶金、纺织等行业，以及高层建筑内，作为输电、配电及电能转换之用。低压开关柜的类型很多，主要从结构上分为固定式和抽屉式两种，从连接上分为焊接式和紧固件式两种。

5）箱式配电室是按设计线路要求将配电设备，如控制、信号、配电等功能装置，依序组装在一个箱或者几个钢板制作的箱中，运输到现场后，直接安装在基础上，用电缆作为进出线连接即成配电室。因为它为一系列箱体组成，也称为“集装箱式配电室”。

6）整流柜是一种直流输出装置，输出电压不可控。可控硅整流柜作为一种大功率直流输出装置，其输出的直流电压和直流电流是可以调节的，可以为发电机的转子提供励磁电压和电流。

7）励磁屏是向发电机或者同步电动机定子提供定子电源的装置。直流电动机在转动过程中，励磁就是控制定子的电压使其产生的磁场变化，改变直流电动机的转速，改变励磁同样起到改变转速的作用。发动机正常运行时由励磁系统为其提供所需的励磁电流，发动机组停机时，灭磁装置工作将发动机的励磁电流安全地减到零，灭磁将发动机从空载状态变成了空转状态，是停机过程中的一个步骤。

8）直流馈电屏：作为电源及信号显示报警，以及为复杂的高压或低压（高压更常用）配电系统的自动或电动操作提供电源，还可以与中央信号屏综合设计在一起。其组成有交流电源、整流装置、充电机（稳流、稳压）、蓄电池组、直流配电系统。

9）事故照明切换屏：当正常电源出现故障或火灾等事故时，由事故电源继续供电，以保证发电厂、变电所、配电室公共场所等重要部门的照明，因为正常照明和事故照明的切换装置安装在一个屏内，故命名为事故照明切换屏。

10）控制台一般为落地安装，人坐其前进行操作，控制台内装有电源开关、保险装置、继电器或接触器等装置，对指定设备进行控制。控制箱则一般挂墙或支架上安装，里面装有电源开关、保险装置、继电器或接触器等装置，对指定设备进行控制。

11）配电箱专为供电用，分为电力配电箱和照明配电箱，箱内装有电源开关（断路器、隔离开关、空气开关或刀开关）、测量仪表等元件。插座箱即插座配电箱，箱内装有单控开关、多位开关或插座开关、插座、断路器等元件。

12）控制开关用于隔离电源或接通及断开电路，包括自动空气开关、刀型开关、铁壳开关、胶盖刀闸开关、组合控制开关、万能转换开关、风机盘管三速开关、漏电保护开关等。

13）低压熔断器可分为插入式熔断器（RC）、螺旋式熔断器（RL）、封闭管式熔断器（RT、RM）及快速熔断器（RS）等。

14）限位开关又称“行程开关”，可以安装在相对静止的物体（如固定架、门框等，简称“静物”）上或者运动的物体（如行车、门等，简称“动物”）上。当动物接近静物时，由开关接点的开、合状态的改变去控制电路和机器设备。

15）控制器：具有多位置切换线路的功能，因而能轻易改变电动机绕组的接法，或改变外加电阻，直接控制或遥控电动机的启动、调速、反转和停止的一种电器。

16）接触器有低压高压之分，也可分为交流接触器、直流接触器。接触器利用线圈通电产生磁场，使主电路的触头能频繁的接通或断开，以达到控制负载的一种电器，主要用于电力拖动系统中。

17）磁力启动器[⊖]具有欠压和过载保护作用，是用于直接启动电动机的一种电器。它由交流接触器和热继电器组成，其主件接触器靠电磁力来工作。

18）Y-△自耦减压启动器一般由自耦变压器、静触头和动触头、热继电器、欠压继电器及启动按钮等组成，作为功率较大的交流电动机的启动电器，以限制启动电流。

19）电磁铁（电磁制动器）借助电磁力的作用，产生（或消除）制动功能的制动器，具有响应速度快，结构简单等优点。

20）快速自动开关的容量规格为 1000~4000A，又带有分项隔离的消弧罩，具有快速切断大电流的特点。

21）电阻器是在电路中限制电流或将电能转变为热能的电器。变阻器是在不断开电路的

⊖ 《通用安装工程工程量计算规范》（GB 50856—2013）中磁力启动器、减压启动器在《电工术语　低压电器》（GB/T 2900.18—2008）中分别称为电磁起动器和减压起动器。

情况下分级或均匀地改变阻值的电阻器。

22）分流器常与测量仪器仪表的电流电路并联，以扩大其测量范围；或在其上测量电压，从而间接测量电流。

23）小电器包括风扇、开关、插座、按钮、电笛、电铃、水位电气信号装置、测量计、继电器、电磁锁、屏上辅助设备、辅助电压互感器、小型安全变压器等。

24）端子箱是一种转接施工线路，为布线和查线提供方便的一种接口装置。在某些情况下，为便于施工及调试，可将一些较为特殊且安装设置较为有规律的产品如短路隔离器等安装在接线端子箱内。

4.1.3　防雷及接地装置系统

1. 防雷装置系统

为防止雷电波对建筑物及设备产生直击雷与感应雷（电磁干扰）两大危害，在建筑物外部和内部设置防雷装置组成的系统，称为“防雷装置系统”。

（1）建筑物外部接闪和屏蔽防雷功能装置系统　外部防雷装置主要有接闪和屏蔽功能。避雷器、避雷带（均压环）以及建筑物的金属体（构架、钢筋、管道等）用引下线连接成一体，通过接地卡子与接地装置（接地母线、接地接）连成一个笼形屏蔽防雷体，起到接闪、分流、屏蔽及均衡电位的功能，将强大雷电流引入大地。

（2）建筑物内部等电位接地保护功能装置系统　建筑物内部的装置主要有均衡电位功能。总等电位箱MEB的端子，用40mm×4mm或25mm×4mm的镀锌扁钢与金属的采暖、给水、热水、煤气干管及总配电箱体可靠连接；楼层的设备，建筑物墙、梁、板、柱内的钢筋、金属门窗以及金属结构等，浴厕脸盆支架、淋浴器、便器、采暖管等金属管道，均与局部等电位箱LEB的端子就近连接。这样联成一个良好的等电位整体系统，保证了在建筑物内部不会产生反击和危及人身安全的接触电压或跨步电压，同时也防止雷电电磁脉冲对电子信息系统设备的冲击，如图4-3所示。

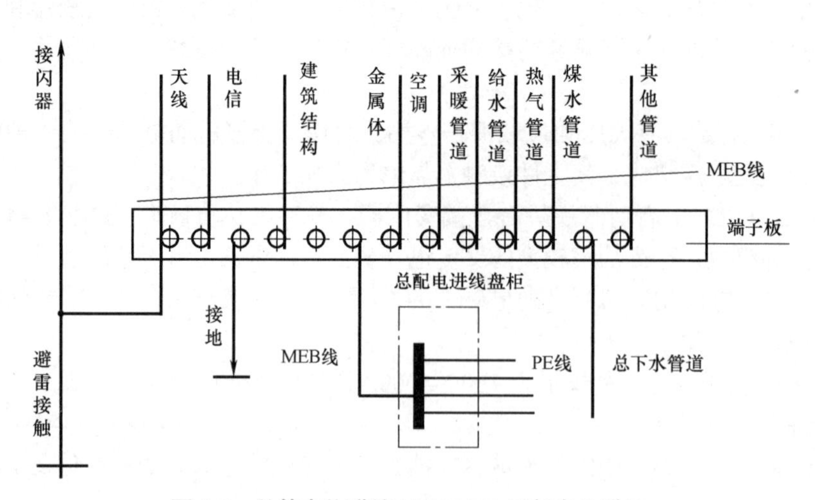

图4-3　总等电位联结MEB/LEB局部电位联结

（3）合理布线　室外引入的电源线、电话线、通信天线、电视共用天线等，以及室内的照明、动力、电话、电视及各种计算机设备的线路，为了防止雷电波入侵和电磁干扰，首先采用穿金属导管、加装避雷器、防雷保护器，可靠接地，并连接MEB端子的措施，以屏蔽和保护体系，还可将主干管布置在高层建筑中心部位，以缩小感应范围。

2. 接地保护装置系统

接地保护装置系统是把雷电流及设备漏电流迅速导入大地，以保护人身和设备安装的装置。系统由断接卡子、接地母线、接地体（自然、人工）等组成。接地保护系统有TN-C系统、TN-C-S系统、TN-S系统、TT系统和IT系统。

（1）常用接地系统　普通建筑可用TN-C系统。智能建筑用TN-C-S系统和TN-S系统，其建筑防雷接地系统与电子设备接地系统要求分开设置；若系统共用时，应严格按照规范采取等电位措施，系统接地电阻必须小于1Ω，在0.3Ω以下更好。

（2）接地方式

1）电力系统中性点接地：也称“交流工作接地”。为了电力系统正常运行，变压器中性点或中性线N，必须用铜芯绝缘线可靠接地。该接地线绝不能与直流接地、屏蔽接地、防静电接地及PE线混接，如图4-4所示。

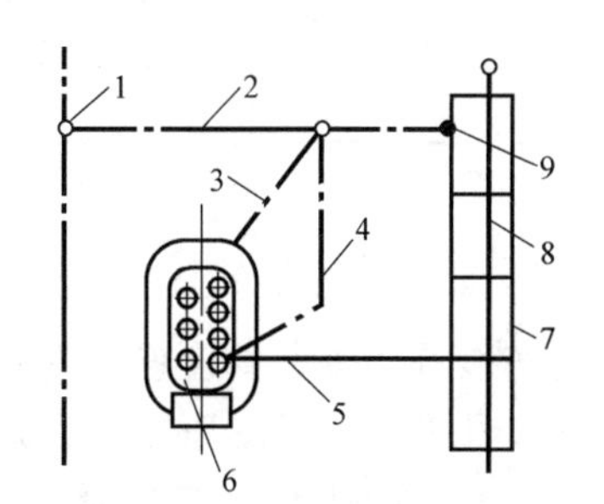

图4-4　变配电接地系统示意图

1—接地极　2—接地母线　3—TM外壳保护接地线　4—TM工作零线N接地　5—TM工作零母线　6—变压器TM　7—配电柜　8—配电工作零母线N　9—配电柜外壳接地

2）建筑防雷接地：也称“过电压保护接地”，当产生雷击时，它能排泄强大的雷电流，保护建筑物。

3）安全保护接地：即等电位接地，将建筑物内电气设备金属外壳及金属构件与PE线连接，为了人身和设备安全，严禁将PE线与N线混接。

4）直流接地（如计算机房）：用不小于$35mm^2$多芯铜电缆作引下线，一端接基准电位，另一端作电子设备直流接地，该引线不与PE线及N线混接。

5）屏蔽接地与静电接地：防止电磁干扰或静电干扰，设备外壳、屏蔽管路两端与PE线可靠接地，用于仪器仪表等系统。

4.2 电气设备安装工程工程量清单计量

本节内容对应《通用安装工程工程量计算规范》“附录D电气设备安装工程”，适用于10kV以下变配电设备及线路的安装工程、车间动力电气设备及电气照明、防雷及接地装置安装、配管配线、电气调试等。附录D分为14个分部，见表4-1。

表4-1　电气设备安装工程分部及编码

编　码	分部工程名称
030401	D.1 变压器安装
030402	D.2 配电装置安装
030403	D.3 母线安装
030404	D.4 控制设备及低压电器安装

（续）

编　码	分部工程名称
030405	D.5 蓄电池安装
030406	D.6 电机检查接线及调试
030407	D.7 滑触线装置安装
030408	D.8 电缆安装
030409	D.9 防雷及接地装置
030410	D.10 10kV 以下架空配电线路
030411	D.11 配管、配线
030412	D.12 照明器具安装
030413	D.13 附属工程
030414	D.14 电气调整试验

4.2.1　变压器安装

变压器安装共设置了油浸电力变压器、干式变压器、整流变压器、自耦变压器、有载调压变压器、电炉变压器、消弧线圈 7 个分项。

1）油浸电力变压器、干式变压器的安装根据名称、型号、容量（kV·A）、电压（kV）、油过滤要求、干燥要求、基础型钢形式和规格、网门和保护门材质规格、温控箱型号和规格，按设计图示数量以“台”计。工作内容均包括本体安装、基础型钢制作和安装、接地、网门和保护门制作和安装、补刷（喷）油漆。油浸电力变压器的安装工作内容还包括油过滤和干燥，干式变压器的安装工作内容还包括温控箱安装。

2）整流变压器、自耦变压器、有载调压变压器的安装根据名称、型号、容量（kV·A）、电压（kV）、油过滤要求、干燥要求、基础型钢形式和规格、网门和保护门材质规格，按设计图示数量以“台”计。工作内容为本体安装、基础型钢制作和安装、油过滤、干燥、网门和保护门制作安装、补刷（喷）油漆。

3）电炉变压器：根据名称、型号、容量（kV·A）、电压（kV）、基础型钢形式和规格、网门、保护门材质和规格，按设计图示数量以“台”计。工作内容为本体安装、基础型钢制作和安装、网门和保护门制作安装、补刷（喷）油漆。

4）消弧线圈是小电流接地系统的一种，当单相出现短路故障时，流经消弧线圈的电感电流与流过的电容电流相加为流过断路接地点的电流，电感电容上电流相位相差 180°，相互补偿。当两电流的量值小于发生电弧的最小电流时，电弧就不会发生，也不会出现谐振过电压现象。消弧线圈的安装根据名称、型号、容量（kV·A）、电压（kV）、油过滤要求、干燥要求、基础型钢形式和规格，按设计图示数量以“台”计。工作内容为本体安装、基础型钢制作和安装、油过滤、干燥、补刷（喷）油漆。

【例 4-1】 某变配电安装工程，一台干式变压器落地安装，型号为 SC9-100/10/0.4，容量为 100kV·A，电压为 10/0.4kV，配套温控箱的型号、规格为 SWP-C80-T220（380）。试编制其工程量清单。

解：该变压器工程量清单列项示例见表 4-2。清单编制时，项目特征描述应详细具体，将完成该项目的全部工作、施工工艺体现在项目特征描述中，不要遗漏，便于投标人报价。

表 4-2　变压器工程量清单列项示例

序号	项目编码	项目名称	项目特征描述	计量单位	工程量	金额（元）		
						综合单价	合价	其中暂估价
1	030401002001	干式变压器	1. 名称：干式变压器 2. 型号：SC9-100/10/0.4 3. 容量：100kV · A 4. 电压：10/0.4kV 5. 温控箱型号、规格：SWP-C80-T220（380）	台	1			

4.2.2　配电装置安装

配电装置安装共设置了 18 个分项。

1）断路器包括油断路器、真空断路器、SF_6 断路器、空气断路器 4 个分项，根据名称、型号、容量（A）、电压等级（kV）、安装条件、操作机构名称及型号、基础型钢规格、接线材质和规格、安装部位、油过滤要求，按设计图示数量以“台”计。

工作内容包括：本体安装和调试、基础型钢制作和安装、补刷（喷）油漆、接地。其中，油断路器工作内容还包括油过滤。空气断路器的储气罐及储气罐至断路器的管路应按《通用安装工程工程量计算规范》“附录 H 工业管道工程”相关项目编码列项。

2）真空接触器、隔离开关、负荷开关，根据名称、型号、容量（A）、电压等级（kV）、安装条件、操作机构名称及型号、接线材质和规格、安装部位，按设计图示数量计算。真空接触器以“台”计，隔离开关、负荷开关以“组”计。工作内容包括：本体安装和调试、补刷（喷）油漆、接地。

3）互感器根据名称、型号、规格、类型、油过滤要求，按设计图示数量以“台”计。工作内容包括：本体安装和调试、干燥、油过滤、接地。

4）高压熔断器、避雷器，根据名称、型号、规格、安装部位或电压等级，按设计图示数量以“组”计。

高压熔断器安装工作内容包括：本体安装和调试、接地。避雷器安装工作内容包括：本体安装、接地。

5）干式电抗器根据名称、型号、规格、质量、安装部位、干燥要求，按设计图示数量以“组”计。工作内容包括：本体安装、干燥。干式电抗器项目适用于混凝土电抗器、铁芯干式电抗器、空心干式电抗器等。

6）油浸电抗器根据名称、型号、规格、容量（kV · A）、油过滤要求、干燥要求，按设计图示数量以“台”计。工作内容包括：本体安装、油过滤、干燥。

7）电容器包括移相及串联电容器、集合式并联电容器，根据名称、型号、规格、质量、安装部位，按设计图示数量以“个”计。工作内容包括：本体安装、接地。

8）并联补偿电容器组架、交流滤波装置组架，根据名称、型号、规格或结构形式，按设计图示数量以“台”计。工作内容包括：本体安装、接地。

9）高压成套配电柜根据名称、型号、规格、母线配置方式、种类、基础型钢形式和规格，按设计图示数量以“台”计。工作内容包括：本体安装、基础型钢制作和安装、补刷（喷）油漆、接地。

10）组合型成套箱式变电站根据名称、型号、容量（kV · A）、电压（kV）、组合形式、基础规格、浇筑材质，按设计图示数量以“台”计。工作内容包括：本体安装、基础浇筑、进箱母线安装、补刷（喷）油漆、接地。

上述设备安装均未包括地脚螺栓、浇筑（二次灌浆、抹面），如需安装应按《房屋建筑与装饰工程工程量计算规范》相关项目编码列项。

4.2.3　母线安装

变电所中各级电压配电装置的连接，以及变压器等电气设备和相应配电装置的连接，大都采用矩形或圆形截面的裸导线或绞线，统称为母线。母线的作用是汇集、分配和传送电能。母线按外形和结构，大致分为以下三类：硬母线，包括矩形母线、圆形母线、管形母线等。软母线，包括铝绞线、铜绞线、钢芯铝绞线、扩径空心导线等。封闭母线，包括共箱母线、分相母线等。

母线安装共设置了 8 个分项。

1）软母线、组合软母线根据名称、材质、型号、规格、绝缘子类型和规格，按设计图示尺寸以单相长度（含预留长度）“m”计。工作内容包括：母线安装、绝缘子耐压试验、跳线安装、绝缘子安装。

2）带形母线根据名称、型号、规格、材质、绝缘子类型和规格、穿墙套管材质和规格、穿通板材质和规格、母线桥材质和规格、引下线材质和规格、伸缩节、过渡板材质和规格、分相漆品种，按设计图示尺寸以单相长度（含预留长度）“m”计。工作内容包括：母线安装、穿通板制作和安装、支持绝缘子、穿墙套管的耐压试验和安装、引下线安装、伸缩节安装、过渡板安装、刷分相漆。

3）槽形母线根据名称、型号、规格、材质、连接设备名称和规格、分相漆品种，按设计图示尺寸以单相长度（含预留长度）“m”计。工作内容包括：母线制作和安装、与发电机或变压器连接、与断路器或隔离开关连接、刷分相漆。

4）共箱母线根据名称、型号、规格、材质，按设计图示尺寸中心线长度，以“m”计。工作内容包括：母线安装、补刷（喷）油漆。

5）低压封闭式插接母线槽根据名称、型号、规格、容量（A）、线制、安装部位，按设计图示尺寸中心线长度以“m”计。工作内容包括：母线安装、补刷（喷）油漆。

6）始端箱、分线箱根据名称、型号、规格、容量（A），按设计图示数量以“台”计。工作内容包括：本体安装、补刷（喷）油漆。

7）重型母线根据名称、型号、规格、容量（A）、材质、绝缘子类型和规格、伸缩器及导板规格，按设计图尺寸质量以“t”计。工作内容包括：母线制作和安装、伸缩器及导板制作和安装、支持绝缘子安装、补刷（喷）油漆。

软母线安装预留长度见表 4-3，硬母线安装预留长度见表 4-4。

表 4-3　软母线安装预留长度　　（单位：m/ 根）

项　目	耐张	跳线	引下线、设备连接线
预 留 长 度	2.5	0.8	0.6

表 4-4　硬母线安装预留长度　　（单位：m/ 根）

序　号	项　目	预 留 长 度	说　明
1	带形、槽形母线终端	0.3	从最后一个支持点算起
2	带形、槽形母线与分支线连接	0.5	分支线预留
3	带形母线与设备连接	0.5	从设备端子接口算起
4	多片重型母线与设备连接	1.0	从设备端子接口算起
5	槽形母线与设备连接	0.5	从设备端子接口算起

4.2.4　控制设备及低压电器安装

控制设备及低压电器安装共设置了 36 个分项。

1）控制屏，继电、信号屏，模拟屏，低压开关柜（屏），弱电控制返回屏，根据名称、型号、规格、种类、基础型钢形式和规格、接线端子材质和规格、端子板外部接线材质和规格、小母线材质和规格、屏边规格，按设计图示数量以“台”计。工作内容包括：本体安装，基础型钢制作和安装，端子板安装，焊、压接线端子，盘柜配线和端子接线，屏边安装，补刷（喷）油漆，接地。控制屏、继电、信号屏、模拟屏、弱电控制返回屏还包括小母线安装。

2）箱式配电室根据名称、型号、规格、质量、基础规格和浇筑材质、基础型钢形式和规格，按设计图示数量以“套”计。工作内容包括：本体安装、基础型钢制作和安装、基础浇筑、补刷（喷）油漆、接地。

3）硅整流柜、可控硅柜根据名称、型号、规格、容量（A）或容量（kW）、基础型钢形式和规格，按设计图示数量以“台”计。工作内容包括：本体安装、基础型钢制作和安装、补刷（喷）油漆、接地。

4）低压电容器柜、自动调节励磁屏、励磁灭磁屏、蓄电池屏（柜）、直流馈电屏、事故照明切换屏根据名称、型号、规格、基础型钢形式和规格、接线端子材质和规格、端子板外部接线材质和规格、小母线材质和规格、屏边规格，按设计图示数量以“台”计。工作内容包括：本体安装，基础型钢制作和安装，端子板安装，焊、压接线端子，盘柜配线和端子接线，小母线安装，屏边安装，补刷（喷）油漆、接地。

5）控制台根据名称、型号、规格、基础型钢形式和规格、接线端子材质和规格、端子板外部接线材质和规格、小母线材质和规格，按设计图示数量以“台”计。工作内容包括：本体安装，基础型钢制作和安装，端子板安装，焊、压接线端子，盘柜配线和端子接线，小母线安装，补刷（喷）油漆，接地。

6）控制箱、配电箱根据名称、型号、规格、基础形式和材质及规格、接线端子材质和规格、端子板外部接线材质和规格、安装方式，按设计图示数量以“台”计。工作内容包括：本体安装，基础型钢制作和安装，焊、压接线端子，补刷（喷）油漆，接地。

【例4-2】某水泵间电气安装工程，动力配电箱XL-10-3/35型630mm×630mm×235mm（高×宽×厚）落地安装在10号基础槽钢（基础标高+0.10m）上，如图4-5所示。10号槽钢质量为10kg/m。配电箱进出线均为电缆。配电箱为成套供应。试编制该动力配电箱工程量清单。

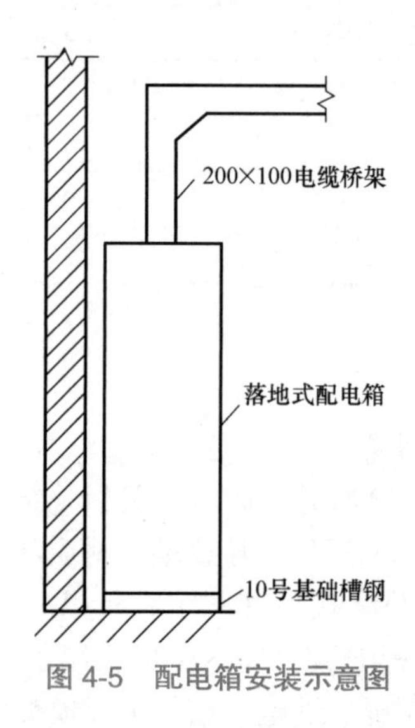

图4-5　配电箱安装示意图

解：该动力配电箱工程量清单列项示例见表4-5。

表4-5　配电箱工程量清单列项示例

序号	项目编码	项目名称	项目特征描述	计量单位	工程量	金额（元）		
						综合单价	合价	其中暂估价
1	030404017001	配电箱	1. 名称：动力配电箱 2. 型号：XL-10-3/35型 3. 规格：630mm×630mm×235mm（高×宽×厚） 4. 基础形式、材质、规格：10号槽钢 5. 接线端子材质、规格：焊铜接线端子 6. 端子板外部接线材质、规格：铜芯电缆头接线 7. 安装方式：落地支架式	台	1			

7）插座箱根据名称、型号、规格、安装方式，按设计图示数量以“台”计。工作内容包括：本体安装、接地。

8）控制开关包括：自动空气开关、刀型开关、铁壳开关、胶盖刀闸开关、组合控制开关、万能转换开关、风机盘管三速开关、漏电保护开关等。根据名称、型号、规格、接线端子材质和规格、额定电流（A），按设计图示数量以“个”计。工作内容包括：本体安装，焊、压接线端子，接线。

9）低压熔断器、限位开关、控制器、接触器、磁力启动器、Y-△自耦减压启动器、电磁铁（电磁制动器）、快速自动开关、电阻器、油浸频敏变阻器根据名称、型号、规格、接线端子材质和规格，低压熔断器、限位开关按设计图示数量以“个”计，控制器、接触器、磁力启动器、Y-△自耦减压启动器、电磁铁（电磁制动器）、快速自动开关按设计图示数量以“台”计，电阻器按设计图示数量以“箱”计，油浸频敏变阻器按设计图示数量以“台”计。工作内容包括：本体安装，焊、压接线端子，接线。

10）分流器根据名称、型号、规格、容量（A）、接线端子材质和规格，按设计图示数量以“个”计。工作内容包括：本体安装，焊、压接线端子，接线。

11）小电器包括：按钮、电笛、电铃、水位电气信号装置、测量表计、继电器、电磁锁、屏上辅助设备、辅助电压、互感器、小型安全变压器等。根据名称、型号、规格、接线端子材质和规格，按设计图示数量以“个（套、台）”计。工作内容包括：本体安装，焊、压接线端子，接线。

12）端子箱根据名称、型号、规格、安装部位，按设计图示数量以“台”计。工作内容包括：本体安装、接线。

13）风扇根据名称、型号、规格、安装方式，按设计图示数量以“台”计。工作内容包括：本体安装、调速开关安装。

14）照明开关、插座根据名称、型号、规格、安装方式，按设计图示数量以“个”计。工作内容包括：本体安装、接线。

15）其他电器是指本节未列的电器项目。根据名称、规格、安装方式，按设计图示数量以“个（套、台）”计。工作内容包括：安装、接线。其他电器必须根据电器实际名称确定项目名称，明确描述工作内容、项目特征、计量单位、计算规则。

盘、箱、柜的外部进出线预留长度见表 4-6。

表 4-6　盘、箱、柜的外部进出线预留长度　（单位：m/ 根）

序号	项　目	预留长度	说　明
1	各种箱、柜、盘、板、盒	高 + 宽	盘面尺寸
2	单独安装的铁壳开关、自动开关、刀开关、启动器、箱式电阻器、变阻器	0.5	从安装对象中心算起
3	继电器、控制开关、信号灯、按钮、熔断器等小电器	0.3	从安装对象中心算起
4	分支接头	0.2	分支线预留

4.2.5　蓄电池安装

蓄电池安装共设置 2 个分项：

1）蓄电池根据名称、型号、容量（A·h）、防震支架形式和材质、充放电要求，按设计图示数量以“个（组件）”计。工作内容包括：本体安装、防震支架安装、充放电。

2）太阳能电池根据名称、型号、规格、容量、安装方式，按设计图示数量以“组”计。工作内容包括：安装、电池方阵铁架安装、联调。

4.2.6　电机检查接线及调试

电机检查接线及调试设置了发电机、调相机、普通小型直流电动机、可控硅调速直流电动机、普通交流同步电动机、低压交流异步电动机、高压交流异步电动机、交流变频调速电动机、微型电机和电加热器、电动机组、备用励磁机组、励磁电阻器 12 个分项。各类电机检查接线及调试根据名称、型号、容量（kW）、类型、接线端子材质规格、干燥要求、启动方式、电压等级（kV）、控制保护方式、保护类别等，按设计图示数量以“台”计。电动机组、备用励磁机组按设计图示数量以“组”计。

电动机按其质量划分为大、中、小型，3t 以下为小型，3~30t 为中型，30t 以上为大型。

可控硅调速直流电动机类型指一般可控硅调速直流电动机、全数字式控制可控硅调速直流电动机。

交流变频调速电动机类型指交流同步变频电动机、交流异步变频电动机。

4.2.7　滑触线装置安装

滑触线是起重机械的电源干线，可用角钢、扁钢、圆钢、轻轨、工字钢、铜电车线或软电缆等制作。滑触线装置安装只有一个清单项，根据名称、型号、规格、材质、支架形式和材质、移动软电缆材质规格和安装部位、拉紧装置类型、伸缩接头材质和规格，按设计图示尺寸以单相长度（含预留长度）“m”计。工作内容包括：滑触线安装、滑触线支架制作和安装、拉紧装置及挂式支持器制作和安装、移动软电缆安装、伸缩接头制作和安装。支架基础铁件及螺栓是否浇筑需说明。滑触线安装预留长度见表 4-7。

表 4-7　滑触线安装预留长度　　（单位：m/ 根）

序　号	项　目	预留长度	说　明
1	圆钢、铜母线与设备连接	0.2	从设备接线端子接口算起
2	圆钢、铜滑触线终端	0.5	从最后一个固定点算起
3	角钢滑触线终端	1.0	从最后一个支持点算起
4	扁钢滑触线终端	1.3	从最后一个固定点算起
5	扁钢母线分支	0.5	分支线预留
6	扁钢母线与设备连接	0.5	从设备接线端子接口算起
7	轻轨滑触线终端	0.8	从最后一个固定点算起
8	安全节能及其他滑触线终端	0.5	从最后一个固定点算起

4.2.8　电缆安装

电缆是将一根或多根相互绝缘的导线，置于密闭绝缘护套中，外加保护覆盖层而成的导线。电缆按导体材质可分为铜芯电缆、铝芯电缆；按用途可分为电力电缆、控制电缆、通信电缆、其他电缆；按绝缘可分为橡胶绝缘、油浸纸绝缘、塑料绝缘；按芯数可分为单芯、双芯、三芯、四芯及多芯；按电压可分为低压电缆（小于 1kV）、高压电缆。

电缆安装共设置了 11 个分项，适合于 10kV 以下电力电缆和控制电缆的敷设。35kV 及其以上电力电缆，参考水利电力部专业清单；工厂通信线路线缆参照《通用安装工程工程量计算规范》“附录 F 自动化控制仪表安装工程”相关项目列项；通信电缆参照《通用安装工程工程量计算规范》“附录 L 通信设备及线路工程”相关项目列项；建筑与建筑群综合布线的屏蔽电缆及光纤缆参照《通用安装工程工程量计算规范》“附录 E 建筑智能化工程”相关项目列项。

1. 电缆敷设

电缆敷设的清单项有 2 个：电力电缆和控制电缆。

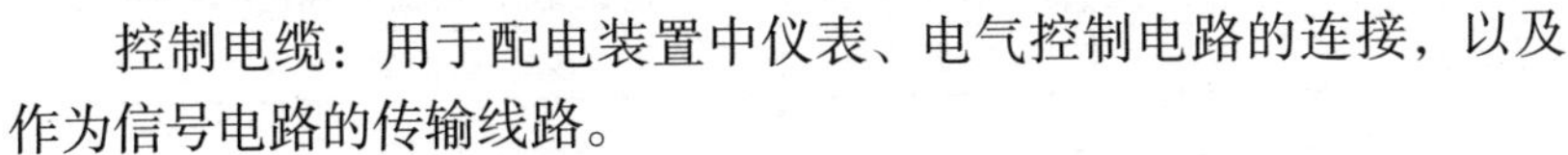

电力电缆：在输配电线路中用以分配和传输电能的传输线路。

控制电缆：用于配电装置中仪表、电气控制电路的连接，以及作为信号电路的传输线路。

电力电缆和控制电缆根据名称、型号、规格、材质、敷设方式和部位、电压等级（kV）、地形，按设计图示尺寸以长度（含预留长度及附加长度）“m”计。电缆附加长度见图 4-6 及表 4-8。工作内容包括：电缆敷设、揭（盖）盖板。

电缆工程量计算公式为

$$L=(l_1+l_2+l_3+l_4+l_5+l_6+l_7)\times(1+2.5\%) \qquad (4\text{-}1)$$

式中　l_1——水平长度；

l_2——垂直及斜长度；

l_3——余留（弛度）长度；

l_4——穿墙基及进入建筑物长；

l_5——沿电杆、墙引上、下长度；

l_6——电缆终端头长度；

l_7——电缆中间头长度。

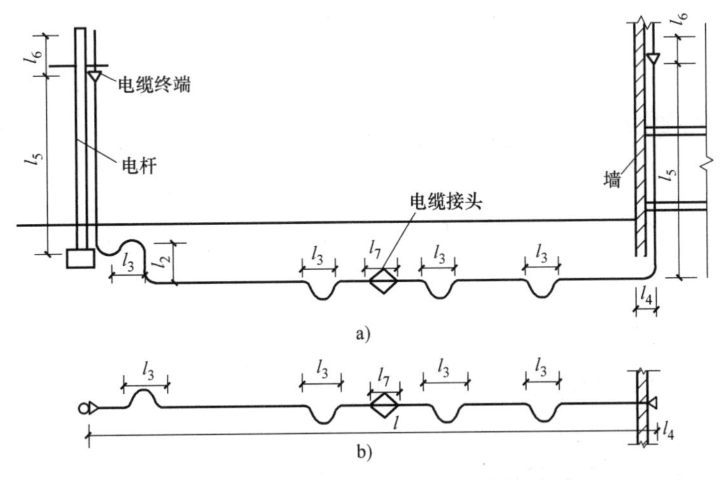

图 4-6　电缆长度平、剖面示意图

a）剖面图　b）平面图

表 4-8 电缆敷设预留及附加长度

序号	项 目	预留（附加）长度	说 明
1	电缆敷设弛度、波形弯度、交叉	2.5%	按电缆全长计算
2	电缆进入建筑物	2.0m	规范规定最小值
3	电缆进入沟内或吊架时引上（下）预留	1.5m	规范规定最小值
4	变电所进线、出线	1.5m	规范规定最小值
5	电力电缆终端头	1.5m	检修余量最小值
6	电缆中间接头盒	两端各留 2.0m	检修余量最小值
7	电缆进控制、保护屏及模拟盘、配电箱等	高 + 宽	按盘面尺寸
8	高压开关柜及低压配电盘、箱	2.0m	盘下进出线
9	电缆至电动机	0.5m	从电动机接线盒算起
10	厂用变压器	3.0m	从地坪算起
11	电缆绕过梁柱等增加长度	按实计算	按被绕物的断面情况计算增加长度
12	电梯电缆与电缆架固定点	每处 0.5m	规范规定最小值

【例 4-3】 氮气站动力电气安装平面图如图 4-7 所示，配电箱安装示意图如图 4-5 所示，已知 AP1 为动力配电箱、AP2 为控制箱，落地式安装，尺寸为 900mm×2000mm×600mm（宽 × 高 × 厚），AP1 至 AP2 电缆沿桥架敷设，其余电缆均穿钢管敷设。埋地钢管标准高为 –0.2m，埋地钢管至配电箱出口处高出地坪 +0.1m。4 台设备基础标高均为 + 0.3m，至设备电机处的配管管口高出基础面 0.2m，均连接 1 根长 0.8m 同管径的金属软管。电缆桥架（200mm×100mm）的水平长度为 22m。试计算电缆的工程量。配管水平长度见图 4-7 括号内数字，单位为 m。

电气案例讲解 4

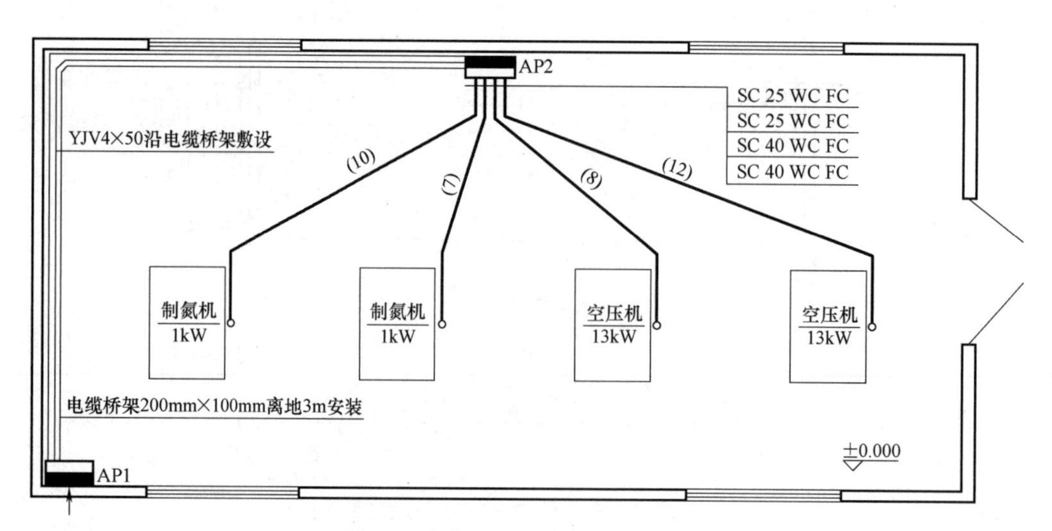

图 4-7 氮气站动力电气安装平面图

解：(1) 电缆 YJV4×50 工程量计算

图算量：(3−0.1−2) m+22m+ (3−0.1−2) m=23.8m

考虑预留及附加长度的电缆清单工程量：[23.8+ (0.9+2+1.5) ×2] m×1.025=33.42m

(2) 电缆 YJV4×2.5 工程量计算

图算量：10m+7m+ (0.2+0.1) m×2+ (0.2+0.3+0.2) m×2+0.8m×2=20.6m

考虑预留及附加长度后的电缆清单工程量：[20.6+ (2+0.9+1.5) ×2+ (1.5+0.5) ×2] m×1.025=34.24m

(3) 电缆 YJV4×16 工程量计算

图算量：8m+12m+ (0.2+0.1) m×2+ (0.2+0.3+0.2) m×2+0.8m×2=23.6m

考虑预留及附加长度后的电缆清单工程量：[23.6m+ (2+0.9+1.5) m×2+ (1.5+0.5) m×2] ×1.025=37.31m

2. 电缆敷设方式

电缆敷设方式有直埋、电缆沟、穿管、支架、桥架等，相关的清单项却只有 3 个。

1）电缆保护管根据名称、材质、规格、敷设方式，按设计图示尺寸以长度“m”计。工作内容为保护管敷设。电缆在穿墙入户或出户时，从沟道、地面或从电杆引上、引下时，或穿过道路时，或在受到外界压力及碰撞的场所，或在腐蚀、潮湿的环境下，都需要穿保护管。混凝土管、石棉水泥管、直径大于 100mm 的电缆保护管、直径为 100mm 的打喇叭口的电缆保护管适用于此清单项；直径为 100mm 的不打喇叭口的电缆保护管、直径小于或等于 100mm 的电缆保护管敷设按本章第 4.2.11 节中的配管编码列项。

2）电缆槽盒根据名称、材质、规格、型号，按设计图示尺寸以长度“m”计。工作内容为槽盒安装。

3）铺砂、盖保护板（砖）根据种类、规格，按设计图示尺寸以长度“m”计。工作内容为铺砂、盖板（砖）。此清单项适用于电缆直埋敷设。

直埋、电缆保护管埋地发生的管沟土石方量、电缆沟挖填土石方量按《房屋建筑与装饰工程工程量计算规范》（GB 50854—2013）相关项目编码列项；桥架按本章 4.2.11 配管配线相关项目编码列项；电缆支架、吊架、托架（包括电缆沟内支架）制作安装按铁构件清单列项。电缆井、电缆排管、顶管按 GB 50857—2013《市政工程工程量计算规范》相关项目编码列项。

电缆敷设及清单列项如表 4-9 所示。

表 4-9　电缆敷设及清单列项

电缆敷设方式	工 作 内 容	清单编码列项	备　注
直埋	管沟土石方	010101007（管沟土方）或 010102004（管沟石方）	
	电缆敷设	030408001（电力电缆）或 030408002（控制电缆）	
	铺砂、盖保护板（砖）	030408005（铺砂、盖保护板（砖））	

（续）

电缆敷设方式	工 作 内 容	清单编码列项	备　注
电缆沟	土石方及电缆沟	010401014（砖地沟）或010507003（电缆沟）	一般由土建完成，安装不列项
	沟内支架	010516002（预埋铁件）	一般由土建完成，安装不列项
	电缆敷设	030408001（电力电缆）或030408002（控制电缆）	包含揭盖盖板的工作内容，计价体现
	电缆沟盖板	010512008（沟盖板、井盖板、井圈）	一般由土建完成，安装不列项
穿管（室内）	管道敷设	030411001（配管）	直径ϕ100的不打喇叭口的电缆保护管、$\phi\leqslant$100的电缆保护管敷设
	电缆敷设	030408001（电力电缆）或030408002（控制电缆）	
穿管（室外埋地）	管沟土石方	010101007（管沟土方）或010102004（管沟石方）	
	管道敷设	030411001（配管）或030408003（电缆保护管）	
	电缆敷设	030408001（电力电缆）或030408002（控制电缆）	
支架	铁构件	030413001（铁构件）	
	电缆敷设	030408001（电力电缆）或030408002（控制电缆）	
桥架	桥架或槽盒敷设	030411003（桥架）或030408004（电缆槽盒）	
	电缆敷设	030408001（电力电缆）或030408002（控制电缆）	

【例4-4】 对例4-3中的电缆敷设方式进行工程量计算。

解：1）电缆YJV4×50沿桥架敷设，桥架工程量：(3−0.1−2) m+22m+(3−0.1−2) m=23.8m

2）电缆YJV4×2.5穿管敷设，钢管*DN*25工程量：10m+7m+（0.2+0.1）m×2+（0.2+0.3+0.2）m×2=19m

3）电缆YJV4×16穿管敷设，钢管*DN*40工程量：8m+12m+（0.2+0.1）m×2+（0.2+0.3+0.2）m×2=22m

4）金属软管*DN*25工程量：(0.8+0.8) m=1.6m

5）金属软管*DN*40工程量：(0.8+0.8) m=1.6m

【例4-5】 AW总配电箱系统图如图4-8所示。试对入户电缆敷设进行清单列项。

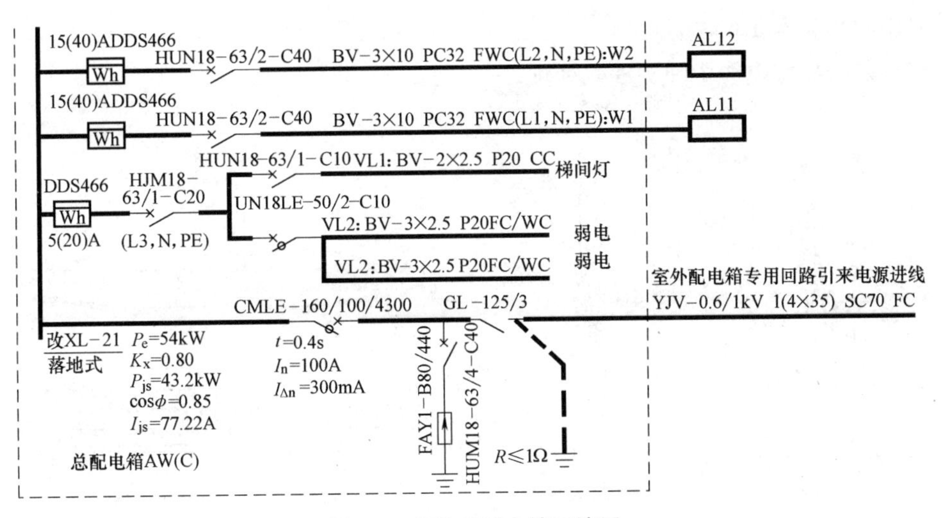

图 4-8 AW 总配电箱系统图

解：入户电缆敷设清单列项如表 4-10 所示。

表 4-10 入户电缆敷设清单列项

工程名称：13 规范清单计价工程项目【教材例题 4-5】　　标段：　　第 1 页 共 1 页

序号	项目编码	项目名称	项目特征	计量单位	工程量	金额（元）		
						综合单价	合价	其中 暂估价
1	010101007001	管沟土方	1. 土壤类别：综合 2. 管外径：70 3. 挖沟深度：1.2m 4. 回填要求：夯填	m	15.00			
2	030411001001	配管	1. 名称：SC 2. 材质：钢管 3. 规格：*DN*70 4. 配置形式：埋地	m	15.00			
3	030408001001	电力电缆	1. 名称：铜芯电缆 2. 型号：YJV 3. 规格：4×35 4. 敷设方式、部位：SC70，FC	m	24.09			

3. 电缆头制作安装

电缆头制作安装的清单项有 2 个：电力电缆头和控制电缆头。电力电缆头和控制电缆头均可划分为终端头和中间头，终端头和中间头统称为电缆头。

电缆终端头、电缆中间头根据名称、型号、规格、材质和类型、安装部位、电压等级（kV），按设计图示数量以“个”计，工作内容包括电缆头制作、电缆头安装、接地。电缆终端头及中间头如图 4-9 所示。

电缆穿刺线夹按电缆中间头编码列项。

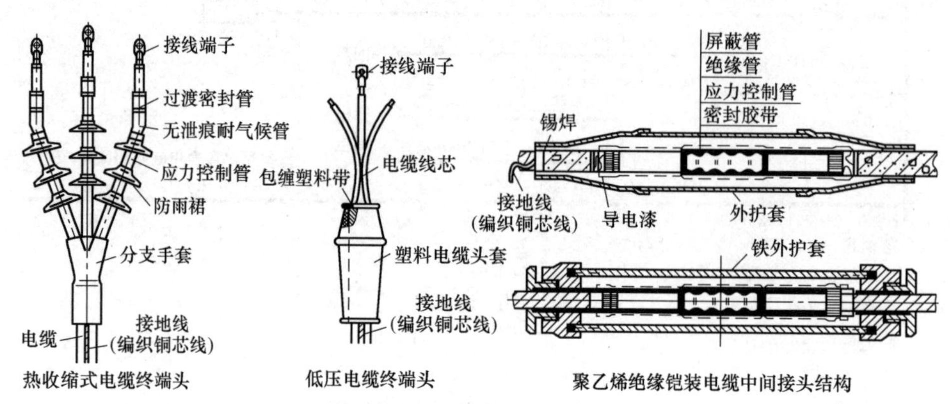

图 4-9　电缆终端头及中间头

电力电缆和控制电缆均按一根电缆有两个终端头考虑。中间电缆头按设计规定，设计没有规定的，按实际情况计算（或按平均 250m 一个中间头考虑）。

注意安装场所在清单项目特征中注明是户内式还是户外式；电缆头制作安装方式注明干包式、环氧树脂浇注式或热缩式等。

【例 4-6】 对例 4-3 中的电缆头进行工程量计算。

解：3 种不同规格的电缆头分别列项。电缆头安装清单列项如表 4-11 所示。

表 4-11　电缆头安装工程量清单列项

序号	项目编码	项目名称	项目特征	计量单位	工程量	金额（元）		
						综合单价	合价	其中
								暂估价
1	030408006001	电力电缆头	1. 名称：终端头 2. 型号：YJV 3. 规格：4×50 4. 材质、类型：热缩式户内终端头	个	2.000			
2	030408006002	电力电缆头	1. 名称：终端头 2. 型号：YJV 3. 规格：4×2.5 4. 材质、类型：热缩式户内终端头	个	2.000			
3	030408006003	电力电缆头	1. 名称：终端头 2. 型号：YJV 3. 规格：4×16 4. 材质、类型：热缩式户内终端头	个	2.000			

4. 电缆防火及防护

1）防火堵洞、防火隔板、防火涂料根据名称、材质、方式、部位分别列项。防火堵洞按设计图示数量以“处”计，防火隔板按设计图示尺寸以面积“m^2”计，防火涂料按设计图示尺寸以质量“kg”计。工作内容为安装。

电缆防火堵洞部位：防火门、盘柜下、电缆隧道、保护管（两端一处）、桥架穿过墙、楼板时形成的各种开口。

2）电缆分支箱根据名称、型号、规格、基础形式和材质规格，按设计图示数量以“台”计。工作内容为本体安装、基础制作和安装。

4.2.9　防雷及接地装置

防雷及接地装置共设置了 11 个分项。

1. 接地装置

1）接地极根据名称、材质、规格、土质、基础接地形式，按设计图示数量以根（块）计；工作内容为接地极（板、桩）制作和安装、基础接地网安装、补刷（喷）油漆。

2）接地母线根据名称、材质、规格、安装部位、安装形式，按设计图示尺寸以长度（含附加长度）“m”计。工作内容为接地母线制作和安装、补刷（喷）油漆。

接地母线、引下线、避雷网附加长度见表 4-12。

表 4-12　接地母线、引下线、避雷网附加长度　（单位：m）

项　　目	附 加 长 度	说　　明
接地母线、引下线、避雷网附加长度	3.9%	按接地母线、引下线、避雷网全长计算

接地母线主要有两种敷设方式：利用建筑物基础（地圈梁）主筋接地；另在建筑物外侧地下设置一圈环形接地网（一般为镀锌扁钢）。若为地圈梁主筋作接地体，其工程量直接为图算量，即不需要考虑附加长度；若为额外敷设的人工接地体，其工程量应在图算量的基础上，考虑表 4-12 所示的附加长度，工程量计算如式（4-2）所示。

接地母线、引下线、避雷网长度 = 图示尺寸计算的长度 ×（1+3.9%）　（4-2）

2. 避雷引下线

避雷引下线根据名称、材质、规格、安装部位、安装形式、断接卡子和箱的材质规格，按设计图示尺寸以长度（含附加长度）“m”计。工作内容为避雷引下线制作安装、断接卡子和箱的制作安装、利用主钢筋焊接、补刷（喷）油漆。

利用柱筋作引下线的，需描述是几根柱筋焊接作为引下线。

利用桩基础作接地极，应描述桩台下桩的根数，每桩几根柱筋需焊接。其工程量按柱引下线计算。

避雷引下线主要有两种敷设方式：利用建筑物钢筋混凝土柱主筋引下线；另在建筑物外侧敷设引下线（一般为镀锌扁钢）。若为柱主筋作引下线，其工程量直接为图算量，即不需要考虑附加长度；若为额外敷设的人工引下线，其工程量应在图算量的基础上考虑表 4-12

所示的附加长度。工程量计算如式（4-2）所示。

使用电缆、电线作接地线，应按《通用安装工程工程量计算规范》“附录D.9配电、输电电缆敷设工程”“附录D.12配管工程、D.13配线工程”相关项目编码列项。

3. 接闪器

1）避雷针根据名称、材质、规格、安装形式和高度，按设计图示数量以“根”计。工作内容为避雷针制作和安装、跨接、补刷（喷）油漆。

微课4-7

2）避雷网根据名称、材质、规格、安装形式、混凝土块标号，按设计图示尺寸以长度（含附加长度）“m”计。工作内容为避雷网制作和安装、跨接、混凝土块制作、补刷（喷）油漆。

避雷网工程量计算见式（4-2）。

3）均压环根据名称、材质、规格、安装形式，按设计图示尺寸以长度（含附加长度）“m”计。工作内容为均压环敷设、钢铝窗接地、柱主筋与圈梁焊接、利用圈梁钢筋焊接、补刷（喷）油漆。利用圈梁筋作均压环的，需描述圈梁焊接根数；利用基础钢筋作接地极的，按均压环项目编码列项。

均压环主要有两种敷设方式：利用建筑物圈梁主筋连通；另在建筑物外侧敷设闭环（一般为镀锌扁钢）。若为圈梁主筋连通，其工程量直接为图算量，即不需要考虑附加长度；若为额外敷设的闭环，其工程量应在图算量的基础上，考虑表4-12所示的附加长度，工程量计算见式（4-2）。

4）半导体少长针消雷装置根据型号、高度，按设计图示数量以“套”计。工作内容为本体安装。

4. 其他

1）等电位端子箱、测试板根据名称、材质、规格，按设计图示数量以“台（块）”计。工作内容为本体安装。

2）绝缘垫根据名称、材质、规格，按设计图示尺寸以展开面积“m^2”计。工作内容为制作、安装。

3）浪涌保护器根据名称、规格、安装形式、防雷等级，按设计图示数量以“个”计。工作内容为本体安装、接线、接地。

4）降阻剂根据名称、类型，按设计图示数量以质量“kg”计。工作内容为挖土、施放降阻剂、回填土、运输。

4.2.10　10kV以下架空配电线路

架空配电线路是由杆塔、导线、横担、杆上设备组成，架设于露天的电力线路。架空线路与电缆线路相比，其架设和检修都较为方便，投资更省。所以，远距离输送高压电能，一般都用架空线路。10kV以下架空配电线路共设置了4个分项。

1）电杆组立根据名称、材质、规格、类型、地形、土质、底盘和拉盘及卡盘规格，拉线材质及规格和类型，现浇基础类型和钢筋类型规格及基础垫层要求，电杆防腐要求，按设计图示数量以根（基）计。工作内容为施工定位、电杆组立、土（石）方挖填、底盘和拉盘及卡盘安装、电杆防腐、拉线制作和安装、现浇基础和基础垫层、工地运输。

2）横担组装根据名称、材质、规格、类型、电压等级（kV）、瓷瓶型号和规格、金具品种规格，按设计图示数量以“组”计。工作内容为横担安装、瓷瓶和金具组装。

3）导线架设根据名称、型号、规格、地形、跨越类型，按设计图示尺寸以单线长度（含预留长度）“km”计。工作内容为导线架设、导线跨越及进户线架设、工地运输。架空导线预留长度见表4-13。

表4-13　架空导线预留长度　（单位：m/根）

项　目		预留长度
高压	转角	2.5
	分支、终端	2.0
低压	分支、终端	0.5
	交叉跳线转角	1.5
与设备连线		0.5
进户线		2.5

4）杆上设备根据名称、型号、规格、电压等级（kV）、支撑架种类和规格、接线端子材质和规格、接地要求，按设计图示数量以“台（组）”计；工作内容为支撑架安装、本体安装、焊压接线端子和接线、补刷（喷）油漆、接地。杆上设备一般有变压器、熔断器、避雷器、隔离开关、液压开关、配电箱等，统一适用该清单项。

杆上设备调试，应按《通用安装工程工程量计算规范》“附录D.17电气设备调整工程”相关项目编码列项。

4.2.11　配管、配线

配管、配线是指从配电控制设备到用电器具的配电线路和控制线路敷设，它分为明配和暗配两种形式。明配是指沿墙、顶棚、梁、柱、钢结构支架等的明敷设；暗配是指在土建施工时，预先埋设在墙、楼板或者顶棚内等。配管、配线共设置了6个分项。

1. 配线方式

（1）配线方式的工程量清单项　配线的方式主要有线管配线、钢索配线、木槽板配线、瓷夹和瓷瓶（柱）配线、桥架配线、线槽配线等，如图4-10所示。

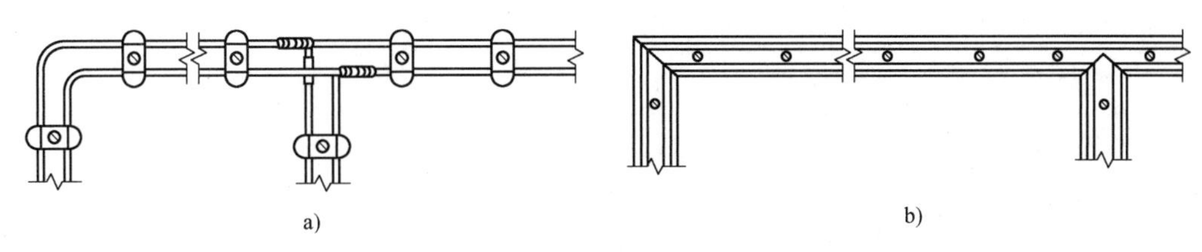

图4-10　常见配线方式示意图

a）瓷夹配线　b）木槽板配线

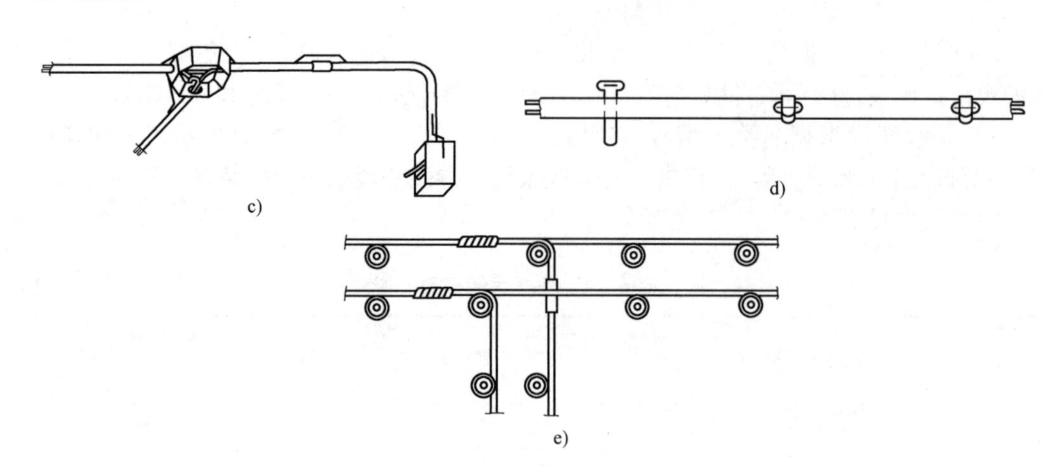

图 4-10　常见配线方式示意图（续）
c）线管配线　d）塑料护套线配线　e）瓷瓶（柱）配线

配线方式一般表达在电气系统图的线路（回路）标注中：

$$a\text{–}b\ (c\times d)\ e\text{–}f$$

式中，a 为回路编号；b 为导线型号；c 为导线根数；d 为导线单根截面积（mm^2）；e 为导线敷设方式（表 4-14）及线管直径；f 为导线敷设部位（表 4-15）。

例如，"W1-BV（2×2.5）MT16-WC" 表示 W1 回路，2 根截面积为 $2.5mm^2$ 的铜芯聚氯乙烯绝缘导线，穿管径为 16mm 的电线管暗敷设在墙内。

表 4-14　导线敷设（配线）方式的文字代号

配 线 方 式	英文代号（新）	拼音代号（旧）
暗敷	C	A
明敷	E	M
焊接钢管	SC	G
硬塑料管	PC	VG，SG
阻燃半硬塑料管	FPC	ZRG
阻燃塑料管	PVC	—
紧定管	JD	—
电线管（水煤气管）	MT	DG
金属软管	F	—
蛇皮管	CP	SPG
电缆桥架	CT	—
瓷夹	PL	CJ
瓷瓶	K	CP

（续）

配线方式	英文代号（新）	拼音代号（旧）
塑料夹	PCL	VJ
钢索	M	S
金属线槽	MR	GC
塑料线槽	PR	XC
铝皮线卡　铝片卡	AL	QD
直埋	DB	—
穿混凝土排管	CE	—
电缆沟	TC	—

表4-15　导线敷设部位文字代号

敷设部位	英文代号（新）	拼音代号（旧）
地面（板）	F	D
墙	W	Q
顶棚	CE	P
屋面或顶板	C	P
柱	CL	Z
梁	B	L
吊顶	SCE	PN
梁（屋架）	AB	

配线方式相关的工程量清单项有3个：配管、线槽、桥架。钢索配线不单独列项，而是表达在配管或配线的工作内容中，可通过报价体现此种配线方式所产生的费用；槽板、瓷夹、瓷瓶配线则表达在配线的工作内容中。

1）配管根据名称、材质、规格、配置形式、接地要求、钢索材质和规格，按设计图示尺寸以长度“m”计；工作内容为电线管路敷设、钢索架设（拉紧装置安装）、预留沟槽、接地。配管名称指电线管、钢管、防爆管、塑料管、软管、波纹管等。配管配置形式指明、暗配、吊顶内、钢结构支架、钢索配管、埋地敷设、水下敷设、砌筑沟内敷设等。

2）线槽根据名称、材质、规格，按设计图示尺寸以长度“m”计；工作内容为本体安装、补刷（喷）油漆。

3）桥架根据名称、型号、规格、材质、类型、接地方式，按设计图示尺寸以长度“m”计；工作内容为本体安装、接地。

配管、线槽安装不扣除管路中间的接线箱（盒）、灯头盒、开关盒所占长度。配管安装中不包括凿槽、刨沟的工作内容，发生时，应按《通用安装工程工程量计算规范》“附录D.13附属工程”相关项目编码列项。

（2）工程量计算方法

1）配管是电气配线的管，作为保护导线以及穿引导线之用，也称“导管”或“线管”。配管工程量是配线工程量计算的主要依据，其计算正确与否直接影响配线计算的准确性。配管的计算以配电箱或配电柜为起点，按系统图的回路依次逐一计算（切勿跳算，以免漏算）；建筑物规模较大时，可分区分层逐一计算。所有回路计算完毕，再将敷设方式、规格、材质相同的导管工程量分别汇总。配管工程量的计算公式如下：

$$配管工程量 = 水平方向导管的长度 + 垂直方向导管的长度 \tag{4-3}$$

水平方向导管的长度按建筑物平面图中尺寸计算，如图 4-11 所示。沿墙暗敷时，借用墙、柱中心线计算；沿墙明敷时，按墙、柱间净长线计算。水平斜向敷设时，如埋入地面下或埋入混凝土楼板内的水平斜向导管，按图样比例从中心至中心测算，如图 4-12 所示。

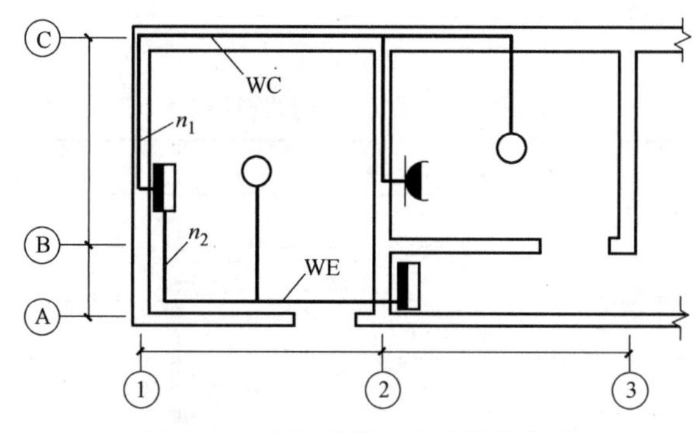

图 4-11　水平导管长度计算示意图

垂直方向导管的长度是指沿墙、柱向下引或向上引的导管长度。垂直方向导管长度需要依据图样说明或施工验收规范规定的高度进行计算。其长度与楼层高度相关，也与箱、柜、盘、板、开关、插座及用电设备安装的高度有关，如图 4-13 和图 4-14 所示。值得注意的是箱、柜、盘、板、开关、插座及用电设备安装的高度一般不会表达在电气系统图或平面图中，而是通过图例及设备材料明细表进行说明。图例及设备材料明细表列出了该项工程所需的设备和材料的名称、型号、规格和数量（往往不够准确，仅供造价人员参考）及设备、照明开关、插座的安装高度（导管垂直长度计算的依据）。

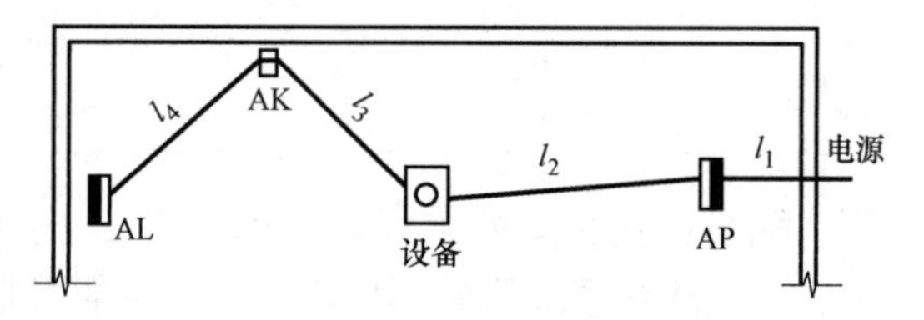

图 4-12　水平斜向导管长度计算示意图

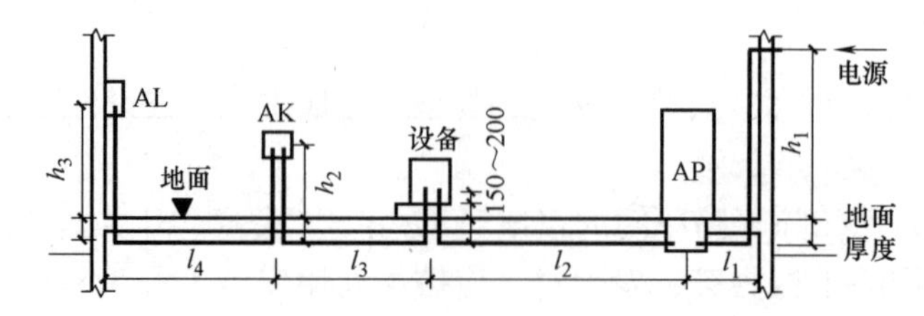

图 4-13　箱、柜、盘、板进出线垂直方向导管长度示意图

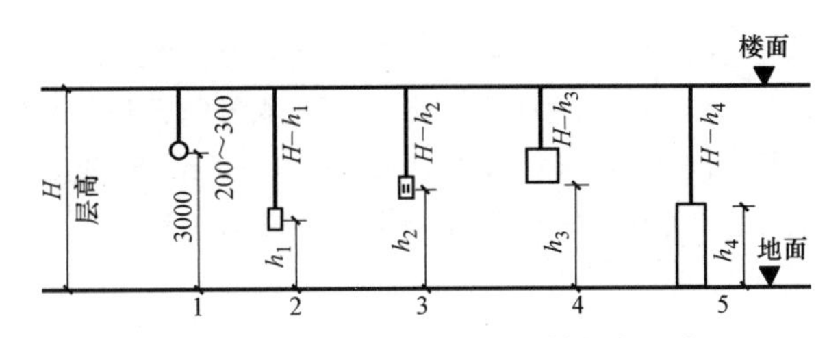

图 4-14　开关、用电设备引入管长度示意图

2）线槽能够将多根电源线、数据线等线材整理、固定在墙上或者顶棚上，便于检查和维修，有塑料材质和金属材质两种。

3）桥架用于工矿企业、公共建筑、高层建筑等的电力敷设，一般由直线段、弯通、附件及支吊架 4 部分组成，具有强度大、结构轻、施工简单、配线灵活、安装标准、外形美观等特点。桥架按材质分为钢制桥架、玻璃钢桥架、铝合金桥架；按结构形式可分为槽式桥架、梯级式桥架、托盘式桥架、组合式桥架，如图 4-15 所示。

线槽和桥架的工程量计算同配管，此处不再赘述。

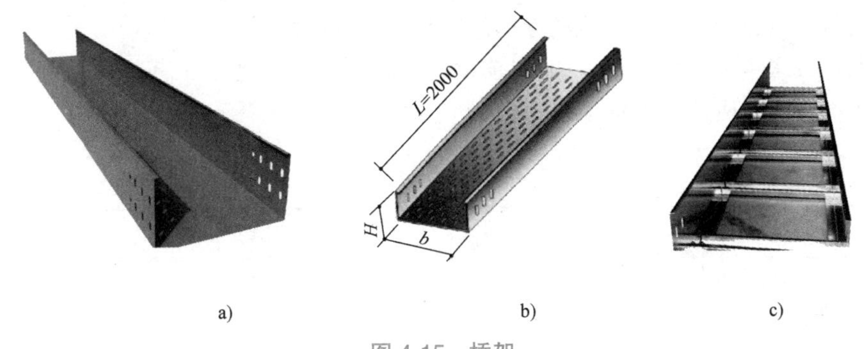

图 4-15　桥架

a) 槽式桥架　b) 托盘式桥架　c) 梯级式桥架

【例 4-7】 以某住宅楼电气施工图（详见本书"9.1 电气工程工程量清单及招标控制价的编制"）为例，计算户配电箱（AL）的 WL1 和 WL5 回路中配管工程量。图 9-3 为户配电箱系统图，图 9-4 和图 9-5 为强电平面图。

解：1）WL1 为照明回路，回路标注为沿屋面或顶板暗敷设，PC20 工程量计算如下：

水平方向导管的长度 =（0.9+0.828+1.731+1.341+2.904+1.878+2.5+1.935+4.089+3.345+3.912+2.416+3.012+1.342+3.646+2.457+3.647+1.744+2.278+3.354+1.097）m=50.356m

垂直方向导管的长度 ={［1.1（3- 配电箱安装高度 1.5- 配电箱高度 0.4）］+［3-1.3（单联开关距地 1.3）］×9+［3-1.3（双联开关距地 1.3）］}m=18.21m

WL1 回路 PC20 工程量 =（50.356+18.21）m×2［（一梯两户，左右对称）×4（4 层楼）］m=68.566m×2×4=548.528m

2）WL5 为插座回路，回路标注为沿地面（板）暗敷设，PC20 工程量计算如下：
水平方向导管的长度 =（1.363+2.910+3.686+4.468+4.050+5.458+1.416+3.429）m=26.78m
垂直方向导管的长度 =［1.5+0.3（插座距地 0.3）×13］m=5.40m
WL5 回路 PC20 工程量 =（26.78+5.40）m×2×4=32.18m×2×4=257.44m

2. 配线

配线是指配备相应的导线输送分配电能。

（1）配线工程量清单项　配线根据名称、配线形式、型号、规格、材质、配线部位、配线线制、钢索材质和规格，按设计图示尺寸以单线长度（含预留长度）“m”计。工作内容为配线、钢索架设（拉紧装置安装）、支持体（夹板、绝缘子、槽板等）安装。

配线名称指管内穿线、瓷夹板配线、塑料夹板配线、绝缘子配线、槽板配线、塑料护套配线、线槽配线、车间带形母线等。

配线形式指照明线路，动力线路，木结构，顶棚内，砖、混凝土结构，沿支架、钢索、屋架、梁、柱、墙，以及跨屋架、梁、柱。

配线型号、规格、材质指导线的导体绝缘材料及其截面尺寸。

（2）配线工程量的计算方法　电线按设计要求、规范、施工工艺规程规定的预留量及附加长度（表 4-16）应计入工程量内。

表 4-16　配线进入箱、柜、板的预留长度　（单位：m/根）

序　号	项　目	预留长度	说　明
1	各种开关箱、柜、板	高 + 宽	盘面尺寸
2	单独安装（无箱、盘）的铁壳开关、闸刀开关、启动器、线槽进出线盒等	0.3	从安装对象中心算起
3	由地面管子出口引至动力接线箱	1.0	从管口计算
4	电源与管内导线连接（管内穿线与软、硬母线接点）	1.5	从管口计算
5	出户线	1.5	从管口计算

管内穿线，配线工程量的计算公式为

$$配线工程量 =（配管工程量 + 导线预留长度）\times 回路根数 \tag{4-4}$$

【例 4-8】 以某住宅楼电气施工图（详见本书“9.1 电气工程工程量清单及招标控制价的编制”）为例，计算户配电箱（AL）的 WL1 和 WL5 回路中配线工程量。图 9-3 为户配电箱系统图，图 9-4 和图 9-5 为强电平面图。

解：1）WL1 为照明回路，回路标注为 BV-3×2.5，该回路 BV2.5 工程量计算如下：
水平方向导线的长度 =50.356m×3=151.068m
竖直方向导线的长度 =［（3−1.5−0.4）×3+（3−1.3）×2×9+（3−1.3）×3］m=39m
预留长度 =0.67×3m=2.01m

WL1 回路 BV2.5 工程量 =（151.068+39+2.01）m×2×4=1536.624m

2）WL5 为插座回路，回路标注为 BV-3×2.5，该回路 BV2.5 工程量计算如下：

WL5 回路 BV2.5 工程量 ={［32.18×3+0.67×3（预留）］}m×2×4=788.4m

3. 接线箱、接线盒

接线箱、接线盒根据名称、材质、规格、安装形式，按设计图示数量以“个”计。工作内容为本体安装。

配线保护管遇到下列情况之一时，应增设管路接线盒和拉线盒：①管长度每超过 30m，无弯曲；②管长度每超过 20m，有 1 个弯曲；③管长度每超过 15m，有 2 个弯曲；④管长度每超过 8m，有 3 个弯曲。

垂直敷设的电线保护管遇到下列情况之一时，应增设固定导线用的拉线盒：①管内导线截面为 $50mm^2$ 及以下，长度每超过 30m；②管内导线截面为 $70\sim95mm^2$，长度每超过 20m；③管内导线截面为 $120\sim240mm^2$，长度每超过 18m。

在配管清单项目计量时，设计无要求时上述规定可以作为计量接线盒、拉线盒的依据。

4.2.12　照明灯具安装

现代照明灯具种类繁多，照明灯具安装共设置了 11 个分项，并辅助有便于分类列项的文字说明。照明灯具安装列项时，项目特征一定要描述清楚。

1）普通灯具、工厂灯、高度标志（障碍）灯、装饰灯、荧光灯、医疗专用灯根据名称、型号、规格、类型、安装形式、安装部位、安装高度等，按设计图示数量以“套”计；工作内容为本体安装。

普通灯具包括圆球吸顶灯、半圆球吸顶灯、方形吸顶灯、软线吊灯、座灯头、吊链灯、防水吊灯、壁灯等。

工厂灯包括工厂罩灯、防水灯、防尘灯、碘钨灯、投光灯、泛光灯、混光灯、密闭灯等。

高度标志（障碍）灯包括烟囱标志灯、高塔标志灯、高层建筑屋顶障碍指示灯等。

装饰灯包括吊式艺术装饰灯、吸顶式艺术装饰灯、荧光艺术装饰灯、几何型组合艺术装饰灯、标志灯、诱导装饰灯、水下（上）艺术装饰灯、点光源艺术灯、歌舞厅灯具、草坪灯具等。

医疗专用灯包括病房指示灯、病房暗脚灯、紫外线杀菌灯、无影灯等。

2）一般路灯根据名称、型号、规格、灯杆材质和规格、灯架形式及臂长、附件配置要求、灯杆形式（单、双）、基础形式和砂浆配合比、杆座材质和规格、接线端子材质和规格、编号、接地要求，按设计图示数量以“套”计。工作内容为基础制作和安装、立灯杆、杆座安装、灯架及灯具附件安装、焊和压接线端子、补刷（喷）油漆、灯杆编号、接地。

3）中杆灯根据名称、灯杆的材质及高度、灯架的型号和规格、附件配置、光源数量、基础形式和浇筑材质、杆座材质和规格、接线端子材质和规格、铁构件规格、编号、灌浆配合比、接地要求，按设计图示数量以“套”计。工作内容为基础浇筑、立灯杆、杆座安装、灯架及灯具附件安装、焊和压接线端子、铁构件安装、补刷（喷）油漆、灯杆编号、接地。中杆灯是指安装在高度小于或等于 19m 的灯杆上的照明器具。

4）高杆灯根据名称、灯杆高度、灯架形式（成套或组装、固定或升降）、附件配置、光源数量、基础形式和浇筑材质、杆座材质和规格、接线端子材质和规格、铁构件规格、编号、灌浆配合比、接地要求，按设计图示数量以“套”计。工作内容为基础浇筑、立灯杆、杆座安装、灯架及灯具附件安装、焊和压接线端子、铁构件安装、补刷（喷）油漆、灯杆编号、升降机构接线调试、接地。高杆灯是指安装在高度大于19m的灯杆上的照明器具。

5）桥栏杆灯、地道涵洞灯根据名称、型号、规格、安装形式，按设计图示数量以“套”计。工作内容为灯具安装、补刷（喷）油漆。

4.2.13　附属工程

附属工程共设置了铁构件、凿（压）槽、打洞（孔）、管道包封、人（手）孔砌筑、人（手）孔防水6个分项。

1）铁构件根据名称、材质、规格，按设计图示尺寸以质量“kg”计。工作内容为制作、安装、补刷（喷）油漆。该清单项适用于电气工程的各种支架、铁构件的制作安装。

2）凿（压）槽根据名称、规格、类型、填充（恢复）方式、混凝土标准，按设计图示尺寸以长度“m”计。工作内容为开槽、恢复处理。该清单项适用于非施工单位造成的（如设计变更、土建结构等），需要刨沟、补槽的项目。

3）打洞（孔）根据名称、规格、类型、填充（恢复）方式、混凝土标准，按设计图示数量以“个”计。工作内容为开孔和洞、恢复处理。该清单项适用于非施工单位造成的（如设计变更、土建结构等），需要打眼的项目。

4）管道包封根据名称、规格、混凝土强度等级，按设计图示长度以“m”计。工作内容为灌注、养护。

5）人（手）孔砌筑根据名称、规格、类型，按设计图示数量以“个”计。工作内容为砌筑。

6）人（手）孔防水根据名称、类型、规格、防水材质及做法，按设计图示防水面积以“m^2”计。工作内容为防水。

4.2.14　电气调整试验

电气调整试验仅指10kV以下电气设备的本体试验和主要设备的分系统调试，不包括消防灭火系统、建筑智能化系统设备等调试。

电气调整试验设置了电力变压器系统、送配电装置系统、特殊保护装置、自动投入装置、中央信号装置、事故照明切换装置、不间断电源、母线、避雷器、电容器、接地装置、电抗器和消弧线圈、电除尘器、硅整流设备和可控硅整流装置、电缆试验共15个分项的调整试验。根据名称、类型、容量（kV·A）、电压等级（kV）、类型等，按设计图示数量以“系统（段/组/套/台）”计。工作内容为调试或系统调试。

电缆试验主要是指对电缆绝缘状况和电缆线路所做的各种测试，如绝缘电阻测试、直流耐压试验、泄漏电流试验、交流耐压试验、局部放电测试试验、电缆的绝缘油试验等。根据名称、电压等级（kV），按设计图示数量以“次（根/点）”计。工作内容为试验。

功率大于10kW电动机及发电机的启动调试用的蒸汽、电力和其他动力能源消耗及变压器空载试运转的电力消耗及设备需烘干处理应说明。计算机系统调试应按《通用安装工程工程量计算规范》“附录F 自动化控制仪表安装工程”相关项目编码列项。

4.3 电气设备安装工程工程量清单计价

电气设备安装综合单价应根据工程量清单的项目特征、工作内容及施工工艺等要求由投标人自主报价。由于目前大多数建筑企业没有自己的企业定额，因此，企业在自主报价时往往参考计价定额，参考的同时，再根据企业及项目的实际情况予以调整。

计价定额中“电气设备安装工程”分册适用于新建、扩建工程中 10kV 以下变配电设备及线路安装工程、车间动力电气设备及电气照明器具、防雷及接地装置安装、配管配线、电气调整试验等的安装工程。不适合 10kV 以上及专业专用项目的电气设备安装。

计价定额的工程内容除下列各节说明的工序外，均包括施工准备、设备器材工器具的场内搬运、开箱检查、安装、调整试验、收尾、清理、配合质量检验、工种间交叉配合、临时移动水、电源的停歇时间。

4.3.1　变压器安装

1. 本体安装、调试

变压器、消弧线圈安装，按不同容量以“台”为计量单位。

配合电气系统交接试验包含在变压器本体安装定额中。计价定额未包括下列试验：变压器交、直流耐压试验，瓦斯继电器检查及试验，变压器模拟试运行、带电试运行、负荷试运行及系统的交接试验，发生时，按《通用安装工程工程量计算规范》“附录 D.17 电气设备调试工程”另列项计量计价。

2. 基础型钢制作、安装

变压器基础型钢制作执行计价定额中铁构件制作子目，以“100kg”为计量单位。

变压器基础型钢安装执行计价定额中基础槽钢、角钢安装子目，以“m”为计量单位，以设计图示或标准图示周长计算。

铁构件制作不包括镀锌、镀锡、镀铬、喷塑等其他金属防护费用，发生时另行计算。

3. 油过滤

变压器本体安装定额未包括绝缘油的过滤。变压器油过滤不论过滤多少次，直到过滤合格为止，以“t”为计量单位。

需要过滤时，可按制造厂提供的油量（变压器铭牌标注的油量）计算。变压器油是按设备带来考虑的，施工中变压器油的过滤损耗及操作损耗已包括在相应项目中。

变压器安装过程中放注油、油过滤所使用的油罐，已摊入油过滤项目中。

4. 干燥

变压器通过试验，判定绝缘受潮时才需进行干燥，所以只有需要干燥的变压器才能计取此项费用（编制时可列此项，工程结算时根据实际情况再作处理），以“台”为计量单位。

整流变压器、消弧线圈、并联电抗器的干燥，执行同容量电力变压器干燥项目。

5. 接地

接地已包含在变压器本体安装定额中。

6. 网门、保护网制作、安装

网门、保护网制作和安装，按网门或保护网设计图示的框外围尺寸以“m^2”为计量单位。

7. 补刷（喷）油漆

补刷（喷）油漆已包含在变压器本体安装定额中。二次喷漆发生时另计，执行计价定额二次喷漆子目。

8. 干式变压器温控箱安装

温控箱的安装执行计价定额中控制设备及低压电气安装的端子箱相应子目。

9. 计价的注意事项

1）变压器的器身检查：容量小于或等于4000kV·A是按吊芯检查考虑，容量大于4000kV·A是按吊钟罩考虑。如果容量大于4000kV·A的变压器需吊芯检查时，机械费乘以系数2.0。

2）干式变压器如果带有保护外罩时，人工费和机械费乘以系数1.2。

3）计价定额未包括的内容，发生时另计。其中，①变压器干燥棚、滤油棚的搭拆工作，若发生时可按实计算；②变压器铁梯及母线铁构件的制作安装，另执行计价定额中铁构件制作安装子目；③变压器基础的挖填土、浇筑或砌筑，按《房屋建筑与装饰工程工程量计算规范》列项计价。

【例4-9】 试通过计价定额确定例4-1中的干式变压器安装的综合单价。

解：根据表4-2中变压器工程量清单的项目特征描述，此干式变压器的综合单价需考虑本体安装及温控箱的安装，所套用的定额见表4-17。干式变压器安装综合单价为1930.12元。

表4-17　变压器分部分项工程量清单综合单价分析表

项目编码		(1) 030401002001	项目名称		干式变压器				计量单位	台	工程量	1	
清单综合单价组成明细													
定额编号	定额项目名称	定额单位	数量	单价					合价				
				人工费	材料费	机械费	管理费	利润	人工费	材料费	机械费	管理费	利润
CD0008	干式变压器安装容量≤100kV·A	台	1	1045.89	75.98	237.72	89.85	202.81	1045.89	75.98	237.72	89.85	202.81
CD0412	低压电器设备安装-户外端子箱安装	台	1	173.07	60.89	3.62	12.37	27.92	173.07	60.89	3.62	12.37	27.95
小计									1218.96	136.37	241.34	102.22	230.76
未计价材料费													
清单项目综合单价									1930.12				

（续）

材料费明细	主要材料名称、规格、型号	单位	数量	单价（元）	合价（元）	暂估单价（元）	暂估合价（元）
	其他材料费			—	136.87	—	
	材料费小计			—	136.87	—	

4.3.2　配电装置安装

1. 配电设备本体安装、调试

1）断路器、真空接触器、电流互感器、电压互感器、油浸电抗器以及电容器柜的安装以“台”为计量单位。空气断路器本体的阀门、管路等材料由制造厂供应，定额含因位置变动需补充的材料量。空气断路器的储气罐及储气罐至断路器的管路应按《通用安装工程工程量计算规范》“附录H工业管道工程”相关项目编码列项。互感器安装项目按单相考虑的，未考虑抽芯及绝缘油过滤。电抗器安装项目安装方式系综合考虑的，均不作换算。

2）隔离开关、负荷开关、熔断器、避雷器、干式电抗器的安装以“组”为计量单位，每组按三相计算。干式电抗器安装项目适用于混凝土电抗器、铁芯干式电抗器和空心电抗器等干式电抗器的安装。

3）电容器的安装以“个”为计量单位。电力电容器安装，仅指本体安装，与本体连接的导线安装均按导线连接形式，执行相应项目。补偿电容器进线保护柜安装执行计价定额“控制设备及低压电器安装”电源屏子目。

4）交流滤波装置的安装以“台”为计量单位。每套滤波装置包括三台组架安装，不包括设备本身及铜母线的安装，其工程量应按计价定额相应项目另行计算。

5）高压成套配电柜和箱式变电站的安装以“台”为计量单位，均未包括基础槽钢、母线及引下线的配置安装。高压成套配电柜安装项目系综合考虑的，均不作换算。组合型成套箱式变电站主要是指10kV以下的箱式变电站，一般布置形式为变压器在箱的中间，箱的一端为高压开关位置，另一端为低压开关位置。组合型低压成套配电装置其外形像一个大型集装箱，内装6~24台低压配电箱（屏），箱的两端开门，中间为通道，称为“集装箱式低压配电室”，执行计价定额中控制设备及低压电器安装的相应子目。

设备本体所需的绝缘油、六氟化硫气体、液压油等均按设备带有考虑，电气设备以外的加压设备和附属管道的安装应按相应计价定额另行计算。

2. 基础型钢制作、安装

成套配电柜和箱式变电站安装不包括基础槽（角）钢安装。

配电设备基础槽（角）钢、支架、抱箍、延长环、套管、间隔板等安装，执行定额“D.16金属构件及辅助项目安装工程”相关子目。

3. 接线

配电设备的端子板外部接线，应执行计价定额中有端子、无端子外部接线的相应项目。

4. 油过滤

油断路器及其他充油设备的绝缘油过滤，计算方法与变压器油过滤相同，可按制造厂规定的充油量计算。

5. 补刷（喷）油漆

补刷（喷）油漆已包含在设备本体安装定额中。

6. 接地

成套配电柜安装不包括母线及引下线的配制与安装。

7. 干燥

设备干燥计算同变压器干燥，若现场发生另行计算。

8. 进箱母线安装

母线进箱一般有三种方式：箱顶架空进线、箱侧架空进线及箱后架空进线。其支持绝缘子、母线、支架制作和安装，按《通用安装工程工程量计算规范》“附录 D.3 绝缘子、母线安装”另列项计量计价。

9. 计价的注意事项

1）设备安装所需的地脚螺栓按土建预埋考虑，灌浆执行计价定额“机械设备安装工程”分册相关子目。

2）高压设备安装定额内均不包括绝缘台的安装，其工程量应按施工图设计执行相应项目。

3）配电设备安装的支架、抱箍及延长轴、轴套、间隔板等，按施工图设计的需要量进行计算，执行计价定额中铁构件制作安装项目或成品价。

4）地埋式变压器中，半埋地式是1/3体积埋入地下，地下部分采用钢筋水泥加特殊材料制成，地面部分为金属结构；地埋式是变压器和壳体采用立体分离式，变压器埋入地下，高低压室在地面上；全埋式是箱变整体埋入地下，采用顶部通风。地埋式变压器定额项目不包括土方开挖等建筑工程内容，该项内容另执行相关定额。

5）设备配合电气系统的交接试验和设备本体安装调试已包含在设备本体安装定额中。设备的模拟试运行、带电试运行、负荷试运行及系统的交接试验等本体试验和系统调试按《通用安装工程工程量计算规范》“附录 D.17 电气设备调试工程”另列项计量计价。

6）成品配套空箱体安装执行相应的“成套配电箱”安装定额乘以系数0.5。空箱配电箱、配电板内设备元件安装和配线另执行相应项目。

7）成套配电箱、盘、屏、柜，因运输需要将个别元件分包分装者，不能另套其他子目。

【例 4-10】 试通过计价定额确定例 4-2 中的动力配电箱安装的综合单价。

解：配电箱的定额组价可区分为成套和非成套两种情况，具体见表 4-18。

表 4-18　配电箱定额组价

	工作内容	项目名称	项目单位	定额编号
成套配电箱	配电箱本体安装	成套配电箱	台	CD0106~CD0111
	设备基础制作安装	基础槽钢制作、安装	m	CD2301
		基础角钢制作、安装	m	CD2302
	焊（压）接线端子或外部接线	焊（压）接线端子	个	CD0419~CD0442
		外部接线	个	CD0415~CD0418
非成套配电箱	箱体安装	配电箱（空箱）	台	“成套配电箱”安装定额乘以系数 0.5
	设备基础制作安装	同成套配电箱		
	接线端子及外部接线	同成套配电箱		
	箱内元件安装	按设计套用	个 / 组	按设计需要安装在箱体内的各种控制元件、仪表等套用 D.2 配电装置安装
	盘柜配线	按设计套用	10m	CD1799~CD1807
	箱体喷漆	按设计需求	m^2	套用 M. 刷油、防腐蚀、绝热工程

根据表 4-5 中动力配电箱工程量清单的项目特征描述，此动力配电箱的综合单价需考虑本体安装，基础槽钢制作安装。配电箱进出线均为电缆，电缆终端头制作安装在电缆敷设时报价。电缆终端头制作安装定额中已包括焊压接线端子，故此处配电箱安装不再考虑焊（压）接线端子。所套用的定额见表 4-19。动力配电箱安装综合单价为 1331.84 元。

表 4-19　动力配电箱分部分项工程量清单综合单价分析表

<table>
<tr><td colspan="2">工程名称：</td><td colspan="8">某工程项目【安装工程】</td><td colspan="2">标段：</td><td colspan="4"></td></tr>
<tr><td colspan="2">项目编码</td><td colspan="2">（1）
030404017001</td><td colspan="2">项目名称</td><td colspan="4">配电箱</td><td>计量单位</td><td>台</td><td colspan="2">工程量</td><td colspan="2">1</td></tr>
<tr><td colspan="16">清单综合单价组成明细</td></tr>
<tr><td rowspan="2">定额编号</td><td rowspan="2">定额项目名称</td><td rowspan="2">定额单位</td><td rowspan="2">数量</td><td colspan="5">单价</td><td colspan="5">合价</td></tr>
<tr><td>人工费</td><td>材料费</td><td>机械费</td><td>管理费</td><td>利润</td><td>人工费</td><td>材料费</td><td>机械费</td><td>管理费</td><td>利润</td></tr>
<tr><td>CD2301</td><td>基础槽钢制作、安装</td><td>m</td><td>1.73</td><td>13.23</td><td>3.58</td><td>1.55</td><td>1.03</td><td>2.34</td><td>22.89</td><td>6.19</td><td>2.68</td><td>1.78</td><td>4.05</td></tr>
<tr><td>CD0106</td><td>成套配电箱安装，落地式</td><td>台</td><td>1</td><td>266.70</td><td>13.71</td><td>60.59</td><td>22.91</td><td>51.71</td><td>266.70</td><td>13.71</td><td>60.59</td><td>22.91</td><td>51.71</td></tr>
<tr><td colspan="9">小计</td><td>289.59</td><td>19.90</td><td>63.27</td><td>24.69</td><td>55.76</td></tr>
<tr><td colspan="9">未计价材料费</td><td colspan="5">878.63</td></tr>
<tr><td colspan="9">清单项目综合单价</td><td colspan="5">1331.84</td></tr>
</table>

（续）

	主要材料名称、规格、型号	单位	数量	单价（元）	合价（元）	暂估单价（元）	暂估合价（元）
材料费明细	10号槽钢	m	1.7473	45.00	78.63		
	动力配电箱 XL-10-3/35	台	1	800.00	800.00		
	其他材料费			—	19.90	—	
	材料费小计			—	898.53	—	

【例4-11】 某小区住宅楼（两个单元）一单元电气照明系统图如图4-16所示，配电箱 XRM_3-03如何组价？（已知该配电箱半周长为0.5m）

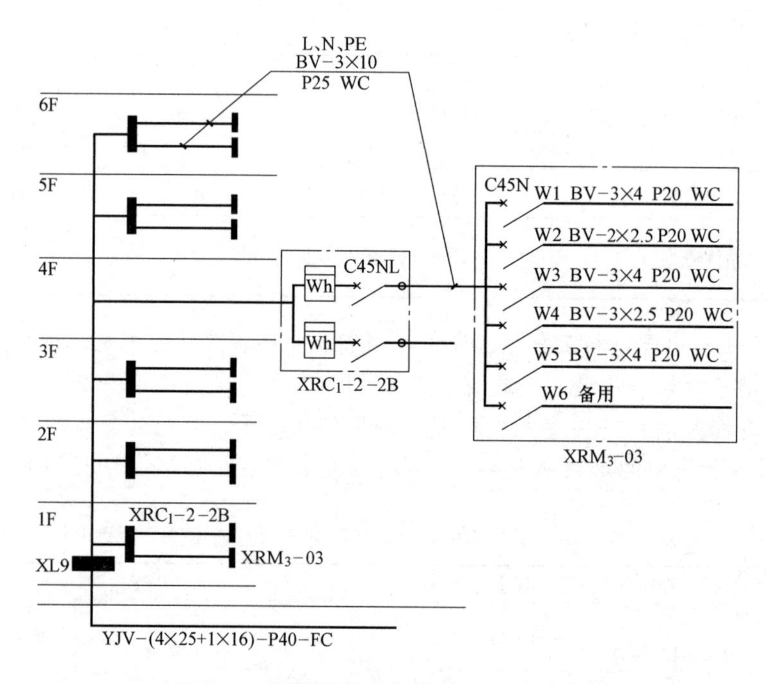

图4-16 某住宅楼一单元电气照明系统图

解：配电箱 XRM_3-03的组价如表4-20所示。

表4-20 配电箱 XRM_3-03组价定额

编 号	项 目 名 称	工 程 量	单 位
030404017003	配电箱	12	台
CD0107	成套配电箱安装，悬挂嵌入式配电箱半周长 0.5m	12	台
CD0416	低压电器设备安装，无端子外部接线≤ 6mm^2	108	个
CD0415	低压电器设备安转，无端子外部接线≤ 2.5mm^2	60	个
CD0419	焊铜接线端子安装，导线截面≤ 16mm^2	36	个

4.3.3　绝缘子、母线安装

1. 母线制作、安装

软母线安装指直接由耐张绝缘子串悬挂部分，按软母线截面大小分别以“跨 / 三相”为计量单位。导线、绝缘子、线夹、弛度调节金具等均按施工图设计用量加定额规定的损耗率计算。导线跨距综合按 30m 考虑，跨距不同不作换算。软母线安装预留长度按表 4-3 计算。

组合软母线安装，按三相为一组计算。跨距（包括水平悬挂部分和两端引下部分之和）是以小于或等于 45m 考虑，跨度的长与短不得调整。导线、绝缘子、线夹按施工图设计用量加定额规定的损耗率计算。组合软母线安装，不包括两端铁构件制作安装和支持瓷绝缘子、带形母线的安装，发生时执行计价定额相应项目。

槽形母线安装以“10m/ 单相”为计量单位。槽形母线及固定槽型母线的金具按设计用量加损耗率计算。带形母线、槽形母线安装均不包括支持瓷绝缘子安装和钢构件配置安装，其工程量应分别按设计成品数量执行计价定额相应项目。

共箱母线安装以“m”为计量单位，长度按设计共箱母线的轴线长度计算。

低压（指电压小于或等于 380V）封闭式插接母线槽安装根据导体的额定电流大小分别列项，以“m”为计量单位，长度按设计母线的轴线长度计算。分线箱以“台”为计量单位，根据电流大小分别列项，按设计数量计算。

重型母线安装包括铜母线、铝母线，根据截面大小分别列项，按母线的成品质量以“t”为计量单位，其安装所需伸缩器、导板考虑在未计价材料中。

硬母线配置安装预留长度按表 4-4 的规定计算。

在进行软母线、带形母线、槽形母线的安装计价时，计价定额不包括母线、绝缘子等主材，具体可按设计数量加损耗计算。

2. 跳线安装

两跨软母线间的跳引线安装，以“组”为计量单位，每三相为一组。不论两端的耐张线夹是螺栓式或压接式，均执行软母线跳线项目。

设备连接线安装指两设备间的连接部分。不论引下线、跳线、设备连接线，均按导线截面、三相为一组计算工程量。

3. 支持绝缘子、穿墙套管的安装、耐压试验

支持绝缘子安装以“个”为计量单位，根据安装在户内、户外、单孔、双孔、四孔固定分别计算。

悬垂绝缘子串安装，指垂直或 V 形安装的提挂导线、跳线、引下线、设备连接线或设备等所用的绝缘子串安装，按单串以“串”为计量单位。耐张绝缘子串的安装，已包括在软母线安装项目内。

母线穿墙套管安装不分水平、垂直安装，均以“个”为计量单位。

绝缘子耐压试验已包含在母线安装定额中。

4. 穿通板制作、安装

穿通板制作安装区分材质的不同均以“块”计。高压侧穿通板为了安装和支持穿墙套管，用钢板制作；低压母线穿通板可用钢板、电木板、环氧树脂板、塑料板、石棉水泥板等

制作。

5. 引下线安装

软母线引下线，指由T形线夹或并沟线夹从软母线引向设备的连接线，以“组”为计量单位，每三相为一组。软母线经终端耐张线夹引下（不经T形线夹或并沟线夹引下）与设备连接的部分也执行引下线项目。

6. 伸缩节安装

伸缩节（伸缩接头）是母线为了温度补偿而安装的。母线伸缩接头安装均以“个”为计量单位。带形母线伸缩节头按成品考虑。

7. 过渡板安装

高压或低压线路中，为防止铜与铝不同金属相互压接时，在大气下产生不等电位腐蚀，必须焊接安装铜铝过渡板（过渡排PTL）或铜铝过渡线夹。母线铜过渡板安装均以“个”为计量单位。带形母线铜过渡板均按成品考虑。

8. 刷分相漆、补刷（喷）油漆

刷分相漆、补刷（喷）油漆已包含在母线安装定额中。

9. 与设备连接

槽形母线与设备连接，根据连接的设备与接头数量及槽形母线规格，按照设计连接设备数量，以“台”为计量单位。

10. 计价的注意事项

1）带形母线安装及带形母线引下线安装包括铜排、铝排，根据不同截面和片数分别列项，以“10m/单相”为计量单位。母线和固定母线的金具均按设计量加损耗率计算。

2）重型铝母线接触面加工指铸造件需加工接触面时，可以根据其接触面大小分别列项，以“片/单相”为计量单位。

3）母线安装计价定额不包括支架、铁构件的制作安装，发生时另执行计价定额相应子目。

4）软母线安装是按单串绝缘子考虑的，如设计为双串绝缘子，其人工费乘以系数1.08。

5）带形钢母线安装执行铜母线安装相应项目。

6）高压共箱母线和低压封闭式插接母线槽均按制造厂供应的成品考虑。当封闭式插接母线槽在竖井内安装时，人工费和机械费乘以系数2.0。

7）母线调试按《通用安装工程工程量计算规范》“附录D.17电气设备调试工程”另列项计量计价。

4.3.4 配电控制、保护、直流装置及低压电器安装

1. 控制设备及低压电器本体安装

1）控制设备及低压电器安装均以“台”为计量单位。

2）插座安装应区别电源相数、额定电流、插座安装形式、插座插孔个数，以“套”为计量单位。

3）安全变压器以“台”为计量单位。

4）电铃、电铃号码牌箱安装，应区别电铃直径、电铃号牌箱规格（号），以“套”为计量单位。

5）门铃安装应区别门铃安装形式，以“个”为计量单位。

6）风扇安装应区别风扇种类，以“台”为计量单位。

7）烘手器以“台”为计量单位。

8）自动冲水感应器、风机盘管、风机箱、户用锅炉电气接线以“台”为计量单位。

9）风管阀门电动执行机构电气接线以“套”为计量单位。

10）电度表安装（不分单相和三相），套用计价定额中测量表计子目。

2. 基础型钢制作、安装

控制设备中的屏、柜及控制台均包括基础槽钢制作安装，其槽钢已包含在计价定额内，不得另计。

控制箱、配电箱未包括基础槽钢、角钢的制作安装，发生时执行基础槽钢、角钢安装中的相应子目。

3. 端子板安装

端子板以10个端子“1组”为计量单位。

4. 焊、压接线端子

单芯导线：截面积在10mm^{2}以内，计算无端子外部接线；超过10mm^{2}时，计算焊（压）接线端子。

多芯导线：截面在6mm^{2}以内，计算有端子外部接线；超过6mm^{2}时，计算焊（压）接线端子。计算了焊（压）接线端子之后，不得再计算有端子外部接线。

焊铜接线端子是采用焊锡膏和焊锡对铜接线端子与导线端头进行焊接，较早的焊接工艺是使用铜焊粉和铜焊条对铜接线端子与导线端头进行焊接。压铜接线端子是采用专门的压线压接钳对铜接线端子与导线端头进行压接。压铜接线端子较为常见；只有在图样有要求以及特殊环境位置时采用焊接。接线端子的材质必须与导线材质相同。

焊、压接线端子以“10个”为计量单位。端子板以10个端子“1组”为计量单位。端子板外部接线按设备盘、箱、柜、台的外部接线图计算，以“10个头”为计量单位。

焊、压接线端子定额只适用于导线，电缆终端头制作安装定额中已包括焊、压接线端子，不得重复计算。压铜接线端子也适用于铜铝过渡端子。

5. 盘柜配线、端子接线

盘柜配线项目只适用于盘上小设备元件的少量现场配线，不适用于工厂的设备修、配、改工程。盘柜配线分不同规格，以“m”为计量单位。“端子板外部接线”适用于盘、柜、箱、台的端子外端接线。

盘、箱、柜的外部进出线预留长度按表4-6计算。

6. 小母线安装

屏、柜之间用小母线连接时，小母线安装以“10m”为计量单位。

7. 屏边安装

控制设备中的屏、柜及控制台均包括屏边安装，其槽钢已包含在计价定额内，不得另计。

8. 补刷（喷）油漆

补刷（喷）油漆已包含在设备本体安装定额中。

9. 接地

接地已包含在设备本体安装定额中。

10. 计价定额的注意事项

1）屏上辅助设备安装，包括标签框、光字牌、信号灯、附加电阻、连接片等。

2）设备的补充注油，按设备带来考虑。

3）控制开关、限位开关、控制器、电阻器等的接地端子已包括在定额内。

4）可控硅变频调速柜按相应可控硅柜子目人工费乘以系数 1.2，可控硅柜安装未包括接线端子及接线。

5）悬挂式配电箱项目未包括支架的制作安装。

6）限位开关及水位电气信号装置，均包括支架制作安装。

7）嵌入式配电箱的补洞抹砂浆，箱、盘、屏、柜的基础浇筑或砌筑由土建队伍实施。

8）计价定额未包括的内容：二次喷漆及喷字，电器及设备干燥。

4.3.5　蓄电池安装

适用于电压小于或等于220V的各种容量的碱性和酸性固定型蓄电池及其防振支架安装、蓄电池充放电。

1. 本体安装

铅酸蓄电池和碱性蓄电池安装，根据容量大小分别列项，以单体蓄电池“个”为计量单位，按施工图设计的数量计算工程量。定额内已包括了电解液的材料消耗，执行时不得调整。

免维护蓄电池安装以“组件”为计量单位，例如，某项工程设计一组蓄电池为 220V/500（A · h），由 18 个 12V 的组件组成，那么就应该套用 12V/500（A · h）的定额 18 组件。

碱性蓄电池补充电解液由厂家随设备供货。铅酸蓄电池的电解液已包括在内，不另行计算。

蓄电池电极连接条、紧固螺栓、绝缘垫均按设备带有考虑。计价定额不包括蓄电池抽头连接用电缆及电缆保护管的安装，发生时应执行计价定额相应项目。

2. 防振支架安装

蓄电池防振支架按随设备供货考虑，安装按地坪打眼装膨胀螺栓固定考虑。

3. 充放电

蓄电池充放电电量已计入计价定额中，不论酸性、碱性电池均按其电压和容量执行相应项目，以“组”为计量单位。

4.3.6　发电机、电动机检查接线

电机是发电机和电动机的统称，如小型电机检查接线项目，适用于同功率的小型发电机和小型电动机的检查接线，计价定额中的电机功率系指电机的额定功率。

1. 检查接线

发电机检查接线包括检查定子及转子，研磨电刷和滑环，安装电刷（碳刷），测量绝缘，配合密封试验，整修整流子，电机外壳接地，电机进、出线安装，发电机接地等工作。电动机检查接线包括检查定子、转子、轴承，吹扫，测量空气间隙，调整和研磨电刷，盘车检查转动情况，接地，空转试运转。

发电机、调相机、电动机的电气检查接线，均以“台”为计量单位。直流发电机组和多台一串的机组，可按单台电机分别执行定额。

单台质量小于或等于 3t 的电机为小型电机，单台质量大于 3t 且小于或等于 30t 的电机为中型电机，单台质量大于 30t 的电机为大型电机。小型电机按电机类别和功率大小执行计价定额相应项目，大中型电机不分交、直流电机，一律按电机质量执行计价定额相应项目。

电机的质量和容量可按表 4-21 所示换算。实际中，电机的功率与质量的关系和表 4-21 所示不符时，小型电机以功率为准，大中型电机以质量为准。

表 4-21　电机的质量和容量换算表

定额分类		小型电机							中型电机			
电机质量 / (t/ 台)		≤ 0.1	≤ 0.2	≤ 0.5	≤ 0.8	≤ 1.2	≤ 2	≤ 3	≤ 5	≤ 10	≤ 20	≤ 30
功率 /kW	直流电机	≤ 2.2	≤ 11	≤ 22	≤ 55	≤ 75	≤ 100	≤ 200	≤ 300	≤ 500	≤ 700	≤ 1200
	交流电机	≤ 3.0	≤ 13	≤ 30	≤ 75	≤ 100	≤ 160	≤ 220	≤ 500	≤ 800	≤ 1000	≤ 2500

2. 接地

电机的接地线已按不同材质综合考虑，使用时不得换算。

3. 干燥

电机检查接线定额，除发电机和调相机外，均不包括电机干燥，发生时其工程量应按电机干燥定额另行计算。电机干燥定额系按一次干燥所需的工、料、机消耗量考虑的，在特别潮湿的地方，电机需要进行多次干燥，应按实际干燥次数计算。在气候干燥、电机绝缘性能良好、符合技术标准而不需要干燥时，则不计算干燥费用。实行包干的工程，可参照以下比例，由有关各方协商而定：低压小型电机功率小于或等于 3kW 的，按 25% 的比例考虑干燥；低压小型电机功率大于 3kW 且小于或等于 220kW 的，按 30%~50% 考虑干燥；大中型电机按 100% 考虑一次干燥。

4. 调试

发电机、调相机、励磁机、隔离开关、保护装置及一、二次回路的调整试验执行计价定额“电气调整试验”相关项目。

5. 计价的注意事项

1）电机解体检查项目，应根据需要选用。如不需要解体时，可只执行电机检查接线项目。

2）电机安装执行计价定额“机械设备安装工程”分册的电机安装项目，电机检查接线执行计价定额“电气设备安装工程”分册相应项目。

3）凡功率小于或等于 0.75kW 的电机均执行微型电机子目，但一般民用小型交流电风扇安装另执行计价定额中风扇安装子目。

4）电机的检查接线项目均不包括控制装置的安装和接线。

5）电机检查接线项目未包括金属软管，金属软管执行计价定额中配管配线相关项目。

4.3.7 滑触线安装

1. 滑触线安装

滑触线安装以“100m/单相”为计量单位，其附加和预留长度按表4-7所示计算。

2. 滑触线支架制作、安装

滑触线拉紧装置及挂式支持器制作项目的固定支架执行计价定额“铁构件制作”子目。滑触线及支架安装是按标高小于或等于10m考虑的，如超过10m时按分册说明的超高系数计算。

3. 拉紧装置及挂式支持器制作、安装

滑触线拉紧装置制作安装根据材质的不同（扁钢、圆钢、软滑线）以“套”计。挂式支持器的安装以“10套”为计算单位。

4. 移动软电缆安装

滑触线的辅助母线安装，执行车间带形母线安装项目。移动软电缆敷设未包括轨道安装及滑轮制作。

5. 伸缩接头制作、安装

滑触线伸缩器和坐式电车绝缘子支持器的安装，已分别包括在滑触线安装和滑触线支架安装项目内，不另行计算。

6. 计价的注意事项

1）滑触线支架的基础铁件及螺栓，按土建预埋考虑；滑触线及支架的油漆，均按涂一遍考虑。

2）安全节能型滑触线安装未包括滑触线的导轨、支架、集电器及其附件等装置性材料。

3）三相组合为一根的安全节能型滑触线，按单相滑触线子目乘以系数2.0。

4）起重机设备电气装置，按起重机主钩的起重量以“台”为计量单位。起重机电气设备安装定额是按经过厂家试验合格的成套起重机考虑的，即操作室内的开关控制设备、管线以及操作室至电气设备、器具的电线管（过桥管除外）均按随机配套安装考虑的。非成套供应的起重机，则按计价定额分部分项目另套相关项目。

5）由于电气控制技术的飞跃发展，成套起重机的电气控制系统发生了根本的变化。如设计与计价定额的标准、规范不同时，其成套起重机电气装置的安装，应按设计技术要求及实际情况，分别按相应的分项安装定额执行。

6）起重机本体、轨道、各种金属加工机床等的安装应执行计价定额“机械设备安装工程”分册的起重机设备安装相应项目。

4.3.8 配电、输电电缆敷设工程

1. 电缆敷设

室内、室外电缆不论敷设方式、工作场所，电缆敷设安装均包括开盘、检查、架盘、敷设、锯断、排列、整理、固定、收盘、临时封头、挂牌。

电力电缆敷设定额包括输电电缆敷设与配电电缆敷设项目，根据敷设环境执行相应定额。定额综合了裸包电缆、铠装电缆、屏蔽电缆等电缆类型，凡是电

压等级≤ 10kV 电力电缆和控制电缆敷设不分结构形式和型号，一律按照相应的电缆截面和芯数执行定额。

1）输电电力电缆敷设环境分为直埋式、电缆沟（隧）道内、排管内、街码金具上。输电电力电缆起点为电源点或变（配）电站，终点为用户端配电站。

2）配电电力电缆敷设环境分为室内、竖井通道内。配电电力电缆起点为用户端配电站，终点为用电设备。室内敷设电力电缆定额综合考虑了用户区内室外电缆沟、室内电缆沟、室内桥架、室内支架、室内线槽、室内管道等不同环境敷设，执行定额时不做调整。

3）电缆敷设定额中综合考虑了电缆布放费用，当电缆布放穿过高度 >20m 的竖井时。按照穿过竖井电缆长度计算工程量，执行竖井通道内敷设电缆相应定额乘以系数 1.3。

4）竖井通道内敷设电缆定额适用于单段高度 >3.6m 的竖井。在单段高度≤ 3.6m 的竖井内敷设电缆时，应执行“室内敷设电力电缆”相应定额。

电缆敷设长度应根据敷设路径的水平和垂直长度，按表 4-8 所示的规定增加附加长度。电力电缆敷设清单与定额的计算规则相同，清单工程量等于定额工程量。

表 4-8 中电缆敷设的附加长度不适用于矿物绝缘电缆预留长度，矿物绝缘电缆预留长度按实际计算。

电力电缆敷设定额是按照三芯（包括三芯连地）编制的，电缆每增加一芯相应定额增加 15%。单芯电力电缆敷设按照同截面电缆敷设定额乘以系数 0.7，两芯电缆按照三芯电缆定额执行。截面 400mm^2 以上至 800mm^2 的单芯电力电缆敷设，按照 400mm^2 电力电缆敷设定额乘以系数 1.35。截面 800mm^2 以上至 1600mm^2 的单芯电力电缆敷设，按照 400mm^2 电力电缆敷设定额乘以系数 1.85。

电缆敷设按单根以延长米计算，一个沟内（或架上）敷设三根各长 100m 的电缆，应按 300m 计算，以此类推。

【例 4-12】 室内敷设电力电缆 YJV-4×25+1×16、控制电缆 KVV-5×6 如何套用定额？

解：电缆的定额套用见表 4-22。

表 4-22　电缆的定额套用示例

编　号	项 目 名 称
030408001001	电力电缆 YJV-4 × 25+1 × 16
CD0734（ × 1.15）	铜芯电力电缆敷设，电缆截面≤ 35mm^2
030408002002	控制电缆 KVV-5 × 6
CD0883	控制电缆敷设，电缆≤ 6 芯

【例 4-13】 试计算 YJV22-4×120+1×70 电缆的分部分项工程量清单综合单价。电缆主材价格按 242.60 元 /m 计。

解：电缆组价见综合单价分析表 4-23，综合单价为 261.15 元。

表 4-23　电缆综合单价分析表

工程名称：　13 规范清单计价工程项目　　　　标段：　　第　页　共　页

项目编码		(3) 030408001003		项目名称		电力电缆		计量单位	m		工程量	25	
清单综合单价组成明细													
定额编号	定额项目名称	定额单位	数量	单价（元）					合价（元）				
				人工费	材料费	机械费	管理费	利润	人工费	材料费	机械费	管理费	利润
CD0737 换	室内敷设电力电缆、铜芯、电缆截面 ≤ $120mm^2$［单价 ×1.15，管理费 ×1.15，利润 ×1.15］	10m	0.1	105.09	23.13	7.36	7.87	17.77	10.51	2.31	0.74	0.79	1.78
小计									10.51	2.31	0.74	0.79	1.78
未计价材料费									245.03				
清单项目综合单价									261.15				
材料费明细	主要材料名称、规格、型号					单位	数量		单价（元）	合价（元）	暂估单价（元）	暂估合价（元）	
	电力电缆 YJV22-4 × 120+1 × 70					m	1.01		242.60	245.03			
	其他材料费								—	2.31	—		
	材料费小计								—	247.34	—		

2. 电缆敷设方式

（1）直埋电缆的挖、填土（石）方　如图 4-17 所示，除特殊要求外，可按表 4-24 所示计算土方量。

计价定额中的电缆沟挖填土项目适用于电气管道沟等电气工程（除 10kV 以下架空配电线路）的挖填工作。

（2）电缆沟揭、盖、移动项目 盖板根据施工组织设计，以揭一次与盖一次或者移出一次与移回一次为计算基础，按照实际揭与盖或移出与移回的次数乘以其长度，以“m”为计量单位。

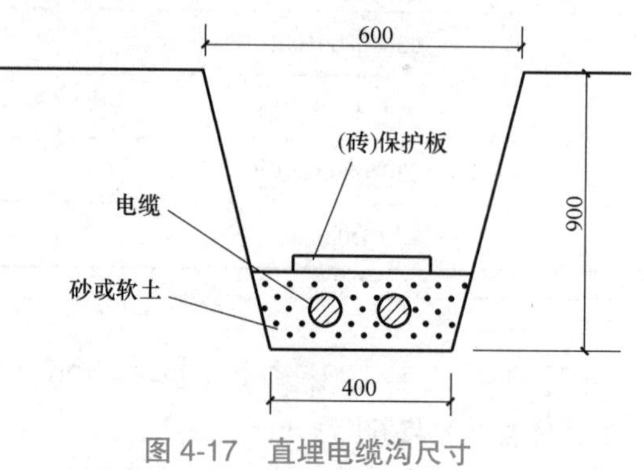

图 4-17　直埋电缆沟尺寸

（3）电缆保护管长度　除按设计规定长度计算外，遇有下列情况，应按以下规定增加保护管长度：

1）横穿道路时，按路基宽度两端各增加 2m。

表 4-24　直埋电缆的挖、填土（石）方量

项　　目	电 缆 根 数	
	1~2	每 增 一 根
每米沟长挖方量（m^3）	0.45	0.153

注：1. 两根以内的电缆沟，系按上口宽度 600mm、下口宽度 400mm、深度 900mm 计算的常规土方量（深度按规范的最低标准）。
2. 每增加一根电缆，电缆沟宽度增加 170mm。
3. 以上土方量系按埋深从自然地坪起算，如设计埋深超过 900mm 时，多挖的土方量应另行计算。

2）保护管需要出地面时，弯头管口距地面增加 2m。

3）穿过建（构）筑物外墙时，从基础外缘起增加 1m。

4）穿过沟（隧）道时，从沟（隧）道壁外缘起增加 1m。

直径 100mm 的不打喇叭口的电缆保护管、直径小于或等于 100mm 的电缆保护管敷设执行计价定额中配管配线相关子目。

（4）电缆保护管埋地敷设　其土方量凡有施工图注明的，按施工图计算；无施工图的，一般按沟深 0.9m、沟宽按最外边的保护管两侧边缘外各增加 0.3m 工作面计算。计算公式为

$$V=(D+2\times0.3)HL \tag{4-5}$$

式中　V——电缆保护管埋地敷设土石方量（m^3）；

D——保护管外径（m）；

H——沟深（m），按施工图设计深度尺寸计算，无注明时按 0.9m 深计算；

L——沟长（m）；

0.3——沟底加宽工作面（m）。

（5）吊电缆的钢索及拉紧装置　应按计价定额相应项目另行计算。

电缆直埋、电缆沟、穿管、支架、桥架 5 种敷设方式的定额组价见表 4-25。

表 4-25　电力电缆敷设定额组价

电缆敷设方式	工 作 内 容	清单编码列项	定 额 编 号
直埋	管沟土石方	010101007（管沟土方）或 010102004（管沟石方）	CD0637~CD0658
	电缆敷设	030408001（电力电缆）或 030408002（控制电缆）	CD0700~CD0705
	铺砂、盖保护板（砖）	030408005（铺砂、盖保护板（砖））	CD0659~CD0662
电缆沟	土石方及电缆沟	010401014（砖地沟）或 010507003（电缆沟）	一般由土建完成，安装不列项
	沟内支架	010516002（预埋铁件）	一般由土建完成，安装不列项
	电缆敷设	030408001（电力电缆）或 030408002（控制电缆）	CD0706~CD0711
	电缆沟盖板	010512008（沟盖板、井盖板、井圈）	一般由土建完成，安装不列项，但揭盖、盖板的工作需组价 CD0663~CD0665

（续）

电缆敷设方式	工作内容	清单编码列项	定额编号
穿管（室内）	管道敷设	030411001（配管）	CD1376~CD1565
	电缆敷设	030408001（电力电缆）或030408002（控制电缆）	CD0724~CD0768
穿管（室外埋地）	管沟土石方	010101007（管沟土方）或010102004（管沟石方）	CD0653~CD0658
	管道敷设	030411001（配管）或030408003（电缆保护管）	CD0666~CD0699
	电缆敷设	030408001（电力电缆）或030408002（控制电缆）	CD0712~CD0717
街码金具	电缆敷设	030408001（电力电缆）或030408002（控制电缆）	CD0718~CD0723
桥架	桥架或槽盒敷设	030411003（桥架）或030408004（电缆槽盒）	CD1575~CD1637
	电缆敷设	030408001（电力电缆）或030408002（控制电缆）	CD0724~CD0768

3. 电缆头制作、安装

电缆头的施工方法有热缩式、干包式、冷缩式、浇注式等。

电力电缆终端头根据户内、户外，以材质、施工方法、芯数、截面积的不同分别列项，以“个”为计量单位。电力电缆中间头按材质、施工方法、芯数、截面积的不同分别列项，以“个”为计量单位。控制电缆终端头和中间头只按芯数不同分别列项，以“个”为计量单位。终端头和中间头的制作安装包括定位、量尺寸、锯断、剥保护层及绝缘层、清洗、包缠绝缘、压连接管及接线端子、安装、接线等。

电力电缆和控制电缆均应按一根电缆有两个终端头考虑。电力电缆中间头按照设计规定计算；设计没有规定的以单根长度400m为标准，每增加400m计算一个中间头，增加长度<400m时计算一个中间头。穿刺线夹以单芯“个”为计量单位。

电缆头的接线端子大于240mm^{2}为异型端子，需要单独加工时，应按实计算。小区或厂区路灯电缆头制作安装执行户内干包电缆终端头子目。

干包电缆头不装终端盒时，称为“简包电缆头”，适用于一般塑料和橡胶绝缘低压电缆。浇注式电缆头主要适用于油浸纸绝缘电缆。户内热缩式电缆头制作、安装适用0.5~10kV的交联聚乙烯电缆和各种电缆。户外电缆头制作、安装适用0.5~10kV的各种电力电缆户外终端头的制作、安装。

【例4-14】 户内1kV YJV-4×25+1×16的热缩式终端头、KVV-5×6的终端头如何套用定额？

解：电缆头的定额套用见表4-26。

表4-26 电缆头组价示例

编号	项目名称
030408006004	电力电缆头
CD0841换 ×1.15	户内热缩式，铜芯电力电缆终端头制作、安装，终端头≤1kV，截面≤35mm^2
030408007005	控制电缆头
CD0893	控制电缆头制作、安装，终端头≤6芯

4. 电缆防火及防护

防火门、盘柜下用防火涂料涂抹，以“处”计；电缆隧道口、沟道口、保护管口等处用耐火泥、防火堵料堵口填筑，以“处”计；电缆桥架穿楼层竖井及穿墙处安装防火隔板，以“m^2”计。电缆防火堵洞每处按小于或等于 $0.25m^2$ 考虑。保护管按两端一处考虑。

电缆防火涂料适用于电缆刷防火涂料。桥架及管道刷防火涂料执行计价定额“刷油、防腐蚀、绝热工程”分册相应项目。

5. 计价的注意事项

1）计价定额是按平原地区和厂内电缆工程的施工条件编制的，未考虑在积水区、水底、井下等特殊条件下的电缆敷设。厂外电缆敷设工程按计价定额中10kV以下架空配电线路的相应项目另计工地运输。

2）电缆在一般山地、丘陵地区敷设时，其人工费乘以系数1.3。该地段所需的施工材料如固定桩、夹具等按实计算。

3）双屏蔽电缆头制作安装人工费乘以系数1.05。

4）矿物绝缘电力电缆井道安装基价乘以系数1.6，矿物绝缘控制电缆井道安装基价乘以系数1.5。

5）在带电运行的电缆沟内敷设电缆时，降效增加费用按（定额人工＋定额机械）的10%计取，其中人工费为定额人工费乘以10%。

6）在有粪便、臭水的电缆隧道敷设电缆，其电缆敷设的人工费增加5%。

7）人工开挖路面均不包括恢复路面工作（人工开挖路面适用于安装工程整齐成槽的开挖路面）。

8）混凝土电缆槽的挖填土方及铺砂盖砖应另套计价定额相应子目，金属线槽固定支架及吊杆未包括在本计价定额内，应另计。

9）电缆分支箱执行成套配电箱落地式项目。

10）计价定额中的“建筑垃圾土”是指建筑物周围及施工道路区域内的土质中含有建筑碎块或含有砌筑留下的砂浆等。

11）计价定额未包括下列内容：①隔热层、保护层的制作安装；②电缆冬季施工的加温工作和在其他特殊施工条件下的施工措施费和施工降效增加费；③电缆沟内接地母线及接地极安装；④支架接地。

4.3.9　防雷及接地装置

适用于建筑物、构筑物的防雷接地，变配电系统接地，设备接地以及避雷针的接地装置。

1. 接地装置

接地极制作安装以“根”为计量单位，其长度按设计长度计算，设计无规定时，每根长度按2.5m计算。若设计有管帽时，管帽另按加工件计算。接地极（板）制作、安装工程内容包括尖端及加固帽加工、接地极打入地下及埋设、下料、加工和焊接。

接地母线敷设按设计长度以“m”为计量单位计算工程量，其长度按施工图设计水平和垂直规定长度另加3.9%的附加长度计算，计算主材费时应另增加规定的损耗率。接地母线敷设工程内容包括挖地沟、接地线平直、下料、测位、打眼、埋卡子、揻弯、敷设、焊接、回填土夯实和刷漆。接地母线工程量计算公式为

$$L=\text{图示尺寸长度}\times(1+3.9\%) \tag{4-6}$$

式中 L——接地母线工程量（m）；

图示尺寸长度——接地母线施工图设计水平和垂直长度（m）；

3.9%——附加长度（包括转弯、上下波动、避绕障碍物、搭接头所占长度）。

接地跨接线以“处”为计量单位，按规范规定凡需做接地跨接线的工程内容，每跨接一次按一处计算，户外配电装置构架均需接地，每副构架按“1处”计算。

钢、铝窗接地以“处”为计量单位（高层建筑6层以上的金属窗设计一般要求接地），按设计规定接地的金属窗数进行计算。

接地装置不同的做法对应的定额见表4-27。

表4-27 接地装置定额

项目名称	工作内容	定额编号	单位	备注
接地极	接地极制作，安装	CD0954~CD0961	根/块	长度按设计长度计算，设计无规定时，每根长度按2.5m计算。若设计有管帽时，管帽另按加工件计算
接地母线	户内接地母线敷设	CD0965	m	“电缆沟支架连接地线”按“户内接地母线”执行
	户外接地母线敷设	CD0966~CD0967	m	户外接地沟开挖量按沟底宽0.4m、上宽0.5m、沟深0.75m，每米沟长的土方量按0.34m³计算。如设计要求埋深不同时，超过部分按实计算
	利用圈梁钢筋接地	CD0953	m	利用基础钢筋做接地体，如设计有要求执行“均压环敷设利用圈梁钢筋”
接地模块	接地模块	CD0962~CD0963	个/套	按设计图示数量以“个”计算

2. 引下线

避雷引下线主要有两种敷设方式：利用建筑物钢筋混凝土柱主筋引下；另在建筑物外侧敷设引下线（一般为镀锌扁钢）。定额量计算规则与清单计算规则相同。

利用建筑物内主筋作为接地引下线安装以“m”为计量单位，每一柱子内按焊接两根主筋考虑，如果焊接主筋数超过两根时，可按比例调整。

断接卡子制作安装以“套”为计量单位，按设计规定装设的断接卡子数量计算。接地检查井内的断接卡子安装按每井一套计算。

柱主筋与圈梁筋连接以“处”为计量单位，每处按两根主筋与两根圈梁钢筋分别焊接连接考虑。如果焊接主筋和圈梁钢筋超过两根时，可按比例调整。需要连接的柱子主筋和圈梁钢筋“处”数按设计规定计算。

如设计要求利用基础钢筋作为接地体，执行均压环敷设利用圈梁钢筋项目。

利用铜绞线作接地引下线时，配管、穿铜绞线套用本定额配管、配线中同规格的相应

子目。

引下线不同的做法对应的定额见表 4-28。

表 4-28　引下线定额

项目名称	定额编号	单　位	备　注
利用建筑物主筋引下	CD0948	m	每处按两根主筋与两根圈梁钢筋分别焊接连接考虑。如果焊接主筋和圈梁钢筋超过两根时，可按比例调整
柱主筋与圈梁钢筋焊接	CD0968	处	需要连接的柱子主筋和圈梁钢筋“处”数按设计规定计算
利用金属构件引下	CD0946	m	
沿建筑，构筑物引下	CD0947	m	
断接卡子制作安装	CD0949	套	
接地测试版安装	CD0950	块	
等电位联结端子箱，断接卡箱安装	CD0985	台	

3. 接闪器

避雷针的加工制作、安装，以“根”为计量单位，独立避雷针安装以“基”为计量单位。长度、高度、数量均按设计规定。独立避雷针是指不借助其他建筑物、构筑物等，专门组装架设杆塔（如铁塔）并安装的接闪器。如在空旷田野中的大型变配电站四周架设的避雷针就属于独立避雷针。独立避雷针安装应区分针高（指避雷针顶部至地面的垂直距离），以“基”为计量单位计算；独立避雷针的加工制作应执行“一般铁件”制作定额或按成品计算。

避雷针安装在木杆或水泥杆上均包括了避雷引下线安装，且已考虑了高空作业的因素。

避雷网安装，按设计长度以“m”为计量单位计算工程量。其长度按施工图设计水平和垂直规定长度另加 3.9% 的附加长度计算。计算主材费时应另增加规定的损耗率。

各类工业与民用建筑物的避雷网沿女儿墙及屋面敷设，均执行避雷网沿混凝土敷设子目。用镀锌圆钢或扁钢沿避雷卡子明敷，避雷卡子每 1m 设置一个，转弯处 0.5m 设置一个。如果女儿墙低，而且设置了金属栏杆，那么一般都利用金属栏杆作接闪器，将接地引下线引出端与金属栏杆可靠焊接。高层建筑物屋顶的防雷接地装置应执行“避雷网安装”项目，电缆桥架内、竖井内、电缆支架的接地线安装应执行“户内接地母线敷设”项目。

4. 均压环

均压环敷设以“m”为单位计算，主要按利用圈梁内主筋作均压环接地连线考虑的，其工程量按设计需要作均压接地的圈梁中心线长度，以延长米计算。焊接按两根主筋考虑，超过两根时，可按比例调整。长度按设计需要作均压接地的圈梁中心线长度，以延长米计算。如果单独采用钢筋或扁钢明敷作均压环时，套用“沿墙明敷设”子目。利用基础钢筋作接地体，如设计有要求执行“均压环敷设利用圈梁钢筋”项目。

5. 半导体少长针

半导体少长针消雷装置安装以“套”为计量单位，按设计安装高度分别执行相应项目。装置本身由设备制造厂成套供货。半导体少长针消雷装置安装已考虑了高空作业的因素。

接闪器不同的做法对应的定额见表4-29。

表4-29　接闪器定额

接闪器类型	项目名称	定额编号	单位	备注
避雷网	沿混凝土块敷设	CD0951	m	
	支架制作、安装	CD2305~CD2306	t	
	沿折板支架敷设	CD0952	m	
避雷针	避雷针制作	CD0907~CD0931	根	
	避雷针安装	CD0914~CD0939	根	安装在木杆或水泥杆上均包括了避雷引下线安装
	独立避雷针安装	CD0940~CD0943	基	
	避雷小短针制作与安装	CD0944~CD0945	根	
均压环	利用圈梁钢筋	CD0953	m	焊接按两根主筋考虑，超过两根时，可按比例调整
	单独采用钢筋或扁钢明敷	CD0965	m	

6. 避雷系统连接

防雷接地系统应该形成一个闭合回路，在断线处（遇障碍）应采用接地跨接线，接地跨接一般出现在建筑物伸缩缝、沉降缝处，起重机钢轨作为接地线时的轨与轨连接处，为防静电管道法兰盘连接处，通风管道法兰盘连接处等。金属管道通过金属箱、盘、柜、盒等焊接的连接线，金属线管与线管管箍连接处的连接线，定额已包括其安装工作，不得再算跨接。接地跨接以“处”为计量单位套用相应定额。

需要单独计算的跨接是比较少的，有的跨接用其他定额处理。柱主筋与圈梁筋连接以“处”为计量单位，每处按两根主筋与两根圈梁钢筋分别焊接连接考虑。如果焊接主筋和圈梁钢筋超过两根时，可按比例调整，需要连接的柱子主筋和圈梁钢筋以“处”为计量单位，按设计规定计算。钢铝金属窗、玻璃幕墙接地以“处”为计量单位（高层建筑六层以上的金属窗设计一般要求接地），按设计规定的接地金属窗数进行计算。

构架接地是按户外钢结构或混凝土结构（上面有电气设施的，如母线构架、断路器支架等）接地。构架接地以“处”为计量单位套用相应定额。

避雷系统连接类的定额梳理见表4-30。

表4-30　避雷及接地装置定额编制

项目名称	定额编号	单位	备注
接地跨接线	CD0969	处	
构架接地	CD0970	处	
钢铝窗接地	CD0971	处	
柱主筋与圈梁钢筋焊接	CD0968	处	每处按两根主筋与两根圈梁钢筋分别焊接连接考虑。如果焊接主筋和圈梁钢筋超过两根时，可按比例调整

7. 其他

降阻剂的埋设以“kg”为计量单位，接地测试板安装以“块”为计量单位，等电位联结端子箱、断接卡箱安装以“台”为计量单位。

8. 计价的注意事项

1）户外接地母线敷设子目是按自然地坪和一般土质综合考虑的，包括地沟的挖填土和夯实工作，套用定额子目时不应再计算土方量（户外接地沟开挖量按沟底宽 0.4m、上宽 0.5m、沟深 0.75m，每米沟长的土方量按 0.34m^3 计算。如设计要求埋深不同时，超过部分按实计算）。如遇有石方、矿渣、积水、障碍物等情况时按实计算。

2）计价定额不适用于采用爆破法施工敷设接地线、安装接地极，也不包括高土壤电阻率地区采用换土或化学处理的接地装置及接地电阻的测定工作。如实际使用降阻剂应另行计算。

3）使用电缆、电线作接地线，应执行电缆安装、配管配线相关项目。

4）补刷（喷）油漆已包括在接地极、接地母线、避雷引下线、均压环、避雷网的敷设安装中。

【例 4-15】 某建筑物防雷设置如图 4-18 所示。试对该建筑物的防雷系统清单列项并套用定额。

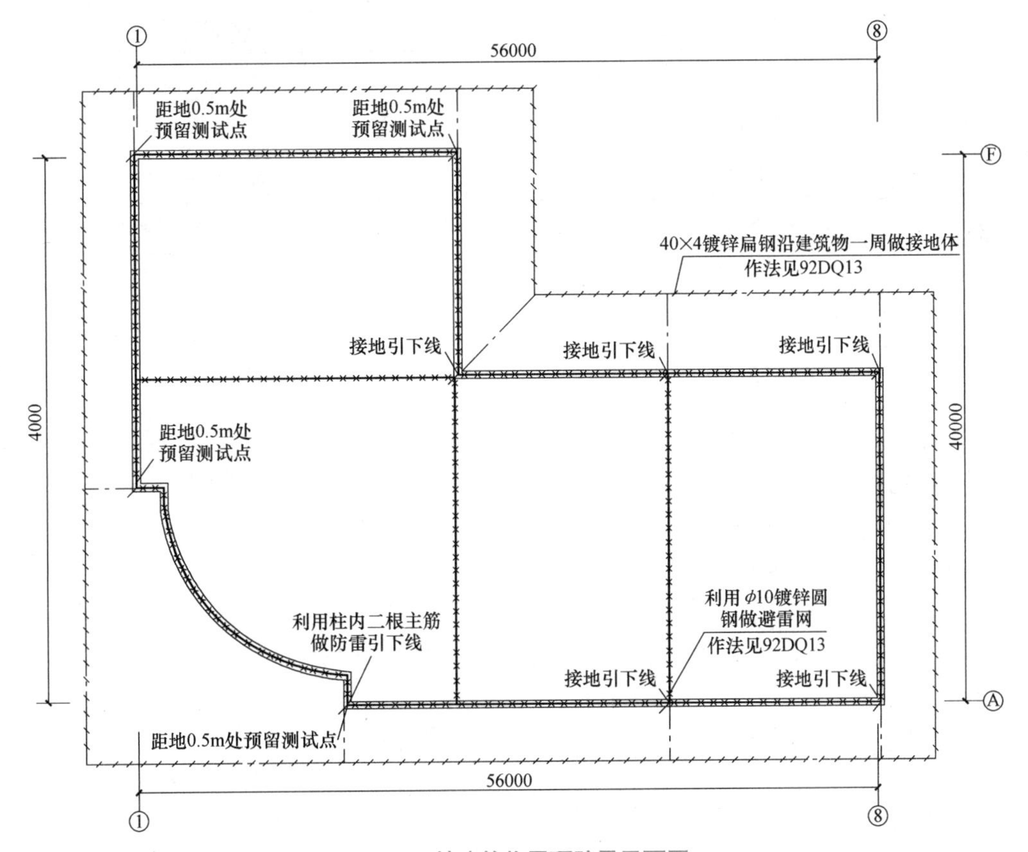

图 4-18　某建筑物屋顶防雷平面图

1）本工程年平均雷击次数计算为 0.0873 次 / 年，防雷等级定为三类，建筑的防雷装置满足防直击雷、防雷电感应及雷电波的侵入，并设置总等电位联结。

2）接闪器：在屋顶采用 Φ10 镀锌圆钢作避雷带，屋顶避雷连接线网络不大于 20m×20m 或 24m×18m。

3）引下线：利用建筑物钢筋混凝土柱子内两根 Φ16 或四根 Φ10 以上主筋通长焊接作为引下线，间距不大于 25m，引上端与避雷带焊接，下端与基础接地连接。

4）接地体：利用建筑物基础接地，另在建筑物外侧地下 1m 处设置一圈环形接地网（40×4 镀锌扁钢）。

5）建筑物四角的外墙引下线在距室外地坪 0.5m 处设置测试点。

6）凡突出屋面的所有金属构件，均应与屋顶避雷带可靠焊接。

解：该建筑物的防雷系统清单列项及定额套用见表 4-31。

表 4-31　防雷系统清单列项及定额套用

定额编号	项目名称
030409005001	避雷网（女儿墙）
CD0951	避雷网、沿混凝土块敷设
CD2305	一般铁构件安装
CD2306	一般铁构件制作
030409005001	避雷网（屋面）
CD2305	一般铁构件安装
CD2306	一般铁构件制作
CD0951	避雷网、沿混凝土块敷设
030409003001	避雷引下线
CD0948	避雷引下线、利用建筑物主筋引下
030409008001	测试点
CD0950	接地测试板安装
030409002001	接地母线
CD0966	户外接地母线敷设，截面≤ 200mm^2
030409004001	基础圈梁钢筋接地
CD0953	均压环敷设利用圈梁钢筋

4.3.10　10kV 以下架空配电线路

1. 电杆组立

电杆组立（图 4-19）的报价需要考虑施工定位、电杆组立、土（石）方挖填、底盘和拉盘及卡盘安装、电杆防腐、拉线制作和安装、现浇基础和基础垫层、工地运输等工作内容。

（1）施工定位　区分单杆和双杆，按设计数量以“基”为计量单位。

（2）电杆组立　以电杆形式（单杆、接腿杆、撑杆）、电杆材质（木杆、混凝土杆、金属杆）及杆高度不同分别以“根”计。线路一次施工工程量按大于 5 根电杆考虑，若小于或等于 5 根，其全部人工、机械乘以降效系数 1.3。这是因为大量准备工作后，工作量却太少，人工、机械的利用率和效率不能充分发挥，所以要考虑降效系数。

（3）杆坑土石方挖填方　杆坑图如图 4-20 所示。

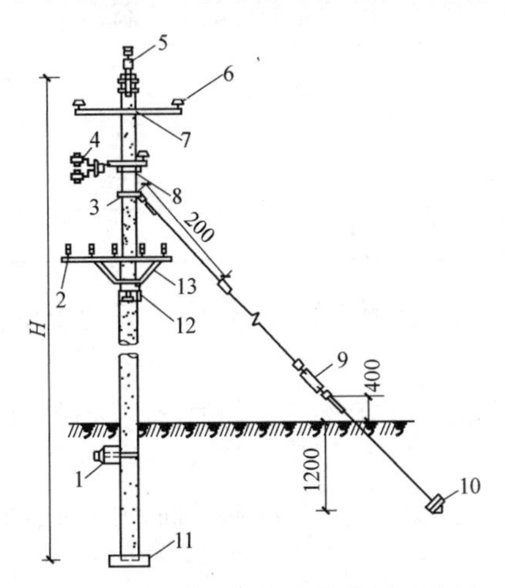

图 4-19　钢筋混凝土电杆装置示意图

1—卡盘　2—低压针式绝缘子　3—拉线抱箍　4—悬式绝缘子及高压蝶式绝缘子　5—高压杆顶　6—高压针式绝缘子　7—高压二线横担　8—双横担　9—索具（花篮螺栓）　10—拉线盘　11—底盘　12—蝶式绝缘子　13—低压五线横担

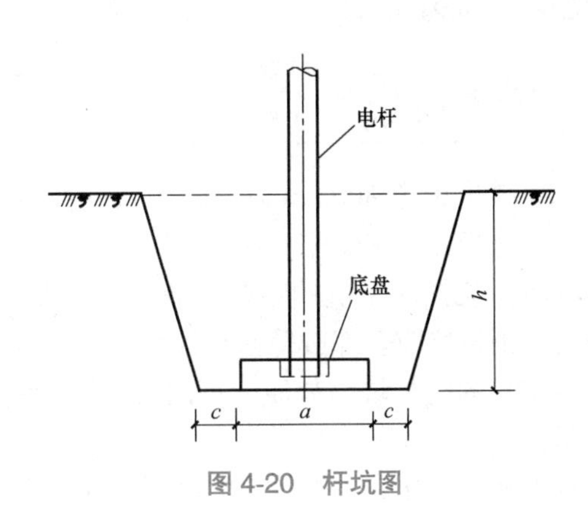

图 4-20　杆坑图

1）无底盘、卡盘的电杆坑，其挖方体积为

$$V=0.8\times0.8\times h \tag{4-7}$$

式中　h——坑深（m）。

2）电杆坑的马道土、石方量按每坑 0.2m^3 计算。

3）施工操作裕度按底拉盘底宽每边增加 0.1m。

4）电杆坑（放边坡）计算公式为

$$V=\frac{h}{6\times[a\times b+(a+a_1)\times(b+b_1)+a_1+b_1]} \tag{4-8}$$

式中　V——土（石）方体积（m^3）；

h——坑深（m）；

a（b）——坑底宽（m），a（b）= 底拉盘底宽 +2× 每边操作裕度；

a_1（b_1）——坑口宽（m），a_1（b_1）=a（b）+2×h× 放坡系数，放坡系数见表 4-32。

土方量计算公式也适用于拉线坑，双接腿杆坑按带底盘的土方量计算，木杆按不带底盘的土方量计算。

表 4-32　各类土质的放坡系数

土质	普通土、水坑	坚土	松砂石	泥水、流砂、岩石
放坡系数	1 ： 0.3	1 ： 0.25	1 ： 0.2	不放坡

表 4-33 所示为放坡系数 1： 0.25 时电杆坑的土方量。

表 4-33　电杆坑（放坡系数 1： 0.25）土方量表

杆高（m）		7	8	9	10	11	12	13	15
埋深（m）		1.2	1.4	1.5	1.7	1.8	2.0	2.2	2.5
底盘规格（mm × mm）		600 × 600			800 × 800			1000 × 1000	
土方量（m^3）	带底盘	1.36	1.78	2.02	3.39	3.76	4.6	6.87	8.76
	不带底盘	0.82	1.07	1.21	2.03	2.26	2.76	4.12	5.26

冻土厚度大于 300mm 时，冻土层的挖方量按挖坚土定额乘以系数 2.5。其他土层仍按土质性质执行计价定额相应项目。

杆坑土质按一个坑的主要土质而定，如一个坑大部分（70%）为普通土，少量（30%）为坚土，则该坑应全部按普通土计算。

带卡盘的电杆坑，如原计算的尺寸不能满足卡盘安装时，因卡盘超长而增加的土（石）方量另计。

（4）底盘、卡盘、拉线盘　按设计用量以“块”为计量单位。

（5）电杆编号　按设计用量以“100 个”计。

（6）钢杆座安装　区分金属杆座和玻璃钢杆座分别以“10 只”计。

（7）木电杆根部防腐　按设计要求以“根”计。

（8）拉线制作安装　按施工图设计规定，分不同形式不同截面，以“根”为计量单位。计价定额按单根拉线考虑，若安装 V 形、Y 形或双拼形拉线时，按 2 根计算。

1）拉线形式（图 4-21）。

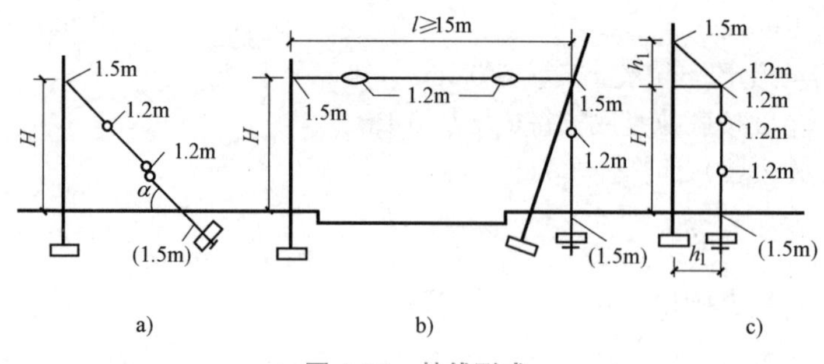

图 4-21　拉线形式

a) 普通拉线　b) 水平拉线　c) 弓形拉线

2）拉线长度。

① 普通拉线长度计算式为

$$L=H/\sin\alpha+\sum A \tag{4-9}$$

式中　L——拉线长度（m）；

H——拉线在电杆上的安装高度（m）；

α——拉线与地面夹角；

$\sum A$——拉线各绑扎点所需预留长度值（m），拉线抱箍处预留1.5m，拉线环或拉紧绝缘子处预留1.2m，不用拉线棒用钢绞线（GJ）与地横木捆绑时为1.5m。

② 水平拉线长度计算式为

$$L_{水}=H/\sin45°+l+\sum A \tag{4-10}$$

式中　l——电杆与高板桩（电杆）的距离，一般取15m，如实际间距每增大1m，则拉线长度也相应增加1m。

③ 弓形拉线长度计算式为

$$L_{弓}=斜拉线长+竖拉线长H+\sum A \tag{4-11}$$

④ 拉线长度按设计全根长度计算，设计无规定时可按表4-34所示计算，拉线与地面夹角为45°。

表4-34　拉线长度　（单位：m/根）

项　目		普通拉线	V（Y）形拉线	弓形拉线
杆高（m）	8	11.47	22.94	9.33
	9	12.61	25.22	10.10
	10	13.74	27.48	10.92
	11	15.10	30.20	11.82
	12	16.14	32.28	12.62
	13	18.69	37.38	13.42
	14	19.68	39.36	15.12
水平拉线		26.47	—	—

3）拉线的制作安装包括金具。

4）拉线坑土石方挖填方见前文的“（3）杆坑土石方挖填方”。

（9）现浇基础

1）基础加工及制作是指黑铁加工部分，未包括镀锌。

2）“混凝土搅拌及浇制”定额是指按有筋基础计算，若为无筋基础时定额基价乘以系数0.95。定额中所称“有筋基础”是指以钢筋为骨架的现浇基础，“无筋基础”是指以地脚螺栓为骨架的现浇基础。

3）混凝土现场浇制中，洗石、养护、浇模用水的平均运距按100m计算，若运距超过部分可按每立方米混凝土500kg的用水量另套“工地运输”定额。

4）“混凝土搅拌及浇制”定额若遇高低腿基础时，其人工和机械乘以系数1.15；若遇基础立柱为锥形时，其人工和机械乘以系数1.25；若遇基础立柱高出地面大于1.0m，需搭设平台浇制，其人工和机械乘以系数1.10。

5）基础垫层执行土建相关定额。

（10）工地运输　定额内未计价材料（杆塔、横担、金具、绝缘子、线盘及导线等）从集中材料堆放点或工地仓库运至杆位上的工程运输，分人力运输和汽车运输，以“t · km”为计量单位。运输量计算公式为

工程运输量 = 施工图用量 ×（1+ 损耗率）　(4-12)

预算运输质量 = 工程运输量 + 包装物质量（不需要包装的可不计算包装物质量）　(4-13)

运输质量可按表 4-35 所示规定进行计算。表中 W 为理论质量，未列入者均按净重计算。

表 4-35　运输质量表

材料名称		单　位	运输质量（kg）	备　注
混凝土制品	人工浇制	m^3	2600	包括钢筋
	离心浇制	m^3	2860	包括钢筋
线材	导线	kg	$W\times1.15$	有线盘
	钢绞线	kg	$W\times1.07$	无线盘
木杆材料		m^3	500	包括木横担
金属、绝缘子		kg	$W\times1.07$	
螺栓		kg	$W\times1.01$	

2. 横担组装

横担根据材质分为铁、木、瓷横担；根据承力情况，分为直线杆、承力杆；根据横担组成，分为单横担、双横担。横担安装按施工图设计规定，分不同形式和截面，以“根”为计量单位。

进户横担安装基价中，已综合考虑了横担、绝缘子的价格，使用时，不得调整。其余横担安装已包括金具及绝缘子安装人工，但绝缘子及金具的材料费另行计算。10kV 以下双杆横担安装，基价乘以系数 2.0。

3. 导线架设

导线架设分别按导线类型和不同截面以“1km/ 单线”为计量单位计算。导线长度按线路总长度和预留长度之和计算，预留长度按表 4-13 所示规定计算。计算主材费时应另增加规定的损耗率。

导线跨越架设包括跨越线架的搭、拆和运输，以及因跨越（障碍）施工难度增加而增加的工作量，以“处”为计量单位。每个跨越间距按小于或等于 50m 考虑，大于 50m 且小于 100m 时按 2 处计算，以此类推。

在同跨越档内，有多种（或多次）跨越物时，应根据跨越物种类分别套用定额。跨越项目仅考虑因跨越而多耗的人工、机械台班和材料，在计算架线工程量时，其跨越档的长度不应扣除。

4. 杆上设备

杆上设备一般有变压器、熔断器、避雷器、隔离开关、油开关、配电箱等，其安装以“台”或“组”为计量单位。杆上真空开关执行杆上油开关项目。杆上变配电设备安装项目中不包括变压器抽芯、干燥、调试，以及检修平台和防护栏杆，但台架铁件、连引线、瓷绝

缘子、金具、接线端子、低压熔断器的材料费已进入基价内。杆上变配电设备中的配电箱未包括焊（压）接线端子。

5. 计价的注意事项

10kV以下架空配电线路的安装均需考虑地形地貌的差异对施工难度乃至安装费用产生的影响。

计价定额是按平地施工条件考虑的，如在其他地形条件下施工时，其人工和机械按表4-36所示调整。

表4-36　地形调整系数

地形类别	丘陵（市区）	一般山地、泥沼地带
调整系数	1.20	1.60

（1）地形划分的特征

1）平地：地形比较平坦、地面比较干燥的地带。

2）丘陵：地形有起伏的矮岗、土丘等地带。

3）一般山地：一般山岭或沟谷地带、高原台地等。

4）泥沼地带：经常积水的田地或泥水淤积的地带。

编制中，全线地形分几种类型时，可按各种类型长度所占百分比求出综合系数进行计算。

（2）土质分类

1）普通土，指种植土、黏质砂土、黄土和盐碱土等，主要利用锹、铲即可挖掘的土质。

2）坚土，指土质坚硬难挖的红土、板状黏土、重块土、高岭土，必须用铁镐、条锄挖松，再用锹、铲挖掘的土质。

3）松砂石，指碎石、卵石和土的混合体，各种不坚实砾岩、页岩、风化岩，节理和裂缝较多的岩石等（不需用爆破方法开采的），需要镐、撬棍、大锤、楔子等工具配合才能挖掘者。

4）岩石，一般指坚实的粗花岗岩、白云岩、片麻岩、玢岩、石英岩、大理岩、石灰岩、石灰质胶结的密实砂岩的石质，不能用一般挖掘工具进行开挖的，必须采用打眼、爆破或打凿才能开挖者。

5）泥水，指坑的周围经常积水，坑的土质松散，如淤泥和沼泽地等挖掘时因水渗入和浸润而成泥浆，容易坍塌，需用挡土板和适量排水才能施工者。

6）流砂，指坑的土质为砂质或分层砂质，挖掘过程中砂层有上涌现象，容易坍塌，挖掘时需排水和采用挡土板才能施工者。

4.3.11　配管

1. 电线管路敷设

电线管路敷设包括套接紧定式镀锌钢导管（JDG）、镀锌钢管、防爆钢管、可挠金属套管、塑料管、金属软管、金属线槽的敷设等

内容。

各种配管应区别不同敷设方式、敷设位置、管材材质和规格，以“延长米”为计量单位，不扣除管路中间的接线箱（盒）、灯头盒、开关盒所占长度。配管工程均未包括接线箱、盒、支架的制作安装，钢索架设及拉紧装置的制作安装，配管支架应另套铁构件制作安装子目。

配管定额中钢管材质是按照镀锌钢管考虑的，定额不包括采用焊接钢管刷油漆、刷防火漆或防火涂料、管外壁防腐保护以及接线箱、接线盒、支架的制作与安装。焊接钢管刷油漆、刷防火漆或涂防火涂料、管外壁防腐保护执行计价定额“M 刷油、防腐蚀、绝热工程”相应子目；接线箱、接线盒安装执行计价定额“D.13 配线工程”相应子目；支架的制作与安装执行计价定额“D.16 金属构件及辅助项目安装工程”相应子目。

工程采用镀锌电线管时，执行镀锌钢管定额计算安装费。

工程采用扣压式薄壁钢导管（KBG）时，执行套接紧定式镀锌钢导管（JDG）定额计算安装费；扣压式薄壁钢导管（KBG）主材费按照镀锌钢管用量另行计算。计算其主材费时，管件按实际用量乘以 1.03（损耗率）计算。

定额中刚性阻燃管为刚性 PVC 难燃线管，管材长度一般为 4m/ 根，管子连接采用专用接头插入法连接，接口密封；半硬质塑料管为阻燃聚乙烯软管，管子连接采用自制套管接头抹塑料胶后粘接。工程实际安装与定额不同时，执行定额不做调整。

钢管明敷若设计或质检部门要求采用专用接地卡时，可按实际计算专用接地卡材料费。

吊顶天棚板内敷设电线管根据管材介质执行“砖、混凝土结构明配”相应定额。

各类电气管道砖墙，混凝土结构暗配项目中已包括了刨沟、抹砂浆的工程内容，编制时，不得再计算该项费用。

阻燃管采用胶黏剂粘接。用成品阻燃管接头接管的，执行刚性阻燃管安装项目；用现场加工制作套管接管的，执行半硬质阻燃管安装项目。半硬质阻燃管暗敷设安装基价内，已综合了套接管的价格，使用时不再调整。

在预制叠合楼板（PC）上现浇混凝土内预埋电气配管，执行相应电气配管砖、混凝土结构内暗配定额，定额人工费乘以系数 1.30，其余不变。

2. 桥架

桥架安装包括输电、配电及弱电工程桥架安装。

桥架安装定额包括组对、焊接、桥架本体开孔、隔板与盖板安装、接地、附件安装、修理等。定额不包括桥架支撑架安装及出线管开孔。定额综合考虑了螺栓、焊接和膨胀螺栓三种固定方式，实际安装与定额不同时不做调整。

1）梯式桥架安装定额是按照不带盖考虑的，若梯式桥架带盖，则执行相应的槽式桥架定额。

2）钢制桥架主结构设计厚度 >3mm 时，执行相应安装定额的定额人工费、定额机械费乘以系数 1.20。

3）不锈钢桥架安装执行相应的钢制桥架定额乘以系数 1.10。

4）电缆桥架安装定额是按照厂家供应成品安装编制的，若现场需要制作桥架时，应执行计价定额中“D.16 金属构件及辅助项目安装工程”相应定额。

5）槽盒安装根据材质与规格，执行相应的槽式桥架安装定额，其中：定额人工费、定额机械费乘以系数1.08。

桥架跨接，接地线采用专用接地卡时，可按实计算专用接地卡材料费。

【例4-16】 已知电缆YJV3×95沿桥架敷设120m（已算预留），桥架为钢制槽式300×100，长为112.073m，吊架20个，每个重1.5kg，试对桥架敷设电缆进行清单列项并套用定额。

解：表4-37列出了桥架敷设电缆的清单及套用的定额。

表4-37 桥架敷设电缆的清单及套用的定额

编号	项目名称	工程量	单位
030411003016	桥架	112.073	m
CD2303	电缆桥架支撑架制作	0.03	t
CD2304	电缆桥架支撑架安装	0.03	t
CD1576	钢制槽式桥架（宽+高）≤400mm	11.207	10m
030408001017	电力电缆	120	m
CD0737	铜芯电力电缆敷设、电缆截面≤120mm^2	12	10m

3. 接线盒、接线箱

接线箱安装应区别安装形式（明装、暗装）、接线箱半周长，以“个”为计量单位。接线盒安装应区别安装形式（明装、暗装、钢索上）以及接线盒类型，以“个”为计量单位。

密闭、防水防溅接线盒执行防爆接线盒相应定额。灯具接线盒执行接线盒子目。

4. 计价定额的注意事项

1）各种形式的配线子目中均未包括支架制作、钢索架设及拉紧装置制作、安装。

2）电气管道沟的挖填土执行电缆安装中的相应子目。

3）半硬质阻燃管埋地敷设室内不计挖填土，室外管道沟的挖填土执行电缆安装中的相应子目。

4）轻型铁构件是指结构厚度小于或等于3mm的构件。

5）铁构件制作，均不包括镀锌、镀锡、镀铬、喷塑等其他金属防护费用，发生时另行计算。

6）基础槽钢、角钢制作，应执行一般铁构件制作子目。

7）地面敷设金属线槽执行线槽项目，其他敷设方式执行电缆桥架敷设项目。

8）墙（地）面压槽执行矩形管安装基价乘以0.5，压槽管按10次摊销计，不包括补槽。

9）紧定管、塑料管外径与公称直径对照见表4-38。

表4-38 紧定管、塑料管外径与公称直径对照表

管外径（mm）	16	20	25	32	40	50
公称直径（mm）	15	20	25	32	40	50

10）铁构件制作安装均按施工图设计尺寸，以成品质量“t”为计量单位。

4.3.12　配线

1. 管内穿线

管内穿线的工程量应区别线路性质、导线材质、导线截面，以单线“延长米”为计量单位计算。照明线路中的导线截面大于 $6mm^2$ 时，应执行动力线路穿线相应项目。配线进入箱、柜、板的预留线，按表 4-6 所示规定的长度，分别计入相应的工程量。线路分支接头线的长度已综合考虑在定额中，不得另行计算。灯具、明和暗开关、插座、按钮等的预留线，已分别综合在相应项目内，不另行计算。配线的定额工程量与清单工程量相等。

【例 4-17】 照明回路 BV2.5，插座回路 BV10 分别套什么定额？

解：BV2.5 套用“CD1642 管内穿线照明线路铜芯导线截面≤ $2.5mm^2$”

BV10 套用“CD1664 管内穿线动力线路铜芯导线截面≤ $10mm^2$”，照明线路中的导线截面大于或等于 $6mm^2$ 时，应执行动力线路穿线相应项目。

2. 钢索架设（拉紧装置安装）

钢索架设工程量，应区别圆钢、钢索直径（6mm、9mm），按图示墙（柱）内缘距离，以“延长米”为计量单位计算，不扣除拉紧装置所占长度。钢索拉紧装置制作安装工程量，应区别母线截面、索具（花篮螺栓）直径（12mm、16mm、18mm）以“套”为计量单位。

3. 支持体（夹板、绝缘子、槽板等）安装

线夹配线工程量，应区别线夹材质（塑料、瓷质）、线式（二线、三线）、敷设位置（木、砖、混凝土）以及导线规格，以线路“延长米”为计量单位。

绝缘子配线工程量，应区别绝缘子形式（针式、鼓形、蝶式）、绝缘子配线位置（沿屋架、梁、柱、墙，跨屋架、梁、柱、木结构、顶棚内、砖、混凝土结构，沿钢支架及钢索）、导线截面积，以线路“延长米”为计量单位计算。绝缘子暗配，引下线按线路支持点至顶棚下缘距离的长度计算。

槽板配线工程量，应区别槽板材质（木质、塑料）、配线位置（木结构、砖、混凝土）、导线截面、线式（二线、三线），以线路“延长米”为计量单位。

塑料护套线明敷工程量，应区别导线截面、导线芯数（二芯、三芯）、敷设位置（木结构、砖混凝土结构、沿钢索），以单根线路每束“延长米”为计量单位。

线槽配线工程量，应区别导线截面，以单根线路“延长米”为计量单位。

瓷夹、瓷绝缘子（包括针式绝缘子）、塑料线夹、塑料槽板、塑料护套线子目中的分支接头、防水弯已综合考虑在本定额内，计算工程量时，按图示计算水平及绕梁柱和上下走向的垂直长度。瓷绝缘子暗配，由线路支持点至顶棚下缘的工程量按实计算。

4.3.13　照明灯具安装

1. 照明灯具本体安装

灯具的种类和结构形式繁多，其规格、型号及其标志，各厂家不统一也不规范。计价时尽量参照计价定额附录中的灯具安装示意

图。大多数的灯具区别灯具的种类、型号、规格、安装形式，以“10套”为计量单位计算。

吊式艺术装饰灯具安装，区别不同装饰物以及灯体直径和灯体垂吊长度，以“10套”为计量单位。灯体直径为装饰物的最大外缘直径，灯体垂吊长度为灯座底部到灯梢之间的总长度。

吸顶式艺术装饰灯具安装，区别不同装饰物、吸盘的几何形状、灯体直径、灯体周长和灯体垂吊长度，以“10套”为计量单位。灯体直径为吸盘最大外缘直径，灯体半周长为矩形吸盘的半周长，吸顶式艺术装饰灯具的灯体垂吊长度为吸盘到灯梢之间的总长度。

组合荧光灯光带安装，区别安装形式、灯管数量，以“延长米”为计量单位。灯具的设计数量与定额不符时，可以按设计量加损耗量调整主材。

内藏组合式灯安装，区别灯具组合形式，以“延长米”为计量单位。灯具的设计数量与定额不符时，可根据设计数量加损耗量调整主材。

发光棚安装以“m^2”为计量单位，发光棚灯具按设计用量加损耗量计算。

立体广告灯箱、荧光灯光沿安装，以“延长米”为计量单位。灯具设计用量与定额不符时，可根据设计数量加损耗量调整主材。

歌舞厅灯具安装，区别不同灯具形式，分别以“10套”“延长米”“台”为计量单位。

路灯安装工程，应区别不同臂长、不同灯数，以“10套”为计量单位。工厂厂区内、住宅小区内路灯安装执行本计价定额，城市道路的路灯安装执行市政工程有关定额项目。

【例4-18】 试套用荧光灯、装饰灯计价定额。

解：定额套用见表4-39。

表4-39 灯具定额

编 号	项目名称
030412005001	荧光灯
CD2035	电气设备安装、荧光灯（成套型）嵌入式、单管
030412004001	装饰灯
CD1976	电气设备安装、几何形状组合艺术灯具、凸片≤18火灯
030412004002	装饰灯
CD1975	电气设备安装、几何形状组合艺术灯具、凸片≤4火灯
030412004003	装饰灯
CD1836	电气设备安装、照明灯具安装、一般壁灯

2. 插座、开关安装

插座安装根据电源数、定额电流、插座安装形式，按照设计图示安装数量以“套”为计量单位。

插座箱安装执行相应的配电箱定额。

开关、按钮安装根据安装形式与种类、开关极数及单控与双控，按照设计图示安装数量以“套”为计量单位。

声控（红外线感应）延时开关、柜门触动开关安装，按照设计图示安装数量以“套”为计量单位。

【例4-19】 某综合楼电气工程有如下开关插座，试进行定额套用。

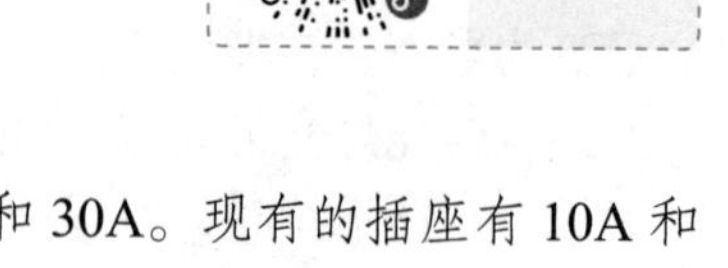

1）AP86K11-10单联单控暗开关，25个。

2）AP86K21-10双联单控板式暗开关，30个。

3）AP86K12-10单联双控板式暗开关，20个。

4）AP86Z223-10五孔暗插座，100个。

解：定额套用如表4-40所示。计价定额中插座分为15A和30A。现有的插座有10A和16A，没有15A。因此，一般插座套用计价定额中的15A。30A的插座在民用建筑中相对较少，立式空调插座根据设备表查规格有可能套30A。

表4-40　开关插座套用示范

编　　号	项目名称	工程量	单　　位
030404034001	AP86K11-10单联单控暗开关	25	个
CD2207	普通开关、按钮安装，跷板暗开关单控≤3联	25	套
030404034002	AP86K21-10双联单控板式暗开关	30	个
CD2207	普通开关、按钮安装，跷板暗开关单控≤3联	30	套
030404034003	AP86K12-10单联双控板式暗开关	20	个
CD2209	普通开关、按钮安装，跷板暗开关双控≤3联	20	套
030404035001	AP86Z223-10五孔暗插座	100	个
CD2227	普通插座安装、单相暗插座15A	100	套

3. 计价定额的注意事项

1）各型灯具的引导线，除注明者外，均已综合考虑在内，使用时不得换算。

2）路灯、投光灯、碘钨灯、氙气灯、烟囱或水塔指示灯，均已考虑了一般工程的高空作业因素；其他器具安装高度如超过5m，则应计算工程超高增加费。

3）装饰灯具安装均已考虑了一般工程的超高作业因素，但不包括脚手架搭拆费用。

4）计价定额内已包括利用摇表测量绝缘及一般灯具的试亮工作。

5）装饰灯具安装已综合了灯具安装所需的金属软管及支架的制作安装。

6）路灯安装项目未包括导线架设，应另行计算。

7）工厂灯具及路灯安装项目未包括支架制作，应另行计算。

8）管形氙气灯安装子目未包括接触器，按钮、绝缘子安装及管线敷设。

4.3.14　运输设备电气装置

运输设备电气安装包括起重设备电气安装等内容。

起重设备电气安装定额包括电气设备检查接线、电动机检查接线与安装、小车滑线安装、管线敷设、随设备供应的电缆敷设、校线、接线、设备本体灯具安装、接地、负荷试验、程序调试。不包括起重设备本体安装。

定额不包括电源线路及控制开关的安装、电动发电机组安装、基础型钢和钢支架及轨道的制作安装、接地极与接地干线敷设、电气分系统调试。

起重设备电气安装根据起重设备形式与起重量及控制地点，按照设计图示安装数量以“台”为计量单位。

4.3.15 金属构件及辅助项目安装工程

金属构件及辅助项目安装工程包括金属构件、穿墙板、金属围网、网门的制作与安装、人（手）孔砌筑、人（手）孔防水等内容。

1）电缆桥架支撑架制作与安装适用于电缆桥架的立柱、托臂现场制作与安装，如果生产厂家成套供货时，只计算安装费。

2）铁构件制作与安装定额适用于本分册范围内除电缆桥架支撑架以外的各种支架、构件的制作与安装。

3）铁构件制作定额不包括镀锌、镀锡、镀铬、喷塑等其他金属防护费用，工程实际发生时，执行相关定额另行计算。

4）轻型铁构件是指铁构件的主体结构厚度≤ 3mm 的铁构件。单件重量 >100kg 的铁构件安装执行计价定额“C 静止设备与工艺金属结构制作安装工程”相应项目。

5）穿墙套板制作与安装定额综合考虑了板的规格与安装高度，执行定额时不做调整。

6）金属围网、网门制作与安装定额包括网或门的边柱、立柱制作与安装。

7）金属构件制作定额中包括除锈、刷油漆费用。

8）定额中未包括手孔工程用水，可按手孔每个用水 $1m^3$ 列入工程措施费内。

9）手孔基础需要加筋时，每 100kg 钢筋按 0.25 工日计取。

10）金属构件开矩形孔执行计价定额“F 自动化控制仪表安装工程”。

4.3.16 电气设备调试

电气设备调试包括电气设备的本体试验和主要设备的分系统调试、整套启动调试、特殊项目测试与性能验收。成套设备的整套启动调试按专业定额另行计算。主要设备的分系统内所含的电气设备元件的本体试验已包括在该分系统调试子目之内。例如，变压器的系统调试中已包括该系统中的变压器、互感器、开关、仪表、继电器、绝缘子、电缆等一、二次设备的本体调试和回路试验。

电气调试费用的计取，应符合下述条件：①有关施工验收规范、标准要求；②有经过批准的调试方案；③调试后经有关部门验收。调试定额是按现行施工技术验收规范编制的，凡现行规范（指定额编制时的规范）未包括的新试验项目和调试内容应另行计算。

1. 电力变压器系统调试

变压器系统调试，以每个电压侧有一台断路器为准。多于一个断路器的按相应电压等级送配电设备系统调试的相应子目另行计算。

电力变压器的专项调试范围及内容：①变比测试；②三相变压器接线组别检查；③单相变压器的极性检查；④绝缘油的试验和化验；⑤有载调压的切换装置的检查和试验；⑥相位检查；⑦检查变压器的控制保护回路的继电器、接触器、仪表及信号装置等元件，并进行保护整定和对控制系统进行操作试验；⑧冲击合闸试验；⑨断路试验。

电力变压器系统调试项目中包括气体继电器的检查及试验，但不包括避雷器、自动装置、特殊保护装置和接地装置的调试。

电力变压器如有带负荷调压装置，调试子目乘以系数1.12。三绕组变压器、整流变压器、电炉变压器调试按同容量的电力变压器调试子目乘以系数1.2。3~10kV母线系统调试含一组电压互感器，1kV以下母线系统调试项目不含电压互感器，适用于低压配电装置的各种母线（包括软母线）的调试。干式变压器调试，执行相应容量变压器调试项目乘以系数0.8。

2. 送配电装置系统调试

送配电设备系统调试，适用于各种供电回路（包括照明供电回路）的系统调试。凡供电回路中带有仪表、继电器、电磁开关等调试元件的（不包括刀开关、熔断器），均按调试系统计算。移动式电器和以插座连接的家电设备，以及经厂家调试合格、不需要用户自调的设备，均不应计算调试费用。

送配电设备调试中的1kV以下子目适用于所有低压供电回路，如从低压配电装置至分配电箱的供电回路；但从配电箱直接至电动机的供电回路已包括在电动机的系统调试子目内。送配电设备系统调试包括系统内的电缆试验、瓷绝缘子耐压等全套调试工作。供电桥回路中的断路器、母线分段断路器皆作为独立的供电系统计算。计价定额皆按一个系统一侧配一台断路器考虑的，若两侧皆有断路器时，则按两个系统计算。如果分配电箱内只有刀开关、熔断器等不含调试元件的供电回路，则不再作为调试系统计算。

供电桥回路的断路器、母线分段断路器，均按独立的送配电设备系统计算调试费。送配电装置系统调试中不包括特殊保护装置的调试，当断路器为六氟化硫断路器时，基价乘以系数1.3。

3. 特殊保护装置调试

特殊保护装置，均以构成一个保护回路为一套，其工程量计算规定如下：

1）发电机转子接地保护，按全厂发电机共用一套考虑。

2）距离保护，按设计规定所保护的送电线路断路器台数计算。

3）高频保护，按设计规定所保护的送电线路断路器台数计算。

4）零序保护，按发电机、变压器、电动机的台数或送电线路断路器的台数计算。

5）故障录波器的调试，以一块屏为一套系统计算。

6）失灵保护，按设置该保护的断路器台数计算。

7）失磁保护，按所保护的电机台数计算。

8）变流器的断线保护，按变流器台数计算。

9）小电流接地保护，按装设该保护的供电回路断路器台数计算。

10）保护检查及打印机调试，按构成该系统的完整回路为一套计算。

4. 自动投入装置调试

自动装置及信号系统调试，均包括继电器、仪表等元件本身和二次回路的调整试验，具体规定如下。

1）备用电源自动投入装置，按连锁机构的个数确定其数量。例如，一台备用厂用变压器作为三段厂用工作母线备用厂用电源时，计算备用电源自动投入装置调试时，应为三个系统。又如，装设自动投入装置的两条互为备用的线路或两台互为备用的变压器，计算备用电源自动投入装置调试时，应为两个系统。备用电动机自动投入装置也按此计算。

2）自动投入装置调试中线路自动重合闸装置，不论电气型或机械型，均适用于本计价定额，双侧电源自动重合闸系按同期考虑的。线路自动重合闸调试系统，按采用自动重合闸装置的线路自动断路器的台数计算系统数。综合重合闸也按此规定计算。

3）自动调频装置的调试，以一台发电机为一个系统。

4）同期装置调试，按设计构成一套能完成同期并车行为的装置为一个系统计算。

5）蓄电池及直流监视系统调试，一组蓄电池按一个系统计算。

6）事故照明切换装置调试，按设计能完成交直流切换的一套装置为一个调试系统计算。其调试为装置本体调试，不包括供电回路调试。

7）周波减负荷装置调试，凡有一个周率继电器，不论带几个回路，均按一个调试系统计算。

8）变送器屏以屏的个数计算。

9）中央信号装置调试，按每一个变电所或配电室为一个调试系统计算工程量。

10）不间断打印装置调试，按容量以“套”为单位计算。

5. 接地装置调试

1）接地网接地电阻的测定。一般的发电厂或变电站连为一体的母网，按一个系统计算；自成母网不与厂区母网相连的独立接地网，另按一个系统计算。大型建筑群各有自己的接地网（接地电阻值设计有要求），虽然在最后也将各接地网联在一起，但应按各自的接地网计算，不能作为一个网，具体应按接地网的接地情况（独立的单位工程），套用接地调试定额。利用基础钢筋作接地和接地极形成网系统的，应按接地网电阻测试以“系统”为单位计算。建筑物、构筑物、电杆等利用户外接地母线敷设（接地电阻值设计有要求的），应按各自的接地测试点（以断接卡为准）以“组”为单位计算。如工程中同时具有上述情况，则分别计算。

2）避雷针接地电阻的测定。每一避雷针均有单独接地网（包括独立的避雷针、烟囱避雷针等）时，均按一组计算。

3）独立的接地装置按组计算。如一台柱上变压器有一个独立的接地装置，即按一组计算。

4）接地距离保护调试，执行特殊保护装置调试中的距离保护装置调试子目。

6. 避雷器、电容器调试

避雷器的专项调试范围及内容：①测量避雷器的工频放电电压；②检查放电计数器动作情况及避雷器基座绝缘；③测量磁吹避雷器的交流电导电流；④测量金属氧化物避雷器的持续电流和工频参考电压。

避雷器、电容器的调试，按每三相为一组计算；单个装设的也按一组计算。上述设备如设置在发电机、变压器、输配电线路的系统或回路内，仍应按相应项目另外计算调试费用。

7. 电除尘器调试

高压电气除尘系统调试，按一台升压变压器、一台机械整流器及附属设备为一个系统计算，分别按除尘器执行定额。

8. 硅整流设备、可控硅整流装置调试

硅整流装置调试，按一套硅整流装置为一个系统计算。可控硅调速直流电动机调试以“系统”为计量单位，其调试内容包括可控硅整流装置系统和直流电机控制回路系统两个部分的调试。

全数字式控制可控硅调速电机系统调试中不包括计算机系统的调试，计算机系统调试执行计价定额“自动化仪表安装”分册相应子目。如为可逆电机调速系统子目，则乘以系数1.3。

整流设备及可控硅整流装置调试计价定额均按一台考虑的。可控硅整流装置调试从交流电源的一次开关起到整流变压器、调压设备、整流器（控制和触发回路）、直流输出开关止为一个系统。其测量仪表及二次回路包括在定额项目内。

9. 计价定额的注意事项

1）电气调试所需的电力消耗已包括在定额内，不另计算。但功率大于10kW电机及发电机的起动调试用的蒸汽、电力和其他动力能源消耗及变压器空载试运转的电力消耗，另行计算。

2）起重机电气装置、空调电气装置、各种机械设备的电气装置，如堆取料机、装料车、推煤车等成套设备的电气调试应分别按相应的分项调试子目执行。

3）计价定额不包括设备的烘干处理和设备本身缺陷造成的元件更换修理和修改，也未考虑因设备元件质量低劣对调试工作造成的影响。计价定额是按新的合格设备考虑的，如遇以上情况时，应另行计算。经修、配、改或拆迁的旧设备调试，基价乘以系数1.1。

4）计价定额只限于电气设备自身系统的调整试验。配合机械设备及其他工艺的单体试车，按施工组织方案另行计费。

5）调试子目不包括试验设备、仪器仪表的场外转移费用。

6）调试子目已包括熟悉资料、核对设备、填写试验记录、保护整定值的整定和调试报告的整理工作。

7）电气调试系统的划分以电气原理系统图为依据，电气元件的本体试验均包括在相应子目的系统调试之内，不得重复计算。绝缘子和电缆等单体试验，只在单独试验时使用。

8）一般的住宅、学校、办公楼、旅馆、商店等民用电气工程的供电调试应按下列规定。

① 配电室内带有调试元件的盘、箱、柜和带有调试元件的照明主配电箱，应按供电方式执行相应的配电设备系统调试子目。

② 每个用户房间的配电箱（板）上虽装有电磁开关等调试元件，但如果生产厂家已按固定的常规参数调整好，不需要安装单位进行调试就可直接投入使用的，不得计取调试费用。

③ 民用电度表的调整校验属于供电部门的专业管理，一般皆由用户向供电局订购调试完毕的电度表，不得另外计算调试费用。

9）高标准的高层建筑、高级宾馆、大会堂、体育馆等具有较高控制技术的电气工程（包括照明工程）应按控制方式执行相应的电气调试项目。

10）单独安装的电气仪表、继电器不计取调试费，其调试费包括在系统调试费内，电度表需作检测时按检测单位的收费标准计算。

4.4 电气设备安装工程措施项目费

4.4.1 安全文明施工费及其他措施项目

1. 安全文明施工费

安全文明施工措施清单编码为031302001，内容包括环境保护、文明施工、安全施工以及临时设施相关工作产生的费用。计算公式为

安全文明施工费 = ∑分部分项工程及单价措施项目

（定额人工费 + 定额机械费）× 费率　　（4-14）

2. 建筑物超高增加费

建筑物超高增加措施清单编码为 031302007001。凡檐口高度大于 20m 的工业与民用建筑，建筑物超高系数按表 4-41 所示计算（其中全部为定额人工费）。高层建筑中的变配电装置等安装工程，如装在高层建筑的底层或地下室的，均不计取高层建筑增加费。

表 4-41　建筑物超高系数（电气设备安装工程）

建筑物高度（m）	≤ 40m	≤ 60m	≤ 80m	≤ 100m	≤ 120m	≤ 140m	≤ 160m	≤ 180m	≤ 200	大于 200 每增 20m
建筑物超高系数	2	5	9	14	20	26	32	38	44	增加 6

4.4.2　专业措施项目

1. 脚手架搭拆费

脚手架搭拆费按定额人工费（不包括“D.17 电气设备调试工程”中人工费）5% 计算，其费用中人工占 35%，机械占 5%。电压等级≤ 10kV 架空输电线路工程、直埋敷设电缆工程、路灯工程不单独计算脚手架费用。措施项目清单编码为 031301017007。

2. 操作高度增加费

操作高度增加措施清单编码借用房屋建筑与装饰工程清单编码 011704001。

操作高度增加费：安装高度距离楼面或地面 >5m 时，超过部分工程量按定额人工费乘以系数 1.1 计算（已经考虑了超高因素的定额项目除外，如：小区路灯、投光灯、氙气灯、烟囱或水塔指示灯、装饰灯具），室外电缆工程、电压等级≤ 10kV 架空输电线路工程除外。

4.5　建筑智能系统工程量清单计量与计价

智能建筑是以建筑为平台，兼备信息设施系统、信息化应用系统、建筑设备管理系统，集结构、系统、服务、管理及其优化组合为一体，向人们提供安全、高效、便捷、节能、环保、健康的建筑环境。智能化系统是以集中监视、控制和管理为目的构成的综合系统；建筑物内各种数据采集、控制、管理及通信的控制或网络系统等线路，则称为“智能化线路”，也就是俗称的“弱电”。弱电一般是指直流电路或音频线路、视频线路、网络线路、电话线路，直流电压一般在 24V 以内。家用电器中的电话、计算机、电视机（有线电视线路）、音响设备（输出端线路）等均为弱电电气设备。

《通用安装工程工程量计算规范》“附录 E 建筑智能化工程”包含了计算机应用、网络系统工程，综合布线系统工程，建筑设备自动化系统工程，建筑信息综合管理系统工程，有线电视、卫星接收系统工程，音频、视频系统工程，安全防范系统工程 7 个分部。

电源线和控制电缆敷设、电缆托架铁件制作、电线槽安装、桥架安装、电线管敷设、电缆沟工程、电缆保护管敷设，参照计价定额“电气设备安装工程”分册相关子目进行组价。

设备、天线按成套购置考虑，包括构件、标准件、附件和设备内部连线。配合业主或认证单位验收测试而发生的费用，按实计算。

脚手架搭拆费按定额人工费5%计算，其费用中人工占35%，机械占5%，措施项目清单编码为031301017008。

建筑物超高增加费是指在檐口高度20m以上的工业与民用建筑物进行安装增加的费用，按 ±0 以上部分的定额人工费乘以表4-42系数计算，费用全部为人工。措施项目清单编码为031302007002。

表4-42　建筑物超高系数（建筑智能系统工程）

建筑物高度	≤ 40m	≤ 60m	≤ 80m	≤ 100m	≤ 120m	≤ 140m	≤ 160m	≤ 180m	≤ 200m	大于200 每增20m
建筑物超高系数（%）	2	5	9	14	20	26	32	38	44	6

操作高度增加费：安装高度距离楼面或地面5m时，超出部分工程量按定额人工费乘以表4-43中的系数，清单编码借用房屋建筑与装饰工程清单编码011704001。

表4-43　操作高度增加费系数

操作高度（m）	≤ 10	≤ 30	>50
系数	1.20	1.30	1.50

本章小结

1. 本章根据《通用安装工程工程量计算规范》附录D介绍了10kV以下建筑电气设备安装工程工程量计算规则，参考《四川省建设工程工程量清单计价定额——通用安装工程》中“电气设备安装工程”分册对建筑电气设备安装工程工程量清单计价进行讲解。

2. 建筑电气工程的计算内容包括：变配电装置，控制柜、箱、盘安装，动力及照明线路，电缆，灯具及开关，防雷及接地等。按“电源进线→变配电装置→配电线路→用电设备”顺序计算。

3. 电气设备安装共包括14个分部：变压器安装、配电装置安装、母线安装、控制设备及低压电器安装、蓄电池安装、电机检查接线及调试、滑触线装置安装、电缆安装、防雷及接地装置、10kV以下架空配电线路、配管配线、照明灯具安装、附属工程、电气调整试验。

4. 电气设备安装工程与市政工程路灯工程的界定：厂区、住宅小区的道路路灯安装工程、庭院艺术喷泉等电气设备安装工程按通用安装工程“电气设备安装工程”相应项目执行，涉及市政道路、庭院等电气安装工程的项目，按市政工程中“路灯工程”的相应项目执行，

5. 与其他相关工程的界限划分：

（1）与“附录A机械设备安装工程”的界限划分：各种机械设备的安装按A执行，

电气箱（柜）以后的部分按D执行。

（2）与电机安装的界限划分：电机安装按A执行，电机检查、接线、干燥、调试按D.6执行。

（3）与电梯安装的界限划分：电梯的机械及电机、电控箱安装按照附录A执行，电源线路、控制开关、基础、支架、接地、电气调试按D执行。

6. 电缆安装，适合于10kV以下电力电缆和控制电缆的敷设；35kV及其以上电力电缆，电力部专业清单；工厂通信线路线缆参照“附录F 自动化控制仪表安装工程”列项；通信电缆参照“附录L 通信设备及线路工程”列项；建筑与建筑群综合布线的屏蔽电缆及光纤缆参照“附录E 建筑智能化工程”列项。

7. 参照计价定额组价时，计价定额的工程内容均包括：施工准备、设备器材工器具的场内搬运、开箱检查、安装、调整试验、收尾、清理、配合质量检验、工种间交叉配合、临时移动水、电源的停歇时间。

8. 建筑智能化工程包含了计算机应用、网络系统工程，综合布线系统工程，建筑设备自动化系统工程，建筑信息综合管理系统工程，有线电视、卫星接收系统工程，音频、视频系统工程，安全防范系统工程7个分部。

思考题与习题

1. 如何区分建筑强弱电？

2. 电气设备安装工程由哪几大部分组成？

3. 《通用安装工程工程量计算规范》附录D将电气设备安装工程划分为哪些分部？

4. 电缆有几种敷设方式？如何进行工程量清单列项？不同敷设方式所对应的分部分项工程综合单价如何确定？

5. 防雷及接地装置如何进行工程量清单列项？

6. 配线有几种方式？如何进行工程量清单列项？不同配线方式所对应的分部分项工程综合单价如何确定？

7. 附属工程共设置了哪几个分项？

8. 软母线、硬母线、盘箱柜的外部进出线、滑触线、电缆敷设、接地母线、引下线、避雷网、架空导线以及配线进出箱、柜、板的预留长度或附加长度，分别如何考虑？

9. 电气安装工程需要考虑哪些措施费？

二维码形式客观题

微信扫描二维码，可自行做客观题，提交后可查看答案。

第5章 通风空调工程

5.1 通风空调工程概述

5.1.1 通风工程

1. 通风系统分类

1）建筑通风系统按动力分为自然通风和机械通风。

自然通风是利用自然风压即室外气流（风力）引起的室内、外空气压差或热压的作用使空气流动，从而达到建筑物通风的目的。机械通风即依靠机械动力强制空气流动达到通风目的。因此本章介绍机械通风系统的组成及其工程量计算。

2）通风系统按作用范围可分为全面通风和局部通风。

全面通风指在整个房间内进行全面空气交换。可通过机械通风来实现，也可通过自然通风来实现。

局部通风是利用局部气流，使局部工作地点不受有害物的污染，形成良好的空气环境。

3）按通风系统特征分为送风系统和排风系统。

送风系统指向房间内送入新鲜空气，既可是全面送风也可局部送风。图 5-1 所示为局部送风系统。排风系统指将房间内的污浊空气排出室外，也可全面排风或局部排风。图 5-2 所示为局部排风系统。

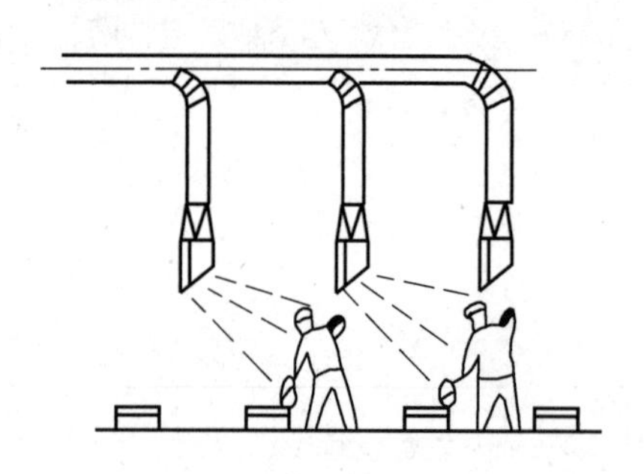

图 5-1 局部送风系统

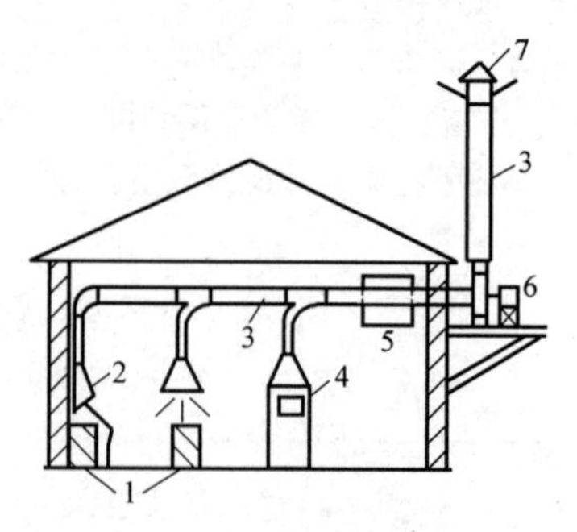

图 5-2 局部排风系统

1—工艺设备 2—局部排风罩 3—风道 4—局部排气柜 5—净化设备 6—风机 7—风帽

2. 通风工程系统组成

送（给）风系统一般由进新风口、空气处理室、通风机、送风管、回风管、送（出）风口和吸（回、排）风口、管道配件、管道部件组成。

排风系统一般由排风口、排风管、排风机、风帽、除尘器、其他管件和部件组成。

5.1.2　空调工程

空气调节即人为地对建筑物内的温度、湿度、气流速度、细菌、尘埃、臭气和有害气体等进行控制，为室内提供足够的新鲜空气。

1. 空调系统分类

（1）根据空调系统空气处理设备的集中程度分类　分为集中式空调系统、半集中式空调系统、分散式空调系统。

1）集中式空调系统即将空气处理设备和风机等设置在空调机房内，通过送、回风管道与被调节的空调场所相连，对空气进行集中处理和分配，如图 5-3 所示。

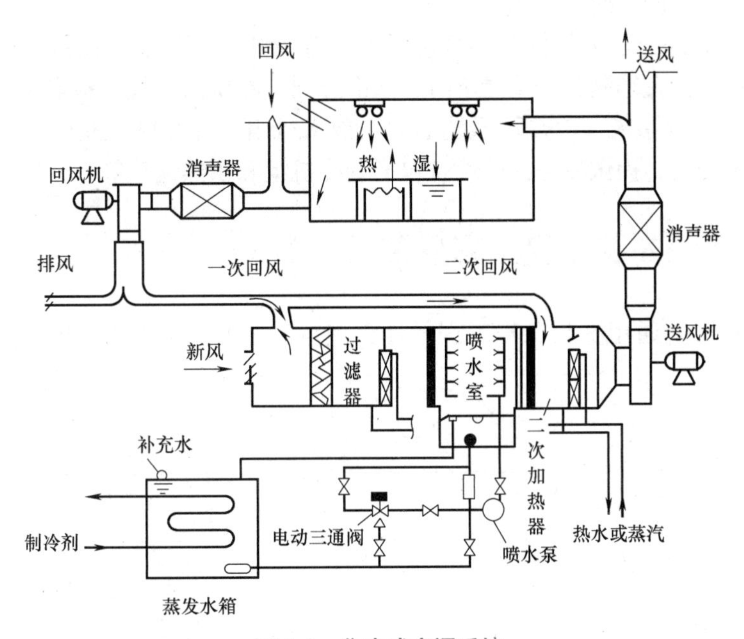

图 5-3　集中式空调系统

2）半集中式空调系统除了设有集中空调机房外，在空调房间内还设有空气处理装置，如风机盘管等。

3）分散式空调系统即把冷（热）源、空气处理设备和空气输送装置都集中在一个空调机内，如图 5-4 所示，该系统不需要集中机房。

（2）根据负担室内热（冷）湿负荷所用介质分类　分为全空气系统、全水系统、水 - 空气系统、冷剂系统。

（3）根据集中式空调系统处理的空气来源不同分类　分为封闭式系统、直流式系统、混合式系统。

2. 空调系统的组成

空调系统由空气处理设备及部件，空气输送设备、管道及部件，电气控制部分及空调冷热源系统等组成。

（1）空气处理设备及部件　空气处理设备包括表面换热器、空气加湿设备、空调过滤器以及风机盘管等，设备部件包括与设备相连或相关的密闭门，金属壳体等。该部分空气处理设备对空气进行净化过滤和湿热处理，可将进入空调房间的空气处理到所需要的送风状态点。

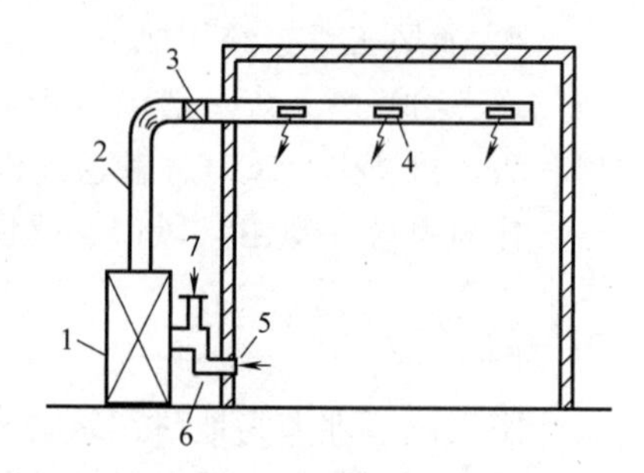

图 5-4　分散式空调系统

1—空调机组　2—送风管道　3—电加热器　4—送风口　5—回风口　6—回风管道　7—新风入口

（2）空气输送设备、管道及部件　空气输送设备包括送风机、排风机。空气输送管道包括各种类型的通风管道，如碳钢风管、净化风管、不锈钢风管等，管道中常设置导流叶片、风管检查孔以及温度、风量检查孔等配件。管道部件包括各类调节阀、风口、风帽、风罩以及消声器、静压箱等。经过处理后的空气依靠通风机提高气体压力进行管道内的传送，并到达各空调房间。

（3）电气控制部分　电气控制部分包括各种选择开关、电子温控器以及各种仪表和控制系统的线、管等。在编制工程量清单时，该部分列入相应的电气设备安装工程中。

（4）空调冷热源系统　冷热源系统通常由冷水机组、冷却塔、外部热交换系统以及膨胀水箱和补水泵构成。提供冷热源的设备包括制冷机组和供热锅炉等。

5.2 通风空调安装工程工程量清单计量

本节内容对应《通用安装工程工程量计算规范》附录G通风空调工程，共4个分部，见表5-1。

表 5-1　通风空调工程分部及编码

编　码	分部工程名称
030701	G.1 通风及空调设备及部件制作安装
030702	G.2 通风管道制作安装
030703	G.3 通风管道部件制作安装
030704	G.4 通风工程检测、调试

5.2.1　通风及空调设备及部件制作安装

本节内容对应《通用安装工程工程量计算规范》“附录G通风空调工程”，其中“G.1通风及空调设备及部件制作安装”包括空气加热器（冷却器）、除尘设备、空调器、风机盘管、表冷器、密闭门、挡水板、滤水器、溢水盘、金属壳体、过滤器、净化工作台、风淋室、洁净室、除湿机、人防过滤吸收器等。工程量计算时通常按自然计量单位进行计量。安装中产生的本体安装以外的辅助及配套安装工作，应根据《通用安装工程工程量计算规范》中工作内容的描述在计价时予以考虑或计算。

1. 空气加热器（冷却器）

空气加热器（冷却器）是主要对气体流进行加热（冷却）的设备。按名称、型号、规格、质量、安装形式以及支架形式、材质区分项目特征分别列项。按设计图示数量以“台”为单位计算。

工作内容：①本体安装、调试；②设备支架制作、安装。

2. 除尘设备

除尘设备主要是把含尘量较大的空气处理后排至室外，起到对空气进行清洁处理的作用。按除尘机理分为电除尘器、湿式除尘器、过滤式除尘器、旋风式除尘器、惯性除尘器和重力除尘器。除尘设备按设计图示数量以“台”为单位计算。

工作内容：①本体安装、调试；②设备支架制作、安装。

3. 空调器

空调器是使用制冷剂压缩冷凝制冷对空气进行调节，以达到人们需要温度的设备。空调器中凡本身不带制冷机的称为非独立式空调器，如装配式空调器、风机盘管空调器等；凡本身配有制冷压缩机的设备称为独立式空调器，如立柜式空调器、窗式空调器、恒温恒湿空调器等。

空调器按名称、型号、规格、安装形式、质量、隔振垫（器）、支架形式、材质等区分特征分别列项。按图示数量以“台（组）”为单位计算。

工作内容：①本体安装或组装、调试；②设备支架制作、安装。

4. 风机盘管

风机盘管是半集中空调系统中的末端装置，它由风机和盘管及箱体组成。工作时盘管内根据需要流动热水或冷水，风机把室内空气吸进机组，经过滤后再经盘管冷却或加热后送回室内，如此循环以达到调节室内温度和湿度的目的。其特点是结构紧凑、使用灵活、安装方便、噪声较低、价格便宜。风机盘管结构形式如图 5-5 所示。

风机盘管计量及清单编制中按名称、型号、规格、安装形式、减振器、支架的形式、材质以及试压要求区分列项。按图示数量以“台（组）”为单位计算。

工作内容：①本体安装、调试；②支架制作、安装；③试压。

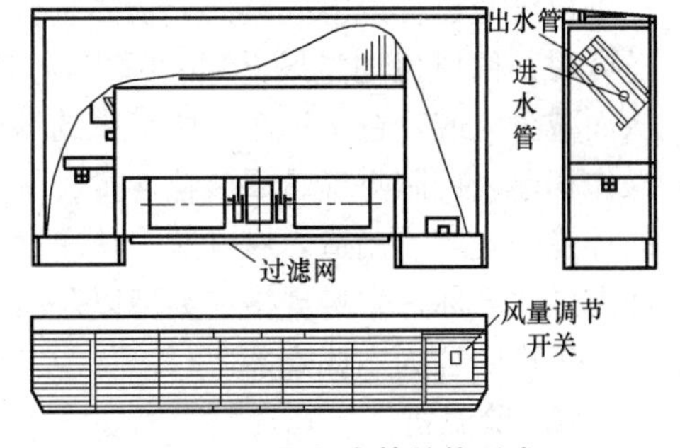

图 5-5　风机盘管结构形式

5. 表冷器

表冷器是利用冷媒在其内部吸热使之被冷却空间温度逐渐降低的一种设备。冷却器分水冷式和直接蒸发式两类。水冷式以冷冻水为冷媒；直接蒸发式以制冷剂的汽化来冷却空气。常见表冷器有风机盘管的换热器，空调机组内风冷翅片冷凝器等。表冷器按图示数量以“台”为单位计算。项目特征需描述名称、型号、规格。

工作内容：①本体安装；②型钢制作、安装；③过滤器安装；④挡水板安装；⑤调试及运转。

6. 密闭门、挡水板、滤水器、溢水盘、金属壳体

这些均为空调部件的组成部分。密闭门即用来关闭空调室入口的门，通常采用钢板密闭门；挡水板用来防止悬浮在空调系统设备中喷水室气流中的水滴被带走，同时还有使空气气流均匀的作用。当空调系统采用循环水时，为防止杂质堵塞喷嘴孔口，在循环水管入口处装有滤水器，内有滤网。按图示数量以“个”为单位计算。清单编制时项目特征需描述名称、型号、规格、形式以及支架形式、材质。

工作内容：①本体制作；②本体安装；③支架制作、安装。

7. 过滤器

过滤器指空气过滤装置，用于洁净车间、实验室及洁净室等环境的防尘。过滤器将含尘量较小的室外空气经过滤净化后送入室内，使室内环境达到洁净要求。

过滤器一般分为粗效过滤器、中效过滤器和高中效过滤器、亚高效过滤器，分别有不同的标准和适用范围。根据过滤器的作用原理通常分金属网格过滤器（图5-6）、干式纤维过滤器和静电过滤器。过滤器的工程量计算可按设计图示数量以“台”计算，也可按设计图示尺寸以过滤面积“m^2”计算。清单编制时项目特征需描述出名称、型号规格、过滤器类型以及框架形式和材质。

工作内容：①本体安装；②框架制作、安装。

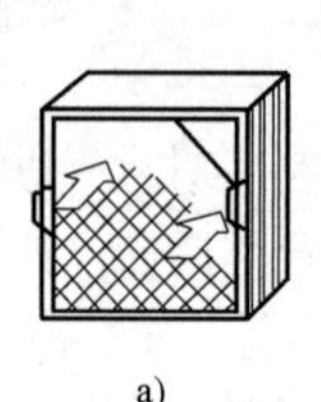

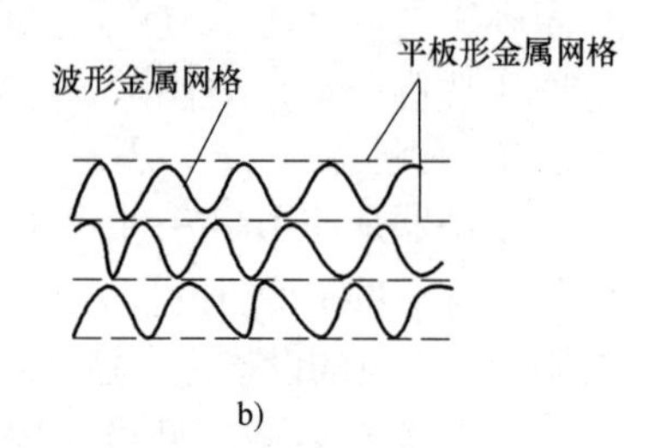

图5-6　过滤器示意图

8. 净化工作台

净化工作台是在特定的空间内，使洁净空气按设定的方向流动，从而提供局部高洁净度工作环境的空气净化设备。按气流方向可将工作台分为垂直式、由内向外式以及侧向式。净化工作台按设计图示数量以“台”计算。清单编制时项目特征需描述名称、型号规格、净化工作台类型。

工作内容为本体安装。

9. 风淋室、洁净室

风淋室也称风淋间，人或物体进入洁净室所必需的局部净化设备。当人员或货物进入洁净区时，由风机通过风淋喷嘴喷出经过高效过滤的洁净强风，吹除人或物体表面吸附尘埃，从而减少人或物进出洁净室所带来的污染。洁净室也称为无尘室或清净室。室内通过特定的操作程序以控制空气悬浮微粒含量，从而达到适当的微粒洁净度级别，使产品能在一个良好的环境中生产、制造。风淋室、洁净室均按设计图示数量以“台”计算。清单编制时项目特征需描述名称、型号规格、类型以及洁净室的质量。

工作内容为本体安装。

10. 除湿机

除湿机利用空气中的水分在进入除湿器蒸发器时冷凝结霜，然后集聚滴出，排入下水口，从而达到降低空气湿度的目的。除湿机安装按设计图示数量以“台”计算。

清单编制时项目特征需描述名称、型号、规格及类型。工作内容为本体安装。

11. 人防过滤吸收器

人防过滤吸收器用于人防工程涉毒通风系统中过滤染毒空气中的毒烟、毒雾、生物气溶胶以及放射性灰尘，达到清洁空气目的。清单编制时项目特征需描述出过滤器名称、规格、形式以及支架形式和材质。

工作内容：①过滤吸收器安装；②支架制作、安装。

【例5-1】 某通风空调系统安装工程中，安装恒温恒湿机一台。试编制该安装工程工程量清单。

解：该恒温恒湿机工程量清单见表 5-2。

表 5-2　分部分项工程量清单

序号	项目编码	项目名称	项目特征描述	计量单位	工程量	金额（元）	
						综合单价	合价
1	030701003001	空调器	1. 名称：恒温恒湿机 2. 型号：YSL-DHS-225 3. 规格：外形尺寸 1200mm × 1100mm × 1900mm 4. 安装形式：落地安装 5. 隔振垫（器）、支架形式、材质：橡胶隔振垫厚 δ=20mm	台	1		

注：通风空调设备安装的地脚螺栓按设备自带考虑。

5.2.2　通风管道制作安装

通风管道是通风系统的重要组成部分，是输送空气和空气混合物的各种风道和风管的总称。风管按截面形状可分为圆形、矩形、螺旋形等；按用途分为净化系统送回风管、中央空调通风管、工业送排风通风管、环保系统吸排风管以及特殊场合用风管等；按连接方式可分为咬口和焊接两大类；按材质可分为薄钢板通风管、玻璃钢通风管、不锈钢通风管、铝板风管、塑料通风管、复合型通风管以及纤维织物软风管等。本节通风管道制作安装主要以管道材质划分清单项目。

1. 风管制作安装工程量

风管制作安装工程量，除柔性软风管以“m”或“节”为单位计量外，均按图示尺寸以风管展开面积“m^2”计算。根据风管类型不同展开面积的具体含义有所不同。碳钢风管、净化通风管、不锈钢风管、铝板风管、塑料风管按风管内径（内周长）尺寸以展开面积计算。玻璃钢通风管和复合型风管按设计图示外径尺寸以展开面积计算。

风管展开面积计算方法如下：

$$\text{矩形风管}\quad F=2(A+B)L \tag{5-1}$$

式中　F——风管展开面积；

A——矩形风管宽；

B——矩形风管高；

L——管道中心线长度。

$$\text{圆形风管}\quad F=\pi DL \tag{5-2}$$

式中　F——风管展开面积；

D——圆形风管直径；

L——管道中心线长度。

风管长度一律以设计图示中心线长度为准（主管与支管以其中心线交点划分，如图 5-7 所示），包括弯头、三通、变径管、天圆地方等管件的长度，但不包括部件所占的长度。

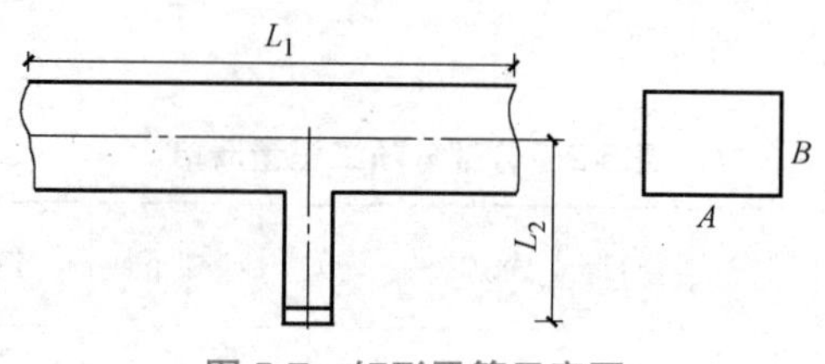

图 5-7　矩形风管示意图

风管展开面积的计算不包括风管、管口重叠部分面积，不扣除检查孔、测定孔、送风口、吸风口等所占面积。清单项目特征通常需描述风管名称、材质、形状、规格、板材厚度、管件、法兰等附件及支架设计要求和接口形式。通风管道的法兰垫料或封口材料，按图样要求也应在项目特征中描述。

风管制作安装工作内容包括：①风管、管件、法兰、零件、支吊架制作、安装；②过跨风管落地支架制作、安装。

当整个通风系统采用均匀送风的渐缩式管道时，圆形风管按平均直径，矩形风管按平均周长计算风管的展开面积。

【例 5-2】 如图 5-8 所示，计算圆形渐缩式风管及支管的工程量。已知 D_1=1.2m，D_2=0.6m，D_3=0.3m。

暖通案例讲解 1　　暖通案例讲解 2

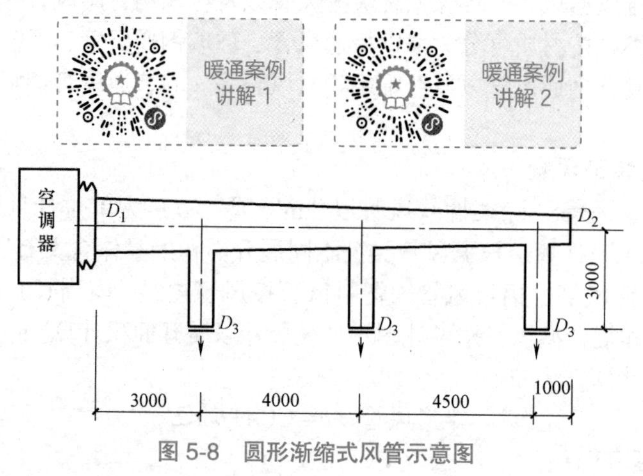

图 5-8　圆形渐缩式风管示意图

解：

$$F=\pi\ \frac{D_1+D_2}{2}L+\pi\left(\frac{D_2}{2}\right)^2=\left[3.14\times\frac{1.2+0.6}{2}\times(3.0+4.0+4.5+1.0)+3.14\times\left(\frac{0.6}{2}\right)^2\right]\mathrm{m}^2$$

$$=(35.33+0.28)\ \mathrm{m}^2=35.61\mathrm{m}^2$$

支管展开面积

$$F=\pi DL=3.14\times0.3\times3.0\times3\mathrm{m}^2=3.14\times0.3\times3.0\times3\mathrm{m}^2=8.48\mathrm{m}^2$$

应注意：①当风管穿墙设套管时，按套管展开面积计算，计入通风管道工程量中；②净化通风管的空气清洁度按 100000 级标准编制，净化通风管使用的型钢材料如要求镀锌时，工作内容应注明支架镀锌。

2. 弯头导流叶片制作安装工程量

为防止空气在通风管道转弯处产生涡流导致气流不畅，损失能量，产生噪声等弊病，通常在风管弯头处设置弯头导流叶片，如图 5-9 所示。叶片有单叶片和香蕉形双叶片两种类型，适用于不同风管的通风。

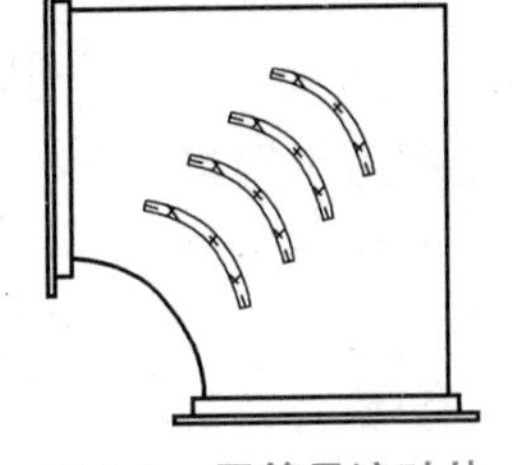

图 5-9　风管导流叶片

导流叶片可按设计图示以展开面积“m^2”计算，或按设计图示以“组”计算。

单导流叶片面积

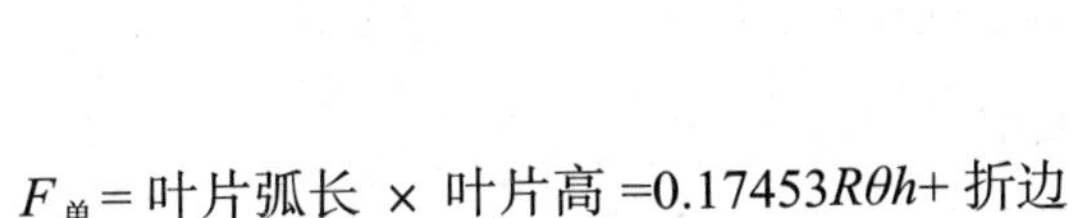

$$F_{单}=叶片弧长\times叶片高=0.17453R\theta h+折边 \tag{5-3}$$

双导流叶片面积

$$F_{双}=叶片弧长\times叶片高=0.17453h\left(R_1\theta_1+R_2\theta_2\right)+折边 \tag{5-4}$$

式中　R——叶片圆弧半径；

θ——叶片弧度；

h——叶片高。

如设计无具体规定时，单导流叶片表面积也可按表 5-3 所示计算。

表 5-3　单导流叶片表面积

风管高（mm）	200	250	320	400	500	630	800	1000	1250	1600	2000
导流叶片表面积（mm^2）	0.075	0.091	0.114	0.14	0.17	0.216	0.273	0.425	0.502	0.623	0.755

风管导流叶片片数见表 5-4。

表 5-4　风管导流叶片片数

水平宽度（mm）	500	630	800	1000	1250	1600	2000
导流叶片数（片）	4	4	6	7	8	10	12

清单项目特征需描述出导流叶片名称、材质、规格及形式。

导流叶片安装工作内容包括：①制作；②组装。

【例 5-3】 已知例 5-2 中风管采用薄钢板制作，试编制渐缩式风管的工程量清单。

解：风管安装工程量清单编制如表 5-5 所示。

表 5-5　风管安装工程分部分项工程量清单

序号	项目编码	项目名称	项目特征描述	计量单位	工程量	金额（元）	
						综合单价	合价
1	030702001001	碳钢通风管道	1. 名称：渐缩式通风管 2. 材质：薄钢板 3. 形状：圆形 4. 规格：D_1=1.2m，D_2=0.6m 5. 板材厚度：δ=2mm 6. 支架：吊架（型钢） 7. 接口形式：咬口	m^2	35.33		

3. 风管检查孔安装

通风工程风管安装施工中，为便于检查室内风管及清扫，可在排风、除尘风管上易积尘处附近设置检查孔。

风管检查孔工程量可按风管检查孔质量以“kg”计算，也可直接按设计图示数量以“个”计算。清单编制需描述出检查口名称、材质及规格。

检查孔可根据“国际通风部件标准质量表”中数据确定质量，如表5-6所示。

表5-6 风管检查孔标准质量

名称	图号	尺寸 $B \times D$（mm×mm）	质量（kg/个）
风管检查孔	T604	190×130	2.04
		240×180	2.71
		340×290	4.20
		490×430	6.55

检查孔制作安装工作内容包括：①制作；②安装。

4. 温度、风量测定孔

通风、除尘、排气管道或支管内风量测定的特殊装置，属于管道内风量差压式测量仪。图5-10所示为温度测量孔。

按设计图示数量以“个”计算。清单编制时要描述测定孔名称、材质、规格、设计要求。

安装工作内容包括：①制作；②安装。

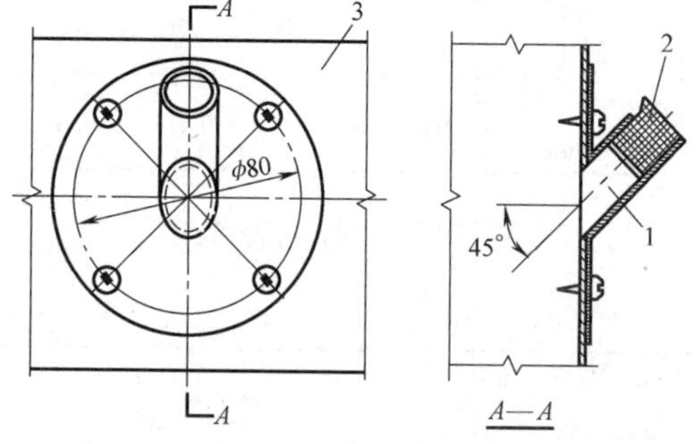

图5-10 温度测量孔
1—温度测量孔45° 2—橡胶塞 3—矩形风管

5.2.3 通风管道部件制作安装

通风管道部件安装内容包括各类阀门，风口、散流器、百叶窗，风帽，罩类，柔性接口，消声器，静压箱，人防超压自动排气阀，人防手动密闭阀以及其他部件。

1. 阀门

通风空调工程中常见阀门包括启动阀、止回阀、防火阀、蝶阀、调节阀、插板阀等。清单中均按材质以及阀门类型分为碳钢阀门、柔性软风管阀、铝蝶阀、不锈钢蝶阀、塑料阀、玻璃钢蝶阀。阀门安装工程量按设计图示数量以“个”计算。项目特征中需描述阀门名称、型号、规格、质量、类型、材质及支架形式。

工作内容主要为阀体安装，碳钢阀门安装还包括阀体制作及支架制作、安装。

2. 风口、散流器、百叶窗

风口、散流器及百叶窗按材质不同常分为碳钢、不锈钢、塑料、玻璃钢、铝及铝合金等。图5-11所示为常见百叶风口及散流器。均按设计图示数量以“个”计算。清单编制时需描述名称、型号、规格、质量、类型及形式等。风口及散流器部件质量可按设计型号规格查阅《国家建筑标准设计图集》中的标准部件质量表获得。

工作内容包括：①制作；②安装。风口为成品时，则只有安装工作内容。

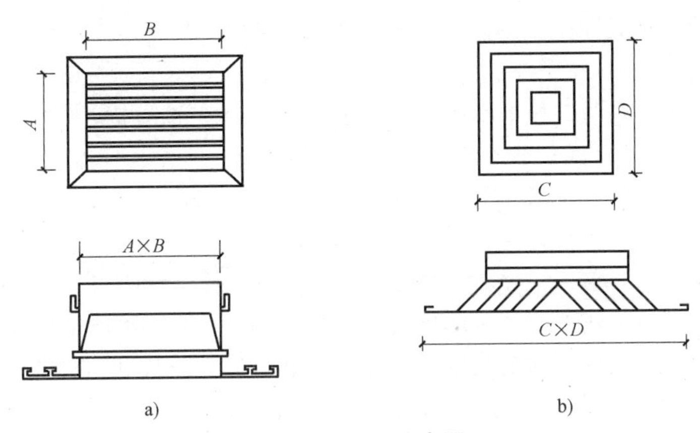

图 5-11 风口示意图

a) 百叶风口 b) 方形散流器

3. 风帽

风帽是用于通风管道伸出屋外部分的末端装置，在排风系统中用风帽向室外排除污浊空气，为避免雨水渗入，通常设有风帽泛水。常用风帽有伞形风帽、锥形风帽、筒形风帽等，伞形风帽一般用于机械通风系统中，有圆形和矩形两种，可采用钢板制作，也可采用硬聚氯乙烯塑料板制作；筒形风帽常用于自然通风系统，一般还需要在风帽下装有滴水盘，防止冷凝水滴入房间内；锥形风帽常用于除尘系统及非腐蚀性系统，一般用钢板制作。风帽按材质不同通常有碳钢风帽、塑料风帽、铝板风帽以及玻璃钢风帽。

风帽安装按设计图示数量以“个”计算。清单编制时需描述名称、规格、质量、类型、形式、风帽筝绳以及泛水设计要求。

工作内容：①风帽制作、安装；②筒形风帽滴水盘制作、安装；③风帽筝绳制作、安装；④风帽泛水制作、安装。

4. 罩类

罩类指在通风系统中的风机传动带防护罩，电动机防雨罩以及安装在排风系统中的侧吸罩，排气罩，吸、吹式槽边罩，抽风罩，回转罩等。

罩类安装按设计图示数量以“个”计算。《通用安装工程工程量计算规范》按材质将罩类分为碳钢罩类和塑料罩类两种。碳钢罩类包括：传动带防护罩、电动机防雨罩、侧吸罩、中小型零件焊接台排气罩、整体分组式槽边侧吸罩、吹吸式槽边通风罩、条缝槽边抽风罩、泥心烘炉排气罩、升降式回转排气罩、上下吸式圆形回转罩、升降式排气罩、手锻炉排气罩。塑料罩类包括：塑料槽边侧吸罩、塑料槽边风罩、塑料条缝槽边抽风罩。

清单编制时需描述罩类的名称、型号、规格、质量、类型、形式以及罩类材质。

工作内容包括罩类制作、安装。

5. 柔性接口

在通风机的入口和出口处，应用软管与风管连接，以防止风管与风机共振破坏风管保温等。柔性接口包括金属、非金属软接口及伸缩节。

柔性接口制作安装按设计图示尺寸以展开面积“m^2”计算。清单编制时需描述名称、规格、材质、类型及形式。

工作内容包括：①柔性接口制作；②柔性接口安装。

【例 5-4】 某通风空调工程中空调器与风管的连接处采用帆布柔性接口 2 处，每个长度为 0.2m，风管直径 1.2m，试计算帆布接口的工程量。

解：帆布接口工程量 = 周长 × 长度 $=3.14\times1.2\times0.2\times2\text{m}^2=1.51\text{m}^2$

6. 消声器

消声器是由吸声材料按不同消声原理设计制成的构件，是一种既能允许气流通过，又能有效地阻止或减弱声能向外传播的装置。按原理不同可分为阻抗型、共振型、膨胀型和复合型等，包括片式消声器、矿棉管式消声器、聚酯泡沫管式消声器、卡普隆纤维管式消声器、弧形声流式消声器、阻抗复合式消声器、微穿孔板消声器等。另外，利用风管管件所做的消声器，具有节约空间的优点，如消声弯头。

消声器制作安装按设计图示数量以“个”计算。清单编制时需描述名称、规格、材质、形式、质量、支架形式及材质。

工作内容：①消声器制作；②消声器安装；③支架制作安装。

7. 静压箱

静压箱是送风系统减少动压、增加静压、稳定气流和减少气流振动的一种必要的配件，可使送风效果更加理想。一般安装在风机出口处或在空气分布器前设置静压箱并贴以吸声材料，既起到消声器的作用又能起到稳定气流的作用，如图 5-12 所示。

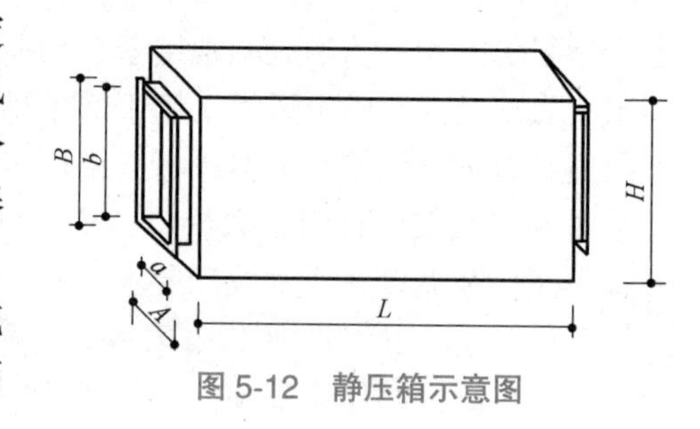

图 5-12 静压箱示意图

静压箱安装按设计图示数量以“个”计算；或按设计图示尺寸以展开面积“m²”计算，不扣除箱体开口部分的面积。

清单编制时需描述名称、规格、形式、材质、支架形式及材质。

工作内容：①静压箱制作、安装；②支架制作、安装。

注：通风部件图要求制作安装、要求用成品部件只安装不制作，这类特征在项目特征中应明确描述。

8. 人防超压自动排气阀

人防超压自动排气阀是用于人防工程中超压排风的一种通风设备。如防空地下室的排风口部位，能有效地将通道内的毒气排除，以保障人身安全。

排气阀安装工程量按设计图示数量以“个”计算。清单编制时需描述阀门名称、型号规格及类型。

9. 人防手动密闭阀

手动密闭阀用于转换通风方式，改变空气流程，通常安装于人防工程进风和排风系统。使用时阀门板全启或全闭，为单向闭路机构，不能起调节作用。可以采用支架或吊架形式安装。安装工程量按设计图示数量以“个”计算。清单编制时需描述阀门名称、型号规格、类型以及支架形式与材质。

5.2.4　通风工程检测、调试

1. 通风工程检测、调试

通风工程检测、调试以“系统”为单位，按由通风设备、管道及部件等组成的通风系统计算。检测、调试内容包括：①通风管道风量测定；②风压测定；③温度测定；④各系统风口、阀门调整。

2. 风管漏光试验、漏风试验

系统安装完成后，应对风管系统进行严密性检验，漏风量测试装置应符合现行国家标准《通风与空调工程施工质量验收规范》规定。

漏光试验、漏风试验按设计要求以“m^2”为单位，按设计图样或规范要求以展开面积计算。

工作内容为通风管道漏光试验及漏风试验。

5.2.5　通风空调工程其他相关计量问题

本章通风空调安装工程均未包括冷冻机组设备及管道工程计量内容，该部分应按下列要求考虑：

1）冷冻机组站内的设备安装及通风机安装，应按《通用安装工程工程量清单计算规范》“附录 A　机械设备安装工程”相关项目编码列项。

2）冷冻机组站内的管道安装，应按《通用安装工程工程量清单计算规范》“附录 H 工业管道工程”相关项目编码列项。

3）冷冻站外墙皮以外通往通风空调设备的供热、供冷、供水等管道，应按《通用安装工程工程量清单计算规范》“附录 K 给排水、采暖、燃气工程”相关项目编码列项。

4）设备和支架的除锈、刷漆、保温及保护层安装，应按《通用安装工程工程量清单计算规范》“附录 M 刷油、防腐蚀、绝热工程”相关项目编码列项。

5.3　通风空调安装工程工程量清单计价

本节在 5.2 通风空调安装工程量清单计量的基础上，依据计价定额中“通风空调工程”分册讲述计价定额计量规则以及计价定额与清单规范计量规则上的差异，根据清单项目的各项工作内容结合计价定额计算清单的综合单价；进一步阐述工程量清单各项费用的计算方法。

“通风空调工程”计价定额分册适用于工业与民用建筑的新建、扩建项目中的通风空调工程。

5.3.1　空调设备安装计价

空调设备安装清单中工作内容包括本体安装、调试，设备支架的制作、安装，补刷油漆。每一项工作内容均产生不同费用，根据“通风空调工程”计价定额分册，可计算出某清单项目中各工作内容的单价，从而确定该项清单的综合单价。

1. 空调设备本体安装

在使用计价定额时，空调设备的工程量仍与清单计量方法相同，以“台”计算。但整体式空调机组、空调器均按不同质量（室内机、室外机之和）分别执行不同的计价定额单价。分段组装式空调器以质量“kg”计算并执行相应计价定额。

计价定额中空调设备的本体安装内容包括：

1）开箱检查设备、附件、底座螺栓。

2）吊装、找平、找正、垫垫、灌浆、螺栓固定、装梯子。

【例5-5】 某厂房通风工程中安装2个加热器，型号为SRZ-12×6D，每个加热器质量为139kg。试计算该加热器本体的安装费用。

解：已知该设备质量为139kg，按计价定额CG0002“空气加热器（冷却器）$W \leqslant 200$kg”一项，可知：

设备安装费：321.31×2元=642.62元

由于设备安装的费用中不包括设备费和应配备的地脚螺栓价值，所产生的费用应另计。

2. 设备支架制作、安装

空调设备安装计价定额单价中除风机盘管以外均未包括支架的制作与安装，需单独计算。支架的制作安装工程量计算可参考标准图集或施工图，以“kg”为单位计算。

计价定额中设备支架制作安装包括以下内容：

1）制作：放样、下料、调直、钻孔、焊接、成形。

2）安装：测位、上螺栓、固定、打洞、埋支架。

【例5-6】 在例5-5中，每个加热器需要安装型钢支架10.26kg，计算该设备支架的安装费用。

解：查阅计价定额CG0503“型钢支架制作安装$W \leqslant 50$kg”，计价定额单位为“100kg”。

设备支架制作安装费：1312.00×0.1026×2元=269.22元

应注意：当设备支架需要除锈、刷油时，应按《通用安装工程工程量计算规范》“附录M刷油、防腐蚀、绝热工程”中金属结构刷油清单列项并计价。

3. 补刷（喷）油漆

通风空调工程的设备为成套产品，通常不需刷油，如遇现场特殊情况需要补刷油漆时，按计价定额“刷油、防腐蚀、绝热工程”分册相应项目计算单价。

【例5-7】根据例5-5和例5-6中安装内容及工程量计算空气加热器安装的清单综合单价，加热器SRZ-12×6D单价为1200元/台。

解：安装加热器的总费用：（642.62+269.22+1200×2）元=3311.84元

清单综合单价为：（3311.84÷2）元=1655.92元

清单计价表如表5-7所示。

表5-7　分部分项工程量计价表

序号	项目编码	项目名称	项目特征描述	计量单位	工程量	金额（元）	
						综合单价	合价
1	030701001001	空气加热器	1. 名称：空气加热器 2. 型号：SRZ-12×6D 3. 质量：139kg 4. 安装形式 5. 支架形式、材质：型钢（综合）	台	2	1655.92	3311.84

4. 使用计价定额进行计价时的有关说明

1）本章空调设备安装不包括对空调器压缩机进行拆洗的内容，发生时，可参照“机械设备安装工程”计价定额分册有关项目执行。

2）清洗槽、浸油槽、晾干架、LWP滤尘器支架制作安装执行设备支架项目。

3）风机减振台座执行设备支架项目，但不包括减振器用量，应依据设计图按实计算。

4）过滤器安装项目中包括试装，如设计不要求试装者，不做调整。

5）计价定额中过滤器分为低效过滤器、中效过滤器、高效过滤器。其中：

低效过滤器指：M-A型、WL型、LWP型等系列。

中效过滤器指：ZKL型、YB型、M型、ZX-1型等系列。

高效过滤器指：GB型、GS型、JX-20型等系列。

净化工作台指：XHK型、BZK型、SXP型、SZP型、SZX型、SW型、SZ型、SXZ型、TJ型、CJ型等系列。

5.3.2　设备部件安装计价

通风空调设备部件安装清单工作内容中包括本体制作，本体安装，支架制作和安装，即在计价时要分别考虑该三部分内容产生的费用。

1. 本体制作

使用计价定额时，有的设备部件的计量方式与清单计量有一定区别。例如，挡水板、滤水器、溢水盘、金属空调器壳体制作、安装，在清单列项中均以“个”为单位计算。而在计价时，挡水板制作按空调器断面面积以“m^2”为单位计算；滤水器、溢水盘、金属空调器壳体依设计型号、规格查阅计价定额附录“国际通风部件标准质量表”，制作工程量按其质量以“kg”为单位计算。

单价确定时注意计价定额单价中所包括的制作内容：

1）密闭门制作：放样、下料、制作门框、零件、开视孔、填料、铆焊、组装。

2）挡水板制作：放样、下料、制作曲板、框架、底座、零件、钻孔、焊接、成形。

3）滤水器、溢水盘制作：放样、下料、配制零件、钻孔、焊接、上网、组合成形。

4）金属空调器壳体制作：放样、下料、调直、钻孔、制作箱体、水槽、焊接、组合、试装。

2. 本体安装

挡水板安装计价时，计价定额按空调器断面面积以“m^2”为计量单位；金属空调器壳体安装以“kg”为计量单位；滤水器、溢水盘安装工程量则以“个”为计量单位。

计价定额中设备部件安装包括以下内容：

1）密闭门安装：找正、固定。

2）挡水板安装：找平、找正、上螺栓、固定。

3）滤水器、溢水盘安装：找平、找正、焊接管道、固定。

4）金属空调器壳体安装：就位、找平、找正、连接、固定、表面清理。

3. 支架制作安装

设备部件支架的制作安装工程量计算可参考标准图集或施工图，以“kg”为单位计算。如需除锈、刷油，则按《通用安装工程工程量计算规范》“附录 M 刷油、防腐蚀、绝热工程”中相应清单列项并计价。

5.3.3　通风管道制作安装计价

1. 风管制作安装

风管制作安装计价定额工程量与清单工程量计算方法相同，除柔性软风管安装以“m”为单位计量以外，其余风管均按设计图示尺寸以展开面积“m^2”为单位计算。风管末端平封板按面积计算，圆形封头按展开面积计算。计价定额中柔性软风管项目适用于由金属、涂塑化纤织物、聚酯、聚乙烯、聚氯乙烯薄膜、铝箔等材料制成的软风管。

计价定额根据不同类型风管单价构成不同。

1）不锈钢通风管道安装不包括法兰、加固框和吊托支架制作安装；法兰、加固框和吊托支架制作安装应单独按相应定额项目计价。

2）铝板通风管道制作安装不包括法兰制作安装；法兰制作安装单独按相应定额项目计价。

3）其余材质通风管道安装，定额单价中均包括管件、法兰、加固框和吊托支架的制作、安装、除锈、刷油工作内容，以及支吊架安装使用的膨胀螺栓。

4）净化风管制作安装定额项目中，型钢未包括镀锌费，如设计要求镀锌时，另增加镀锌费。

5）净化风管制作安装项目中，若设计要求对安装的风管与建筑物间的缝隙进行净化封闭处理时，发生的费用应另行计算。

2. 过跨风管落地支架制作、安装

风管跨越或交叉安装时需做落地支架，支架的制作和安装均未包括在风管安装计价定额单价中，需另按支架图示尺寸以“kg”计算。计价时按计价定额“设备支架制作、安装”相应项目执行单价。

3. 风管除锈、刷油

风管除锈、刷油与风管制作工程量相同，以风管展开面积“m^2”计算，按《通用安装工程工程量计算规范》“附录 M 刷油、防腐蚀、绝热工程”中相应清单列项并计价。

4. 风管保温

风管保温工程量以“m^3”为单位，以体积计算。按《通用安装工程工程量计算规范》“附录 M 刷油、防腐蚀、绝热工程”中相应清单列项并计价。

【例 5-8】 已知某通风工程中，风管采用镀锌薄钢板矩形风管，法兰咬口连接。风管规格为 800mm×300mm，板厚 δ=1.0mm，风管长 30m。风管采用橡胶玻璃棉保温，厚 δ=25。计算风管安装及保温的清单综合单价。镀锌钢板 δ=1.0 材料价格为 48 元 /m^2。玻璃棉板 400 元 /m^3。

解：（1）矩形风管 800mm×300mm　面积 S=（0.8+0.3）×2×30m^2=66m^2

查阅计价定额"镀锌钢板矩形风管法兰式咬口 $B \leqslant 1000$ $\delta \leqslant 1.2$，得

安装费 =924.65×6.6 元 =6102.69 元

镀锌钢板材料费 =11.38×6.6×48 元 =3605.18 元

管道安装清单综合单价为（6102.69+3605.18）元 ÷66m^2=147.09 元 /m^2

（2）根据计价定额"刷油、防腐蚀、绝热工程"分册，风管保温工程量

V=［2×（0.8+0.3）+1.033×0.025×4］×1.033×0.025×30m^3

=0.0595×30m^3=1.78m^3

查阅计价定额"通风管道绝热、纤维棉板安装"得

安装费 =274.62×1.78 元 =488.82 元

玻璃棉板材料费 =1.05×1.78×400 元 =1.869×400 元 =747.60 元

风管保温清单综合单价为（488.82+747.60）元 /m^3÷1.78=694.62 元 /m^3

清单综合单价结果见表 5-8。

表 5-8　分部分项工程量清单计价表

序号	项目编码	项目名称	项目特征描述	计量单位	工程量	金额（元）	
						综合单价	合价
1	030702001001	碳钢通风管道	1. 名称：薄钢板通风管道 2. 材质：镀锌 3. 规格：800mm×300mm 4. 板材厚度：1.0mm 5. 接口形式：法兰咬口连接	m^2	66	147.09	9707.94
2	031208003001	通风管道绝热	1. 绝热材料品种：玻璃棉 2. 绝热厚度：25mm	m^3	1.78	694.62	1236.42

5. 使用计价定额进行计价时的有关说明

1）整个通风系统设计采用渐缩管均匀送风者，圆形风管按平均直径计算，矩形风管按平均周长计算，执行相应规格项目，其人工费乘以系数 2.5。

2）如制作空气幕送风管时，按矩形风管平均周长执行相应风管规格项目，其人工费乘以系数 3。

3）计价定额中净化风管是按空气洁净度 100000 级编制的，空气洁净度级别若设计要求达到 100000 级（包括 100000 级）时，每递增一个级别，按 10m^2 风管增加人工 0.5 个工日，材料增加 20% 计算。

4）若玻璃钢风管按计算工程量加损耗外加工定做，其价值按实际价格；风管修补应由加工单位负责，其费用按实际价格，计算在主材费内。

5）若设计要求普通咬口风管对其咬口缝增加锡焊或涂密封胶时，按相应的净化风管项目中的密封材料增加 50%，清洗材料增加 20%，人工每 10m^2 增加一个工日计算。

6）净化风管项目中，风管涂密封胶是按全部口缝外表面涂抹考虑的，如设计要求口缝不涂抹而只在法兰处涂抹者，每 $10m^2$ 风管应减去密封胶 1.5kg 和人工 0.37 工日。

7）净化风管项目中，咬口处如设计要求锡焊时，可扣除密封胶使用量，增加每 $10m^2$ 风管用 1.1kg 焊锡钎料、0.11kg 盐酸计算。

8）不锈钢板风管以电焊考虑的项目，如需使用手工氩弧焊者，其中人工费乘以系数 1.238，材料费乘以系数 1.163，机械费乘以系数 1.673。

9）铝板风管中凡以气焊考虑的项目，如需使用手工氩弧焊者，其中人工费乘以系数 1.154，材料费乘以系数 0.852，机械费乘以系数 9.242。

10）塑料风管胎具的材料费按以下规定另行计算：风管工程量小于或等于 $30m^2$ 者，每 $10m^2$ 风管摊销木材 $0.09m^3$；风管工程量大于 $30m^2$ 者，每 $10m^2$ 风管摊销木材 $0.06m^3$。按一等杉木枋材计价。

5.3.4　通风管道部件制作安装计价

通风管道部件安装计价项目计价时，首先要查看对应计价定额项目安装单价所含的工作内容，当清单所描述的项目特征与工作内容不能用一个计价定额项目完成，则需分别计算各工作内容的单价。

1. 阀门制作安装

计价定额中阀门的工程量计算方法与清单一致，但在计价时要区分制作和安装两个内容分别计算费用。

（1）阀门的制作　阀门的制作工程量以“kg”为单位计算，计价定额中碳钢调节阀制作内容包括放样、下料、制作短管、阀板、法兰、零件、钻孔、铆焊、组合成形。

（2）阀门安装　阀门安装工程量以“个”为单位计算，碳钢调节阀安装内容包括号孔、钻孔、对口、校正、制垫、垫垫、上螺栓、紧固、试动。

碳钢标准部件的质量可依据设计型号、规格查阅计价定额附录“国际通风部件标准质量表”获得所需数据。

（3）阀门计价时应注意以下几点

1）碳钢蝶阀计价定额安装项目适用于圆形碳钢保温蝶阀，方、矩形碳钢保温蝶阀，圆形碳钢蝶阀，方、矩形碳钢蝶阀。

2）风管碳钢止回阀计价定额安装项目适用于圆形风管碳钢止回阀、方形风管碳钢止回阀。

2. 风口制作安装

计价定额中按材质不同将风口分为碳钢风口、散流器，不锈钢风口、散流器，塑料风口、散流器，玻璃钢风口，铝及铝合金风口、散流器几大类。与清单工程量计算规则的区别在于计价定额中仍将风口分为制作和安装两部分。风口制作一般按质量分档，安装按风口周长分档区分计价定额单价。

（1）风口制作　一般风口、散流器制作工程量以“kg”为单位计算，风管插板风口制作安装均以“个”为单位计算。钢百叶窗及活动金属百叶风口制作以“m^2”为单位计算。

计价定额中碳钢风口制作内容包括放样、下料、开孔、制作零件、外框、叶片、网框、调节板、拉杆、导风板、弯管、天圆地方、扩散管、法兰、钻孔、铆焊、组合成形。

各类风口质量可依据设计型号、规格查阅计价定额附录“国际通风部件标准质量表”获得所需数据。

（2）风口安装　风口安装工程量以“个”为单位计算。计价定额中碳钢风口安装内容包括对口、上螺栓、制垫、垫垫、找正、找平、固定、试动、调整。

（3）风口、散流器计价时应注意以下几点

1）碳钢百叶风口定额安装项目适用于碳钢带调节板活动百叶风口、单层百叶风口、双层百叶风口、三层百叶风口、连动百叶风口、135 型单层百叶风口、135 型双层百叶风口、135 型带导流叶片百叶风口、活动金属百叶风口。

2）碳钢送吸风口定额安装项目适用于碳钢单面送吸风口、双面送吸风口。

3）碳钢散流器安装项目适用于碳钢圆形直片散流器、方形直片散流器、流线型散流器。

4）带阀风口安装，可执行相应风口安装项目定额，其综合单价乘以系数 1.1。

5）若安装的风口实际周长大于定额所列的子目，按最大周长子目的综合单价乘以系数 1.20 计算。

3. 风帽制作安装

计价定额中按材质不同将风帽分为碳钢、塑料、铝板、玻璃钢几大类，并区分风帽形状分别列项。风帽制作安装清单单价应包括以下工作内容产生的费用。

（1）碳钢风帽制作安装　碳钢风帽制作安装依据设计型号、规格查阅计价定额附录“国际通风部件标准质量表”，制作按其质量以“kg”为计量单位，制作内容包括：放样、下料、咬口、制作法兰、零件、钻孔、铆焊、组装；安装以“个”为计量单位，安装内容包括：安装、找正、找平、制垫、垫垫、上螺栓、固定。

（2）风帽筝绳制作安装　风帽筝绳制作安装按质量以“kg”为单位计算。

（3）风帽泛水制作安装　风帽泛水以“m^2”为单位计算，分别计算制作安装工程费用。

4. 罩类制作安装

计价定额中按材质不同将罩类分为碳钢、塑料两大类。

（1）碳钢罩类制作　碳钢罩类制作安装依据设计型号、规格查阅计价定额附录“国标通风部件标准质量表”，制作按其质量以“kg”为计量单位计算，定额中制作内容包括：放样、下料、卷圆、制作罩体、来回弯、零件、法兰、钻孔、铆焊、组合成形。

（2）碳钢罩类安装　碳钢罩类安装除传动带防护罩和电机防雨罩以“kg”为计量单位外，其余均以“个”为计量单位计算。定额中罩类安装内容包括埋设支架、吊装、对口、找正、制垫、垫垫、上螺栓、固定配重环及钢丝绳、试动调整。

碳钢罩类项目中不包括的排气罩可执行计价定额中近似的项目。

（3）塑料罩类　塑料罩类工程量都按质量以“kg”为单位计算。

5. 消声器

消声器计价时分为制作和安装两部分。要注意计价定额单价中所包括的工程内容。

（1）消声器制作安装　计价定额中消声器制作以质量“kg”为单位计算。制作内容包括放样、下料、钻孔、制作内外套管、木框架、法兰、铆焊、粘贴、填充消声材料、组合。

（2）消声器安装　消声器安装以数量“只”为单位计算。安装内容包括组对、安装、找正、找平、制垫、垫垫、上螺栓、固定。

6. 静压箱

静压箱制作安装均以“m^2”为单位计算，静压箱制作内容包括放样、下料、零件、法兰、预留预埋、钻孔、铆焊、制作、组装、擦洗；安装内容包括测位、找平、找正、制垫、垫垫、上螺栓、清洗。

7. 风管部件油漆

风管部件刷油按部件质量以“kg”计算。并按《通用安装工程工程量计算规范》“附录M 刷油、防腐蚀、绝热工程”中相应清单列项并计价。

8. 风管部件使用计价定额进行计价时的有关说明

当风管部件采用不锈钢或铝板材质时，计量方法与碳钢部件计量方法相同，计价定额单价中包括的制作安装内容如下：

1）不锈钢及铝板风管部件制作内容包括下料、平料、开孔、钻孔、组对、铆焊、攻螺纹、清洗焊口、组装固定、试动、短管、零件、试漏；部件安装内容包括制垫、垫垫、找平、找正、组对、固定、试动。

2）玻璃钢风管部件安装内容包括组对、组装、就位、找正、制垫、垫垫、上螺栓、紧固。

5.3.5　人防设备及部件

人防设备及部件以图示数量按照计价定额项目的分类和计量单位计算工程量。

人防通风机支架执行“辅助项目”中支架项目。

电动密闭阀执行手动密闭阀相应项目，定额人工费乘以系数1.05。

手动密闭阀安装项目包括一副法兰，两副法兰螺栓及橡胶石棉垫圈。如为一侧接管时，项目乘以系数0.6，法兰和螺栓数量减半。

探头式含磷毒气报警器安装包括探头固定数和三角支架制作安装，报警器保护孔按建筑预留考虑。

射线报警器地脚螺栓为设备配套，探头孔按钢套管编制。

密闭穿墙管制作安装分类：I型为钢板风管直接浇入混凝土墙内的密闭穿墙管；II型为取样管用密闭穿墙管；III型为钢板风管通过套管穿墙的密闭穿墙管（穿墙管不包括风管本身）。

密闭穿墙管填塞材料为油麻丝和黄油，如填料不同，不做调整。

密闭穿墙管按墙厚0.3m以内编制，如墙厚大于0.3m，制作安装和填塞的定额材料费按比例乘以相应系数。

5.3.6　辅助项目

支架制作安装项目适用于本章所有需要单独列项的支吊架项目。

型钢支架制作安装不包括除锈、刷油，执行计价定额“M刷油、防腐蚀、绝热工程”。

不锈钢矩形法兰执行圆形法兰项目。

风管套管制作安装包括风管与套管之间的普通砂浆填缝，风管封堵如采用防火阻燃封堵另执行计价定额“D电气设备安装工程”中防火封堵相应项目。

风管套管制作安装不包括除锈刷油和套管与建筑之间的填抹。

风管支架垫木适用于垫衬在风管与支架之间的矩形木条。定额中不包括木条防腐和涂刷漆层。

风口木框适用于风口安装位置的吊顶风口洞加固。定额中不包括木条防腐和涂刷漆层。

风管弯头导流叶片包含单叶片型和香蕉形双叶片型。

柔性接头适用于设备（部件）与风管之间的软连接；非金属柔性接头制作安装为单层考虑，材料为帆布，使用人造革等其他非金属材料时不予换算，金属柔性接头安装，适用于不同的金属材质，接头材料为未计价材料。

多联空调机铜管直径为外径，分歧管规格为分歧管前端铜管外径。直径≤ 15.9mm 的铜管按盘管编制，如使用直管，其管件按 4.22 个 /10m 计算或按实计算。

铜管充冷媒也适用于设备充冷媒。

风管清洗消毒仅适用于新安装风管，不适用于已用空调系统风管的清洗消毒。

风管清洗消毒和漏风试验工程量同相应风管的工程量。导流叶片分单叶片和双叶片（香蕉形）按图示尺寸以面积计算，以“m^2”为计量单位。表 5-9 所示为矩形弯管内每单片导流片面积。

单片面积按下列公式或表计算：

① 单叶片：$S=r\theta H$

② 双叶片（香蕉形）：$S=(r_1\theta_1+r_2\theta_2)H$

式中　H——导流叶片宽度；

r——导流叶片曲率半径；

θ、θ_1、θ_2——曲率半径的角度（单位为弧度）。

表 5-9　矩形弯管内每单片导流片面积表

风管高度 H（mm）	200	250	320	400	500	630	800	1000	1250	1600	2000
面积（m^2）	0.075	0.091	0.114	0.14	0.17	0.216	0.273	0.425	0.502	0.623	0.755

注：表中为单叶片面积，双叶片（香蕉形）按 2 倍计。

5.4 通风空调安装工程措施项目费

5.4.1 安全文明施工费及其他措施项目

1. 安全文明施工费

安全文明施工措施清单编码为 031302001，内容包括环境保护、文明施工、安全施工以及临时设施相关工作产生的费用。计算公式为

$$安全文明施工费=\sum 分部分项工程及单价措施项目（定额人工费+定额机械费）\times 费率 \tag{5-5}$$

2. 建筑物超高增加费

檐口高度 20m 以上的工业与民用建筑物中进行安装增加的费用，按 ±0.00 以上部分的定额人工费乘以下表系数计算，费用全部为人工费。措施项目清单编码为 031302007003。

计算公式为

$$建筑物超高增加费 = 分部分项工程定额人工费 \times 建筑物超高系数 \tag{5-6}$$

建筑物超高系数可按表5-10计算（全部为定额人工费）。

表5-10　建筑物超高系数

建筑物高度（m）	≤40	≤60	≤80	≤100	≤120	≤140	≤160	≤180	≤200	200以上增加20m
建筑物超高系数（%）	2	5	9	14	20	26	32	38	44	增加6

5.4.2　专业措施项目

1. 脚手架搭拆费

通风空调安装工程中脚手架搭拆费按定额人工费的4%计算，其中人工占35%。机械占5%，措施项目清单编码为031301017010。脚手架搭拆费为

$$脚手架搭拆费 = 分部分项工程定额人工费 \times 脚手架搭拆费费率 \tag{5-7}$$

$$人工费 = 脚手架搭拆费 \times 35\%$$

2. 操作物高度增加费

操作物高度是按距离楼地面6m考虑的，超过6m时，超过部分工程量按定额人工费乘以系数1.2计取。清单编码借用房屋建筑与装饰工程清单编码011704001。

3. 系统调整费

按定额人工费的7%计取，其费用中人工、机械各占35%。

本章小结

1. 本章主要介绍通风空调工程系统的分类与组成及其计量与计价方法。

2. 通风空调系统计量内容包括通风空调设备及部件、通风管道、通风管道部件等的制作与安装。通风空调设备及部件按规范计量单位以自然计量单位计算；通风管道可按管道材质与类型分别按展开面积计算；通风管道部件包括各类管道阀门、风口、风帽、管道柔性接口、消声器、静压箱等，除管道接口按面积计算以外，其余部件均按自然计量单位计算。实体内容计算完成后还要对通风空调的检测与调试计量以便于计价。

本章通风空调安装工程均未包括冷冻机组设备及管道工程计量内容，均应按其所属的相应规范附录要求计算。设备和支架的除锈、刷漆、保温等工程，应按《通用安装工程工程量计算规范》“附录M 刷油、防腐蚀、绝热工程”相关项目列项计算。

在编制工程量清单时应依据《通用安装工程工程量计算规范》相关规则计算分部分项工程量，并列出项目特征。

3. 通风空调系统分部分项工程量清单计价时，本章依据计价定额计算规则以及计价定额综合单价来完成。当一项清单需要有多个工作来完成时，则要考虑多个工作产

生的费用。设备部件安装与管道部件安装计价时，有的部件分为制作安装两个工作，并且制作计量单位与计价单位不同，通常制作以质量“kg”为单位，可利用计价定额附录“国际通风部件标准质量表”确定部件的质量。部件安装通常以自然计量单位计算。

4. 通风空调系统措施项目，除安全文明施工费以外，也应考虑脚手架搭拆工作费的计算。根据建筑物檐口高度确定是否计算建筑物超高增加费，根据安装操作物高度（6m）确定是否计算操作高度增加费。

思考题与习题

1. 熟悉通风空调系统分类，熟悉通风系统和空调系统的组成。
2. 通风空调系统工程量的计量内容包括哪些？通常采用什么计算顺序？
3. 掌握通风空调系统工程分部分项工程计量规则和综合单价确定方法。
4. 注意不同截面的风管展开面积以及减缩式风管的计量方法。
5. 熟悉措施费计算中建筑物超高增加费、操作高度增加费以及脚手架搭拆费的计取条件。

第6章 消防工程

消防系统根据灭火介质的不同可分为水灭火系统、气体灭火系统、干粉灭火系统、泡沫灭火系统，如图 6-1 所示。

水灭火系统即以水为介质的消防系统，是使用最广泛的灭火系统。

气体灭火系统指灭火时以气体状态喷射作为灭火介质的灭火系统。该系统主要用在不适于设置水灭火系统以及其他灭火系统的环境中，如通信机房、精密仪器室、计算机房、档案室、资料室等。气体灭火系统按灭火剂品种主要分为卤代烃类灭火系统和纯天然气体类灭火系统，包括七氟丙烷灭火系统、IG541 灭火系统、二氧化碳灭火系统等。

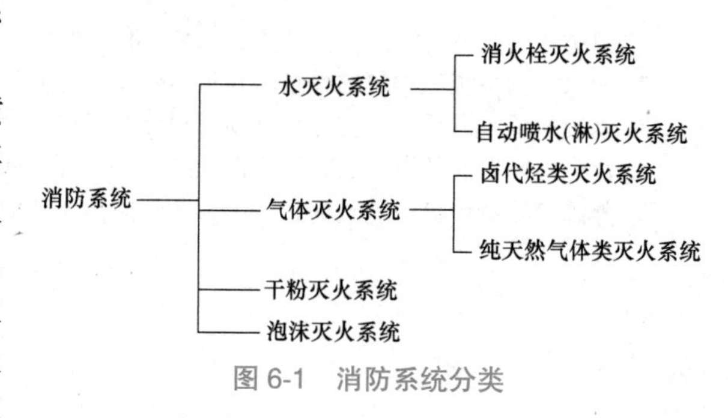

图 6-1 消防系统分类

干粉灭火系统是由干粉供应源通过输送管道连接到固定的喷嘴上，通过喷嘴喷放干粉的灭火系统。以氮气为动力，向干粉罐内提供压力，推动干粉罐内的干粉灭火剂，通过管路输送到干粉炮、干粉枪或固定喷嘴喷出，以达到扑救易燃、可燃液体，可燃气体和电气设备火灾的目的。一般为火灾自动探测系统与干粉灭火系统联动。常见的 abc 干粉（磷酸铵盐干粉）灭火器则属于无管网干粉灭火。

泡沫灭火系统是指通过泡沫比例混合器将泡沫灭火剂与水按比例混合成泡沫混合液，经过泡沫产生装置形成空气泡沫后实施灭火的灭火系统。它由消防水泵、消防水源、泡沫灭火剂储存装置、泡沫比例混合装置、泡沫产生装置及管道组成。泡沫灭火设备按泡沫灭火剂的不同，分为化学泡沫灭火设备和空气泡沫灭火设备。由于化学泡沫液的灭火性能、稳定性及适用安全性较差，反应设备不宜操作，目前基本不使用，现行泡沫灭火系统均采用空气泡沫灭火系统。根据泡沫液发泡倍数不同，分为高、中、低三种系统。

本章以水灭火系统为重点进行消防系统工程量清单计量与计价的介绍。

6.1 水灭火系统安装工程概述

水灭火系统是适用最广泛的灭火系统。有消火栓系统和自动喷水灭火系统两大类。

（1）消火栓系统　由水枪、水龙带、消火栓、消防管道和水源组成。当室外管网不能升压或不能满足室内消防水量、水压要求时，还应设置升压储水设备，如图 6-2 所示。水枪、水龙带、消火栓均集中放置在室内消火栓箱内，如图 6-3 所示。

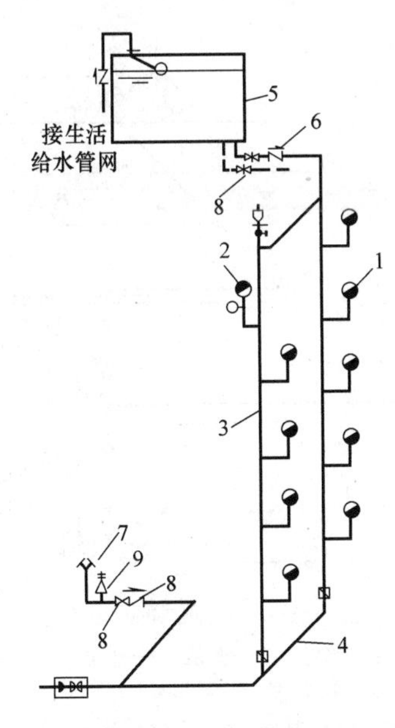

图 6-2　消火栓系统

1—室内消火栓　2—试验用消火栓　3—消防立管
4—干管　5—水箱　6—止回阀　7—水泵接合器
8—闸阀　9—安全阀

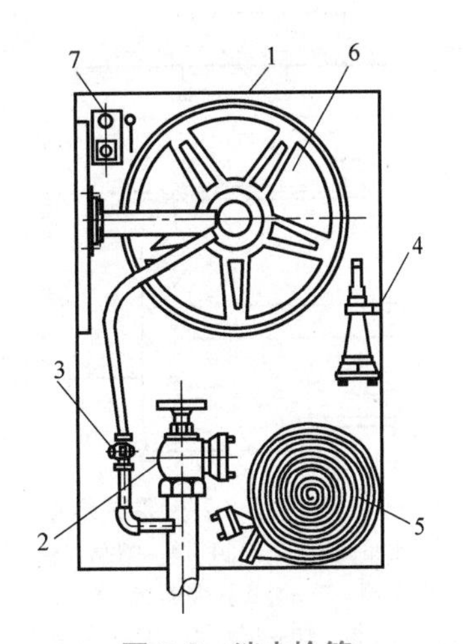

图 6-3　消火栓箱

1—消火栓箱　2—消火栓　3—阀门
4—水枪　5—水带　6—消防软管卷盘
7—消防按钮

（2）自动喷水灭火系统　自动喷水灭火系统根据适用范围不同可分为以下几种：

1）湿式喷水灭火系统。由闭式喷头、管道系统、湿式报警阀、报警装置和供水设施等组成。正常情况下系统报警阀的前后管道内始终充满着压力水，发生火灾时，喷头受热自动打开喷水。该系统救火速度快，施工管理方便，适合室温 4~7℃的场合。湿式喷水灭火系统如图 6-4 所示。

2）干式喷水灭火系统。由闭式喷头、管道系统、干式报警阀、报警装置、充气设备、排气设备和供水设备等组成。其管路和喷头内平时没有水，只处于充气状态，灭火时喷头受热后先排气后再喷水，喷水速度较慢。该系统不受外界温度的影响，适用于环境温度低于 4℃和高于 70℃的建筑物和场所。干式喷水灭火系统如图 6-5 所示。

3）预作用系统。由闭式喷头、管道系统、雨淋阀、火灾探测器、报警控制装置、充气设备、控制组件和供水设施部件组成，如图 6-6 所示。系统平时呈干式，在火灾发生时能实现对火灾的初期报警，并立刻使管网充水将系统转变为湿式，因此具有干式和湿式系统的优点，不受外界温度限制，且适用于不允许因误喷而造成水渍损失的建筑。

4）雨淋系统。由火灾探测系统、开式喷头、传动装置、喷水管网、雨淋阀等组成，如图 6-7 所示。发生火灾时，火灾报警装置自动开启雨淋阀使喷头迅速喷水。适用于火灾危险性大，火势蔓延快的场所。

5）水幕系统。由水幕喷头、雨淋报警阀组或感温雨淋阀、供水与配水管道、控制阀及水流报警装置等组成。该系统不直接扑灭火灾，主要起阻火、冷却、隔离作用，适用于建筑物内需要保护和防火隔断的部位。

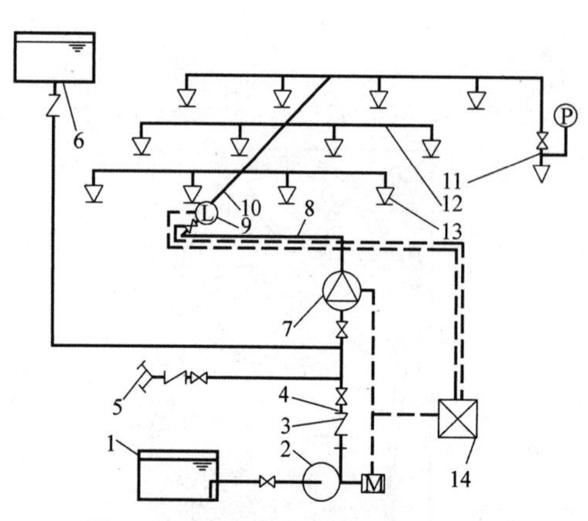

图 6-4 湿式喷水灭火系统示意图

1—水池 2—水泵 3—止回阀 4—闸阀 5—水泵接合器 6—消防水箱 7—湿式报警阀组 8—配水干管 9—水流指示器 10—配水管 11—末端试水装置 12—配水支管 13—闭式洒水喷头 14—报警控制器 P—压力表 M—驱动电机

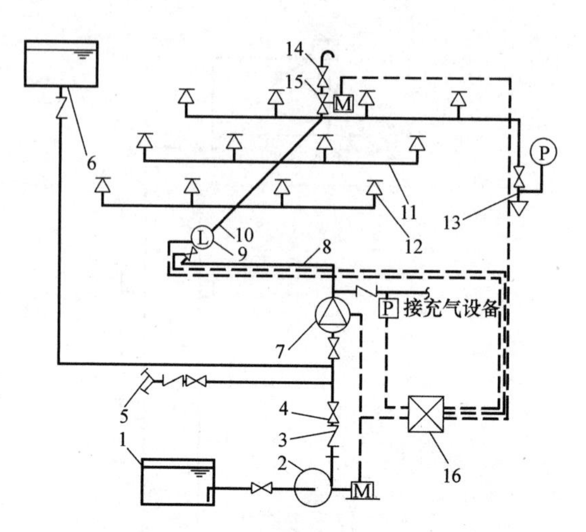

图 6-5 干式喷水灭火系统示意图

1—水池 2—水泵 3—止回阀 4—闸阀 5—水泵接合器 6—消防水箱 7—干式报警阀组 8—配水干管 9—水流指示器 10—配水管 11—配水支管 12—闭式喷头 13—末端试水装置 14—快速排气阀 15—电动阀 16—报警控制器

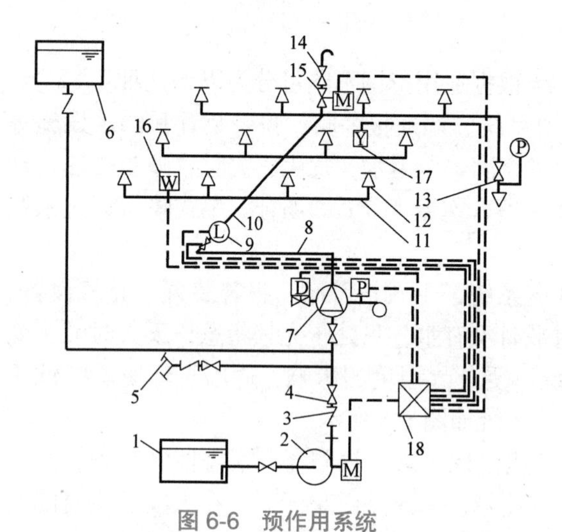

图 6-6 预作用系统

1—水池 2—水泵 3—止回阀 4—闸阀 5—水泵接合器 6—消防水箱 7—预作用报警阀组 8—配水干管 9—水流指示器 10—配水管 11—配水支管 12—闭式喷头 13—末端试水装置 14—快速排气阀 15—电动阀 16—感温探测器 17—感烟探测器 18—报警控制器

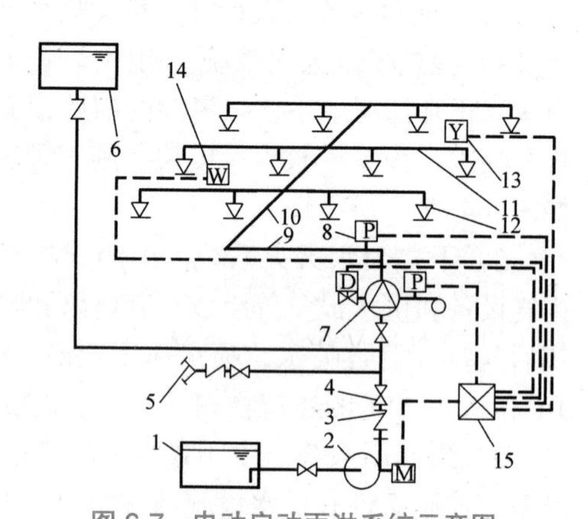

图 6-7 电动启动雨淋系统示意图

1—水池 2—水泵 3—止回阀 4—闸阀 5—水泵接合器 6—消防水箱 7—雨淋报警阀组 8—压力开关 9—配水干管 10—配水管 11—配水支管 12—开式洒水喷头 13—感烟探测器 14—感温探测器 15—报警控制器

6.2 水灭火系统安装工程工程量清单计量

本节内容对应《通用安装工程工程量计算规范》附录J消防工程，共5个分部，见表6-1所示。

表 6-1 消防工程分部及编码

编码	分部工程名称	编码	分部工程名称
030901	J.1 水灭火系统	030904	J.4 火灾自动报警系统
030902	J.2 气体灭火系统	030905	J.5 消防系统调试
030903	J.3 泡沫灭火系统		

管道界限的划分：喷淋系统水灭火管道的室内外界限应以建筑物外墙皮 1.5m 为界，入口处设阀门者以阀门为界；设在高层建筑内消防泵间管道与本章管道界线以泵间外墙皮为界。消火栓管道的室内外界限应以建筑物外墙皮1.5m为界，入口处设阀门者以阀门为界。消防管道与市政给水管道的界限以与市政给水管道碰头点（井）为界。

1. 消防管道

消防管道包括喷淋钢管和消火栓钢管，通常为镀锌钢管。按设计图示管道中心线以延长米计算，不扣除阀门、管件及各种组件所占长度。清单项目特征中应描述管道安装部位，管道材质、规格、连接形式，钢管镀锌设计要求、压力试验及冲洗设计要求、管道标识设计要求等，并根据特征不同分别列项。

工作内容：①管道及管件安装；②钢管镀锌及二次安装；③压力试验；④冲洗；⑤管道标识。

2. 喷头

消防喷头按结构形式可分为闭式喷头和开式喷头；按热敏感元件可分为有玻璃球喷头和易熔金属元件喷头；按安装方式和洒水形状可分为直立型、下垂型、普通型、边墙型、吊顶型，如图 6-8 所示。

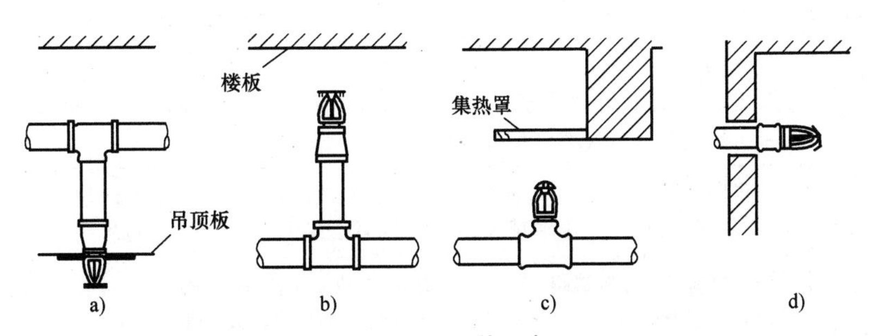

图 6-8 喷头安装示意图

a）下垂式喷头 b）直立型喷头 c）普通喷头 d）边墙型喷头

消防喷头安装以“个”为计量单位，按图示数量计算。应区分喷头的安装部位以及材质、型号、规格和连接形式、喷头装饰盘材质、型号等特征，分别列出清单项目，水喷淋（雾）喷头安装部位应区分有吊顶、无吊顶。

工作内容：①喷头安装；②装饰盘安装；③严密性试验。

3. 报警装置

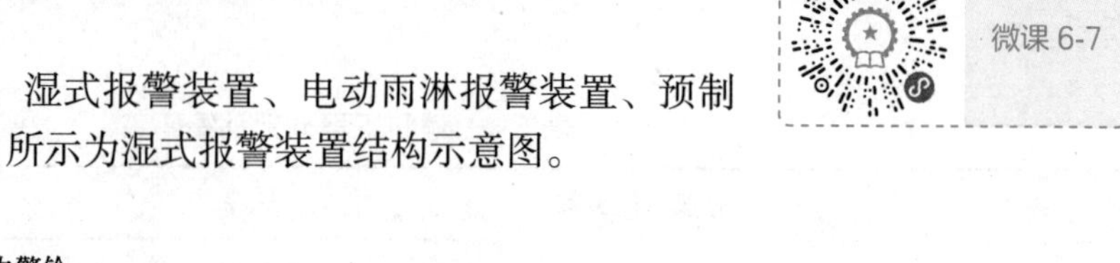

报警装置包括干式、湿式报警装置、电动雨淋报警装置、预制作用报警装置等。图6-9所示为湿式报警装置结构示意图。

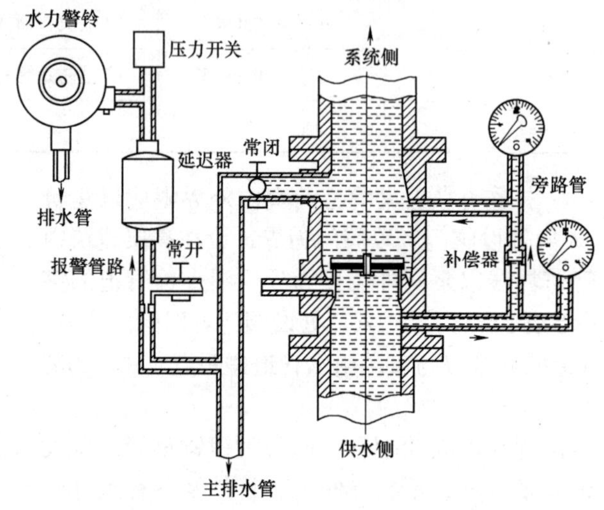

图6-9　湿式报警装置结构示意图

报警装置安装以“组”为计量单位，按图示数量计算。报警装置安装内容包括成套产品（含装配短管）的安装，各种报警装置成套产品包括的内容如表6-2所示。水力警铃进水管单独计算并入消防管道工程量。清单编制时按报警装置的名称、型号、规格分别列项。

工作内容：①报警装置安装；②电气接线；③调试。

表6-2　报警装置成套产品包括的内容

序号	项目名称	包括内容
1	湿式报警装置	湿式阀、蝶阀、装配管、供水压力表、装置压力表、试验阀、泄放试验阀、泄放试验管、试验管流量计、过滤器、延时器、水力警铃、报警截止阀、漏斗、压力开关等
2	干湿两用报警装置	两用阀、蝶阀、装配管、加速器、加速器压力表、供水压力表、试验阀、泄放试验阀（湿式）、泄放试验阀（干式）、挠性接头、泄放试验管、试验管流量计、排气阀、截止阀、漏斗、过滤器、延时器、水力警铃、压力开关等
3	电动雨淋报警装置	雨淋阀、蝶阀（2个）、装配管、压力表、泄放试验阀、流量表、截止阀、注水阀、止回阀、电磁阀、排水阀、手动应急球阀、报警试验阀、漏斗、压力开关、过滤器、水力警铃等
4	预作用报警装置	干式报警阀、控制蝶阀（2个）、压力表（2块）、流量表、截止阀、排放阀、注水阀、止回阀、泄放阀、报警试验阀、液压切断阀、装配管、供水检验管、气压开关（2个）、试压电磁阀、应急手动试压器、漏斗、过滤器、水力警铃等

4. 温感式水幕装置

温感式水幕装置安装以“组”为计量单位，按图示数量计算。应按装置的型号、规格和连接形式分别列项。

工作内容：①安装；②电气接线；③调试。

温感式水幕装置的安装包括给水三通至喷头、阀门间的管道、管件、阀门、喷头等全部内容。

5. 水流指示器

水流指示器是喷水灭火系统中重要的水流传感器。通常安装在主供水管或横干管上，当管路内有水流动时指示器就会将信号发送到消防控制中心。

水流指示器安装以“个”为计量单位，按图示数量计算。应按水流指示器的规格、型号和连接形式分别列项。

工作内容：①安装；②电气接线；③调试。

6. 减压孔板

减压孔板的作用是对流体动力减压，从而降低建筑物底层的自动喷水灭火设备和消火栓的出口压力及出口流量。减压孔板相对于减压阀来说，系统比较简单，投资较少，管理方便。但减压孔板只能减动压，且容易堵塞，适合在水质较好和供水压力较稳定的情况下采用。

减压孔板工程量以“个”为单位，按图示数量计算。应按减压孔板的材质、规格和连接形式分别列项。

工作内容：①安装；②电气接线；③调试。

7. 末端试水装置

末端试水装置安装在系统管网或分区管网的末端，检验系统启动、报警及联动等功能。以“组”为计量单位，按图示数量计算。应按装置的规格和组装形式分别列项。

工作内容：①安装；②电气接线；③调试。

末端试水装置的安装包括压力表、控制阀等附件安装，不含连接管及排水管安装，连接管和排水管安装工程量并入消防管道中。

8. 集热板

集热板安装在喷头的上方，主要作用一是集热，使喷头受热动作；二是挡水，防止其他喷头喷出的水冷却喷头而不能动作。

集热板安装以“个”为计量单位，按图示数量计算。应按集热板的材质、支架形式分别列项。

工作内容：①集热板制作、安装；②支架制作、安装。

9. 消火栓

消火栓分为室内消火栓和室外消火栓，均以“套”为计量单位，按图示数量计算。按消火栓安装方式、型号、规格以及附件材质、规格分别列项。

工作内容：①箱体及消火栓安装；②配件安装。

室内消火栓安装包括箱体及消火栓安装、水枪、水龙头、水龙带接扣、自救卷盘、挂架、消防按钮安装，落地消火栓箱还包括箱内手提灭火器。

室外消火栓分为地上式和地下式。地上式消火栓安装包括消火栓、法兰接管、弯管底座安装，如图6-10所示；地下式消火栓安装包括消火栓、法兰按管、弯管底座或消火栓三通安装，如图6-11所示。

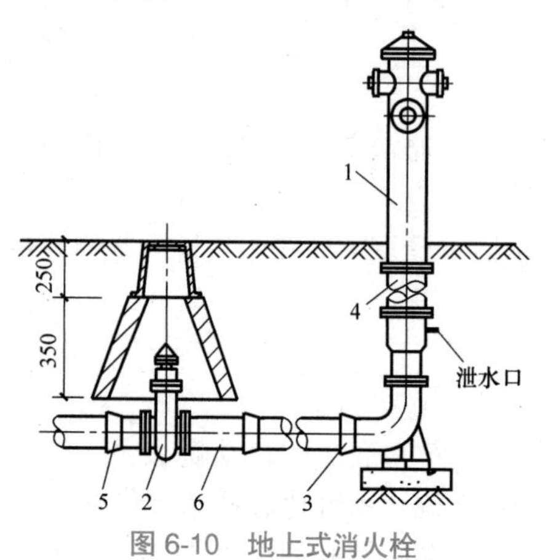

图6-10　地上式消火栓

1—地上式消火栓　2—闸阀　3—弯管底座
4—法兰接管　5—短管甲　6—短管乙

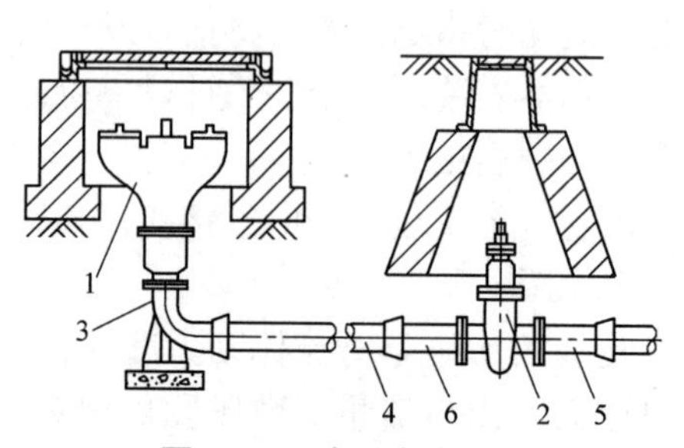

图6-11　地下式消火栓

1—地下式消火栓　2—闸阀　3—弯管底座
4—铸铁管　5—短管甲　6—短管乙

10. 消防水泵接合器

消防水泵接合器是高层建筑配套的消防设施。当发生火灾时，消防车的水泵可迅速方便地通过水泵接合器的接口与建筑物内的消防设备相连接，并送水加压，从而使室内的消防设备得到充足的压力水源，用以扑灭不同楼层的火灾，有效地解决消防车灭火困难或因室内的消防设备得不到充足的压力水源无法灭火的情况。消防水泵接合器可分为地上式、地下式、墙壁式三种类型。

消防水泵接合器的安装以“套”为计量单位，按图示数量计算。应按安装部位、型号、规格以及附件材质、规格分别列项。

工作内容：①水泵接合器安装；②附件安装。

水泵接合器安装内容包括法兰接管及弯头安装，接合器井内阀门、弯管底座以及标牌等附件安装。地上式消防水泵接合器如图6-12所示。

11. 灭火器

灭火器指可携式灭火工具，包括干粉灭火器和泡沫灭火器。按形式、规格、型号分别列项，按设计图示数量以“具”或“组”计算。工作内容为设置。

12. 消防水炮

消防水炮作为远距离扑灭火灾的灭火设备，由消防炮体、现场控制器组成，分为普通手动水炮、智能控制水炮。清单编制时区分水炮类型、

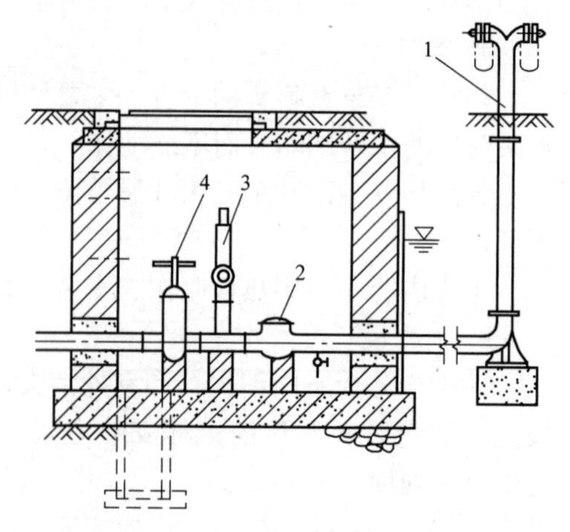

图6-12　地上式消防水泵接合器

1—水泵接合器　2—止回阀　3—安全阀　4—闸阀

水炮压力等级及水炮保护半径分别列项，按设计图示数量以“台”为单位计算。

工作内容：①本体安装；②调试。

13. 阀门、法兰、支架、套管

消防管道上的阀门、法兰、管道及设备支架、套管制作安装，应按《通用安装工程工程量计算规范》中“附录 K 给排水、采暖、燃气工程”相关编码列项，见表 6-3。

表 6-3　消防系统的阀门、支架、套管清单编码

项 目 名 称	清 单 编 码
阀门	031003001 螺纹阀门、031003002 螺纹法兰阀门、031003003 焊接法兰阀门
管道支架	031002001 管道支架
设备支架	031002002 设备支架
套管	031002003 套管

6.3 水灭火系统安装工程工程量清单计价

本节主要依据《四川省建设工程工程量清单计价定额——通用安装工程》（简称计价定额）中“消防工程”分册进行讲解。

1. 消防管道

消防系统中管道安装计价时涉及计价定额不同分册，可按下列界限进行划分。

1）消防系统室内外管道以建筑物外墙皮 1.5m 为界，入口处设阀门者以阀门为界。室外埋地管道执行计价定额“K 给排水、采暖、燃气工程”中室外给水管道安装相应项目。

2）厂区范围内的装置、站、罐区的架空消防管道执行计价定额相应子目。

3）与市政给水管道的界限：以与市政给水管道碰头点（井）为界。

4）设在高层建筑内的消防泵间管道与本章界线，以泵间外墙皮为界。

管道的计价定额计算长度以设计图示管道中心长度，以“m”为计量单位，不扣除阀门、管件及各种组件所占长度。水喷淋镀锌钢管（螺纹连接）管道安装已经包括了管件安装，不再单独计算管件安装工程量，主材（管道）数量应按清单用量并考虑损耗计入计价定额，未计价材料消耗按各地方规定计算。计价定额中管件含量见表 6-4 和表 6-5。

钢管（法兰连接）定额中包括管件及法兰安装，但管件、法兰数量应按设计图用量另行计算，螺栓按设计用量加 3% 损耗计算。若设计或规范要求钢管需要镀锌，其镀锌及场外运输另行计算。

表 6-4　水喷淋镀锌钢管接头管件（螺纹连接）含量表　　（单位：m）

名　称	公称直径						
	≤25mm	≤32mm	≤40mm	≤50mm	≤65mm	≤80mm	≤100mm
	含量（个）						
四通		1.20	0.120	0.120	0.120	0.160	0.200
三通	0.080	0.250	0.303	0.250	0.200	0.200	0.050
弯头	0.333	0.010	0.010	0.010	0.008	0.006	0.020
管箍	0.167	0.125	0.125	0.125	0.125	0.125	0.100
异径管箍		0.200	0.303	0.303	0.303	0.250	0.150
小计	0.590	0.687	0.861	0.808	0.756	0.741	0.520

表 6-5　消火栓镀锌钢管接头管件（螺纹连接）含量表　　（单位：m）

名　称	公称直径			
	≤50mm	≤65mm	≤80mm	≤100mm
	含量（个）			
三通	0.185	0.164	0.090	0.050
弯头	0.247	0.187	0.123	0.110
管箍	0.125	0.125	0.125	0.125
异径管箍	0.100	0.120	0.086	0.102
小计	0.657	0.596	0.424	0.387

管道安装（沟槽连接）已包括直接卡箍件安装，沟槽管件主材包括卡箍及密封圈以“套”为计量单位。其他沟槽管件连接分规格以“10 个”为计量单位，另行执行相关项目。消火栓管道采用钢管（沟槽连接）时，执行水喷淋钢管（沟槽连接）相关项目。消火栓管道采用无缝钢管焊接时，定额中包括管件安装，管件主材依据设计图数量加损耗另计工程量。

室内各种消防管道安装，计价定额中均未包括管道支架的制作、安装及支架的除锈、刷油、防腐，工程量则另计。

不锈钢管、铜管管道、泵间管道安装，管道系统强度试验，计价时执行计价定额“H 工业管道工程”相应项目。

2. 喷头

水喷淋喷头计价定额工程量按安装部位、方式、分规格以“个”为单位计算。喷头安装定额单价中包括了喷头装饰盘的安装。

计价定额中喷头安装按管网系统试压、冲洗合格后安装考虑的，已包括丝堵、临时短管的安装、拆除及其摊销。

3. 报警装置

报警装置安装的工程量计算，计价定额的计算规则与清单规范的计算规则相同，均以“组”为单位计算。报警装置安装项目，定额中已包括装配管、泄放试验管、水力警铃出水管安装以及报警装

置调试内容。水力警铃进水管按图示尺寸执行管道安装相应项目。其他报警装置适用于雨淋、干湿两用及预作用报警装置。

4. 温感式水幕装置

温感式水幕装置，包括给水三通至喷头、阀门间的管道、管件、阀门、喷头等全部内容的安装。管道主材数量按设计管道中心长度另加损耗计算；喷头数量按设计数量另加损耗计算。

表 6-6 为套用定额后展开未计价材料的情况，未计价材料有三项：ZSPD 型输出控制器、球阀（带铅封）和温感雨淋阀。根据上述温感式水幕装置组价说明，未计价材料还应该添加管道及喷头，其消耗量按实计算且需考虑损耗，见表 6-7。

表 6-6　温感式水幕装置定额的直接展开

编　　号	项 目 名 称	工 程 量	单　　位
030901005010	温感式水幕装置	1	组
CJ0054	温感式水幕装置，公称直径 ≤ 20mm	1	组
	ZSPD 型输出控制器	1	个
	球阀（带铅封）	1.01	个
	温感雨淋阀	1	个

表 6-7　温感式水幕装置定额的材料添加

编　　号	项 目 名 称	工 程 量	单　　位
030901005009	温感式水幕装置	1	组
CJ0077 换	温感式水幕装置，公称直径 ≤ 20mm	1	组
	ZSPD 型输出控制器	1	个
	球阀（带铅封）	1.01	个
	温感雨淋阀	1	个
	镀锌钢管，*DN*20	20.4	m
	喷头	2.02	个

5. 水流指示器

水流指示器安装计价定额工程量以“个”为单位计算。区分沟槽法兰连接和马鞍形连接方式分别列项计算单价。水流指示器（马鞍型连接）项目，主材中包括橡胶圈、U 形卡；若设计要求水流指示器采用螺纹连接时，执行计价定额“K 给排水、采暖及燃气工程”螺纹连接阀门相应项目。

水流指示器安装定额均按管网系统试压、冲洗合格后安装考虑的，定额中已包括丝堵、临时短管的安装、拆除及摊销。

6. 减压孔板

减压孔板以“个”计，工作内容包括外观检查、切管、坡口、焊法兰、减压孔板安装、拆除、二次安装。未计价材料包括减压孔板和平焊法兰。法兰式减压孔板的结构如图 6-13 所示。

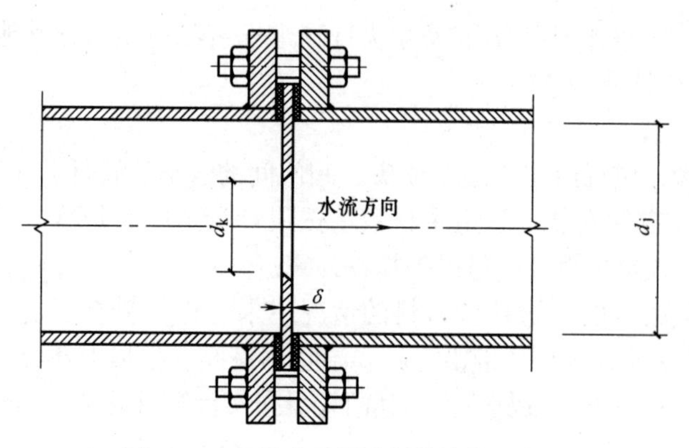

图 6-13　法兰式减压孔板的结构示意图

7. 末端试水装置

末端试水装置是安装在系统管网或分区管网的末端，检验系统启动、报警及联动等功能的装置，包括压力表、控制阀等附件。图 6-14 所示为末端试水装置的组成详图及安装图。定额工程量按设计图示数量，分规格以“组”计算。

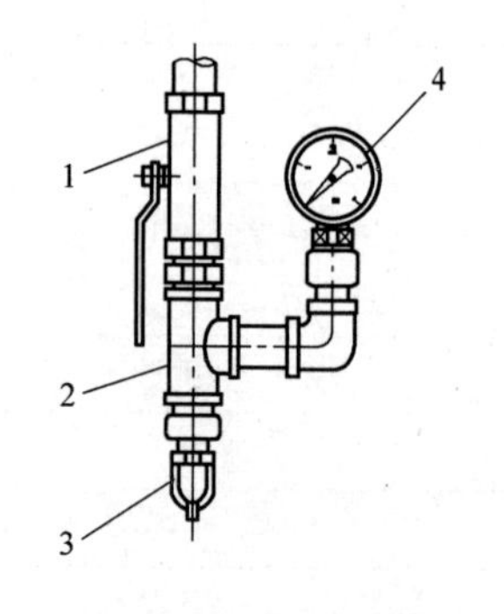

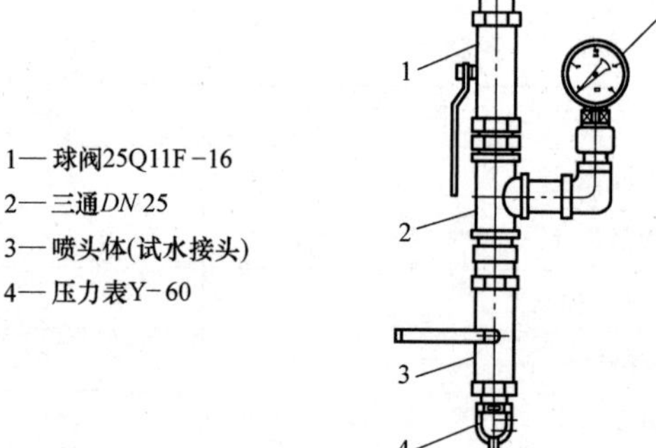

1— 球阀25Q11F－16(常开)
2— 三通DN 25
3— 球阀25Q11F－16(常闭)
4— 喷头体(试水接头)
5— 压力表Y－60

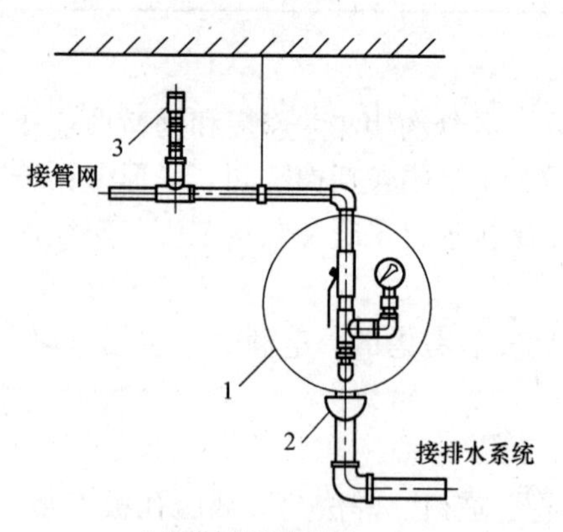

说明：
1. 每个报警阀组控制的最不利点喷头处，应设末端试水装置；其他防火分区、楼层的最不利点喷头处，均应设直径为25mm的试水阀。
2. 末端试水装置选用：不需监测系统末端压力时，可采用详图（一）方式；需监测系统末端压力时，应采用详图（二）方式。
3. 当末端试水装置采用详图（二）方式时，如压力表处设置有旋塞，则可取消图中的表前常开球阀。

图 6-14　末端试水装置的组成详图及安装图

8. 集热板

集热板制作安装工程量按图示数量以“个”计算。集热板通常为成品安装，安装定额主材中应包括所配备的成品支架。图 6-15 所示为集热板安装示意图。

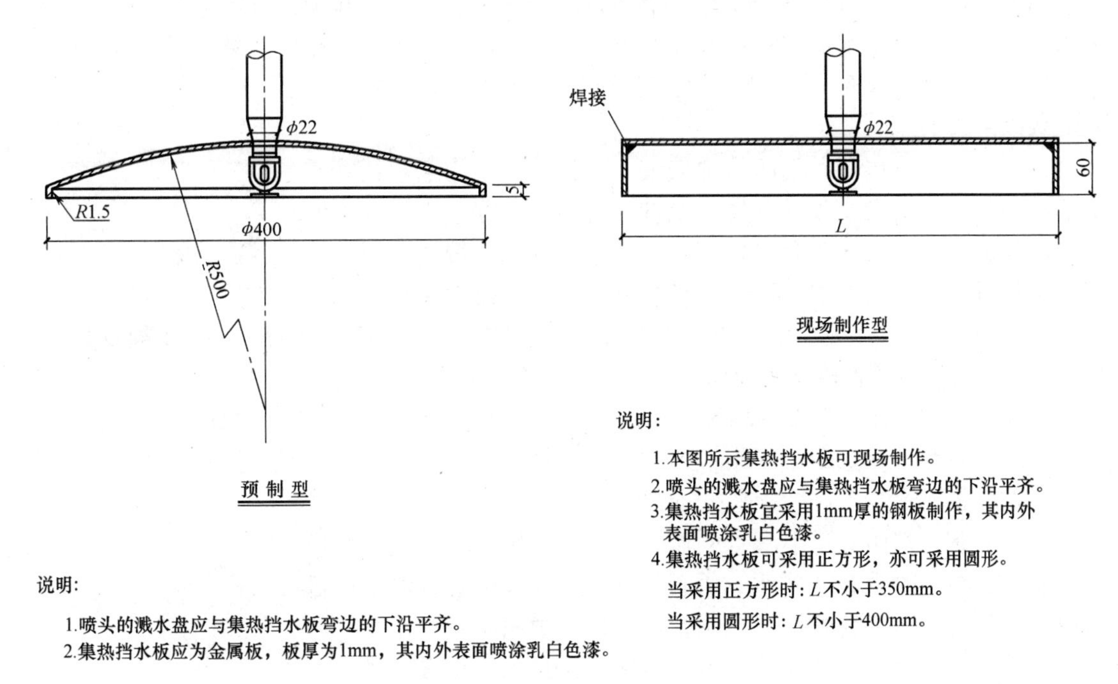

图 6-15　集热板安装示意图

9. 消火栓

室内消火栓安装应按不同安装方式，并区分单栓和双栓，按图示数量以“套”为计量单位计算，未计价材料按成套（包括箱内部件）价格考虑，但不包括箱内所带消防按钮的安装。消防按钮的作用是启动消防泵，其安装另行计算，执行“火灾自动报警系统”中相应按钮项目。落地组合式消防柜安装，执行室内消火栓（明装）定额项目。屋顶试验用消火栓安装，套用同规格、同连接形式的阀门安装项目。

室外消火栓安装应区分不同规格，区分地上、地下安装方式和规格，以“套”为计量单位计算。定额中包括弯管底座（消火栓三通）的安装，其本身价值另行计算。

10. 消防水泵接合器

消防水泵接合器安装区分不同安装方式和规格均按成套产品以“套”为计量单位。如设计要求用短管时，短管价值可另行计算。成套产品包括消防接口本体、止回阀、安全阀、闸（蝶）阀、弯管底座、标牌。

11. 灭火器

灭火器区分挂墙式、手提式、推车式，按设计图示数量计算，分形式以“具、组”为计量单位。如采用挂墙式灭火器放置箱，则按相应定额单独计算。

12. 消防水炮

消防水炮区分不同进口口径，按设计图示数量分规格以“台”计算。

13. 阀门、气压罐、消防水箱、套管、支架

（1）阀门、气压罐、消防水箱　消防系统中阀门、气压罐和消防水箱安装，按计价定额“附录K给排水、采暖、燃气工程”中相应项目列项计算。沟槽式法兰阀门安装执行沟槽管件安装相应项目，人工乘以系数1.1。

（2）支架　室内各种消防管道安装，计价定额中均未包括管道支架的制作、安装及支架的除锈、刷油、防腐，工程量则另计。管道支吊架的制作、安装工程量以“kg”为单位计算，按《通用安装工程工程量计算规范》中“附录K给排水、采暖、燃气工程”相应项目编码列项并计算，计价时也按计价定额“给排水、采暖、燃气工程”中“支架及其他”相应定额项目执行。管道支架计算方法详见第7章相应内容。

支架除锈、刷油、保温等均按《通用安装工程工程量计算规范》中“附录M刷油、防腐蚀、绝热工程”中金属结构刷油项目列出清单项。工程量按金属结构理论质量以“kg”为单位计算。

（3）套管　消防管道上套管制作安装按《通用安装工程工程量计算规范》中“附录K给排水、采暖、燃气工程”中套管清单项目列项。计价时，防水套管按“工业管道工程”中相应项目执行。一般钢套管和塑料套管制作安装按计价定额“给排水、采暖、燃气工程”中“支架及其他”相应定额项目执行。

【例6-1】 *DN*150蝶阀，平焊法兰（电弧焊）连接，1MPa。试列项并套用定额。

解：清单列项及定额套用见表6-8。

表6-8　消防系统阀门组价示例

编　号	项目名称	工程量	单　位
031003003001	焊接法兰阀门	1	个
CK0929	法兰阀门　对夹式蝶阀安装　公称直径≤150mm	1	个
	法兰阀门	1	个
CK1124	碳钢平焊法兰安装　公称直径≤150mm	1	副
	碳钢平焊法兰	2	片

【例6-2】 如图6-16所示为某消防泵房管道给水管道安装工程，设计要求管道穿墙采用钢套管，穿水池壁采用柔性防水套管，套管比所穿直管大2个规格。试计算该工程中穿墙钢套管工程量及综合单价。

解：（1）集水坑排水管 *DN*100 钢套管工程量：1 个

套用计价定额 CK0765，安装费：52.25 元 / 个 ×1 个 =52.25 元

未计价材料钢管 *DN*125：0.318m×47.57 元 /m=15.13 元

综合单价：（52.25+15.13 元）=67.38 元

（2）消防管道穿外墙 *DN*250 钢套管工程量：2 个

套用计价定额 CK0768，安装费：109.19 元 ×2=218.38 元

未计价材料无缝钢管 *D*219×6：0.318m×2×179.09 元 /m=113.90 元

综合单价：（218.38+113.90）元 ÷2=166.14 元

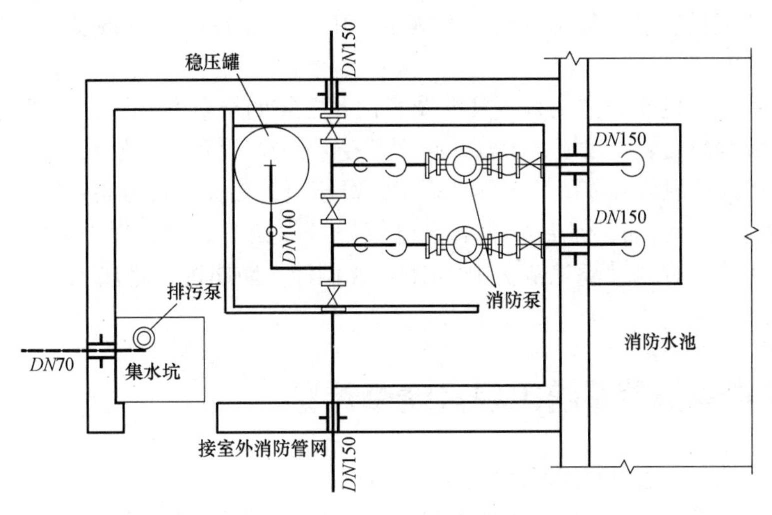

图 6-16　泵间管道布置图

综合单价计算结果见表 6-9。

表 6-9　套管安装工程量清单计价表

序号	项目编码	项目名称	项目特征描述	计量单位	工程量	综合单价（元）
1	031002003001	套管	1. 名称、类型：钢套管 2. 材质：碳钢 3. 规格：*DN*100 4. 填料材质：油麻填料	个	1	67.38
2	031002003002	套管	1. 名称、类型：钢套管 2. 材质：碳钢 3. 规格：*DN*250 4. 填料材质：油麻填料	个	2	166.14

14. 消防系统设备及其他工程

（1）各种泵类机械设备安装　消防系统中各种消防泵、稳压泵安装及二次灌浆均按《通用安装工程工程量计算规范》中“附录 A 机械设备安装工程”相应项目列项以“台”为单

位计算。

（2）泡沫液储罐及设备支架制作安装 泡沫液储罐以及设备支架制作安装等按《通用安装工程工程量计算规范》中“附录C静置设备与工艺金属结构制作安装工程”相应项目列项计算。

（3）各类仪表及电动阀门等仪器接线 各种仪表的安装及带电信号的阀门、水流指示器、压力开关、驱动装置及泄漏报警开关的接线、校线等按《通用安装工程工程量计算规范》中“附录F自动化控制仪表安装工程”相应项目列项计算。

（4）消防系统中电缆敷设及配管配线 消防系统中的电缆敷设、桥架安装、配管配线、接线盒、动力、应急照明控制设备、应急照明器具、电动机检查接线、调试、防雷接地装置等安装，均按《通用安装工程工程量计算规范》中“附录D电气设备安装工程”相应项目列项计算。

（5）消防系统中的土石方工程 凡涉及管沟及井类的土石方开挖、垫层、基础、砌筑、抹灰、地井盖板预制安装、回填、运输，路面开挖及修复、管道支墩等，应按《房屋建筑与装饰工程工程量计算规范》《市政工程工程量计算规范》相关项目编码列项。

（6）管道除锈、刷油、保温 本章管道及设备除锈、刷油、保温除注明者外，均应按《通用安装工程工程量计算规范》中“附录M刷油、防腐蚀、绝热工程”相关项目编码列项。

6.4 火灾自动报警系统工程量清单计量

火灾自动报警系统由报警和联动两部分组成。

报警部分由报警主机接收到输入模块报警后，使消防广播等设备动作，同时完成报警主机与消防控制中心的双向信号传递。联动部分由联动主机通过输入模块检测到一定区域或设备的报警后，通过逻辑判断，使得输出模块动作，从而完成整套设备的联动。火灾自动报警系统运作原理如图6-17所示。

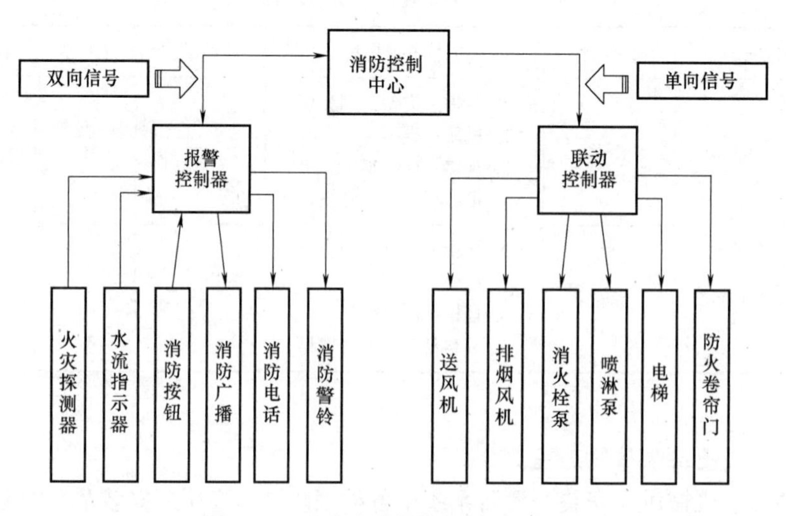

图6-17 火灾自动报警系统运作原理

1. 探测器

火灾探测器是火灾自动报警系统最关键的部件之一，它是整个系统自动检测的触发器件，犹如系统的感觉器官，能不间断地监视和探测被保护区域火灾的初期信号。根据感应元件的结构分为点型探测器和线型探测器，根据对现场信息采集类型分为火焰探测器、烟感探测器、温感探测器、可燃气体探测器和复合探测器，根据线制分为多线制探测器和总线制探测器。《通用安装工程工程量计算规范》“附录 J 消防工程”有两个清单项，分别为点型探测器、线型探测器。

点型探测器是对警戒范围中某一点周围的火灾参数做出响应，并将数据信号反馈给位于安全区的报警控制器主机。不论火焰探测器、烟感探测器、温感探测器、可燃气体探测器，不分规格、型号，也不分安装方式，均按多线制、总线制的接线方式分类，以“个”为单位计算。

线型探测器是对警戒范围中某一线路周围的火灾参数做出响应，并将数据信号反馈给位于安全区的报警控制器主机。不分接线制的接线方式，也不分保护形式，均按探测器所设计的长度，以“m”为单位计算。

2. 水流指示器

水流指示器主要用于消防自动喷水灭火系统中，安装在主供水管或横杆水管上，给出某一分区域小区域水流动的电信号，此电信号可送到电控箱，起着检测和指示报警区域的作用。

根据水流指示器的规格、型号和连接形式不同，按《通用安装工程工程量计算规范》中“附录 F 自动化控制仪表安装工程”相应项目以“个”为计量单位计算。

电缆敷设、配管配线执行“电气设备安装工程”相应项目。

3. 按钮

消防按钮实际有两种：消火栓按钮、手动报警按钮。

消火栓按钮安装已包含在消火栓安装工作内，不再单独列项。因此，此处的按钮特指手动报警按钮。

手动报警按钮的作用是发现火灾后按下向消防控制室报告火警，所以按钮的按片上是“按下报警”，相应的指示灯也是“火警”指示灯，如图 6-18 所示。手动报警按钮安装以“个”为单位计算。

4. 报警装置

消防警铃、声光报警器、消防报警电话插孔（电话）、消防广播（扬声器）按图示设计数量以“个”或“部”计。

5. 联动设备

消防联动设备是火灾自动报警系统的执行部件，消防控制室接收火警信息后应能自动或手动启动相应消防联动设备。包括防火卷帘门、电梯、排烟风机、送风机、消防泵、喷淋泵等设备。

各种消防泵、稳压泵等机械设备安装及二次灌浆执行《通用安装工程工程量计算规范》中“附录 A 机

图 6-18　手动报警按钮

械设备安装工程”A.9 相应项目；防火卷帘门执行《房屋建筑与装饰工程工程量计算规范》中“附录 H 门窗工程”010803002 项目；电梯执行“附录 A 机械设备安装工程”A.7 相应项目；风机执行“附录 A 机械设备安装工程”A.8 相应项目。

电缆敷设、桥架安装、配管配线、接线盒、应急照明器具、电动机检查接线、调试、防雷接地装置等安装，均执行“电气设备安装工程”相应项目。

6. 模块

模块按作用分为单输出、多输出和报警模块。

模块按类型分为输入模块、输出模块，输入模块输出模块都是联动模块。输入模块又叫监视模块，是指由外部设备的信号通过输入模块进入主机，进行监视，例如水流指示器、信号阀监视用输入模块。输出模块又称为控制模块，是指控制外部设备的模块，例如电磁阀接到输出模块，在输出模块动作的时候，给电磁阀电压使其动作。

模块安装按《通用安装工程工程量计算规范》“附录 J 消防工程”中“火灾自动报警系统”清单项目列项以“个”为单位计算。

如果探测器中已含接口模块（地址编码），则不再另行计算模块；消防按钮、消防电话等可能含接口模块，应视具体情况而定。

7. 报警、联动控制箱

按《通用安装工程工程量计算规范》“附录 J 消防工程”中“火灾自动报警系统”相应项目列项以“台”为单位计算。

8. 消防系统调试

系统调试是指消防报警和防火控制装置、灭火系统安装完毕且联通，并达到国家有关消防施工验收规范、标准，进行的全系统检测、调整和试验。消防系统调试的范围包括：自动报警系统、水灭火控制装置、防火控制装置、气体灭火系统装置。按《通用安装工程工程量计算规范》“附录 J 消防工程”中“消防系统调试”相应项目列项。

自动报警系统包括各种探测器、报警按钮、报警控制器等组成的报警系统。按线制不同点数以“系统”为单位计算。多线制“点”的意义：指报警控制器所带报警器件（探测器、报警按钮等）的数量。总线制“点”的意义：指报警控制器所带具有地址编码的报警器件（探测器、报警按钮、模块等）的数量。但是，如果一个模块带数个探测器，则只能计为一点。

水灭火控制装置中的自动喷洒系统按水流指示器数量以“点（支路）”计算，消火栓系统按消火栓起泵按钮数量以“点”计算，消防水炮系统按水炮数量以“点”计算。

防火控制装置包括电动防火门、防火卷帘门、正压送风阀、排烟阀、防火控制阀、消防电梯等防火控制装置；电动防火门、防火卷帘门、正压送风阀、排烟阀、防火控制阀等调试以“个”为单位计算，消防电梯以“部”为单位计算。

气体灭火系统调试按气体灭火系统装置的瓶头阀以“点”为单位计算。

6.5 火灾自动报警系统工程量清单计价

本节主要依据《四川省建设工程工程量清单计价定额——通用安装工程》分册“附录 J

消防工程”中的火灾自动报警系统和消防系统调试进行讲解。

1. 探测器

微课 6-11

点型探测器按线制的不同分为多线制与总线制两种，计算时不分规格、型号、安装方式与位置，以“个”“对”为计量单位。定额包括探头和底座的安装及本体调试。

线型探测器依据探测器长度、信号转换装置数量、报警终端电阻数量按设计图示数量计算，分别以“m”“台”“个”为计量单位。

2. 按钮

微课 6-12

火警报警按钮包括手动报警按钮、气体灭火启 / 停按钮，以“个”为计量单位。安装方式按照在轻质墙体和硬质墙体上两种方式综合考虑，执行时不得因安装方式不同而调整。

3. 报警装置

消防警铃、声光报警器、消防报警电话插孔（电话）、消防广播（扬声器）按图示设计数量以“个”或“部”计。

4. 联动设备

各种消防泵、稳压泵等机械设备安装及二次灌浆、风机安装执行“机械设备安装工程”相应项目；防火卷帘门安装执行《房屋建筑与装饰工程工程量计算规范》中的“门窗工程”相应项目。电缆敷设、桥架安装、配管配线、接线盒、应急照明器具、电动机检查接线、调试、防雷接地装置等安装另计。

5. 模块

微课 6-14

控制模块依据其给出控制信号的数量，分为单输出和多输出两种形式。组价时不分安装方式，按照输出数量以“个”为计量单位。模块箱以“台”为计量单位。

6. 报警、联动控制器

微课 6-13

火灾自动报警系统各设备不分总线制和多线制，定额按综合列项考虑。区域报警控制箱、联动控制箱、火灾报警系统控制主机、联动控制主机、报警联动一体机按设计图示数量计算，区分不同点数、安装方式，以“台”为单位计算。

报警控制器在多线制中“点”是指报警控制器所带报警器件（探测器、报警按钮等）的数量。在总线制中“点”是指报警控制器所带具有地址编码的报警器件（探测器、报警按钮、模块等）的数量。但是当一个模块带数个探测器时，只能计为一点。

联动控制器在多线制中“点”是指联动控制器所带联动设备的状态控制和状态显示的数量。在总线制中“点”是指联动控制器所带具有控制模块（接口）的数量。

7. 消防系统调试

自动报警系统调试区分不同点数，根据集中报警器台数以“系统”为单位计算。自动报警系统包括各种探测器、报警器、报警按钮、报警控制器组成的报警系统，其点数按具有地址编码的器件数量计算。火灾事故广播、消防通信系统调试按消防广播喇叭及音箱、电话插孔和消防通信的电话分机的数量分别以“10 只”或“部”为单位计算。

水灭火控制装置调试均以“点”为计量单位。防火控制装置调试中，电梯为消防用电梯与控制中心间的控制调试，按电梯以“部”为计量单位。

气体灭火系统装置调试按调试、检验和验收所消耗的试验容量总数计算，以“点”为计量单位。气体灭火系统调试，是包括七氟丙烷、IG541、二氧化碳等各类灭火系统。按气体灭火系统装置的瓶头阀以点计算。

6.6 消防系统工程措施项目费

6.6.1 安全文明施工费及其他措施项目

1. 安全文明施工费

安全文明施工措施清单编码为031302001，内容包括环境保护、文明施工、安全施工以及临时设施相关工作产生的费用。计算公式为

安全文明施工费 = ∑分部分项工程单价措施项目（定额人工费 + 定额机械费）× 费率　（6-1）

2. 建筑物超高增加费

当建筑物檐口高度大于20m时计算建筑物超高增加费，措施项目清单编码为031302007004。计算公式为

建筑物超高增加费 = ± 0 以上部分的分部分项工程定额人工费 × 建筑物超高系数　（6-2）

式中，建筑物超高系数可按表6-10所示计算，费用全部为人工。

表6-10　建筑物超高系数（消防系统工程）

建筑物檐口高度	≤ 40m	≤ 60m	≤ 80m	≤ 100m	≤ 120m	≤ 140m	≤ 160m	≤ 180m	≤ 200m	200m以上每增20m
建筑物超高系数（%）	2	5	9	14	20	26	32	38	44	6

注：1. 檐口高度计算时，突出主体建筑物顶的电梯机房、楼梯出口间、水箱间、瞭望塔、排烟机房等不计入檐口高度。
2. 同一建筑物有不同檐高时，以不同檐高分别编码列项。

6.6.2 专业措施项目

1. 脚手架搭拆费

消防系统安装工程中，脚手架搭拆费按定额人工费的5%计算，其中人工占35%，机械占5%。经计算出的人工费仍然作为计取规费的基础。措施项目清单编码为031301017012。

脚手架搭拆费 = 分部分项工程定额人工费 × 脚手架搭拆费费率　（6-3）

人工工资 = 脚手架搭拆费 × 35%　（6-4）

2. 操作高度增加费

由于定额中安装项目操作高度均按5m以下编制，当工程中操作物高度离地面大于5m时，应计算操作高度增加费，清单编码借用房屋建筑与装饰工程清单编码011704001。计算公式为

操作高度增加费 = 超高部分定额人工费 × 操作高度增加费系数　（6-5）

式中，操作高度增加费系数可按表6-11所示计取。

表6-11 操作高度增加费系数（消防工程）

操作物高度（m）	≤10	≤30
系数	1.10	1.20

本章小结

1. 本章主要介绍了消防系统的分类，重点介绍水灭火系统的消火栓系统和自动喷淋系统安装工程的计量与计价方法。

2. 消火栓系统计量内容包括消火栓箱、消防管道、管道附件以及消防水箱等内容。工程量计算时仍按管道中水流动的方向与管道直径大小计算消防管道工程量，需按室内和室外两部分分别计算，各种管道附件可按自然计量单位统计即可。自动喷淋系统计量内容包括：喷淋管道及附件、喷头、报警阀组、消防报警装置、消防水箱和加压设备等。本章不包括消防报警系统中的各类消防泵等机械设备安装及二次灌浆，以上发生时均按《通用安装工程工程量计算规范》中"附录A机械设备安装工程"相应项目列项计算。电信号阀门、开关以及电缆电线的配管配线等安装，应按《通用安装工程工程量计算规范》中"附录F自动化控制仪表安装工程"以及"附录D电气设备安装工程"中相应规范要求计算。

根据工程实际情况可能需要考虑室外消火栓及水泵接合器的安装，按清单规范要求以实际数量计算。

在编制工程量清单时应依据《通用安装工程工程量计算规范》相关规则计算分部分项工程量，并列出项目特征。

3. 消防系统分部分项工程量清单计价时，本章依据《四川省建设工程工程量清单计价定额——通用安装工程》中"消防工程"分册对此进行了讲解。当一项清单需要多个工作完成时，则要考虑多个工作产生的费用。消防系统中要注意成套设备安装计量时，成套产品所包括的内容组成，不能任意将设备组成部分拆开分别计算。

4. 消防系统措施项目，除安全文明施工费以外，也应考虑脚手架搭拆工作费的计算。根据建筑物檐口高度确定是否计算建筑物超高增加费，根据安装操作物高度确定是否计算操作高度增加费。

思考题与习题

1. 熟悉消防系统分类，熟悉消火栓系统和自动喷淋系统的组成。
2. 消防系统工程量的计量内容包括哪些？
3. 掌握水灭火消防系统工程分部分项工程计量规则和综合单价确定方法。
4. 熟悉消防成套设备的产品组成。

5.《通用安装工程工程量计算规范》附录J与《四川省建设工程工程量清单计价定额——通用安装工程》中“消防工程”分册对工程量计算的规定是否一致?

6. 熟悉消防工程的措施费计算中，建筑物超高增加费、操作高度增加费以及脚手架搭拆费的计取条件。

二维码形式客观题

微信扫描二维码，可自行做客观题，提交后可查看答案。

第 7 章 给排水、采暖安装工程

7.1 给排水安装工程概述

7.1.1 城镇给排水系统

城镇给水系统指从水源地取水，进行处理净化达到用水水质标准后，经过管网输送供城镇各类建筑所需的生活、生产、市政（绿化、街道洒水等）和消防用水系统。一般包括取水工程、净水工程、输配水工程。

城镇排水系统指把城镇生活污水、生产污（废）水及雨水、雪水有组织地按一定系统汇集起来，并处理到符合排放标准后，排泄至水体。城镇排水工程通常包括排水管网、污水（雨水）泵站、污水处理厂以及污水（雨水）出水口等。

在工程计量计价过程中，按照专业划分，通常把建筑物以外的城镇给排水管网系统列入市政工程考虑，本章不再赘述。

7.1.2 建筑给排水系统

建筑给排水系统是将城镇给水管网或自备水源的水经引入管送至建筑内的生活、生产和消防设备，并通过室内排水系统将污水、废水从卫生器具、排水管网排出到室外排水管网的给排水系统。

1. 建筑给水系统分类

建筑给水系统按用途基本上可分为生活给水系统、生产给水系统、消防给水系统三类。

（1）生活给水系统　供民用、公共建筑和工业企业建筑内的饮用、烹调、盥洗、洗涤、沐浴等生活上的用水。要求水质必须严格符合国家规定的饮用水水质标准。

（2）生产给水系统　工业建筑或公共建筑在生产过程中生产设备的冷却、原料洗涤、锅炉及空调系统的制冷等用水。其对水质、水量、水压以及安全方面的要求由于工艺不同，差异很大。

（3）消防给水系统　多层及高层民用建筑、大型公共建筑及工业建筑的生产车间等灭火系统的各类消防设备用水。消防用水对水质要求不高，但必须按建筑防火的相关规范保证有足够的水量与水压。

以上给水系统可按水质、水压、水温及建筑小区给水情况，组成不同的共用系统。如生

活 - 生产给水系统，生活 - 消防给水系统，生产 - 消防给水系统。

2. 建筑排水系统分类

建筑内部排水系统根据接纳污水、废水的性质，可分为生活排水系统、工业废水排水系统、建筑内部雨水管道三类。

（1）生活排水系统　将建筑内生活废水和生活污水（主要指粪便污水）排至室外。我国目前建筑排污分流设计中是将生活污水单独排入化粪池，而生活废水则直接排入市政下水道。

（2）工业废水排水系统　用来排除工业生产过程中的生产废水和生产污水。生产废水污染程度较轻，如循环冷却水等。生产污水的污染程度较重，一般需要经过处理后才能排放。

（3）建筑内部雨水管道　用来排除屋面的雨水，一般用于大屋面的厂房及一些高层建筑雨雪水的排除。

3. 建筑给水系统的组成

如图 7-1 所示，建筑给水系统由下列部分组成。

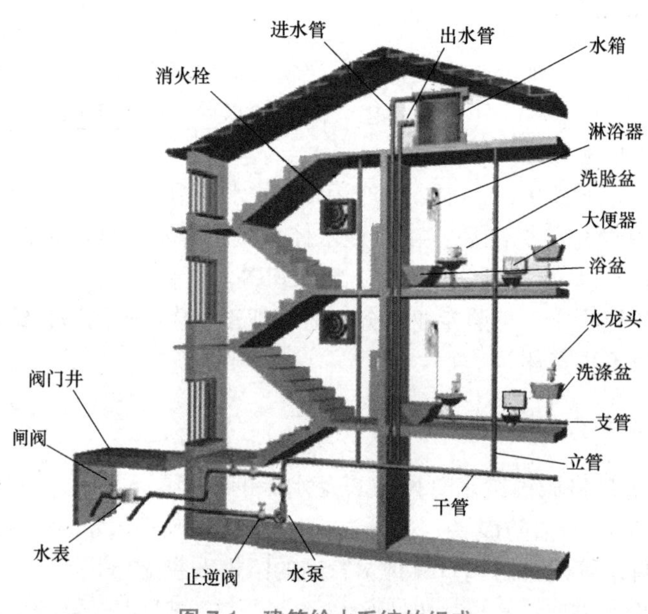

图 7-1　建筑给水系统的组成

（1）引入管　对一幢单独建筑物而言，引入管是室外给水管网与室内管网之间的联络管段，也称进户管。对于一个工厂、一个建筑群体、一个学校区，引入管是指总进水管。

（2）水表节点　水表节点是引入管上装设的水表及其前后设置的闸门、泄水装置等的总称。闸门用以关闭管网，以便修理和拆换水表；泄水装置为检修时放空管网、检测水表精度及测定进户点压力值。水表节点形式多样，选择时应按用户用水要求及所选择的水表型号等因素决定。

分户水表设在分户支管上，可只在表前设阀，以便局部关断水流。为了保证水表计量准确，在翼轮式水表与闸门间应有 8~10 倍水表直径的直线段，其他水表约为 300mm，以使水表前水流平稳。

（3）管道系统　管道系统是指建筑内部给水水平或垂直干管、立管、支管等。

（4）给水附件　给水附件指管路上的阀类及配水龙头、仪表等。

（5）增压和贮水设备　在室外给水管网压力不足或建筑内部对安全供水、水压稳定有要求时，需设置各种附属设备，如水箱、水泵、气压装置、水池等升压和贮水设备。

（6）室内消防设备　按照建筑物的防火要求及规定需要设置消防给水时，一般应设消火栓消防设备。有特殊要求时，另专门装设自动喷水灭火或水幕灭火设备等。

4. 建筑排水系统的组成

如图7-2所示，一般建筑物排水系统由下列部分组成。

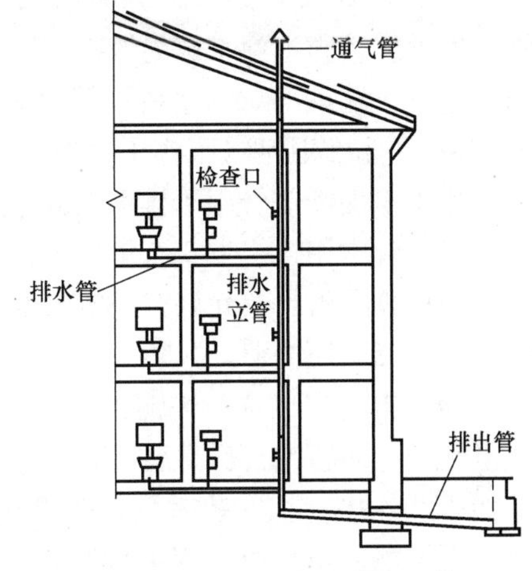

图7-2　建筑排水系统的组成

（1）卫生器具或生产设备受水器

（2）排水管系统　由器具排水管（连接卫生器具和横支管之间的一段短管，除坐式大便器外，其间包括存水弯），有一定坡度的横支管、立管，埋设在地下的总干管和排出到室外的排水管等组成。

（3）通气管系统　有伸顶通气立管，专用通气内立管，环形通气管等几种类型。其主要作用是让排水管与大气相通，稳定管系中的气压波动，使水流畅通。

（4）清通设备　一般有检查口、清扫口、检查井以及带有清通门的弯头或三通等设备，作为疏通排水管道之用。

（5）抽升设备　民用建筑中的地下室、人防建筑物、高层建筑的地下技术层、某些工业企业车间或半地下室、地下铁道等地下建筑物内的污、废水不能自流排至室外时必须设置污水抽升设备，如水泵、气压扬液器、喷射器等，将这些污、废水抽升排放以保持室内良好的卫生环境。

（6）室外排水管道　自排水管接出的第一检查井后至城市下水道或工业企业排水主干管间的排水管段即为室外排水管道。其任务是将建筑内部的污、废水排送到市政或厂区管道中，包括污水、雨水管道。室外管网敷设中设置检查井、跌水井、雨水口等构筑物。

（7）污水局部处理构筑物　当建筑内部污水未经处理不允许直接排入城市下水道或水体时，在建筑物内或附近应设置局部处理构筑物（如化粪池）予以处理。

7.1.3　建筑给水排水系统常用管材及附件

1. 管材及连接方式

给排水安装工程中常用到的管材按材质不同分为金属管和非金属管两类。金属管包括无缝钢管、焊接钢管、镀锌钢管、铸铁管、铜管、不锈钢管等；非金属管包括混凝土管、陶土管、塑料管、复合管、玻璃钢管等。

（1）无缝钢管　无缝钢管是用钢锭或实心管坯经穿孔制成毛管，然后经热轧、冷轧或冷拔制成的具有中空截面、周边没有接缝的圆形、方形、矩形钢材。无缝钢管比焊接钢管具有较高的强度，主要用作输水、煤气、蒸汽的管道和各种机械零件的坯料。由于用途不同，管子承受的压力也不同，要求管壁的厚度差别很大。因此，无缝钢管的规格用“外径 × 壁厚”表示。常用连接方式有螺纹连接、焊接。

（2）焊接钢管　按焊缝形状分为直缝焊管和螺旋缝焊管。直缝焊管主要用于输送水、暖气、煤气和制作结构零件等；螺旋缝焊管可用于输送水、石油、天然气等。

焊接钢管按是否镀锌又分为焊接管（黑铁管）和镀锌钢管（白铁管）。按壁厚分为厚壁钢管和薄壁钢管。常用连接方式有螺纹连接、焊接、法兰连接、卡箍式连接。

（3）铸铁管　铸铁管分为给水铸铁管和排水铸铁管。其特点是经久耐用、抗腐蚀性强，但性质较脆。给水球墨铸铁管防腐性能优异、延展性能好，主要用于市政、工矿企业给水、输气，输油等。给水铸铁管分为高压管道（工作压力为 1.0MPa）、普压管（工作压力为 0.75MPa）和低压管（工作压力为 0.45MPa）。

排水承插铸铁管用于排水工程管道中的污水管道，不承受压力。

铸铁管常用连接方式有承插连接、法兰连接。接口分为柔性接口和刚性接口两种。柔性接口用橡胶圈密封，允许有一定限度的转角和位移，因而具有良好的抗振性和密封性，较刚性接口安装简便快速。

（4）铜管　又称“纯铜管”，是有色金属管的一种，是压制和拉制的无缝铜管。铜管质地坚硬，不易腐蚀，耐高温、耐高压，有着比镀锌钢管及塑料管等优良的特点。由于铜管容易加工和连接，在安装时可以节省材料和总费用。同时铜具有很好的稳定性以及安全可靠性，不渗漏、不助燃，因而成为现代住宅商品房的自来水管道和供热、制冷管道安装的首选。但因其价位高，铜管接口处连接对施工工艺要求较高，所以是目前高档水管，民用生活管道中使用并不普遍。常用连接方式有螺纹连接、焊接。

（5）不锈钢管　不锈钢管是一种中空的长条圆形钢材，属于高效钢材的一个重要组成部分。由于钢管具有空心断面，因而最适合作液体、气体和固体的输送管道。与相同质量的圆钢比较，钢管的断面系数大、抗弯抗扭强度大，是一种节约金属的经济断面钢材，在石油钻采、冶炼和输送等行业需求较大，广泛应用于石油、化工、医疗、食品、轻工、机械仪表等工业输送管道以及机械结构部件等。

不锈钢管的种类繁多，用途不同，其技术要求各异，生产方法也有所不同。不锈钢管的外径范围为 0.1~4500mm、壁厚范围为 0.01~250mm。不锈钢管常用连接方式有螺纹连接、焊接。

（6）混凝土管　混凝土管分为素混凝土管、普通钢筋混凝土管、自应力钢筋混凝土管和预应力混凝土管四类，用于输送水、油、气等流体。混凝土管按管内径的不同，可分为小直径管（内径小于 400mm）、中直径管（内径 400~1400mm）和大直径管（内径大于 1400mm）。按管子承受水压能力的不同，可分为低压管和压力管，压力管的工作压力一般有 0.4MPa、0.6MPa、0.8MPa、1.0MPa、1.2MPa 等。钢筋混凝土管可以代替铸铁管和钢管输送低压给水和气，也可作为建筑室外排水的主要管道。

混凝土管按管子接头形式的不同，又可分为平口式管、承插式管和企口式管。其接口形式有水泥砂浆抹带接口、钢丝网水泥砂浆抹带接口、水泥砂浆承插和橡胶圈承插等。

（7）塑料管　在非金属管路中，应用最广泛的是塑料管。塑料管种类很多，分为热塑性塑料管和热固性塑料管两大类。塑料管的主要优点是耐蚀性能好、质量轻、成形方便、加工容易，缺点是强度较低，耐热性差。常用的塑料管有聚氯乙烯（PVC）管、聚乙烯（PE）

管、聚丙烯（PP）管等。

建筑安装工程中，由于PP-R（三聚丙烯）管材安装方便快捷、经济适用、环保、质量轻、卫生无毒、耐热性好、耐腐蚀、保温性能好、寿命长等，因此常用在采暖和给水用管道中。UPVC管材内壁光滑，流体摩擦阻力小，克服了排水铸铁管因生锈、结垢而影响流量的缺陷，而且具有质量轻、耐腐蚀、强度较高等优点，广泛应用于排水管道。正常情况下，UPVC管材使用寿命可达30~50年。PE管无毒、质量轻、韧性好，低温性能和耐久性比UPVC管好，目前主要应用于饮水管、雨水管、气体管道、工业耐腐蚀管道等领域。但由于PE管强度较低，只适宜于压力较低的工作环境，且耐热性能不好，不能作为热水管。

塑料管常用连接方式有焊接、热熔和螺纹连接等。

（8）复合管　复合管材是以金属管材为基础，内、外焊接聚乙烯、交联聚乙烯等非金属材料成形，具有金属管材和非金属管材的优点。目前安装工程中常用的有铝塑复合管、钢塑复合管、铜塑复合管、涂塑复合管、钢骨架PE管等。复合管通常采用螺纹连接、法兰连接和卡箍连接等连接方式。

（9）承插水泥管　水泥管是用水泥和钢筋为材料，运用离心力原理制造的一种预置管道，常作为城市建设的下水管道用于排污水、防汛排水，也用于一些特殊厂矿使用的上水管。水泥管通常采用承插连接方式。

2. 管件

管件是将管子连接成管路的零件。管件包括管箍、弯头、三通、四通、异径管、活接头、封头、凸台、盲板等。管件按用途分为以下几种：

1）用于管道互相连接的管件：管箍、活接头等。

2）改变管道走向的管件：弯头、弯管。

3）使管路变径的管件：异径管、异径弯头等。

4）管路分支的管件：三通、四通。

5）用于管路密封的管件：管堵，盲板、封头等。

3. 法兰、垫片及螺栓

法兰是使管道与管道以及管道和阀门相互连接的零件，密封性好，安装拆卸方便。法兰盘上有多个孔眼，由螺栓、螺母使两法兰紧连，法兰间用垫片密封。管道安装工程中按连接方式将法兰分为螺纹连接法兰、焊接法兰及卡套法兰。螺纹连接法兰是将法兰内径加工成管螺纹，常用于$DN \leqslant 50$mm的低压燃气管道中。焊接法兰又分为平焊法兰和对焊法兰。平焊法兰为管道插入法兰内径，法兰与管端采用焊接固定，刚度较差，一般用于$PN \leqslant 1.6$MPa，$t \leqslant 250$℃的条件。对焊法兰为法兰与管端采用对口焊接，刚度较大，适用于较高压力和较高温度条件。卡套法兰常用于介质温度和压力都不高，但腐蚀性较强的情况。

4. 阀门

阀门一般用于控制管内介质的流量，管道工程中常用阀门包括闸阀、截止阀、止回阀、旋塞阀、安全阀、调节阀、球阀、减压阀、疏水阀、蝶阀等。阀门与管道之间的连接方式有螺纹连接、法兰连接以及焊接连接等。

5. 水表

水表即流量仪表，分为容积式水表和速度式水表。典型的速度式水表包括旋翼式水表和螺翼式水表。建筑物给水引入管上水表通常安装在室外水表井、地下室或专用房间。家庭用小水表明装于每户进水总管上，水表前设阀门。水表连接方式：$DN \leqslant 50$mm 时，采用螺纹连接；$DN>80$mm 时，采用法兰连接。

7.2 给排水安装工程工程量清单计量

本节内容对应《通用安装工程工程量计算规范》"附录 K 给排水、采暖、燃气工程"，共 9 个分部，见表 7-1 所示。

表 7-1　给排水、采暖、燃气工程分部及编码

编　码	分部工程名称	编　码	分部工程名称
031001	K.1 给排水、采暖、燃气管道	031006	K.6 采暖、给排水设备
031002	K.2 支架及其他	031007	K.7 燃气器具及其他
031003	K.3 管道附件	031008	K.8 医疗气体设备及附件
031004	K.4 卫生器具	031009	K.9 采暖、空调水工程系统调试
031005	K.5 供暖器具		

给排水、采暖管道安装工程量计算分为室内给排水和室外给排水两部分。

1）给水管道室内外划分的界限：以建筑物外墙皮 1.5m 为界，入口处设阀门者以阀门为界；与市政给水管道的界限，应以水表井为界；无水表井者，应以与市政给水管碰头点为界，如图 7-3 所示。

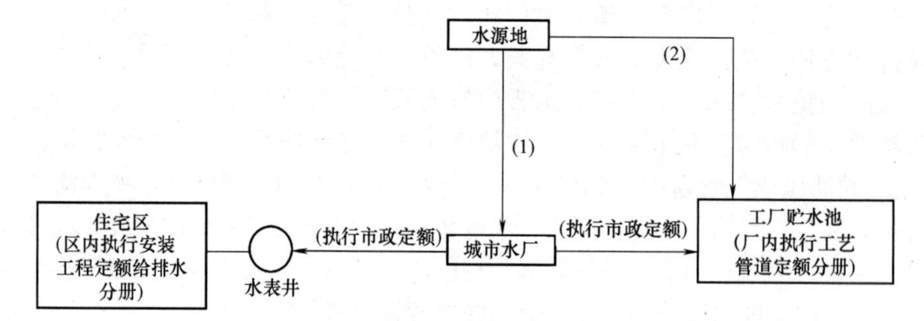

图 7-3　给水管道界限划分示意图

注:(1)、(2) 为水源管道，为城市供水管道时(即水源在市区内，小区除外)，应执行市政工程，否则执行工业管道工程。

2）排水管道室内外界线划分：以出户第一个排水检查井为界；室外排水管道与市政排水界线应以与市政管道碰头井为界，如图 7-4 所示。

室外给排水、采暖管道以外的属于市政工程范畴的管道安装工程量计算参照《市政工程工程量计算规范》相关计算规定。

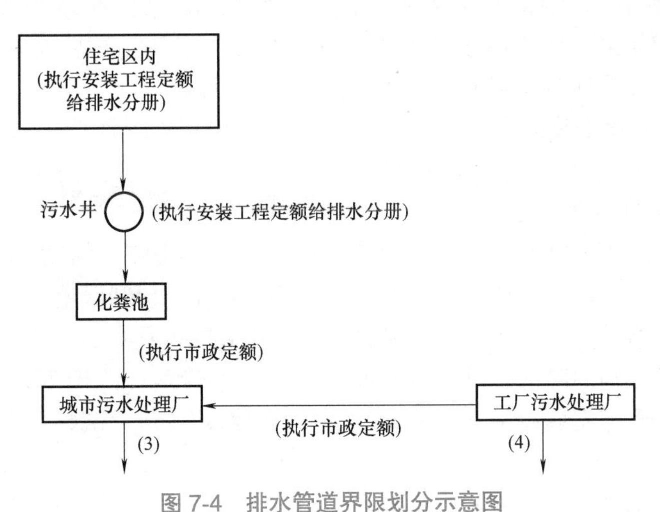

图 7-4　排水管道界限划分示意图

注:(3)、(4)为总排水管道,若为城市供水管道时(小区除外),应执行市政工程。

7.2.1　给排水管道安装

给排水、采暖、燃气管道安装根据材质及安装特点分为镀锌钢管、钢管、不锈钢管、铜管、铸铁管、塑料管、复合管、直埋式预制保温管、承插陶瓷缸瓦管、承插水泥管以及室外管道碰头 11 个项目。

1. 镀锌钢管、钢管、不锈钢管、铜管

该部分项目属于金属管道安装，通常用于给水管道，计算时应根据安装部位（室内、室外），介质（给水、排水、中水、雨水、热媒体、燃气、空调水），规格（公称直径大小），压力等级，连接方式，压力试验（水压试验、气压试验、泄漏性试验、闭水试验等），吹、洗设计要求（如水冲洗、消毒冲洗、空气吹扫等）等区分项目特征，分别列出清单项。

工程量清单计算规则：按设计图示管道中心线以长度“m”计算，不扣除阀门、管件（包括减压器、疏水器、水表、伸缩器等组成安装）及附属构筑物所占长度；方形补偿器以其所占长度列入管道安装工程量。

工作内容：①管道安装；②管件制作、安装；③压力试验；④吹扫、冲洗；⑤警示带铺设。

2. 铸铁管

铸铁管安装适用于承插铸铁管、球墨铸铁管、柔性抗振铸铁管等。计量时应区分安装部位、介质、材质、规格、连接形式、接口材料、压力试验及吹洗设计要求、警示带形式分别列项，按设计图示管道中心线以长度“m”计算。

工作内容包括：①管道安装；②管件安装；③压力试验；④吹扫、冲洗；⑤警示带铺设。

3. 塑料管、复合管

塑料管项目适用于UPVC、PVC、PP-C、PP-R、PB等塑料管材安装。复合管适用于钢塑复合管、铝塑复合管、钢骨架复合管等复合性管道安装。计量时应区分安装部位、介质、材质、规格、连接形式、阻火圈设计要求（塑料管项目）、压力试验及吹洗设计要求、警示带形式分别列项，按设计图示管道中心线以长度“m”计算。

工作内容：①管道安装；②管件安装；③塑料卡固定；④压力试验；⑤吹扫、冲洗；⑥警示带铺设。塑料管工作内容还包括阻火圈安装。

4. 直埋式预制保温管

由钢管、聚氨酯硬质泡塑料保温层和高密度聚乙烯外护管紧密结合而成的管材，有较高的机械强度和防腐蚀性能，常用于采暖管道安装。直埋式预制保温管安装按埋设深度，介质，管道材质、规格，连接形式，接口保温材料，压力试验及吹扫、冲洗设计要求，警示带形式区分项目特征分别列项，按设计图示管道中心线以长度“m”计算。

工作内容：①管道安装；②管件安装；③接口保温；④压力试验；⑤吹扫、冲洗；⑥警示带铺设。

5. 承插陶瓷缸瓦管、承插水泥管

承插陶瓷缸瓦管和承插水泥管均为采用承插连接的管道。承插陶瓷缸瓦管由塑性耐火土烧制而成，有较强的耐腐蚀能力，但不够结实，较脆；常用水泥管包括混凝土管和钢筋混凝土管。承插陶瓷缸瓦管和承插水泥管均应按埋设深度、规格、接口方式及材料、压力试验及吹洗设计要求、警示带形式区分项目特征分别列项，按设计图示管道中心线以长度“m”计算。

工作内容：①管道安装；②管件安装；③压力试验；④吹扫、冲洗；⑤警示带铺设。

6. 室外管道碰头

室外管道碰头适用于新建或扩建工程热源、水源、气源管道与既有管道碰头。计量时按输送介质内容、碰头形式（带介质碰头或不带介质碰头）、材质、规格、连接形式、防腐和绝热设计要求区分项目特征分别列项，按设计图示管道中心线以长度“m”计算。

工作内容：①挖填工作坑或暖气沟拆除及修复；②碰头；③接口处防腐；④接口处绝热及保护层。

以上管道安装长度计算时不扣除管路中的阀门、管件（包括减压器、疏水器、水表、伸缩器等组成安装）及各种构筑物所占的长度；方形补偿器以其所占长度按管道安装工程量计算。管道的水平长度按照平面图的尺寸计算，当图样尺寸不齐全时，可按图示比例测量；垂直长度则按照系统图的标高计算。室内水平管道的坡度不予考虑。

【例7-1】 图7-5所示为某卫生间给水系统部分管道，管道材质为PP-R塑料管，热熔连接。根据图示尺寸（单位：m）试计算该部分管道的工程量。

微课7-8

解：给水管道工程量计算如下

DN32：（1.5+1.5）m=3.0m

DN20：（1.0+0.9+0.9+0.9+2.0+0.8+1.0）m=7.5m

DN15：（0.45+0.45）m=0.9m

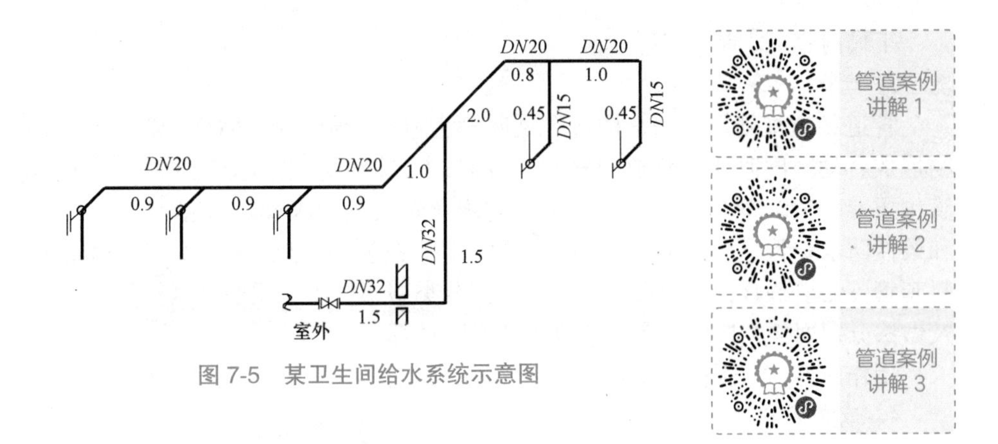

图 7-5　某卫生间给水系统示意图

【例 7-2】 根据例 7-1 中计算出的给水管道安装工程量，编制 *DN*32 的管道安装的工程量清单。

解：根据图样所示的工程及管道特征编制分部分项工程量清单如表 7-2 所示。

表 7-2　*DN*32 管道安装分部分项工程量清单示例

序号	项目编码	项目名称	项目特征描述	计量单位	工程量	金额（元）		
						综合单价	合价	其中 暂估价
1	031001006001	塑料管	1. 安装部位：室内 2. 介质：给水 3. 材质、规格：PP-R 管，*DN*32 4. 连接形式：热熔连接 5. 压力试验及吹扫、冲洗设计要求：水压试验	m	3.0			

7.2.2　支架、套管安装

支架及其他包括管道支吊架、设备支吊架、套管、减振装置制作安装等 4 部分内容，适用于水暖、燃气器具、设备的支架制作安装内容。

1. 管道支吊架

管道支吊架用于室内外的沿墙、柱和架空安装管道所需的支架或管道吊架。按材质、管架形式、支吊架衬垫材质、减振器形式及做法区分项目特征分别列项，以“kg”为单位，按图示质量计算。单件支架质量 100kg 以上的管道支吊架按设备支吊架制作安装列项。

工作内容：①制作；②安装。

当支架为成品安装时，以“套”为单位，按图示数量计算。工作内容只包括安装，不再计取制作费用。

2. 设备支吊架

按材质和形式区分项目特征分别列项，以“kg”为单位，按图示质量计算。

工作内容：①制作；②安装。

3. 套管

管道穿越基础、内墙、楼板等处时，为避免管道使用时对建筑物造成扰动，同时便于管道的安装与维修，安装在管道穿越处的短管主要有普通套管和防水套管两类，防水套管又分为刚性防水套管和柔性防水套管。《通用安装工程工程量计算规范》里套管制作安装，适用于防水套管、填料套管、无填料套管及防火套管等，应区分类型、材质、规格、填料材质、除锈、刷油材质及做法分别列项。按设计图示数量以"个"计算。

工作内容：①制作；②安装；③除锈、刷油。

4. 减振装置制作安装

减振装置用于减轻设备运行时因振动造成对设备本身及管道的影响。应区分型号、规格、材质、安装形式分别列项。按设计图示需要减振的设备数量以"台"计算。

工作内容：①制作；②安装。

【例 7-3】 如图 7-6 所示，管道沿墙安装，支架为角钢∟50×5，ϕ10 圆钢管卡，管架间距为 3m。经计算管道安装长度为 25m，试计算支架制作安装工程量。圆钢、等边角钢规格质量表见表 7-3。

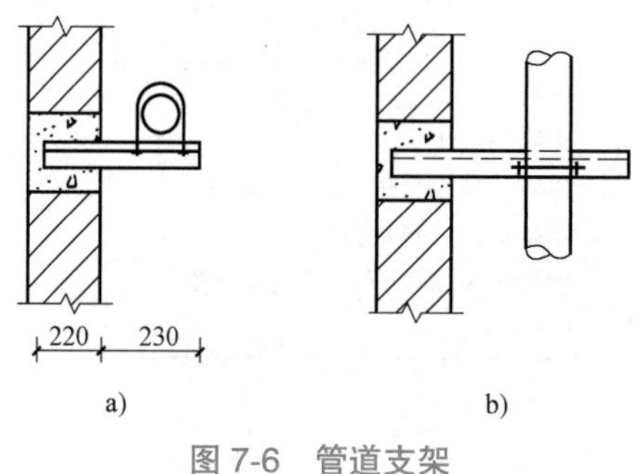

图 7-6 管道支架
a) 立面图 b) 平面图

表 7-3 圆钢、等边角钢规格质量表

圆钢规格质量表		等边角钢规格质量表	
直径（mm）	理论质量（kg/m）	直径（mm）	理论质量（kg/m）
10	0.617	50×5	3.77

解：根据《室内管道支架及吊架图集》（S402）及圆钢、等边角钢规格质量表：

每件型钢支架质量：(0.22+0.23) ×3.77kg/ 个 =1.7kg/ 个

圆钢管卡每件重：0.405×0.617kg/ 个 =0.25kg/ 个

管道支架数量：25÷3 个≈9 个

制作安装工程量：(1.7+0.25) kg×9=17.55kg

当管道、设备支架需除锈刷油时，按相应清单列项计算。

7.2.3　管道附件

管道附件安装根据管件类型和连接方式分为螺纹阀门、螺纹法兰阀门、焊接法兰阀门、带短管甲乙阀门、塑料阀门、减压器、疏水器、除污器（过滤器）、补偿器、软接头（软管）、法兰、倒流防止器、水表、热量表、塑料排水管消声器、浮标液面计、浮漂水位标尺 17 个安装项目。工程量计算依据《通用安装工程工程量计算规范》“附录 K.3 管道附件”计算规则，最终形成工程量清单。

1. 螺纹阀门、螺纹法兰阀门、焊接法兰阀门

螺纹阀门是指阀门与管道之间连接形式为螺纹连接；螺纹法兰阀门指阀门与管道之间采用螺纹法兰连接；焊接法兰阀门指阀门与管道之间采用焊接法兰连接。各种阀门均按类型、材质、规格和压力等级、连接形式、焊接方法区分项目特征分别列项。按设计图示数量以“个”计算。

工作内容：①安装；②电气接线；③调试。

法兰阀门安装内容中已经包括了法兰安装，故不再另外计算法兰安装内容。当阀门安装仅为一侧法兰连接时，应在项目特征中描述。

2. 带短管甲乙阀门

带短管甲乙的阀门一般用于承插接口的管道工程中。“短管甲”是指带承插口管段加上法兰的总称，用于阀门进水管侧；“短管乙”是直管段加上法兰的总称，用于阀门出口侧。阀门按材质、规格和压力等级、连接形式、接口方式及材质区分项目特征分别列项。按设计图示数量以“个”为计量单位计算。

工作内容：①安装；②电气接线；③调试。

3. 塑料阀门

塑料阀门根据规格、连接形式区分特征分别列项。按设计图示数量以“个”计算。工作内容为安装和调试。

4. 减压器、疏水器、除污器（过滤器）

减压器、疏水器、除污器均用于采暖供热系统中。在蒸汽系统中，减压器起到将稳定或不稳定的入口压力减到所需要的稳定压力值的作用，如图 7-7a 所示。疏水器作用是阻隔蒸汽，自动排放凝结水，保证蒸汽能在水加热器内充分凝结放热，如图 7-7b 所示。管道除污器又称为管道过滤器，其作用是用来清除和过滤管道中的杂质和污垢，保持系统内水质的洁净，减少阻力，保护设备和防止管道堵塞。

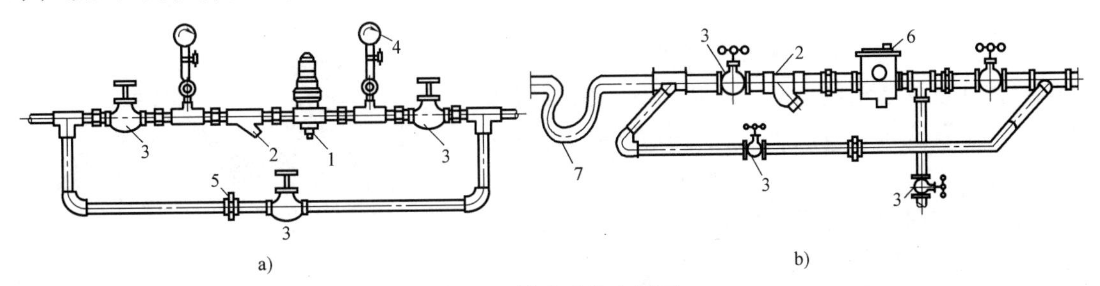

图 7-7　管道附件安装图

a) 减压器安装示意图　b) 疏水器安装示意图

1—减压器　2—除污器　3—截止阀(闸阀)　4—压力表　5—活接头　6—疏水器　7—补偿器

减压器、疏水器、除污器，按材质、规格和压力等级、连接形式、附件配置区分项目特征分别列项。按设计图示数量以“组”计算。工程量清单编制时，减压器规格按高压侧管道规格描述项目特征。附件包括所配的阀门、压力表、温度计等。

工作内容为组装或安装。

5. 补偿器、软接头（软管）

补偿器也叫膨胀节或伸缩器，如图7-8所示。为了防止供热管道升温时，由于热伸长或温度应力而引起管道变形或破坏，在管道上设置补偿器，以补偿管道的热伸长，从而减小管壁的应力和作用在阀件或支架结构上的作用力。软接头又叫可曲挠接头等，用于金属管道之间起挠性连接作用，可降低振动及噪声，并对因温度变化引起的热胀冷缩起补偿作用。

补偿器按类型、材质、规格和压力等级、连接形式区分项目特征分别列项，按设计图示数量以“个”计算。方形补偿器制作安装，按臂长的2倍合并在管道长度中计算。软接头（软管）按材质、规格、连接形式分别列项。按设计图示数量以“个（组）”计。补偿器、软接头（软管）的工作内容均为安装。

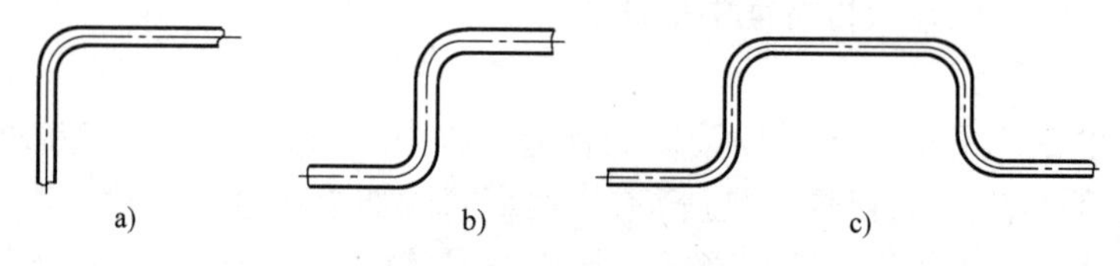

图7-8　补偿器

a）L形补偿器　b）Z形补偿器　c）方形补偿器

6. 法兰

法兰安装计量时按材质、规格和压力等级、连接形式区分项目特征分别列项。按设计图示数量以“副”或“片”计算。

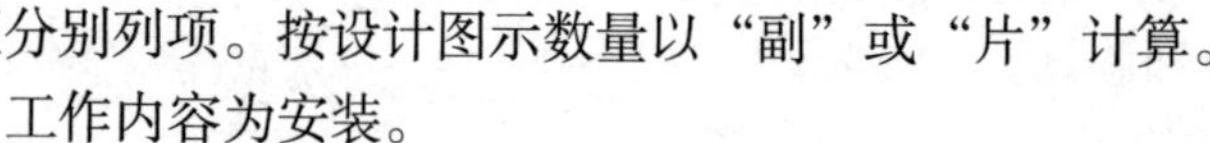

工作内容为安装。

7. 倒流防止器

倒流防止器是一种严格限定管道中水只能单向流动的水力控制组合装置，它的作用是在任何情况下防止管道中的生活给水倒流而污染给水源，也称为防污隔断阀。按材质、型号、规格、连接形式区分项目特征分别列项。按设计图示数量以“套”计算。工作内容只包括本体安装。

微课 7-15

8. 水表

通常把室内给水系统中的流量计称为“水表”，它是一种计量用水量的工具。常用水表有旋翼式水表、水平螺翼式水表以及翼轮复合式水表。计量时按安装部位（室内外）、型号、规格、连接形式、附件配置区分项目特征分别列项。按设计图示数量以“组”计算。附件指水表安装所配的阀门。水表安装示意图如图7-9所示。

工作内容为组装。

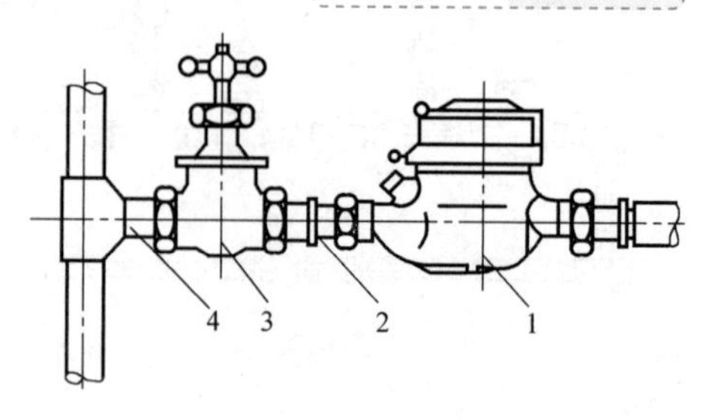

图7-9　水表安装示意图

1—水表　2—补芯　3—阀门　4—短管

9. 热量表

热量表是用于测量和显示热载体流过热交换系统所释放或吸收热量的仪表。按类型、型号、规格、连接形式区分项目特征分别列项。按设计图示数量以“块”计算。工作内容只包括本体安装。

10. 塑料排水管消声器

塑料排水管消声器安装在排水立管上，通过控制流体的运动，达到降低排水噪声的目的，它包括透气帽、粗直管、检查口或管箍几部分。塑料排水管消声器按规格、连接形式区分项目特征分别列项。按设计图示数量以“个”计算。工作内容只包括本体安装。

11. 浮标液面计

浮标液面计是用于控制非侵蚀性液体液面的液位测量元件。当液面超过或低于规定的液位时，浮标液面计通过信号装置发出信号。按规格、连接形式区分项目特征分别列项。按设计图示数量以“组”计算。工作内容只包括本体安装。

12. 浮漂水位标尺

浮漂水位标尺是一种液位测量元件。按用途、规格区分项目特征分别列项。按设计图示数量以“套”计算。工作内容只包括本体安装。

7.2.4　卫生器具

卫生器具除了普通生活用浴缸、净身盆、洗脸盆、洗涤盆、化验盆、大便器、小便器以外，还包括淋浴器、淋浴间、桑拿浴房、烘手器、加热器安装以及与上述卫生器具配套的附件安装。工程量清单编制时通常要根据各类卫生器具的材质、规格以及安装方式等分别列项，以图示数量计算。

1. 浴缸、便盆及洗脸盆

常用卫生洁具包括浴盆、净身盆、洗脸盆、洗涤盆、化验盆、大便器、小便器以及其他成品卫生器具，安装时均为成套产品的安装。

成品卫生器具安装，按设计图示数量以“组”为单位计量。在项目特征描述中需要对卫生器具的材质、规格和类型、组装形式、附件名称和数量进行描述，以便计价。

工作内容：①器具安装；②附件安装。

以上成品卫生器具项目均包括给水附件与排水附件安装。给水附件包括水嘴、阀门、喷头等，排水配件包括存水弯、排水栓、下水口等以及配备的连接管。

功能性浴缸的安装不含电机接线和调试，应按《通用安装工程工程量计算规范》“附录 D 电气设备安装工程”相关项目编码列项；浴缸支座和浴缸周边的砌砖、瓷砖粘贴，应按《房屋建筑与装饰工程工程量计算规范》相关项目编码列项。

洗脸盆清单项同时适用于洗脸盆、洗发盆、洗手盆安装。

2. 烘手器

烘手器根据材质、型号和规格区分项目特征分别列项。按设计图示数量以“个”计量。工作内容为安装。

3. 淋浴器、淋浴间、桑拿浴房

各种淋浴房均按成套设施安装考虑，按设计图示数量以“套”计量。项目特征需描述材质、规格、组装形式、附件名称和数量。

工作内容：①器具安装；②附件安装。

4. 自动冲洗水箱

这里指大、小便槽自动冲洗水箱制作安装，按设计图示数量以“套”计量。项目特征需描述材质和类型，规格，水箱配件，支架形式及做法，器具及支架除锈、刷油设计要求。

工作内容：①制作；②安装；③支架制作、安装；④除锈、刷油。

5. 给排水附（配）件

给排水附（配）件安装主要指独立安装的附配件（如地漏、地面扫出口）。其中，给水附件主要包括水嘴、阀门、喷头等，排水配件主要包括存水弯、排水栓、下水口等以及配备的连接管。按设计图示数量以“个”或“组”计量。工作内容为安装。

6. 小便槽冲洗管

小便槽冲洗管区分材质和规格列项。按设计图示长度以“m”计算。

工作内容：①制作；②安装。

7. 蒸汽-水加热器、冷热水混合器、饮水器、隔油器

这些均根据类型、型号和规格、安装方式（隔油器为安装部位）区分项目特征分别列项。按设计图示数量以“套”计量。

工作内容：①制作；②安装。其中，隔油器工作内容仅为安装。

7.2.5　给排水设备

采暖、给排水用设备通常包括：变频给水设备、稳压给水设备、无负压给水设备、气压罐、太阳能集热装置、地源（水源、气源）热泵机组、除砂器、水处理器、超声波灭藻设备、水质净化器、紫外线杀菌设备等。

1. 变频给水设备、稳压给水设备、无负压给水设备

给水设备是由气压罐（稳压罐或无负压罐）、水泵、电控柜、压力控制器、控制仪表、管道附件等组成的给水装置，用以调节管道内的水压，保证用水需要，常用于高层建筑给水系统，如图7-10所示。设备安装按设备名称、型号、规格、水泵主要技术参数和附件名称、规格、数量以及减振装置形式区分特征分别列项，按设计图示数量以“套”计算。

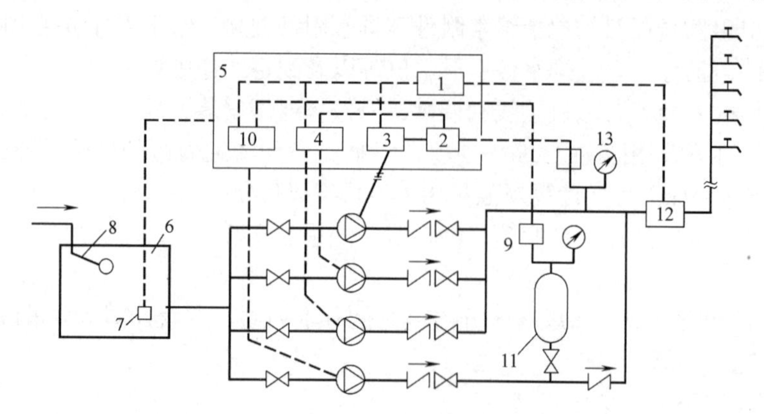

图7-10　变频调速给水设备原理图

1—压力传感器　2—数字式PLD调节器　3—变频调速器　4—恒速泵控制箱　5—电控箱　6—水池　7—水位传感器　8—液位自动控制阀　9—压力开关　10—水泵控制器　11—小气压罐　12—流量传感器　13—压力表

工作内容：①设备安装；②附件安装；③调试。

项目特征描述时应将水泵及备用泵的数量注明；附件包括给水装置中配备的阀门、仪表、软接头，应注明数量，含设备、附件之间管路连接。

控制柜安装及电气接线、调试应按《通用安装工程工程量计算规范》中“附录D 电气设备安装工程”相关项目编码列项。

泵组底座安装，不包括基础砌（浇）筑，应按《房屋建筑与装饰工程工程量计算规范》相关项目编码列项。

2. 气压罐

气压罐主要由气门盖、充气口、气囊、碳钢罐体、法兰盘组成，当其连接到系统上时主要起蓄能器的作用。按型号、规格及安装方式区分项目，以图示数量“台”计算。

工作内容：①安装；②调试。

3. 其他给水设备

其他给水设备包括除砂器、电子水处理器、超声波灭藻设备、水质净化器、紫外线杀菌设备、电消毒器、消毒锅、直饮水设备、水箱等，均按类型、规格、型号加以区分列项，以图示数量“台”或“套”计算。工作内容包括成套设备及附件安装。

7.2.6　医疗气体设备及附件

医疗气体设备及附件安装包括制氧机、液氧罐、二级稳压箱、气体汇流排、欠压报警装置、集污罐、刷手池、医用真空罐、气水分离器、医用空气压缩机、干燥机、储气罐、空气过滤器、集水器、医疗设备带、气体终端等。

医疗气体设备及附件安装均按设备及附件的型号、规格及安装方式不同分别列项，按设计图示数量计算。

7.2.7　管沟土方

室内外给排水管道土方工程量计算应按《房屋建筑与装饰工程工程量计算规范》中“附录A 土石方工程”相关项目编码列项。

按设计图示管道中心线长度以“m”计算，也可按照体积“m^3”计算，具体计算规则参照GB 500854—2013《房屋建筑与装饰工程工程量计算规范》。

7.2.8　给排水管道安装其他相关工程

本章管道安装工程清单计算内容均不包括下述内容，发生时应按相应规范要求计算。

1）给排水、采暖、燃气安装工程内容中凡涉及管沟及井类的土石方开挖、垫层、基础、砌筑、抹灰、井盖板预制安装、回填、运输，路面开挖及修复、管道支墩等，应按《房屋建筑与装饰工程工程量计算规范》或《市政工程工程量计算规范》相关项目编码列项计算。

2）管道安装中凡涉及管道热处理、无损检测的工作内容，均应按《通用安装工程工程量计算规范》中“附录H 工业管道工程”相关项目编码列项。

3）凡涉及管道、设备及支架除锈、刷油、保温的工作内容除注明者外，均应按《通用安装工程工程量计算规范》中“附录M 刷油、防腐蚀、绝热工程”相关项目编码列项。

4）管道安装出现凿槽（沟）、打洞项目，应按《通用安装工程工程量计算规范》中“附录D 电气设备安装工程”相关项目编码列项。

7.3 给排水安装工程工程量清单计价

工程量清单给投标人提供了公平竞争的平台，在建设工程招标投标过程中，投标人必须充分考虑工程项目本身的内容、范围、技术特点要求，以及招标文件的有关规定、工程现场情况等因素，依据企业定额和市场价格信息，同时还必须考虑许多其他方面的因素最终形成竞争价格。在工程量清单费用构成中，尤以分部分项工程费用内容最丰富，也最烦琐。因此，在工程量清单计价时，关键是要根据分部分项工程量清单所列出的项目特征及其所涵盖的工作内容合理确定清单综合单价。

通常完成一个分部分项工程量清单项目的安装可能由一个或几个工作内容构成，因此在确定该清单项目的综合单价时，则要考虑完成该清单的所有工作产生的费用。根据工程量清单计价的基本原理，分别确定各工作的单价，最后汇总形成某清单项目的综合单价。即

某分部分项工程量清单综合单价 =（∑完成该清单项目各工作的工程量 × 计价定额综合单价）/ 某分部分项工程的工程量

本节在前面第 7.2 节工程量清单计量的基础上，依据《四川省建设工程工程量清单计价定额——通用安装工程》中“给排水、采暖、燃气工程”分册，先解决完成清单项目的各项工作内容综合单价，再阐述其他相关费用的计算。

计价定额“给排水、采暖、燃气工程”分册适用于新建、扩建项目的生活用给排水、燃气、采暖热源管道以及附件配件安装，小型容器制作安装。计价定额的工作内容除各章节已说明的工序外，还包括工种间交叉配合的停歇时间、临时移动水电源、配合质量检查和施工地点范围内的设备、材料、成品、半成品、工器具的运输等。

7.3.1 给排水管道安装

根据《通用安装工程工程量计算规范》中有关管道安装清单项目的工程特征及工作内容，完成管道安装的综合单价需要考虑：管道安装，管件安装，压力试验，吹扫、冲洗，警示带铺设等工作。在确定分部分项工程量清单综合单价时，当管道安装计价定额综合单价中已含有相关的工作内容产生的费用，则不能再计算其工程量，否则就发生重复计费。下面根据清单中工程内容以及计价定额工程量确定方法确定分部分项工程量清单综合单价。

1. 管道

管道长度计价定额计算规则：按设计图示管道中心线长度以延长米计算，不扣除阀门、管件（包括减压器、疏水器、水表、伸缩器等组成安装）及各种井类所占的长度；方形补偿器以其所占长度按管道安装工程量计算。但方形补偿器制作安装应执行《通用安装工程工程量计算规范》中“K.3 管道附件”相应项目。

室内外管道安装与市政管道安装的界限，划分方法与 7.2 节中清单规定相同。分别按室外或室内管道安装计价定额项目计算单价。

室内给排水管道安装工程量计算具体位置给水管道工程量计算至卫生器具（含附件）前与管道系统连接的第一个连接件（角阀、三通、弯头、管箍等）止。排水管道工程量自卫生器具出口处的地面或墙面的设计尺寸算起；与地漏连接的排水管道自地面设计尺寸算起，不扣除地漏所占长度。

2. 管件

给排水、采暖、空调水管道安装项目中，均包括相应管件安装、水压试验及水冲洗工作内容。各种管件数量系综合取定，执行定额时，成品管件数量可依据设计文件及施工方案或参照计价定额“附录管道管件数量取定表”计算。燃气管道安装定额项目中，均包括管道及管件安装、强度试验、严密性试验、空气吹扫等内容。

给排水管道、采暖管道、空调水管道、燃气管道管道管件数量取定表见表7-4~表7-59。

（1）给排水管道　见表7-4~表7-35。

表7-4　给水室外镀锌钢管（螺纹连接）管件　（计量单位：个/10m）

材料名称	公称直径（mm）										
	15	20	25	32	40	50	65	80	100	125	150
三通		0.14	0.14	0.20	0.20	0.18	0.18	0.14	0.14	0.14	0.14
弯头	1.35	1.35	1.30	0.75	0.75	0.75	0.75	0.72	0.70	0.70	0.70
管箍	1.45	1.43	1.35	1.15	1.13	1.08	1.06	1.03	0.95	0.95	0.95
异径管		0.04	0.04	0.04	0.04	0.04	0.04	0.03	0.03	0.03	0.03
合计	2.80	2.96	2.83	2.14	2.12	2.05	2.03	1.92	1.82	1.82	1.82

表7-5　给水室内镀锌钢管（螺纹连接）管件　（计量单位：个/10m）

材料名称	公称直径（mm）										
	15	20	25	32	40	50	65	80	100	125	150
三通	0.69	4.45	3.73	3.02	2.55	1.86	1.48	1.36	1.35	0.97	0.93
四通			0.21	0.11	0.07	0.02	0.03	0.03	0.03	0.04	0.04
弯头	11.65	5.12	4.65	4.34	2.98	2.91	2.24	1.83	1.46	1.18	1.15
管箍	1.07	1.09	1.02	1.03	1.28	1.15	1.26	1.24	1.16	1.12	1.08
异径管		0.50	1.14	0.87	0.64	0.39	0.25	0.17	0.15	0.21	0.21
对丝	1.08	0.94	0.65	0.46	0.34	0.28					
合计	14.49	12.1	11.4	9.83	7.86	6.61	5.26	4.63	4.15	3.52	3.41

表7-6　给水室外钢管（焊接）管件　（计量单位：个/10m）

材料名称	公称直径（mm）														
	32	40	50	65	80	100	125	150	200	250	300	350	400	450	500
成品弯头	0.27	0.26	0.38	0.38	0.32	0.32	0.61	0.61	0.61	0.57	0.57	0.57	0.52	0.52	0.52
成品异径管	0.02	0.02	0.03	0.03	0.03	0.03	0.06	0.06	0.06	0.06	0.06	0.06	0.06	0.06	0.06
成品管件合计	0.29	0.28	0.41	0.41	0.35	0.35	0.67	0.67	0.67	0.63	0.63	0.63	0.58	0.58	0.58
煨制弯头	0.55	0.52	0.38	0.38	0.32	0.32									
挖眼三通	0.22	0.22	0.21	0.21	0.21	0.20	0.20	0.19	0.19	0.19	0.18	0.18	0.17	0.16	0.16
制作异径管	0.05	0.05	0.03	0.03	0.03	0.03									
制作管件合计	0.82	0.79	0.62	0.62	0.56	0.55	0.20	0.19	0.19	0.19	0.18	0.18	0.17	0.16	0.16

表7-7　给水室内钢管（焊接）管件　（计量单位：个/10m）

材料名称	公称直径（mm）												
	32	40	50	65	80	100	125	150	200	250	300	350	400
成品弯头	0.62	0.62	1.23	0.88	0.85	0.83	1.22	0.96	0.88	0.85	0.85	0.84	0.84
成品异径管	0.43	0.45	0.33	0.29	0.26	0.19	0.19	0.16	0.15	0.15	0.15	0.13	0.13
成品管件合计	1.05	1.07	1.56	1.17	1.11	1.02	1.41	1.12	1.03	1.00	1.00	0.97	0.97
煨制弯头	1.23	1.25	1.23	0.88	0.85	0.83							
挖眼三通	1.91	1.86	1.85	1.92	1.92	1.56	1.00	0.76	0.64	0.63	0.62	0.62	0.62
制作异径管	0.85	0.89	0.33	0.29	0.26	0.19							
制作管件合计	3.99	4.00	3.41	3.09	3.03	2.58	1.00	0.76	0.64	0.63	0.62	0.62	0.62

表7-8　给水室内钢管（沟槽连接）管件　（计量单位：个/10m）

材料名称	公称直径（mm）									
	65	80	100	125	150	200	250	300	350	400
沟槽三通	1.28	1.28	1.04	0.62	0.38	0.36	0.36	0.36	0.36	0.36
机械三通	0.64	0.64	0.52	0.31	0.19	0.18	0.18	0.18	0.18	0.18
弯头	1.76	1.70	1.66	1.22	1.06	0.88	0.82	0.82	0.82	0.82
异径管	0.58	0.52	0.38	0.25	0.25	0.25	0.25	0.25	0.25	0.25
合计	4.26	4.14	3.60	2.40	1.88	1.67	1.61	1.61	1.61	1.61

表 7-9　雨水室内钢管（焊接）管件　　（计量单位：个 /10m）

材料名称	公称直径（mm）						
	80	100	125	150	200	250	300
成品弯头	0.49	0.49	0.85	1.33	0.89	0.89	0.89
成品异径管		0.21	0.21	0.21	0.11	0.11	0.11
立检口	0.25	0.25	0.32	0.51	0.23	0.23	0.23
成品管件合计	0.74	0.95	1.38	2.05	1.23	1.23	1.23
煨制弯头	0.49	0.49					
挖眼三通		0.16	0.68	0.60	1.38	1.30	1.30
制作管件合计	0.49	0.65	0.68	0.60	1.38	1.30	1.30

表 7-10　雨水室内钢管（沟槽连接）管件　　（计量单位：个 /10m）

材料名称	公称直径（mm）						
	80	100	125	150	200	250	300
沟槽三通		0.11	0.46	0.40	0.92	0.87	0.87
机械三通		0.05	0.22	0.20	0.46	0.43	0.43
弯头	0.98	0.98	0.85	1.33	0.89	0.89	0.89
异径管		0.21	0.21	0.21	0.11	0.11	0.11
立检口	0.25	0.25	0.32	0.51	0.23	0.23	0.23
合计	1.23	1.60	2.06	2.65	2.61	2.53	2.53

表 7-11　给水室内薄壁不锈钢管（卡压、卡套、承插氩弧焊）管件　　（计量单位：个 /10m）

材料名称	公称直径（mm）								
	15	20	25	32	40	50	65	80	100
三通	0.69	4.45	3.73	3.02	2.55	1.86	1.48	1.36	1.35
四通			0.21	0.11	0.07	0.02	0.03	0.03	0.03
弯头	11.65	5.12	4.65	4.34	2.98	2.91	2.24	1.83	1.46
等径直通	1.07	1.09	1.02	1.03	1.28	1.15	1.26	1.24	1.16
异径直通		0.50	1.14	0.87	0.64	0.39	0.25	0.17	0.15
合计	13.41	11.16	10.75	9.37	7.52	6.33	5.26	4.63	4.15

表 7-12　给水室内薄壁不锈钢管（螺纹连接）管件　（计量单位：个/10m）

材料名称	公称直径（mm）								
	15	20	25	32	40	50	65	80	100
三通	0.69	4.45	3.73	3.02	2.55	1.86	1.48	1.36	1.35
四通			0.21	0.11	0.07	0.02	0.03	0.03	0.03
弯头	11.65	5.12	4.65	4.34	2.98	2.91	2.24	1.83	1.46
等径直通	1.07	1.09	1.02	1.03	1.28	1.15	1.26	1.24	1.16
异径直通		0.50	1.14	0.87	0.64	0.39	0.25	0.17	0.15
对丝	1.08	0.94	0.65	0.46	0.34	0.28			
合计	14.49	12.01	11.40	9.83	7.86	6.61	5.26	4.63	4.15

表 7-13　给水室内不锈钢管（对接电弧焊）管件　（计量单位：个/10m）

材料名称	公称直径（mm）											
	15	20	25	32	40	50	65	80	100	125	150	200
三通	0.69	4.45	3.73	3.02	2.55	1.86	1.48	1.36	1.35	0.97	0.76	0.64
四通			0.21	0.11	0.07	0.02	0.03	0.03	0.03	0.03	0.03	0.03
弯头	11.65	5.12	4.65	4.34	2.98	2.91	2.24	1.83	1.46	1.18	0.96	0.88
异径直通		0.50	1.14	0.87	0.64	0.39	0.25	0.17	0.15	0.15	0.15	0.13
合计	12.34	10.07	9.73	8.34	6.24	5.18	4.00	3.39	2.99	2.33	1.90	1.68

表 7-14　给水室内铜管（卡压、钎焊）管件　（计量单位：个/10m）

材料名称	公称外径 *dn*（mm）								
	15（18）	22	28	35	42	54	67（76）	89	108
三通	0.69	4.45	3.73	3.02	2.55	1.86	1.48	1.36	1.35
四通			0.21	0.11	0.07	0.02	0.03	0.03	0.03
弯头	11.65	5.12	4.65	4.34	2.98	2.91	2.24	1.83	1.46
管箍	1.07	1.09	1.02	1.03	1.28	1.15	1.26	1.24	1.16
异径直通		0.50	1.14	0.87	0.64	0.39	0.25	0.17	0.15
合计	13.41	11.16	10.75	9.37	7.52	6.33	5.26	4.63	4.15

表 7-15　给水室内铜管（氧乙炔焊）管件　（计量单位：个/10m）

材料名称	公称外径 *dn*（mm）								
	15（18）	22	28	35	42	54	67（76）	89	108
三通	0.69	4.45	3.73	3.02	2.55	1.86	1.48	1.36	1.35
四通			0.21	0.11	0.07	0.02	0.03	0.03	0.03
弯头	11.65	5.12	4.65	4.34	2.98	2.91	2.24	1.83	1.46

（续）

材料名称	公称外径 *dn*（mm）								
	15（18）	22	28	35	42	54	67（76）	89	108
异径直通		0.50	1.14	0.87	0.64	0.39	0.25	0.17	0.15
合计	12.34	10.07	9.73	8.34	6.24	5.18	4.00	3.39	2.99

表 7-16　室外铸铁给水管（膨胀水泥接口、石棉水泥接口、胶圈接口）**管件**　（计量单位：个 /10m）

材料名称	公称直径（mm）									
	75	100	150	200	250	300	350	400	450	500
三通	0.32	0.32	0.30	0.30	0.30	0.29	0.28	0.28	0.28	0.27
弯头	0.44	0.44	0.42	0.40	0.36	0.34	0.32	0.30	0.28	0.28
接轮	0.20	0.20	0.18	0.18	0.16	0.16	0.14	0.14	0.12	0.12
异径管	0.11	0.11	0.11	0.10	0.10	0.09	0.09	0.09	0.09	0.09
合计	1.07	1.07	1.01	0.98	0.92	0.88	0.83	0.81	0.77	0.76

表 7-17　室内铸铁给水管（膨胀水泥接口、石棉水泥接口、胶圈接口）**管件**　（计量单位：个 /10m）

材料名称	公称直径（mm）							
	75	100	150	200	250	300	350	400
三通	0.18	0.52	1.02	1.07	1.08	1.05	1.03	1.03
弯头	2.25	2.14	1.88	1.92	1.88	1.84	1.82	1.82
接轮	0.67	0.86	0.84	0.82	0.79	0.78	0.76	0.72
异径管		0.08	0.36	0.29	0.28	0.26	0.24	0.24
合计	3.10	3.60	4.10	4.10	4.03	3.93	3.85	3.81

表 7-18　室内铸铁排水管（石棉水泥接口、水泥接口、机械接口）**管件**　（计量单位：个 /10m）

材料名称	公称直径（mm）					
	50	75	100	150	200	250
三通	1.09	2.85	4.27	2.36	2.04	0.5
四通		0.13	0.24	0.17	0.05	0.02
弯头	5.28	1.52	3.93	1.27	1.71	1.60
异径管		0.16	0.30	0.34	0.22	0.18
接轮（套袖）	0.07	0.16	0.13	0.11	0.08	0.05
立检口	0.20	1.96	0.77	0.21	0.09	
合计	6.64	6.78	9.64	4.46	4.19	2.35

表 7-19　室内无承口柔性铸铁排水管（卡箍连接）管件　　（计量单位：个 /10m）

材料名称	公称直径（mm）					
	50	75	100	150	200	250
三通	1.09	2.85	4.27	2.36	2.04	0.50
四通		0.13	0.24	0.17	0.05	0.02
弯头	5.28	1.52	3.93	1.27	1.71	1.60
异径管		0.16	0.30	0.34	0.22	0.18
立检口	0.20	1.96	0.77	0.21	0.09	
合计	6.57	6.62	9.51	4.35	4.11	2.30

表 7-20　室内铸铁雨水管（石棉水泥接口、水泥接口、机械接口）管件　　（计量单位：个 /10m）

材料名称	公称直径（mm）					
	75	100	150	200	250	300
三通		0.16	0.60	1.38	1.30	1.30
弯头	0.97	0.97	1.33	0.89	0.89	0.89
检查口	0.25	0.25	0.51	0.23	0.23	0.23
异径管		0.21	0.21	0.11	0.11	0.11
接轮（套袖）	0.08	0.08	0.08	0.08	0.08	0.08
合计	1.30	1.67	2.73	2.69	2.61	2.61

表 7-21　室外塑料给水管（热熔）管件　　（计量单位：个 /10m）

材料名称	公称外径 *dn*（mm）											
	32	40	50	63	75	90	110	125	160	200	250	315
三通		0.20	0.20	0.18	0.18	0.16	0.16	0.15	0.14	0.13	0.12	0.12
弯头	1.05	0.85	0.75	0.71	0.71	0.68	0.68	0.59	0.59	0.55	0.55	0.55
直接头	1.73	1.77	1.77	1.80	1.80	1.80	1.80					
异径直接		0.09	0.09	0.08	0.08	0.07	0.07	0.07	0.06	0.06	0.05	0.05
转换件	0.05	0.05	0.05	0.04	0.04	0.02	0.02					
合计	2.83	2.96	2.86	2.81	2.81	2.73	2.73	0.81	0.79	0.74	0.72	0.72

表 7-22　室外塑料给水管（电熔、粘接）管件　（计量单位：个 /10m）

材料名称	公称外径 *dn*（mm）											
	32	40	50	63	75	90	110	125	160	200	250	315
三通		0.20	0.20	0.18	0.18	0.16	0.16	0.15	0.14	0.13	0.12	0.12
弯头	1.05	0.85	0.75	0.71	0.71	0.68	0.68	0.59	0.59	0.55	0.55	0.55
直接头	1.73	1.77	1.77	1.80	1.80	1.80	1.80	1.05	0.95	0.97	0.97	0.97
异径直接		0.09	0.09	0.08	0.08	0.07	0.07	0.07	0.06	0.06	0.05	0.05
转换件	0.05	0.05	0.05	0.04	0.04	0.02	0.02					
合计	2.83	2.96	2.86	2.81	2.81	2.73	2.73	1.86	1.74	1.71	1.69	1.69

表 7-23　室内塑料给水管（热熔）管件　（计量单位：个 /10m）

材料名称	公称外径 *dn*（mm）										
	20	25	32	40	50	63	75	90	110	125	160
三通	0.69	4.45	3.73	3.02	2.55	2.32	1.96	0.96	1.54	0.67	0.43
四通			0.01	0.01	0.02	0.02	0.02	0.03	0.03	0.04	0.04
弯头	8.69	2.14	2.87	2.9	2.31	2.37	2.61	1.43	0.6	0.75	0.75
直接头	2.07	3.99	2.72	2.13	1.60	1.07	1.05	1.36	0.76		
异径直接		0.30	0.30	0.37	0.57	0.46	0.39	0.17	0.15	0.12	0.12
抱弯	0.49										
转换件	3.26	1.37	1.18	0.44	0.37	0.35					
合计	15.20	12.25	10.81	8.87	7.42	6.59	6.03	3.95	3.08	1.58	1.34

表 7-24　室内直埋塑料给水管（热熔）管件　（计量单位：个 /10m）

材料名称	公称外径 *dn*（mm）		
	20	25	32
三通	0.34	3.38	2.45
弯头	5.06	3.87	3.61
直接头	2.07	1.32	1.04
异径直接		1.36	1.60
抱弯	0.95	0.49	
转换件	2.47	1.34	1.12
合计	10.89	11.76	9.82

表 7-25　室内塑料给水管（电熔、粘接）管件　（计量单位：个 /10m）

材料名称	公称外径 *dn*（mm）										
	20	25	32	40	50	63	75	90	110	125	160
三通	0.69	4.45	3.73	3.02	2.55	2.32	1.96	0.96	1.54	0.67	0.43
四通			0.01	0.01	0.02	0.02	0.02	0.03	0.03	0.04	0.04
弯头	8.69	2.14	2.87	2.9	2.31	2.37	2.61	1.43	0.60	0.75	0.75
直接头	2.07	3.99	2.72	2.13	1.60	1.07	1.05	1.36	0.76	1.10	0.98
异径直接		0.30	0.3	0.37	0.57	0.46	0.39	0.17	0.15	0.12	0.12
抱弯	0.49										
转换件	3.26	1.37	1.18	0.44	0.37	0.35					
合计	15.20	12.25	10.81	8.87	7.42	6.59	6.03	3.95	3.08	2.68	2.32

表 7-26　室内塑料排水管（热熔连接）管件　（计量单位：个 /10m）

材料名称	公称外径 *dn*（mm）					
	50	75	110	160	200	250
三通	1.09	2.85	4.27	2.36	2.04	0.50
四通		0.13	0.24	0.17	0.05	0.02
弯头	5.28	1.52	3.93	1.27	1.71	1.60
管箍	0.07	0.16	0.13			
异径管		0.16	0.30	0.34	0.22	0.18
立检口	0.20	1.96	0.77	0.21	0.09	
伸缩节	0.26	2.07	1.92	1.49	0.92	
合计	6.90	8.85	11.56	5.84	5.03	2.30

表 7-27　室内塑料排水管（粘接、螺母密封圈）管件　（计量单位：个 /10m）

材料名称	公称外径 *dn*（mm）					
	50	75	110	160	200	250
三通	1.09	2.85	4.27	2.36	2.04	0.50
四通		0.13	0.24	0.17	0.05	0.02
弯头	5.28	1.52	3.93	1.27	1.71	1.60
管箍	0.07	0.16	0.13	0.11	0.08	0.05
异径管		0.16	0.30	0.34	0.22	0.18
立检口	0.20	1.96	0.77	0.21	0.09	
伸缩节	0.26	2.07	1.92	1.49	0.92	
合计	6.90	8.85	11.56	5.95	5.11	2.35

表 7-28　室内塑料雨水管（粘接）管件　　（计量单位：个 /10m）

材料名称	公称外径 *dn*（mm）				
	75	110	160	200	250
三通		0.16	0.60	1.38	1.30
弯头	0.97	0.97	1.33	0.89	0.89
管箍	0.98	0.99	0.83	0.44	0.50
异径管		0.21	0.21	0.11	0.10
立检口	0.25	0.25	0.51	0.23	0.23
伸缩节	1.59	1.58	1.37	1.26	1.16
合计	3.79	4.16	4.85	4.31	4.18

表 7-29　室内塑料雨水管（热熔）管件　　（计量单位：个 /10m）

材料名称	公称外径 *dn*（mm）				
	75	110	160	200	250
三通		0. 16	0.60	1.38	1.30
弯头	0.97	0.97	1.33	0.89	0.89
管箍	0.98	0.99			
异径管		0.21	0.21	0. 11	0. 10
立检口	0.25	0.25	0.51	0.23	0.23
伸缩节	1.59	1.58	1.37	1.26	1. 16
合计	3.79	4.16	4.02	3.87	3.68

表 7-30　给水室外塑铝稳态管（热熔）管件　　（计量单位：个 /10m）

材料名称	公称外径 *dn*（mm）								
	32	40	50	63	75	90	110	125	160
三通		0.20	0.20	0.18	0.18	0.16	0.16	0.15	0.14
弯头	1.05	0.85	0.75	0.71	0.71	0.68	0.68	0.59	0.59
直接头	1.73	1.77	1.77	1.80	1.80	1.80	1.80		
异径直接		0.09	0.09	0.08	0.08	0.07	0.07	0.07	0.06
转换件	0.05	0.05	0.05	0.04	0.04	0.02	0.02		
合计	2.83	2.96	2.86	2.81	2.81	2.73	2.73	0.81	0.79

表 7-31 给水室外钢骨架塑料复合管（电熔）管件 （计量单位：个/10m）

材料名称	公称外径 *dn*（mm）								
	32	40	50	63	75	90	110	125	160
三通		0.20	0.20	0.18	0.18	0.16	0.16	0.15	0.14
弯头	1.05	0.85	0.75	0.71	0.71	0.68	0.68	0.59	0.59
套筒	1.73	1.77	1.77	1.80	1.80	1.80	1.80	1.05	0.95
异径管		0.09	0.09	0.08	0.08	0.07	0.07	0.07	0.06
转换件	0.05	0.05	0.05	0.04	0.04	0.02	0.02		
合计	2.83	2.96	2.86	2.81	2.81	2.73	2.73	1.86	1.74

表 7-32 给水室内塑铝稳态管（热熔）管件 （计量单位：个/10m）

材料名称	公称外径 *dn*（mm）										
	20	25	32	40	50	63	75	90	110	125	160
三通	0.69	4.45	3.73	3.02	2.55	2.32	1.96	0.96	1.54	0.67	0.43
四通			0.01	0.01	0.02	0.02	0.02	0.03	0.03	0.04	0.04
弯头	8.69	2.14	2.87	2.90	2.31	2.37	2.61	1.43	0.60	0.75	0.75
直接头	2.07	3.99	2.72	2.13	1.60	1.07	1.05	1.36	0.76		
异径直接		0.30	0.30	0.37	0.57	0.46	0.39	0.17	0.15	0.12	0.12
抱弯	0.49										
转换件	3.26	1.37	1.18	0.44	0.37	0.35					
合计	15.20	12.25	10.81	8.87	7.42	6.59	6.03	3.95	3.08	1.58	1.34

表 7-33 给水室内钢骨架塑料复合管（电熔）管件 （计量单位：个/10m）

材料名称	公称外径 *dn*（mm）										
	20	25	32	40	50	63	75	90	110	125	160
三通	0.69	4.45	3.73	3.02	2.55	2.32	1.96	0.96	1.54	0.67	0.43
四通			0.01	0.01	0.02	0.02	0.02	0.03	0.03	0.04	0.04
弯头	8.69	2.14	2.87	2.9	2.31	2.37	2.61	1.43	0.60	0.75	0.75
套筒	2.07	3.99	2.72	2.13	1.60	1.07	1.05	1.36	0.76	1.10	0.98
异径管		0.30	0.30	0.37	0.57	0.46	0.39	0.17	0.15	0.12	0.12
抱弯	0.49										
转换件	3.26	1.37	1.18	0.44	0.37	0.35					
合计	15.20	12.25	10.81	8.87	7.42	6.59	6.03	3.95	3.08	2.68	2.32

表 7-34　给水室内钢塑复合管（螺纹连接）管件　（计量单位：个 /10m）

材料名称	公称直径（mm）										
	15	20	25	32	40	50	65	80	100	125	150
三通	0.69	4.45	3.73	3.02	2.55	1.86	1.48	1.36	1.35	0.97	0.93
四通			0.21	0.11	0.07	0.02	0.03	0.03	0.03	0.04	0.04
弯头	11.65	5.12	4.65	4.34	2.98	2.91	2.24	1.83	1.46	1.18	1.15
管箍	1.07	1.09	1.02	1.03	1.28	1.15	1.26	1.24	1.16	1.12	1.08
异径管		0.50	1.14	0.87	0.64	0.39	0.25	0.17	0.15	0.21	0.21
对丝	1.08	0.94	0.65	0.46	0.34	0.28					
合计	14.49	12.10	11.40	9.83	7.86	6.61	5.26	4.63	4.15	3.52	3.41

表 7-35　给水室内铝塑复合管（卡套连接）管件　（计量单位：个 /10m）

材料名称	公称外径 *dn*（mm）					
	20	25	32	40	50	63
三通	0.69	4.45	3.73	3.02	2.55	2.32
四通			0.01	0.01	0.02	0.02
弯头	11.95	3.51	4.05	3.34	2.68	2.72
等径直通	2.07	3.99	2.72	2.13	1.60	1.07
异径直通		0.30	0.30	0.37	0.57	0.46
合计	14.71	12.25	10.81	8.87	7.42	6.59

（2）采暖管道　见表 7-36~ 表 7-42。

表 7-36　采暖室外镀锌钢管（螺纹连接）管件　（计量单位：个 /10m）

材料名称	公称直径（mm）										
	15	20	25	32	40	50	65	80	100	125	150
三通			0.13	0.08	0.08	0.16	0.19	0.14	0.14	0.13	0.13
弯头	1.28	1.28	1.28	0.78	0.84	0.73	0.73	0.54	0.62	0.61	0.61
管箍	1.51	1.62	1.37	1.09	1.07	0.99	0.91	1.02	0.91	0.90	0.90
异径				0.03	0.06	0.06	0.10	0.05	0.05	0.04	0.04
对丝				0.03	0.03	0.04	0.04	0.03	0.03	0.02	0.02
合计	2.79	2.90	2.78	2.01	2.08	1.98	1.97	1.78	1.75	1.70	1.70

表 7-37 采暖室内镀锌钢管（螺纹连接）管件 （计量单位：个 /10m）

材料名称	公称直径（mm）										
	15	20	25	32	40	50	65	80	100	125	150
三通	0.83	1.14	2.25	2.05	2.08	1.96	1.57	1.54	1.07	1.05	1.04
四通		0.03	0.51	0.73							
弯头	8.54	5.31	3.68	2.91	2.77	1.87	1.51	1.21	1.19	1.17	1.15
管箍	1.51	2.04	1.84	1.28	0.76	1.07	1.37	1.21	0.95	0.94	0.93
异径管		0.43	1.14	1.77	0.46	0.45	0.44	0.41	0.36	0.35	0.32
补芯		0.02	0.10	0.10	0.08	0.02					
对丝	1.83	1.72	0.91	0.68	0.32	0.23	0.04				
活接	0.14	1.41	0.62	0.46	0.20	0.08					
抱弯		0.38	1.19	0.92							
管堵	0.03	0.06	0.07	0.03							
合计	12.88	12.54	12.31	10.93	6.67	5.68	4.93	4.37	3.57	3.51	3.44

表 7-38 采暖室外钢管（焊接）管件 （计量单位：个 /10m）

材料名称	公称直径（mm）												
	32	40	50	65	80	100	125	150	200	250	300	350	400
成品弯头	0.26	0.28	0.37	0.36	0.27	0.31	0.53	0.52	0.49	0.47	0.43	0.41	0.39
成品异径管	0.01	0.02	0.03	0.04	0.03	0.03	0.08	0.08	0.09	0.1	0.08	0.08	0.08
成品管件合计	0.27	0.30	0.40	0.40	0.30	0.34	0.61	0.60	0.58	0.57	0.51	0.49	0.47
煨制弯头	0.52	0.56	0.37	0.36	0.27	0.31							
挖眼三通	0.08	0.08	0.16	0.19	0.14	0.14	0.16	0.16	0.18	0.18	0.22	0.24	0.24
制作异径管	0.02	0.04	0.03	0.04	0.03	0.03							
制作管件合计	0.62	0.68	0.56	0.59	0.44	0.48	0.16	0.16	0.18	0.18	0.22	0.24	0.24

表 7-39 采暖室内钢管（焊接）管件 （计量单位：个 /10m）

材料名称	公称直径（mm）										
	32	40	50	65	80	100	125	150	200	250	300
成品弯头	0.61	0.61	0.99	0.84	0.85	0.80	1.17	1.02	0.86	0.82	0.82
成品异径管	0.23	0.24	0.31	0.27	0.25	0.18	0.24	0.23	0.23	0.21	0.21
成品管件合计	0.84	0.85	1.30	1.11	1.10	0.98	1.41	1.25	1.09	1.03	1.03
煨制弯头	1.21	1.22	0.99	0.84	0.85	0.80					
挖眼三通	1.73	1.90	2.02	2.05	1.80	1.32	0.96	0.54	0.54	0.52	0.52
制作异径管	0.45	0.48	0.31	0.27	0.25	0.18					
制作管件合计	3.39	3.60	3.32	3.16	2.90	2.30	0.96	0.54	0.54	0.52	0.52

表7-40 采暖室内塑料管道（热熔、电熔）管件 （计量单位：个/10m）

材料名称	公称外径（mm）								
	20	25	32	40	50	63	75	90	110
三通	0.18	1.26	1.42	1.78	2.37	3.19	2.61	2.14	1.07
弯头	5.06	4.87	4.76	4.63	3.97	2.68	1.47	1.44	1.19
直接头	1.07	0.40	0.38	0.31	0.25	0.40	0.88	0.93	0.95
异径直接		0.10	0.12	0.35	0.46	0.57	0.41	0.33	0.36
抱弯	0.42	0.46							
转换件	1.44	1.26	1.05						
合计	8.17	8.35	7.73	7.07	7.05	6.84	5.37	4.84	3.57

表7-41 采暖室内直埋塑料管道（热熔）管件 （计量单位：个/10m）

材料名称	公称外径（mm）		
	20	25	32
三通	0.26	1.18	0.92
弯头	5.23	5.65	5.86
直接头	1.10	0.40	0.78
异径直接		0.12	0.15
抱弯	0.54	0.63	
转换件	1.99	1.80	1.58
合计	9.12	9.78	9.29

表7-42 室外采暖预制直埋保温管（焊接）管件 （计量单位：个/10m）

材料名称	公称直径（mm）												
	32	40	50	65	80	100	125	150	200	250	300	350	400
弯头	0.78	0.84	0.74	0.72	0.54	0.62	0.53	0.52	0.49	0.47	0.43	0.41	0.39
三通	0.08	0.08	0.16	0.19	0.14	0.14	0.16	0.16	0.18	0.18	0.22	0.24	0.24
异径管	0.03	0.06	0.06	0.08	0.06	0.06	0.08	0.08	0.09	0.10	0.08	0.08	0.08
合计	0.89	0.98	0.96	0.99	0.74	0.82	0.77	0.76	0.76	0.75	0.73	0.73	0.71

（3）空调水管道　见表 7-43~ 表 7-49。

表 7-43　空调冷热水室内镀锌钢管（螺纹连接）管件　　（计量单位：个 /10m）

材料名称	公称直径（mm）										
	15	20	25	32	40	50	65	80	100	125	150
三通	0.05	2.00	2.32	2.58	2.58	2.41	2.37	2.35	2.23	1.06	0.75
弯头	5.10	3.53	3.43	2.71	1.98	1.76	1.42	1.29	1.16	1.12	1.07
管箍	2.90	2.69	2.20	1.98	1.02	0.95	0.92	0.87	0.84	0.79	0.75
异径管		0.60	0.68	0.70	0.70	0.72	0.58	0.56	0.52	0.24	0.23
对丝	0.05	0.38	0.51	0.62	0.56	0.48	0.36	0.33	0.31		
活接		0.16	0.23	0.28	0.25	0.20					
管堵	0.03	0.03	0.22	0.22	0.07						
合计	8.13	9.39	9.59	9.09	7.16	6.52	5.65	5.40	5.06	3.21	2.80

表 7-44　空调冷热水室内钢管（焊接）管件　　（计量单位：个 /10m）

材料名称	公称直径（mm）												
	32	40	50	65	80	100	125	150	200	250	300	350	400
成品弯头	0.90	0.66	0.88	0.71	0.65	0.58	1.12	1.07	0.97	0.95	0.84	0.84	0.73
成品异径管	0.23	0.23	0.36	0.29	0.28	0.26	0.24	0.23	0.21	0.17	0.16	0.16	0.16
成品管件合计	1.13	0.89	1.24	1.00	0.93	0.84	1.36	1.30	1.18	1.12	1.00	1.00	0.89
煨制弯头	1.81	1.32	0.88	0.71	0.64	0.58							
挖眼三通	2.58	2.58	2.41	2.37	2.35	2.23	1.06	0.75	0.64	0.50	0.34	0.34	0.34
摔制异径管	0.47	0.47	0.36	0.29	0.28	0.26							
制作管件合计	4.86	4.37	3.65	3.37	3.27	3.07	1.06	0.75	0.64	0.50	0.34	0.34	0.34

表 7-45　空调凝结水室内镀锌钢管（螺纹连接）管件　　（计量单位：个 /10m）

材料名称	公称直径（mm）					
	15	20	25	32	40	50
三通	1.20	1.35	2.42	2.58	1.97	1.56
弯头	4.42	3.27	3.15	1.84	1.45	1.16
管箍	0.90	0.95	0.89	0.78	1.02	0.95
异径		0.23	0.34	0.33	0.38	0.35
对丝		0.02	0.05	0.04	0.04	0.03
活接		0.08	0.26	0.23	0.22	0.19
合计	6.52	5.90	7.11	5.80	5.08	4.24

表 7-46 空调冷热水室内镀锌钢管（沟槽连接）管件 （计量单位：个/10m）

材料名称	公称直径（mm）									
	20	25	32	40	50	65	80	100	125	150
沟槽三通	1.34	1.55	1.72	1.72	1.61	1.58	1.57	1.49	0.71	0.50
机械三通	0.66	0.77	0.86	0.86	0.80	0.79	0.78	0.74	0.35	0.25
弯头	3.53	3.43	2.71	1.98	1.76	1.42	1.29	1.16	1.12	1.07
异径管		0.68	0.70	0.70	0.72	0.58	0.56	0.52	0.24	0.23
管堵	0.03	0.22	0.22	0.07						
合计	5.56	6.65	6.21	5.33	4.89	4.37	4.20	3.91	2.42	2.05

表 7-47 空调冷热水室内钢管（沟槽连接）管件 （计量单位：个/10m）

材料名称	公称直径（mm）		
	200	250	300
沟槽三通	0.43	0.33	0.23
机械三通	0.21	0.17	0.11
弯头	0.97	0.95	0.84
异径管	0.21	0.17	0.16
合计	1.82	1.62	1.34

表 7-48 空调冷热水室内塑料管道（热熔、电熔）管件 （计量单位：个/10m）

材料名称	公称外径（mm）								
	20	25	32	40	50	63	75	90	110
三通	0.05	2.00	2.32	2.58	2.58	2.41	2.17	1.75	1.34
弯头	5.13	3.56	3.46	2.73	1.98	1.76	1.43	1.04	0.76
直接头	2.90	2.69	2.20	1.98	1.02	0.95	0.82	0.68	0.57
异径直接		0.60	0.68	0.70	0.70	0.72	0.65	0.53	0.51
转换件	1.44	1.26	1.05	0.38	0.35	0.32			
合计	9.52	10.11	9.71	8.37	6.63	6.16	5.07	4.00	3.18

表 7-49 空调凝结水室内塑料管道（热熔、粘接）管件 （计量单位：个/10m）

材料名称	公称外径（mm）					
	20	25	32	40	50	63
三通	1.20	1.35	2.42	2.58	1.97	1.56
弯头	4.42	3.27	3.15	1.84	1.45	1.16
直接头	0.90	0.95	0.89	0.78	1.02	0.95
异径直接		0.23	0.34	0.33	0.38	0.35
合计	6.52	5.80	6.80	5.53	4.82	4.02

（4）燃气管道　见表7-50~表7-60。

表7-50　燃气室外镀锌钢管（螺纹连接）管件　（计量单位：个/10m）

材料名称	公称直径（mm）			
	25	32	40	50
三通	0.42	0.42	0.45	0.48
弯头	2.47	2.02	1.42	1.07
管箍	1.12	1.12	0.89	0.89
补芯	0.21	0.21	0.15	0.15
活接	1.12	1.12	0.59	0.59
合计	5.34	4.89	3.50	3.18

表7-51　燃气室内镀锌钢管（螺纹连接）管件　（计量单位：个/10m）

材料名称	公称直径（mm）								
	15	20	25	32	40	50	65	80	100
三通	0.12	1.44	3.42	3.57	3.48	3.24	3.12	2.26	1.40
四通				0.26	0.26	0.26	0.26	0.18	0.18
弯头	10.50	6.32	2.88	1.80	1.68	2.49	2.07	2.07	2.07
管箍	0.99	0.80	0.30	0.30	0.30	0.30	0.09	0.09	0.09
补芯			0.45	1.03	1.09	0.81	0.02	0.02	0.02
对丝	1.26	0.80	0.60	0.60	0.59	0.39	0.30	0.30	0.30
活接		0.48	1.21	1.21	1.16	0.48	0.10	0.10	0.10
丝堵	0.12	0.22	0.60	0.60	0.42	0.40	0.38	0.38	0.38
合计	12.99	10.06	9.46	9.37	8.98	8.37	6.34	5.40	4.54

表7-52　燃气室外钢管（焊接）管件　（计量单位：个/10m）

材料名称	公称直径（mm）													
	25	32	40	50	65	80	100	125	150	200	250	300	350	400
三通	0.42	0.42	0.45	0.48	0.45	0.42	0.40	0.38	0.38	0.36	0.35	0.33	0.30	0.30
弯头	2.47	2.02	1.42	1.07	1.02	0.97	0.93	0.76	0.76	0.56	0.35	0.35	0.34	0.34
异径管	0.21	0.21	0.15	0.15	0.15	0.14	0.14	0.13	0.13	0.12	0.11	0.11	0.10	0.10
合计	3.10	2.65	2.02	1.70	1.62	1.53	1.47	1.27	1.27	1.04	0.81	0.79	0.74	0.74

表 7-53　燃气室内钢管（焊接）管件　　　（计量单位：个 /10m）

材料名称	公称直径（mm）											
	25	32	40	50	65	80	100	125	150	200	250	300
三通	2.25	2.09	1.94	1.85	1.83	1.43	0.97	0.82	0.60	0.60	0.50	0.50
弯头	1.64	1.76	2.07	2.39	2.39	1.77	1.24	1.06	0.85	0.85	0.67	0.67
异径管	0.72	0.69	0.65	0.62	0.45	0.36	0.29	0.25	0.21	0.15	0.13	0.13
合计	4.61	4.54	4.66	4.86	4.67	3.56	2.50	2.13	1.66	1.60	1.30	1.30

表 7-54　燃气室内不锈钢管（承插氩弧焊）管件　　（计量单位：个 /10m）

材料名称	公称直径（mm）						
	25	32	40	50	65	80	100
三通	2.84	2.83	2.71	1.85	1.83	1.43	0.97
四通		0.13	0.13				
弯头	2.26	1.78	1.88	2.39	2.39	1.77	1.24
等径直通	0.30	0.30	0.30	0.30	0.09	0.09	0.09
异径直通	0.36	0.35	0.32	0.62	0.45	0.36	0.29
合计	5.76	5.39	5.34	5.16	4.76	3.65	2.59

表 7-55　燃气室内不锈钢管（卡套、卡压连接）管件　　（计量单位：个 /10m）

材料名称	公称直径（mm）					
	15	20	25	32	40	50
三通	0.12	1.44	3.42	3.83	3.74	3.5
弯头	10.50	6.32	2.88	1.80	1.68	2.49
直通	0.99	0.80	0.30	0.30	0.30	0.30
堵头	0.12	0.22	0.60	0.60	0.42	0.40
活接		0.48	1.21	1.21	1.16	0.48
合计	11.73	9.26	8.41	7.74	7.30	7.17

表 7-56　燃气室内铜管（钎焊）管件　　　（计量单位：个 /10m）

材料名称	公称外径（mm）					
	18	22	28	35	42	54
三通	0.12	1.44	2.84	2.83	2.71	1.85
四通				0.13	0.13	
弯头	10.50	6.32	2.26	1.78	1.88	2.39
等径直通	0.99	0.80	0.30	0.30	0.30	0.30
异径直通			0.36	0.35	0.32	0.62
合计	11.61	8.56	5.76	5.39	5.34	5.16

表 7-57　燃气室外铸铁管（柔性机械接口）管件　（计量单位：个 /10m）

材料名称	公称直径（mm）				
	100	150	200	300	400
三通	0.40	0.38	0.36	0.33	0.30
弯头	0.93	0.76	0.56	0.35	0.34
接轮	0.20	0.20	0.20	0.20	0.20
异径管	0.14	0.13	0.12	0.11	0.10
合计	1.67	1.47	1.24	0.99	0.94

表 7-58　燃气室外塑料管（热熔）管件　（计量单位：个 /10m）

材料名称	公称外径（mm）									
	50	63	75	90	110	160	200	250	315	400
三通	0.45	0.48	0.45	0.42	0.40	0.38	0.36	0.33	0.33	0.30
弯头	1.42	1.07	1.02	0.97	0.93	0.76	0.56	0.35	0.35	0.34
电熔套筒	0.12	0.12	0.11	0.11	0.10	0.10	0.07	0.05	0.03	0.03
异径管	0.15	0.15	0.15	0.14	0.14	0.13	0.12	0.11	0.11	0.10
堵头	0.14	0.12	0.10	0.08	0.08	0.06	0.06	0.05	0.04	0.03
转换件	1.64	1.36	1.10	1.00	0.80	0.60	0.50	0.50	0.40	0.30
合计	3.92	3.30	2.93	2.72	2.45	2.03	1.67	1.39	1.26	1.10

表 7-59　燃气室外塑料管（电熔）管件　（计量单位：个 /10m）

材料名称	公称外径（mm）						
	32	40	50	63	75	90	110
三通	0.42	0.42	0.45	0.48	0.45	0.42	0.40
弯头	2.47	2.02	1.42	1.07	1.02	0.97	0.93
电熔套筒	1.21	1.05	0.96	0.77	0.71	0.63	0.63
异径管	0.21	0.21	0.15	0.15	0.15	0.14	0.14
堵头	0.03	0.05	0.10	0.12	0.10	0.08	0.08
转换件	1.64	1.64	0.80	0.75	0.64	0.50	0.50
合计	5.98	5.39	3.88	3.34	3.07	2.74	2.68

表 7-60 燃气室内铝塑复合管（卡套连接）管件 （计量单位：个 /10m）

材料名称	公称外径（mm）					
	16	20	25	32	40	50
三通	0.12	1.44	3.42	3.83	3.74	3.50
弯头	10.50	6.32	2.88	1.80	1.68	2.79
等径直通	0.99	0.80	0.30	0.30	0.30	0.30
异径直通			0.45	1.03	1.09	0.81
合计	11.61	8.56	7.05	6.96	6.81	7.40

管道安装项目中，除给排水系统和采暖系统中的室内直埋塑料管项目中已包括管卡安装，其他管道项目均不包括管道支架、管卡、托钩等制作安装以及管道穿墙、楼板套管制作安装、预留孔洞、堵洞、打洞、凿槽等工作内容，发生时，按计价定额“N 通用项目及措施项目”或“K.2 支架及其他”相应项目另行计算。

排水管道安装定额项目不包括止水环、透气帽、H 型管件、存水弯本体材料，发生时按实际数量另计材料费。

3. 压力试验、吹扫、冲洗

管道安装定额单价中未含消毒冲洗工作产生的费用，发生时按管道长度以“m”为单位计算，不扣除阀门、管件所占的长度，分不同规格分别执行计价定额“支架及其他”相应定额项目。因工程需要再次发生管道冲洗时，应按相应消毒冲洗定额项目乘以系数 0.6。

排（雨）水管道安装定额中已包括灌水（闭水）及通球试验工作内容。燃气管道安装定额项目中，均包括管道及管件安装、强度试验、严密性试验、空气吹扫等内容，不再单独计算该部分工作产生的费用。

4. 警示带铺设

埋地管线上方沿走向铺设起警示作用的警示带，当要求敷设时，按铺设长度以“m”计算。

5. 室外管道碰头

当管道安装为热源管道时，碰头每处包括供、回水两个接口，在工程量清单综合单价确定时应注意安装接口个数。带介质管道碰头包括开关阀、临时放水管线铺设等费用。

管道安装计价定额单价中不包括室外管道沟土方挖填及管道基础，应按土建清单项目列项计算。

【例 7-4】 根据例 7-2 清单中项目特征描述的内容以及该安装项目包括的工作内容确定清单综合单价。已知 PP-R（*DN*32）：6.2 元 /m，管件：3.5 元 / 个。

解：（1）塑料管安装费

查阅计价定额 CK0510 室内给水管安装（热熔连接），公称外径 40mm 以内，塑料管安装费为 196.67×0.3 元 =59.00 元

（2）未计价材料费

PP-R 塑料管 *DN*32　10.16×0.3×6.2 元 =18.90 元

PP-R 塑料管件 *DN*32　8.87×0.3×3.5 元 / 个 =9.31 元 / 个

（3）清单综合单价

$$（59.00+18.90+9.31）元 \div 3=29.07 元$$

综合单价计算结果如表7-61所示。

表7-61 管道安装分部分项工程清单计价表

序号	项目编码	项目名称	项目特征描述	计量单位	工程量	金额（元）		
						综合单价	合价	其中 暂估价
1	031001006001	塑料管	1. 安装部位：室内 2. 介质：给水 3. 材质、规格：PP-R管，*DN*32 4. 连接形式：热熔连接 5. 压力试验及吹扫、冲洗设计要求：水压试验	m	3	29.07	87.21	

7.3.2 支架、套管安装

1. 管道及设备支架

管道及设备支架制作、安装按图示单件重量以“kg”为单位计算。计价定额中除室内直埋塑料管项目中已包括管卡安装外，其余管道的管卡与支架均需单独计算进入管道支架清单项目单价中。如单件管道支架质量大于100kg时，应执行设备支架制作安装相应项目。

管道支架采用木垫式、弹簧式管架时，均执行本章管道支架安装项目，支架中的弹簧减振器、滚珠、木垫等成品件重量应计入安装工程量，其材料数量按实计入。室内钢管、铸铁管道支架用量可参考表7-62计算。管道、设备支架的除锈、刷油，执行计价定额“刷油、防腐蚀、绝热工程”相应项目。

表7-62 室内钢管、铸铁管道支架用量参考表 （单位：kg/m）

序号	公称直径（mm以内）	钢管			铸铁管	
		给水、采暖、空调水		燃气		
		保温	不保温		给水、排水	雨水
1	15	0.58	0.34	0.34		
2	20	0.47	0.30	0.30		
3	25	0.50	0.27	0.27		
4	32	0.53	0.24	0.24		
5	40	0.47	0.22	0.22		
6	50	0.60	0.41	0.41	0.47	
7	65	0.59	0.42	0.42		

（续）

序号	公称直径（mm 以内）	钢管			铸铁管	
		给水、采暖、空调水		燃气		
		保温	不保温		给水、排水	雨水
8	80	0.62	0.45	0.45	0.65	0.32
9	100	0.75	0.54	0.50	0.81	0.62
10	125	0.75	0.58	0.54		
11	150	1.06	0.64	0.59	1.29	0.86
12	200	1.66	1.33	1.22	1.41	0.97
13	250	1.76	1.42	1.30	1.60	1.09
14	300	1.81	1.48	1.35	2.03	1.20
15	350	2.96	2.22	2.03	3.12	
16	400	3.07	2.36	2.16	3.15	

室内各种管道成品管卡安装，按工作介质管道直径，区分不同规格以“个”为单位计算。工程量参考表 7-63 和表 7-64 计算，按相应定额执行单价。

表 7-63　成品管卡用量参考表（一）　　（单位：个 /10m）

序号	公称直径（mm 以内）	给水、采暖、空调水管道									排水管道	
		钢管		铜管		不锈钢管		塑料管及复合管			塑料管	
		保温管	不保温管	垂直管	水平管	垂直管	水平管	立管	水平管		立管	横管
									冷水管	热水管		
1	15	5.00	4.00	5.56	8.33	6.67	10.00	11.11	16.67	33.33	–	–
2	20	4.00	3.33	4.17	5.56	5.00	6.67	10.00	14.29	28.57	–	–
3	25	4.00	2.86	4.17	5.56	5.00	6.67	9.09	12.50	25.00	–	–
4	32	4.00	2.50	3.33	4.17	4.00	5.00	7.69	11.11	20.00	–	–
5	40	3.33	2.22	3.33	4.17	4.00	5.00	6.25	10.00	16.67	8.33	25.00
6	50	3.33	2.00	3.33	4.17	3.33	4.00	5.56	9.09	14.29	8.33	20.00
7	65	2.50	1.67	2.86	3.33	3.33	4.00	5.00	8.33	12.50	6.67	13.33
8	80	2.50	1.67	2.86	3.33	2.86	3.33	4.55	7.41	–	5.88	11.11
9	100	2.22	1.54	2.86	3.33	2.86	3.33	4.17	6.45	–	5.00	9.09
10	125	1.67	1.43	2.86	3.33	2.86	3.33	–	–	–	5.00	7.69
11	150	1.43	1.25	2.50	2.86	2.50	2.86	–	–	–	5.00	6.25

表 7-64 成品管卡用量参考表（二） （单位：个/10m）

序号	公称直径（mm以内）	燃气管道							
		钢管		铜管		不锈钢管		铝塑复合管	
		垂直管	水平管	垂直管	水平管	垂直管	水平管	垂直管	水平管
1	15	4.00	4.00	5.56	8.33	5.00	5.56	6.67	8.33
2	20	3.33	3.33	4.17	5.56	5.00	5.00	4.00	5.56
3	25	2.86	2.86	4.17	5.56	4.00	4.00	4.00	5.56
4	32	2.50	2.50	3.33	4.17	4.00	4.00	3.33	5.00
5	40	2.22	2.22	3.33	4.17	3.33	3.33	3.33	4.17
6	50	2.00	2.00	3.33	4.17	3.33	3.33	2.86	4.17
7	65	1.67	1.67	–	–	3.33	3.33	–	–
8	80	1.54	1.54	–	–	3.33	3.33	–	–
9	100	1.43	1.43	–	–	2.86	2.86	–	–
10	125	1.25	1.25	–	–	–	–	–	–
11	150	1.00	1.00	–	–	–	–	–	–

2. 套管

当管道穿墙、楼板设套管时，应根据套管类型及材质分别进行计算。

一般穿墙、穿楼板的钢套管、塑料套管以及防火套管制作安装均以“个”为单位计算。执行计价定额“给排水、采暖、燃气工程”中“支架及其他”相应套管项目，套管制作安装项目已包含堵洞工作内容。刚性、柔性防水套管制作、安装均以“个”为单位计算，分别按工业管道安装工程相应子目计算综合单价。

套管在安装时，楼板内的套管其顶部应高出装饰地面 20mm；安装在卫生间和厨房内的套管其顶部应高出装饰地面 50mm；套管底部应与楼板底面相平。安装在墙内的套管两端应与装饰面相平。

穿过楼板的套管与管道之间缝隙应用阻燃密实材料和防水油膏填实，端面光滑。穿墙套管与管道之间缝隙宜用阻燃密实材料填实且端面应光滑，管道的接口不得设在套管内。

【例 7-5】 计算例 6-2 中消防泵房给水管道安装工程中穿池壁采用的柔性防水套管的综合单价。

解： 消防管道穿水池壁 *DN*250 柔性套管工程量：2 个

套用柔性防水套管制作计价定额 CH2689，制作费：562.82 元 ×2 =1125.64 元

未计价材料碳钢管 *DN*250：11.80×2×4.2 元 =99.12 元

套用柔性防水套管安装计价定额 CH2706，安装费：70.92 元 ×2 =141.84 元

综合单价：（1125.64+99.12+141.84）元 ÷2=683.30 元

综合单价计算结果见表 7-65。

表 7-65　套管安装工程量清单计价表

序号	项目编码	项目名称	项目特征描述	计量单位	工程量	综合单价（元）
3	031002003003	套管	1. 名称、类型：柔性防水套管 2. 材质：碳钢 3. 规格：*DN*250 4. 填料材质：油麻填料	个	2	683. 30

7.3.3　管道附件

1. 阀门

各种阀门安装，计价定额中均以“个”为计量单位。由于安装方式不同，费用也不同，计价定额计价时则按不同连接方式分别列项计算。阀门类别及价格则在未计价材料中体现区别。

法兰阀门、法兰式附件安装项目均不包括法兰安装，法兰均区分不同公称直径，以“副”为计量单位，应另行计算并套用相应法兰安装项目。承插盘法兰短管按照不同连接方式、公称直径，以“副”为计量单位。

2. 补偿器

微课 7-13

补偿器也称为膨胀节或伸缩器，如图 7-11 所示，均以“个”为计量单位。

a)　　b)　　c)

图 7-11　伸缩器

a) 波纹管补偿器　b) 法兰式伸缩器　c) 套筒式伸缩器

方形补偿器，如图 7-12 所示，以其所占的长度按管道安装工程量计算，方形补偿器的两臂按臂长的 2 倍合并在管道安装长度内计算；此外，方形补偿器制作安装应计算进入管道安装综合单价当中。

3. 水表

计价定额中普通水表、IC 卡水表安装不包括水表前的阀门安装，以“个”为单位计算。成组水表安装是依据《国家建筑标准设计图集》(05S502) 编制的，以“组”为单位计算。法兰水表（带旁通管）成组安装中三通、弯头均按成品管件考虑。定额项目中已包括标准设计图集中的旁通管安装，旁通连接管所占长度不再另计管道工程量。

4. 浮标液面计

计价定额中浮标液面计以“组”为计量单位进行计价，FQ-II 型液面计安装是按《采暖通风国家标准图集》（N102-3）编制的，若设计与国标不符时，可按实际设计类型做调整。

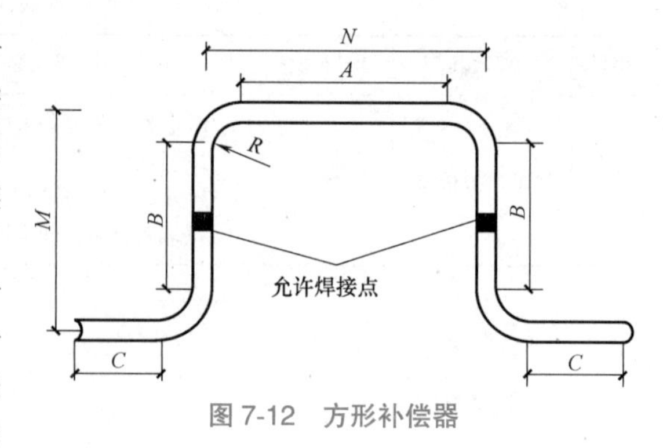

图 7-12　方形补偿器

水塔、水池浮漂水位标尺制作安装，计价定额中区分不同型号，以“组”为单位计算，计价定额中均按《全国通用给水排水标准图集》（S318）中相应的标尺安装图集编制。水位差及覆土厚度均已综合考虑，使用计价定额单价时不能调整。

7.3.4　卫生器具

卫生器具安装、计价定额均参照《排水设备及卫生器具安装》（2010 年合订本）中有关标准图集编制。

各类卫生器具安装项目包括卫生器具本体、配套附件、成品支托架安装。卫生器具配套附件是指给水附件（水嘴、金属软管、阀门、冲洗管、喷头等）和排水附件（下水口、排水栓、存水弯、与地面或墙面排水口间的排水连接管等）。各类卫生器具所用附件如随设备或器具配套供应时，不得重复计算材料费。除排水附件作为未计价材料计算的项目外，其余所有卫生器具安装所需存水弯，其材质均已综合考虑，不得换算。

各类卫生器具支托架如现场制作时，应单独计算支架制作工程量。

卫生器具与室内给排水管道连接的计算界线：

1）卫生器具与给水管道计算界限为卫生器具（含附件）前与管道系统连接的第一个连接件（角阀、三通、弯头、管箍等）。

2）卫生器具与排水管道计算界限为卫生器具出口处的地面或墙面的设计尺寸；地漏与排水管道计算界限为地面设计尺寸，考虑地漏所占长度。

1. 浴盆

浴盆安装适用于各种型号的浴盆，以“组”为单位计算。计价定额安装单价中仅包括浴盆本身的安装，如浴盆有支座和浴盆周边的砌砖及粘贴瓷砖，可另外按土建装饰工程列项计算。浴盆安装范围如图 7-13 所示。

浴盆冷热水带喷头若采用埋入式安装时，混合水管及管件消耗量应另行计算。按摩浴盆包括配套小型循环设备（过滤罐、水泵、按摩泵、气泵等）安装，其循环管路材料、配件等均按成套供货考虑。浴盆底部所需要填充的干砂材料消耗量另行计算。

2. 洗脸盆、洗手盆、洗涤盆

洗脸盆、洗手盆、洗涤盆安装适用于各种型号，以“组”为单位计算。计价定额单价中包括盆以及水嘴、角阀等附件安装，其水嘴、角阀主材在未计价材料中列出。

洗脸盆安装如图 7-14 所示。

3. 大便器

大便器安装的计价定额以“组”为单位计算。

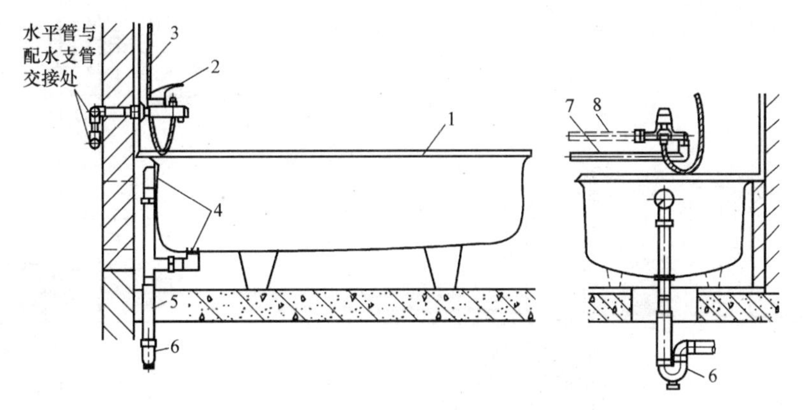

图 7-13　浴盆安装图

1—浴盆　2—浴盆龙头　3—软管　4—排水配件　5—排水管
6—存水弯　7—冷水管　8—热水管

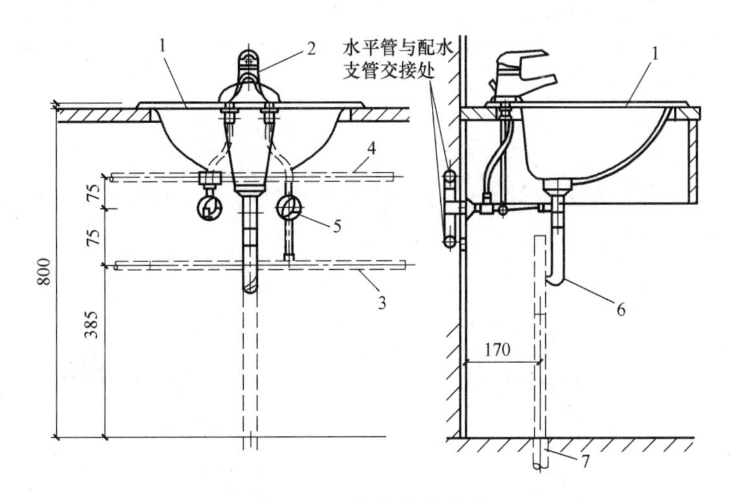

图 7-14　洗脸盆安装图

1—洗脸盆　2—龙头　3—冷水管　4—热水管　5—角阀　6—存水弯　7—排水管

坐式大便器安装如图 7-15 所示，蹲式大便器安装如图 7-16 所示。

蹲式大便器冲洗管的材质，计价定额单价中已综合考虑，材质不同不能换算。大便器安装所需存水弯，其材质在计价定额中均已综合考虑，不得换算。

液压脚踏卫生器具安装执行脚踏阀大便器定额，定额人工费乘以系数 1.3，液压脚踏装置材料消耗量另行计算。卫生器具所用液压脚踏装置包括配套的控制器、液压脚踏开关及其液压连接软管等配套附件。如水嘴、喷头等配件随液压阀及控制器成套供应时，不得重复计取材料费。

蹲式大便器安装，已包括了固定大便器的垫砖，但不包括大便器的蹲台砌筑，其应按土建工程单独列项计算。

特别注意，由于当前住宅建筑安装工程中，排水管道安装通常安装至与卫生洁具连接处，即楼地面位置，卫生洁具通常由住户自行安装。因此，对这类工程排水管安装计算至楼地面，包括存水弯与连接短管的安装；自行安装大便器则包括楼地面以上部分，不包括存水弯的安装。

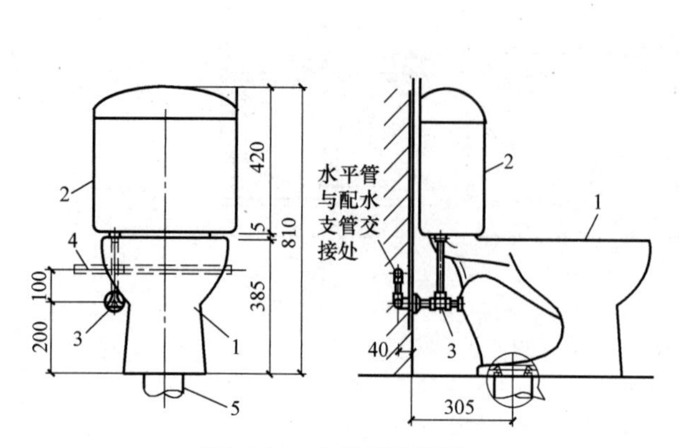

图 7-15　坐便器安装图

1—坐便器　2—坐便器低水箱　3—角型截止阀
4—冷水管　5—排水管

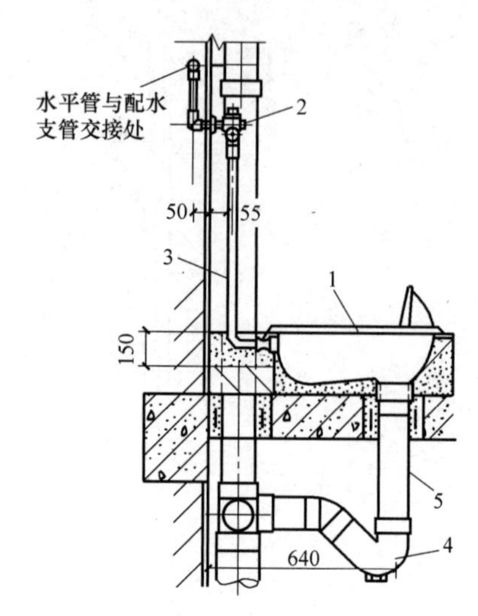

图 7-16　蹲式大便器安装图

1—蹲式大便器　2—冲洗阀　3—冲洗弯管
4—P 型存水弯　5—排水管

4. 淋浴器

淋浴器安装以“组”为单位计算。分为镀锌钢管组成、塑料管组成以及成套淋浴器三种类型。淋浴器安装如图 7-17 所示。

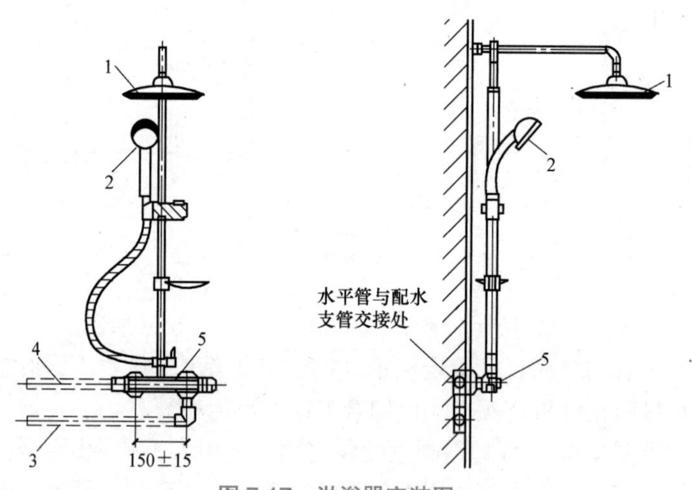

图 7-17　淋浴器安装图

1—挂墙式莲蓬头　2—手提式莲蓬头　3—冷水管　4—热水管　5—淋浴调温阀

5. 小便器

小便器安装以“组”为单位计算，小便器安装若使用小便器冲洗阀，冲洗阀按未计价材料考虑。小便器安装如图 7-18 所示。

小便槽冲洗管制作安装，以“m”为单位计算，不包括阀门安装，可按相应项目另计。

6. 淋浴间

淋浴间安装以“套”为单位计算。

7. 蒸汽 - 水加热器

蒸汽 - 水加热器安装以“套”为计量单位。

8. 冷热水混合器

冷热水混合器安装以“套”为计量单位，计价定额安装单价中不包括支架制作安装及阀门安装，应另外列项计算。

9. 水箱

水箱安装按成品水箱编制，如现场制作、安装水箱，水箱主材不得重复计算。水箱安装项目按水箱设计容量，以“台”为计量单位。钢板水箱制作分圆形、矩形，按水箱设计容量，以箱体金属重量“100kg”为计量单位。水箱消毒冲洗及注水试验用水按设计图示容积或施工方案计入。组装水箱的连接材料是按随水箱配套供应考虑的。

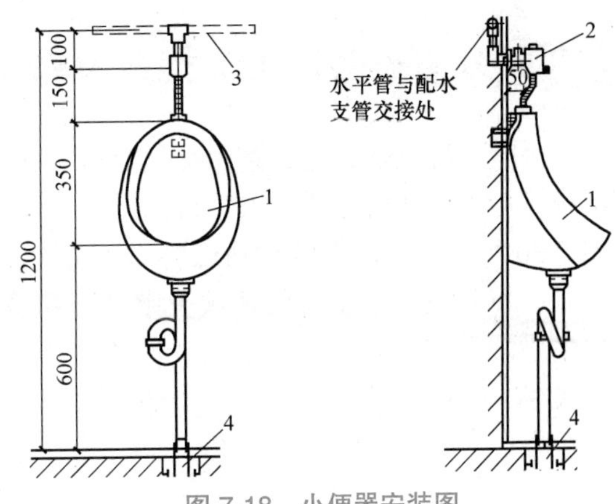

图 7-18　小便器安装图

1—小便器　2—冲洗阀　3—冷水管　4—排水管

7.3.5　管沟土方

1. 室内管沟土方工程量

室内埋地管道的土方应按照《房屋建筑与装饰工程工程量计算规范》中“土石方工程”相关项目执行。

如图 7-19 所示，管沟挖方工程量计算公式为

$$V=h\times b\times L \tag{7-1}$$

式中　h——沟深（m），坪至管底标高计算；

b——管沟底宽度（m），一般取 $DN50\sim DN75$：$b=0.6$m，$DN100\sim DN200$：$b=0.7$m；

L——沟长（m）。

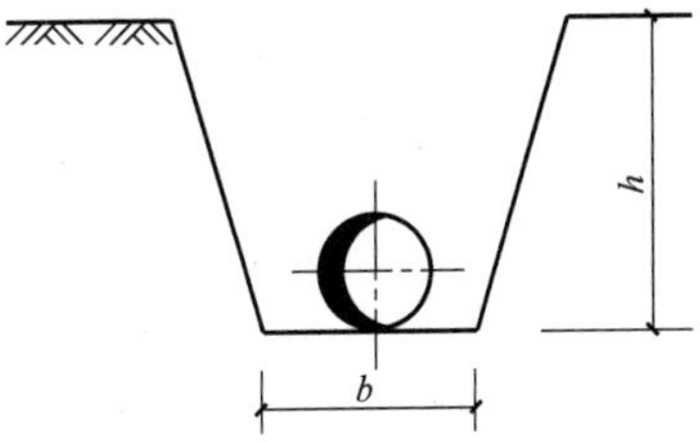

h

b

图 7-19　管沟断面图

室内土方回填工作已经在计价定额单价中给予考虑，不再重复计算。

2. 室外管沟土方挖填工程量

室外管沟土方工程及管道基础按《房屋建筑与装饰工程工程量计算规范》相关项目计算，工程量计算公式为

$$V=(b+kh)\times h\times L \tag{7-2}$$

式中　k——放坡系数。

其余符号含义同式（7-1）。

除了计算挖方工程量，还要考虑土方回填工程量。管道公称直径在 $DN500$ 以下的管沟回填土方量不扣除管道所占的体积，公称直径在 $DN500$ 以上的管沟回填土方量则需扣除管道所占的体积。

在计算管沟挖方量时不考虑检查井和排水管道接口处的加宽所产生的工程量，对于铸铁给水管道接口处操作坑工程量的增加按全部给水管沟土方的 2.5% 计。

7.4 采暖安装工程工程量清单计量

采暖也称供热，是给室内提供热量并保持一定温度，以达到适宜生活条件的技术。采暖系统是指为使建筑物达到采暖目的，由热源或供热装置、散热设备和管道等组成的网络，如图7-20所示。采暖系统按热媒种类可分为热水采暖、蒸汽采暖、热风采暖以及辐射采暖几大类；按采暖系统服务的区域大小可分为局部采暖、集中采暖和区域采暖，图7-21所示为集中供暖系统示意图。常用采暖设备及器具包括铸铁散热器、钢制散热器、光排管散热器、暖风机、辐射板等。

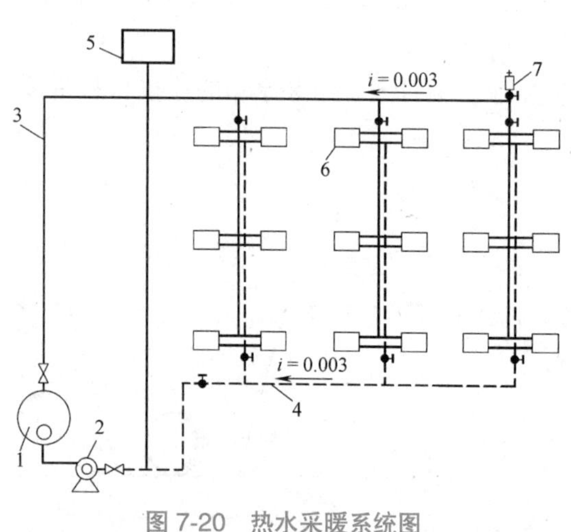

图7-20　热水采暖系统图

1—热水锅炉　2—循环泵　3—采暖供水管　4—采暖回水管　5—膨胀水箱　6—散热器　7—自动排气阀

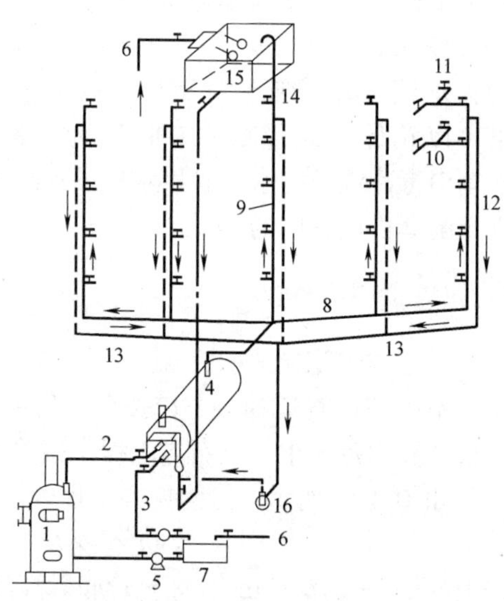

图7-21　集中供暖（热水）系统

1—锅炉　2—热媒上升管（蒸汽管）　3—热媒下降管（凝结水管）　4—水加热器　5—给水泵（凝结水泵）　6—给水管　7—给水箱（凝结水箱）　8—配水干管　9—配水立管　10—配水支管　11—配水龙头　12—回水立管　13—回水干管　14—透气管　15—冷水管　16—循环水泵

7.4.1　采暖管道及附件

采暖供热管道安装计量内容、方法见7.2.1中管道给排水、采暖、燃气管道安装相关内容，此处不再赘述。计量时仍然要考虑管道的室内室外界限。

采暖热源管道室内外界线划分：应以建筑物外墙皮1.5m为界，入口处设阀门者应以阀门为界；工业管道界线应以锅炉房或泵站外墙皮1.5m为界。

燃气管道室内外界线划分：地下室引入室内的管道应以室内第一个阀门为界；地上引入室内的管道应以墙外三通为界；室外燃气管道与市政燃气管道应以两者的碰头点为界。

7.4.2　供暖器具

本节主要介绍各种散热器的制作安装计量。散热器是供暖系统的末端装置，常见散热器安装在室内，通过散热器表面将供暖热媒携带的热量传递给供暖房间，弥补房间的传热损失，达到维持房间一定空气温度的目的。散热器按材质可分为铸铁、钢制、铝制、铜质散热器；按结构形式分为柱型、翼型、管型、板式、排管式散热器等；按其对流方式分为对流型和辐射型散热器。

各种散热器安装通常按材质、型号、规格、托架形式及做法、安装方式分别列清单项计算。

1. 铸铁散热器

铸铁散热器具有结构简单、防腐性好、使用寿命长、适用于各种水质、造价低、热稳定性好等优点，广泛用于低压蒸汽和热水采暖系统中。铸铁散热器按结构形式分为柱型、翼型、柱翼型和板翼型，如图 7-22 所示。

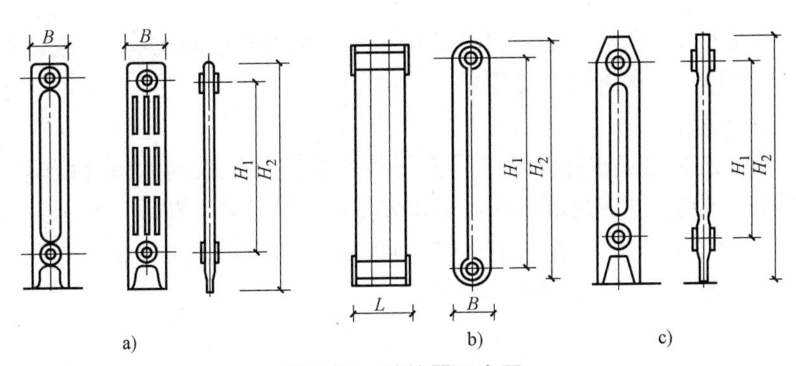

图 7-22　散热器示意图

a) 柱型散热器　b) 翼型散热器　c) 柱翼型散热器

散热器按设计图示数量以“片”或“组”计算。铸铁散热器安装列项，包括拉条制作安装。

工作内容：①组对、安装；②水压试验；③托架制作、安装；④除锈、刷油。

2. 钢制散热器

钢制散热器与铸铁散热器相比，金属耗量相对要少，而且耐压强度较高，外形美观，占地面积小，便于布置。因此现代家庭使用较为普遍。但相比铸铁散热器，钢制散热器耐腐蚀性差，使用寿命短。

钢制散热器结构形式包括闭式、板式、壁板式、扁管式及柱式散热器等，应分别列项，按设计图示数量以“组”或“片”计算。

工作内容：①安装；②托架安装；③托架刷油。

3. 光排管散热器

光排管散热器是用钢管焊制而成，构造简单、表面光滑，但耗钢材量大，多采用高压蒸汽作为热媒。可分为排形管（A 型）和回形管（B 型），如图 7-23 所示。按设计图示排管长度以“m”计算。长度计算时，每组光排管之间的连接管道长度不能计入光排管制作安装工程量中。

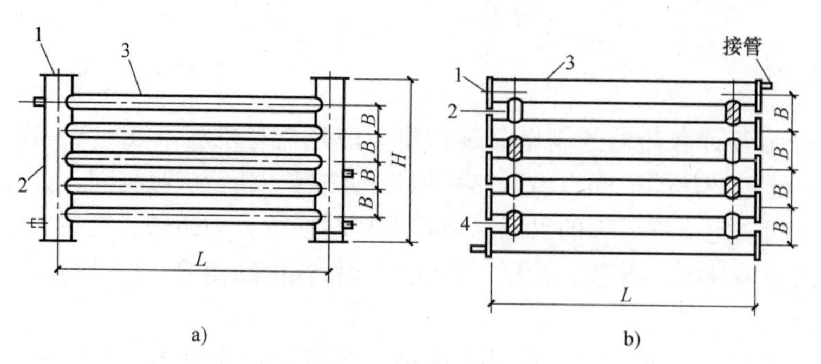

图 7-23　光排管散热器示意图

a) A 型排管散热器　b) B 型排管散热器

1—堵板　2—立管　3—排管　4—支撑管

工作内容：①制作、安装；②水压试验；③除锈、刷油。光排管散热器安装，包括联管制作安装。

4. 暖风机

暖风机是由吸风口、风机、空气加热器和送风口等部件组成的热风供暖设备。按设计图示数量以“台”计算，工作内容为安装。

5. 地板辐射采暖

地板辐射采暖是利用热水作热媒，通过埋设在建筑物地板内的辐射散热器设备（加热管）散发的热量来达到房间或局部工作点采暖要求的采暖方式。按设计图示采暖房间净面积“m^2”计算或按设计图示管道长度“m”计算，如图 7-24 所示。在计量时要区分管道的固定方式，即按固定卡或绑扎方式分别列项。

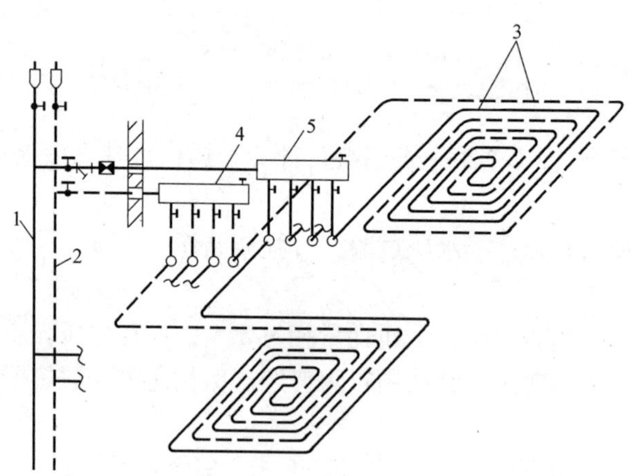

图 7-24　低温热水地板辐射采暖系统示意图

1—供热水管　2—回水管　3—加热管　4—集水器　5—分水器

工作内容：①保温层及钢丝网铺设；②管道排布、绑扎、固定；③与分水器连接；④水压试验、冲洗；⑤配合地面浇筑。

6. 热媒集配装置

热媒集配装置制作、安装按设计图示数量以“台”计算。

工作内容：①制作；②安装；③附件安装。

7. 集气罐

采暖系统中集气罐的作用是系统空气的收集，如图 7-25 所示。由于热水在加热的过程中会有一定的膨胀，并产生气泡，热水流经集气罐时热水中的空气便聚集在罐体的顶部，并从放气管排出，从而减少系统气阻的压力。集气罐通常安装在采暖系统的最高位置处。为方便操作，排气管引至有排水设施处，距地面不宜过高，防止烫伤人。

集气罐按设计图示数量“个”计算。

工作内容：①制作；②安装。

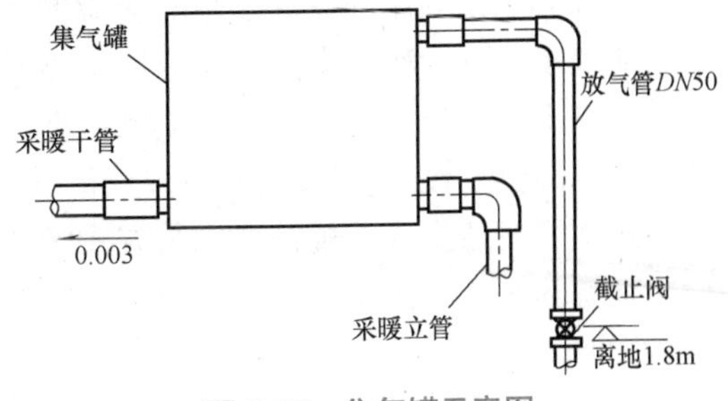

图 7-25 集气罐示意图

【例 7-6】 某职工宿舍楼热水采暖系统中采用 T-750 型辐射直翼对流散热器共 20 组，其中 10 组中每组 15 片，5 组中每组 18 片，另外 5 组中每组 16 片。散热器的工作压力 P=1.0MPa，落地安装。试编制该散热器安装工程量清单。

解：散热器工程量清单（10×15+5×18+5×16）片 =320 片

工程量清单见表 7-66。

表 7-66 分部分项工程量清单

序号	项目编码	项目名称	项目特征描述	计量单位	工程量	金额（元）		
						综合单价	合价	其中 暂估价
1	031005001001	铸铁散热器	1. 型号、规格：T-750 型辐射直翼对流散热器 2. 安装方式：落地安装 3. 托架：厂配	片	320			

7.4.3 采暖设备

采暖用设备除了给排水设备所包括的组成部分外，还包括太阳能集热装置、地源（水源、气源）热泵机组等。

1. 太阳能集热装置

采暖系统中，太阳能集热装置是通过吸收太阳辐射并将产生的热能传递到传热介质的装置，其功能相当于电热水器中的电加热管。按集热器的传热介质类型可分为液体集热器、空气集热器；按进入采光口的太阳辐射是否改变方向可分为聚光型集热器、非聚光型集热器；按集热器的工作温度范围可分为低温集热器、中温集热器、高温集热器；按集热板使用材料可分为纯铜集热板、铜铝复合集热板、纯铝集热板。

集热器应区分型号、规格、安装方式、附件名称及规格分别列项，以图示数量“套”计算。

工作内容：①安装；②附件安装。

2. 地源热泵机组

地源热泵是利用地下浅层地热资源的高效节能空调装置，即利用水与地能（地下水、土壤或地表水）进行冷热交换来作为地源热泵的冷热源，冬季采暖，夏季制冷。地源热泵根据安装方式不同可分为水平式地源热泵、垂直式地源热泵、地表水式地源热泵和地下水式地源热泵。地源热泵机组由压缩机、冷凝器、蒸发器、膨胀阀四部分组成。

机组安装按型号、规格、安装方式区别列项，以图示数量“组”计算。

地源热泵机组中接管以及接管上的阀门、软接头、减振装置和基础另行计算，应按相关项目编码列项。

3. 其他采暖设备

其他采暖设备包括电热水器、开水炉、直饮水设备等。均按类型、规格、型号区分列项，以图示数量“台”或“套”计算。工作内容包括成套设备及附件安装。

7.4.4　燃气器具及其他

燃气系统中管道安装计量内容、方法见7.2.1中管道给排水、采暖、燃气管道安装相关内容。本节主要介绍燃气器具及相关附件的安装计量。燃气器具包括燃气开水炉、燃气采暖炉、燃气沸水器、消毒器、燃气热水器、燃气表、燃气灶具、气嘴、点火棒、调压器、水封（油封）、燃气抽水缸、燃气管道调长器、引入口砌筑等。

1. 燃气器具安装

燃气开水炉、燃气采暖炉、燃气沸水器、消毒器、燃气热水器、燃气表、燃气灶具安装均按型号、规格及附件型号、规格不同分别列项，按设计图示尺寸以“台”计算。

2. 调压装置安装

调压器、调压箱、调压装置安装区分型号、规格及安装部位，按图示数量以“台”计算。

3. 燃气附属器件安装

1）包括气嘴、点火棒、燃气抽水缸、燃气管道调长器和调长器与阀门连接，安装时区分材质、规格及连接形式，以图示数量“个”计算。

2）水封（油封）区分材质、型号、规格及安装部位，按图示数量以“组”计算。

4. 引入口砌砖

砌砖工作计量时以“处”为单位计算。清单项目特征中应注明地上还是地下砌筑，同时描述清楚砌筑形式、材质以及保温、保护材料类型。

工作内容：①保温（保护）台砌筑；②填充保温（保护）材料。

7.4.5　采暖工程系统调试

采暖、空调水工程系统调试包括采暖工程系统调试与空调水系统的调试。采暖工程系统调整工程内容应包括在室外温度和热源进口温度按设计规定条件下，将室内温度调整到设计要求的温度的全部工作。

系统调试以“系统”为单位计算。

7.5 采暖安装工程工程量清单计价

本节主要依据《四川省建设工程工程量清单计价定额——通用安装工程》（简称计价定额）中“给排水、采暖、燃气工程”分册进行讲解。

7.5.1 采暖、燃气管道安装

采暖、燃气管道的工程量计算按设计图示管道中心线长度以延长米计算，不扣除阀门、管件（包括减压器、疏水器、水表、伸缩器等组成安装）及各种井类所占的长度。

7.5.2 供暖器具安装

供暖器具安装，计价定额中单价依据《全国通用暖通空调标准图集》T9N112“采暖系统及散热器安装”编制。各类型散热器不分明装或暗装，均按类型分别列项，散热器安装计价定额单价中均包括了托钩的安装人工和材料费。

1. 散热器安装

计价定额中不同散热器类型计价时采用的单位不一样。铸铁散热器、钢制闭式散热器安装均以“片”为单位计量；钢板式散热器和钢制柱式散热器以“组”为单位计算。

使用计价定额计价时要注意柱型和M132型铸铁散热器安装用拉条时，拉条工程量需要另外计算。散热器安装所需接口密封材料已含在计价定额安装材料费中。

2. 除锈、刷油

当铸铁散热器和光排管散热器需要单独除锈、刷油时，均应按计价定额中“刷油、防腐蚀、绝热工程”分册计算该部分工作产生的费用。

铸铁散热器除锈工程量按散热器本身的质量以“kg”为单位计算，散热器质量可参考相关产品的参数表。刷油工程量可参考散热片散热面积以“m^2”计算。

光排管散热器除锈、刷油均按管道表面积以“m^2”计算。

3. 水压试验

铸铁散热器和光排管散热器所需要进行的水压试验，在计价定额的安装单价中已经包含了水压试验产生的费用，因此不需再重复计算。

7.5.3 系统调试

1. 采暖工程系统调整费

按采暖系统工程定额人工费的10%计算，其中人工、机械各占35%。采暖工程系统调试费计算基础包括采暖工程中的管道、散热器、阀门安装及刷油等全部安装人工费。

2. 空调水系统调试费

空调水系统调整费按空调系统工程（含冷凝水管）定额人工费的10%计算，其中人工、机械各占35%。所计算出的调试费只含单机试运转和无负荷试运转费用，不含联合试运转费用。

7.5.4 与各定额分册的关系

给排水、采暖、燃气工程量清单计价过程中，由于工程内容的不同，所涉及的计价定额分册也不同，该分册和相关分册的关系如下：

1）工业管道、生产生活共用的管道、锅炉房和泵内配管以及高层建筑物内加压泵间的管道，执行《四川省建设工程工程量清单计价定额——通用安装工程》中的“工业管道工程”分册相应项目。

2）刷油、防腐蚀、绝热工程执行《四川省建设工程工程量清单计价定额——通用安装工程》中的“刷油、防腐蚀、绝热工程”分册相应项目。

3）室外埋地管道的土方及砌筑工程应按“建筑工程”相关项目执行；室内埋地管道的土方应套用安装计价定额相关项目。

4）各类泵、风机等传动设备安装执行“机械设备安装工程”分册相关项目。

5）锅炉安装执行，“热力设备安装工程”分册相应项目。

6）压力表、温度计执行“自动化控制仪表安装工程”分册相应项目。

7.6 给排水、采暖、燃气安装工程措施项目费

微课 7-23

7.6.1 安全文明施工费及其他措施项目

1. 安全文明施工费

安全文明施工措施清单编码为031302001，包括环境保护、文明施工、安全施工以及临时设施相关工作产生的费用。其计算公式为

安全文明施工费 = ∑分部分项工程单价措施项目（定额人工费 + 定额机械费）× 费率　（7-3）

2. 建筑物超高增加费

檐口高度20m以上的工业与民用建筑物进行安装时应计算建筑物超高增加费，按±0以上部分的定额人工费乘以表7-67系数计算，费用全部为人工。建筑物超高增加费，措施项目清单编码为031302007005。其计算公式为

建筑物超高增加费 = ±0以上分部分项工程定额人工费 × 建筑物超高系数　（7-4）

建筑物超高系数可按表7-67所示计算。

表7-67　建筑物超高系数

建筑物檐口（m）	≤40	≤60	≤80	≤100	≤120	≤140	≤160	≤180m	≤200m	200m以上每增20m
建筑物超高系数（%）	2	5	9	14	20	26	32	38	44	6

注：1. 檐口高度计算时，突出主体建筑物顶的电梯机房、楼梯出口间、水箱间、瞭望塔、排烟机房等不计入檐口高度。
2. 同一建筑物有不同檐高时，以不同檐高分别编码列项。

7.6.2 专业措施项目

1. 脚手架搭拆费

给排水、采暖工程脚手架搭拆费费率按定额人工费的5%计算，其中人工占35%，机械占5%。单独承担的室外埋地管道工程，不计取该费用。计算出的人工费仍然作为计取规费

的基础。措施项目清单编码为031301017013。其计算公式为

脚手架搭拆费 = 分部分项工程人工费 × 脚手架搭拆费费率　　(7-5)

其中　　人工工资 = 脚手架搭拆费 ×35%

【例7-7】 已知某给排水安装工程各分部分项工程费用为526000元，其中定额人工费为188000元，试计算该工程的脚手架搭拆费用。

解：脚手架费用：188000元 ×5%=9400元

其中人工费：9400元 ×35%=3290元

2. 操作高度增加费

操作高度增加措施清单编码借用房屋建筑与装饰工程清单编码011704001。

计价定额中工作物操作高度均以3.6m为界限，超过3.6m时，应计算超高施工增加费，按其超过部分（指由3.6m到操作物高度）的定额人工费乘以表7-68所示系数计算。

操作高度增加费 = 超高部分定额人工费 × 操作高度增加费系数　　(7-6)

表7-68　操作高度增加费系数

操作高度（m）	≤10	≤30	≤50
系数	1.10	1.20	1.50

3. 采暖工程系统调整费

采暖工程系统调整费按采暖系统工程定额人工费的10%计，其中人工、机械各占35%。编码为031009001。

4. 空调水工程系统调试费

空调水工程系统调试费按空调水系统工程（含冷凝水管）定额人工费的10%计算，其中人工、机械各占35%，编码为031009002。

本章小结

1. 本章主要从分部分项工程的角度介绍了给排水与采暖工程常见类型以及计量规则与计价方法。主要参考GB 50856—2013《通用安装工程工程量计算规范》及2020年《四川省建设工程工程量清单计价定额——通用安装工程》(三)的附录K给排水、采暖、燃气管道。

2. 给排水工程计量时可具体分为给水管道安装、排水管道安装、管道支架、套管制作安装、管道附件安装、卫生器具安装、给排水设备以及管道附属工程如管沟土石方等，计算时须注意计算界限的划分（与市政工程的界限、室内外工程的界限）。在计算给排水工程量时可先分给水与排水管道，给水管道计算时可按引入管—干管—支管—用水设备的顺序进行，排水管道计算可按排水设备—排水支管—排水立管—排水干管—室外排水管的顺序进行，即按流水方向和管径大小计算管道长度，然后计算管道附件，最后统计卫生器具的工程量。

3. 采暖安装工程计量可分为采暖管道安装、管道附件安装、采暖器具安装、采暖设备以及燃气器具安装；同时，采暖工程还需要考虑系统调试。

4. 在编制工程量清单时应依据《通用安装工程工程量计算规范》相关规则计算分部分项工程量，并列出项目特征。各种管道项目计量时通常分为室内和室外两部分，应分别列项计算。

5. 在进行分部分项工程量清单计价时，本章依据计价定额计算规则以及计价定额综合单价来完成。当一项清单需要有多个工作来完成时，则要考虑多个工作产生的费用，可根据各个工作的计价定额计量方法与计价定额单价综合计算出清单综合单价。

6. 措施项目计算，除安全文明施工费以外，应考虑脚手架搭拆工作费的计算。根据建筑物檐口高度是否超过20m确定是否计算建筑物超高增加费，根据安装操作物高度（3.6m）确定是否计算操作高度增加费。

7. 本章计价定额的工作内容除计价定额各节已说明的内容外，还包括工种间交叉配合的停歇时间、临时移动水电源、配合质量检查和施工地点范围内的设备、材料、成品、半成品、工器具的运输等。

思考题与习题

1. 熟悉给排水及采暖管道计量时室内外管道划分界限。
2. 给排水、采暖管道工程量的计量包括哪些内容？通常采用什么计算顺序？
3. 掌握给排水、采暖管道工程分部分项工程计量规则和综合单价确定方法。
4. 给排水、采暖安装工程中所涉及的措施项目费用包括哪些？

二维码形式客观题

微信扫描二维码，可自行做客观题，提交后可查看答案。

第8章 刷油、防腐蚀、绝热工程

刷油、防腐蚀是为了防止金属与外界介质相互作用，在表面发生化学或电化学反应而引起损坏。防护的方法主要有：①表面覆盖保护层，最简单的是除锈后刷油、镀或衬；②采用抗蚀或耐蚀的合金，如不锈钢；③电化学防护法，如阴极保护或阳极保护；④环境处理法，除去环境中有害成分，在介质中加阻化剂或缓蚀剂。

一般热力管道在输热运行中热损失达到12%~22%，绝热保温对节约能源意义重大。绝热工程就是利用导热系数小的绝热保温材料阻止热量转移，防止能量损失。

本章适用于新建、扩建项目中的设备、管道、金属结构等的刷油、防腐蚀、绝热工程。

8.1 刷油、防腐蚀、绝热工程工程量清单计量

本节内容对应《通用安装工程工程量计算规范》附录M，共10个分部，见表8-1。

表8-1 刷油、防腐蚀、绝热工程分部及编码

编码	分部工程名称
031201	M.1 刷油工程
031202	M.2 防腐蚀涂料工程
031203	M.3 手工糊衬玻璃钢工程
031204	M.4 橡胶板及塑料板衬里工程
031205	M.5 衬铅及搪铅工程
031206	M.6 喷镀（涂）工程
031207	M.7 耐酸砖、板衬里工程
031208	M.8 绝热工程
031209	M.9 管道补口补伤工程
031210	M.10 阴极保护及牺牲阳极

8.1.1 刷油工程

油漆是金属防腐用得最广的一种涂料，涂于物体表面，经自干或烘干后结成坚韧的保护膜，防止金属腐蚀。油漆品种繁多，施工方法有刷涂、刮涂、浸涂、淋涂和喷涂。一般是先

刷底漆，再刷面漆。刷漆的种类、遍数、工艺依据设计图样的要求。

根据刷油的工艺顺序不同，可以分为不绝热刷油和绝热层上刷油。

1. 管道、设备筒体刷油

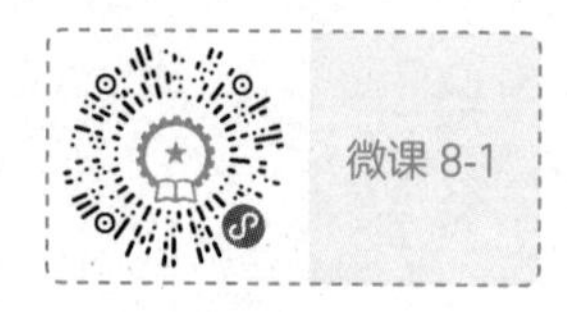

项目特征需说明除锈级别、油漆品种、涂刷遍数、漆膜厚度、标志色方式及品种。可以“m²”或“m”为计量单位。以“m²”计量，按设计图示表面积尺寸以面积计算；以“m”计量，按图示中心线以延长米计算，不扣除附属构筑物、管件及阀门等所占长度。

（1）不绝热刷油　刷油工程量按表面积展开尺寸计算，其计算见式（8-1）。设备筒体、管道表面积包括管件、阀门、法兰、人孔、管口凹凸部分。

$$S=\pi \times D \times L \tag{8-1}$$

式中　S——设备筒体、管道刷油工程量（m^2）；

π——圆周率；

D——设备或管道直径（m）；

L——设备筒体高或管道延长米（m）。

（2）绝热层上刷油　刷油工程量根据绝热层厚度形成的表面积计算，如图 8-1 所示。其计算式为

$$\begin{aligned} S&= L \times \pi \times (D+2\delta+2\delta \times 5\%+2d_1+3d_2) \\ &=L \times \pi \times (D+2.1\delta+2d_1+3d_2) \end{aligned} \tag{8-2}$$

式中　L——管道长（m）；

D——管道外径（m）；

δ——绝热保温层厚度（m）；

5%——绝热层厚度允许偏差（调整系数）；硬质材料 5%，软质材料 8%，均不允许负偏差；

d_1——绑扎绝热层的厚度，金属线网或钢带厚度，如 16 号铅丝 $2d_1=0.0032$；

d_2——防潮层厚度，如 350g 油毡纸，$3d_2=0.005$。

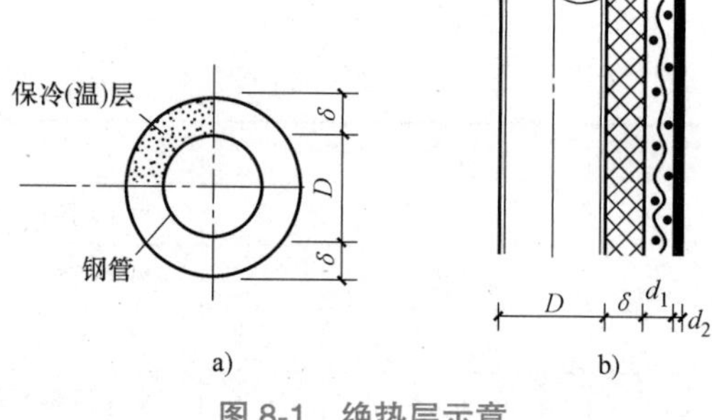
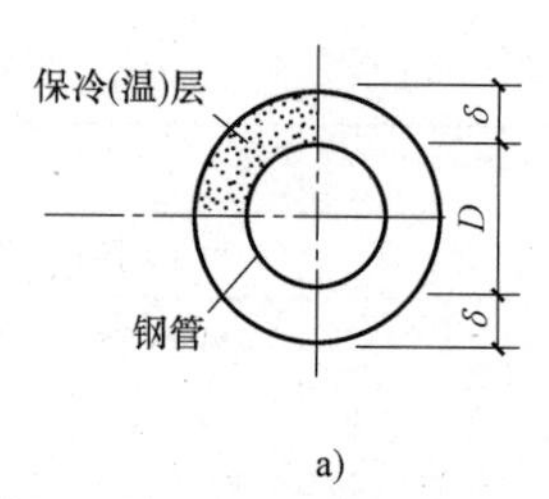

图 8-1　绝热层示意

因此，若在硬质材料上做绝热，采用 16 号铅丝捆扎绝热层，350g 油毡纸做防潮层，则

$$S= L \times \pi \times (D+2.1\delta+0.0082)$$

2. 带封头的设备刷油

（1）不绝热刷油　按设备外表展开面积计算，见式（8-3）～式（8-5）。设备封头如图 8-2 所示。

设备筒体：　$$S_{筒体}=\pi \times D \times L \tag{8-3}$$

平封头：　$$S_{平封头}=2\pi (D/2)^2 \tag{8-4}$$

圆封头：　$$S_{圆封头}=2\pi (D/2)^2 \times 1.6 \tag{8-5}$$

微课 8-2

式中　1.6——圆封头展开面积系数。

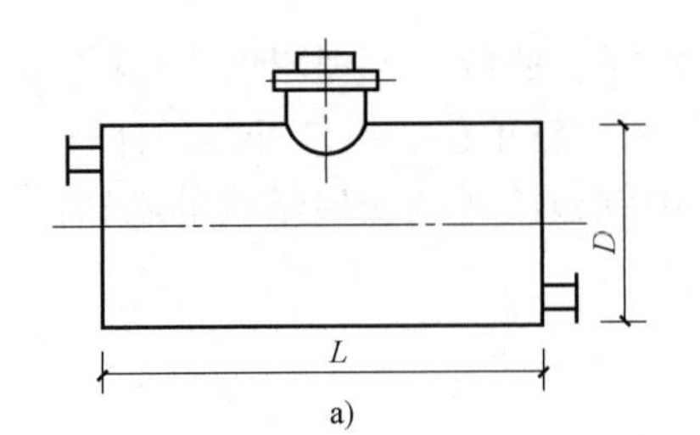

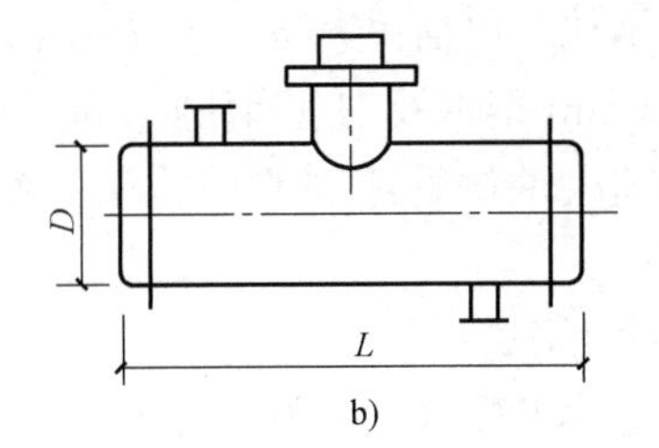

图 8-2　设备封头

a) 平封头　b) 圆封头

综合考虑平封头、圆封头，设备刷油工程量计算公式简化为

$$S=\pi\times D\times L+(D/2)^2\times\pi\times K\times N \tag{8-6}$$

式中　S——带封头的设备刷油工程量（m^2）；

K——1.5；

N——封头个数。

（2）绝热层上刷油　平封头或圆封头设备绝热结构表面积示意如图 8-3 所示。

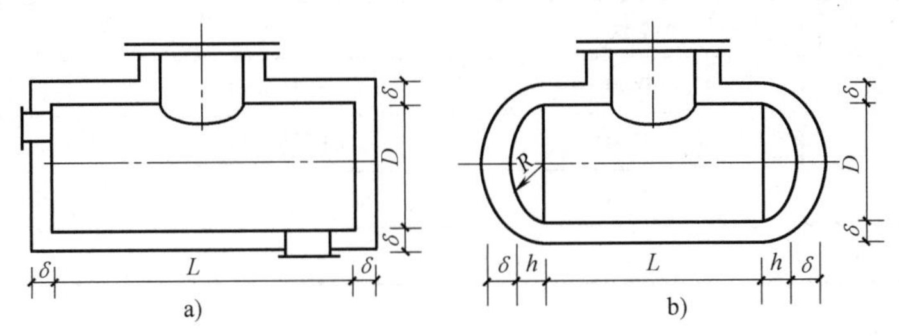

图 8-3　设备绝热结构表面积示意

a) 平封头设备绝热　b) 圆封头设备绝热

$$S_{平}=(L+2.1\delta)\times\pi\times(D+2.1\delta)+2\pi\left[(D+2.1\delta)/2\right]^2 \tag{8-7}$$

式中　$S_{平}$——平封头设备绝热层刷油工程量。

$$S_{圆}=(L+2.1\delta)\times\pi\times(D+2.1\delta)+2\pi\left[(D+2.1\delta)/2\right]^2\times1.6 \tag{8-8}$$

式中　$S_{圆}$——圆封头设备绝热层刷油工程量。

人孔或管接口绝热后刷油如图 8-4 所示。设备人孔及管接口绝热表面刷油工程量按下式计算

$$S=(d+2.1\delta)\times\pi\times(h+1.05\delta) \tag{8-9}$$

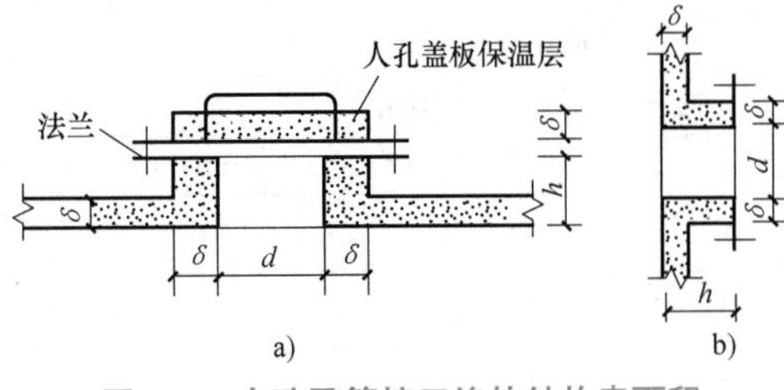

图 8-4　人孔及管接口绝热结构表面积

a) 人孔　b) 管接口

3. 金属结构刷油

项目特征需说明除锈级别、油漆品种、结构类型、涂刷遍数及漆膜厚度。结构类型是指涂刷金属结构的类型，如一般钢结构、管廊钢结构、H 型钢钢结构等类型。金属结构刷油可以“m^2”或“kg”为计量单位。以“m^2”计量，按设计图示表面积尺寸以面积计算；以“kg”计量，按金属结构的理论质量计算。

一般钢结构（包括吊、支、托架、梯子、栏杆、平台）、管廊钢结构以“kg”为计量单位；大于400mm型钢及H型钢制结构以“m²”为计量单位，按展开面积计算。由钢管组成的金属结构的刷油按管道刷油相关项目编码，由钢板组成的金属结构的刷油按H型钢刷油相关项目编码。

4. 铸铁管刷油

铸铁管刷油工程量，按下式计算

$$S=\pi \times D \times L+\text{承口展开面积}=1.2\pi \times D \times L \tag{8-10}$$

式中　1.2——承口展开面积系数。

5. 铸铁散热片刷油

项目特征需说明除锈级别、油漆品种、涂刷遍数及漆膜厚度。可以“m²”或“m”为计量单位。以“m²”计量，按设计图示表面积尺寸以面积计算；以“m”计量，按设计图示尺寸以长度计算。

散热片刷油面积即为散热片散热面积，如表8-2所示。

表8-2　铸铁散热片面积

铸铁散热片 S（m²/片）		铸铁散热片 S（m²/片）	
长翼型（大60）	1.20	四柱813	0.28
长翼型（小60）	0.90	四柱760	0.24
圆翼型80	1.80	四柱640	0.20
圆翼型50	1.50	M132	0.24
二柱	0.24		

6. 无缝钢管刷油

无缝钢管刷油工程量可直接从计价定额附录“无缝钢管绝热、刷油工程量计算表”中查取。表8-3为无缝钢管绝热、刷油工程量计算表（部分）。

表8-3　无缝钢管绝热、刷油工程量计算表（部分）

序号	管道外径（mm）	绝热层厚度（mm）							
		0		20		25		30	
		体积（m³）	面积（m²/100m）	体积（m³）	面积（m²/100m）	体积（m³）	面积（m²/100m）	体积（m³）	面积（m²/100m）
1	14.00	—	4.40	0.23	20.16	0.33	23.47	0.43	26.77
2	17.00	—	5.34	0.25	21.11	0.35	24.41	0.46	27.71
3	18.00	—	5.65	0.25	21.42	0.35	24.72	0.48	28.02
4	21.20	—	6.66	0.27	22.43	0.38	25.73	0.51	29.03
5	21.30	—	6.69	0.27	22.46	0.38	25.76	0.51	29.06
6	21.70	—	6.82	0.28	22.59	0.38	25.89	0.52	29.19

（续）

序号	管道外径（mm）	绝热层厚度（mm）							
		0		20		25		30	
		体积（m^3）	面积（m^2/100m）	体积（m^3）	面积（m^2/100m）	体积（m^3）	面积（m^2/100m）	体积（m^3）	面积（m^2/100m）
7	22.00	—	6.91	0.28	22.68	0.39	25.98	0.52	29.28
8	24.50	—	7.70	0.29	23.47	0.41	26.77	0.54	30.07
9	25.00	—	7.85	0.30	23.62	0.41	26.92	0.55	30.22
10	25.30	—	7.95	0.30	23.72	0.41	27.02	0.55	30.32
11	27.20	—	8.55	0.31	24.32	0.43	27.61	0.57	30.91
12	28.00	—	8.79	0.32	24.57	0.43	27.87	0.58	31.16

绝热层厚度为 0 时对应的面积即为相应管道外径无缝钢管的不绝热刷油工程量；不同绝热层厚度对应的面积即为相应管道外径无缝钢管的绝热刷油工程量。

7. 灰面、布面、气柜、玛蹄脂面刷油

项目特征需说明油漆品种、涂刷遍数及漆膜厚度、涂刷部位。布面刷油还需说明布面品种；气柜刷油和玛蹄脂面刷油还需说明除锈级别。灰面、布面、气柜、玛蹄脂面刷油均以“m^2”为计量单位，按设计图示表面积计算。

涂刷部位是指涂刷表面的部位，如设备、管道等部位。

8. 喷漆

项目特征需说明除锈级别、油漆品种、喷涂遍数和漆膜厚度、喷涂部位。以“m^2”为计量单位，按设计图示表面积计算。

【例 8-1】 某住宅区室外热水管网平面布置如图 8-5 所示。

1）该管道系统工作压力为 1.0MPa，热水温度为 95℃，图中平面尺寸均以相对坐标标注，单位以 m 计，详图尺寸以 mm 计。

2）管道敷设管沟（高 600mm× 宽 800mm）内，管道均采用 20 号碳钢无缝钢管，弯头采用成品冲压弯头、异径管，三通现场挖眼连接，管道系统全部采用手工电弧焊接。

3）闸阀型号为 Z41H-1.6，止回阀型号为 H41H-1.6，水表采用水平螺翼式法兰连接，管网所用法兰均采用碳钢平焊法兰连接。

4）管道支架为型钢横担，管座采用碳钢板现场制作，$\Phi325\times8$ 管道每 7m 设一处，每处质量为 16kg；$\Phi159\times6$ 管道每 6m 设一处，每处质量为 15kg；$\Phi108\times5$ 管道每 5m 设一处。每处质量为 12kg，其中施工损耗率为 6%。

5）管道安装完毕用水进行水压试验和消毒冲洗，之后管道外壁进行除锈，刷红丹防锈漆两遍。外包岩棉管壳（厚度为 60mm）作绝热层。外缠铝箔作保护层（阀门、法兰、弯头绝热工程量暂不计）。

6）管道支架进行除锈后，均刷红丹防锈漆、调和漆各两遍。

试对上述刷油工程进行清单列项。

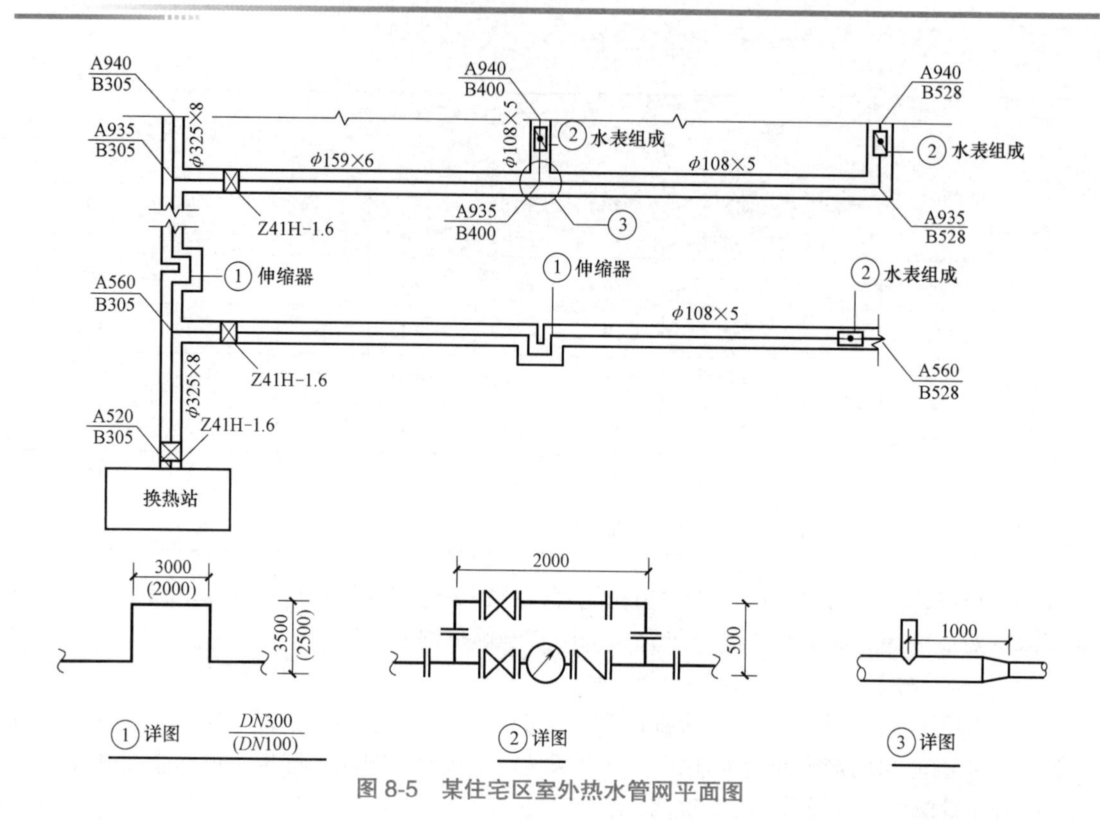

图 8-5　某住宅区室外热水管网平面图

解：上述刷油相关工作的分部分项工程量清单见表 8-4。

表 8-4　分部分项工程和单价措施项目清单与计价表

序号	项目编码	项目名称	项目特征	计量单位	工程数量
1	031001002001	钢管	室外管沟，热水管道，20号碳钢无缝钢管，Φ325×8，电弧焊接，水压试验，水消毒冲洗，方形补偿器一个	m	427
2	031001002002	钢管	室外管沟，热水管道，20号碳钢无缝钢管，Φ159×6，电弧焊接，水压试验，水消毒冲洗，方形补偿器一个	m	96
3	031001002003	钢管	室外管沟，热水管道，20号碳钢无缝钢管，Φ108×5，电弧焊接，水压试验，水消毒冲洗，方形补偿器一个	m	365
4	031002001001	管道支架	型钢横担，管座碳钢板现场制作	kg	2092
5	031201001001	管道刷油	除锈，刷红丹防锈漆两遍	m^2	607. 46
6	031201003001	金属结构刷油	管道型钢支架，除锈，刷红丹防锈漆、调和漆各两遍	kg	2092

相关工程量计算：

Φ325×8：（940−520）m+2×3.5m=420m+7m=427m

Φ159×6：（400−305）m+1m=96m

Φ108×5:(528−305+2×2.5) m+（528−400−1）m+（940−935）m×2=228m+127m+10m=365m

管道支架:(427÷7×16) kg+ (96÷6×15) kg+ (365÷5×12) kg=976kg+240kg+876kg=2092kg

管道刷油：$3.14\times0.325\times427\text{m}^2+3.14\times0.159\times96\text{m}^2+3.14\times0.108\times365\text{m}^2=607.46\text{m}^2$

该工程管道为 20 号碳钢无缝钢管，因此刷油工程量还可以通过计价定额“附录无缝钢管绝热、刷油工程量计算表”中查取计算：

$102.01\times427/100\text{m}^2+50\times96/100\text{m}^2+33.91\times365/100\text{m}^2=607.35\text{m}^2$

查表计算与公式计算的误差仅为小数点的偏差，两种方法在实践中均可选用。

8.1.2　防腐蚀涂料工程

1. 设备、管道、一般钢结构、管廊钢结构防腐蚀

项目特征需说明除锈级别、涂刷（喷）品种、分层内容、涂刷（喷）遍数及漆膜厚度。分层内容是指应注明每一层的内容，如底漆、中间漆、面漆及玻璃丝布等内容。

设备防腐蚀按设计图示表面积以“m^2”计。

管道防腐蚀可以“m^2”或“m”为计量单位。以“m^2”计量，按设计图示表面积尺寸以面积计算；以“m”计量，按图示中心线以延长米计算，不扣除附属构筑物、管件及阀门等所占长度。

一般钢结构、管廊钢结构防腐蚀按钢结构的理论质量以“kg”计。

1）设备筒体、管道防腐蚀工程量计算公式与刷油工程量相同，只不过防腐不是刷普通油漆而是刷防腐涂料。需计算阀门、弯头、法兰的防腐蚀工作量，其余同“不绝热刷油”。

图 8-6　阀门

2）阀门（图 8-6）防腐蚀工程量计算公式为

$$S=\pi\times D\times2.5D\times K\times N \tag{8-11}$$

式中　D——直径；

K——1.05；

N——阀门个数。

3）弯头（图 8-7）防腐蚀工程量计算公式为

$$S=\pi\times D\times1.5D\times K\times2\pi\times N/B \tag{8-12}$$

式中　D——直径；

K——1.05；

N——弯头个数；

B——定值，90° 弯头 B=4，45° 弯头 B=8。

4）法兰（图 8-8）防腐蚀工程量计算公式为

$$S=\pi\times D\times1.5D\times K\times N \tag{8-13}$$

式中　D——直径；

K——1.05；

N——法兰个数。

5）设备和管道法兰翻边（图 8-9）防腐蚀工程量计算公式为

$$S=\pi\times(D+A)\times A \tag{8-14}$$

式中　D——直径；

A——法兰翻边宽。

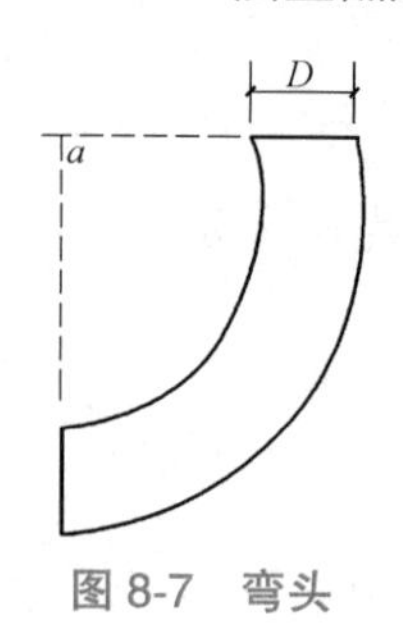

图8-7　弯头

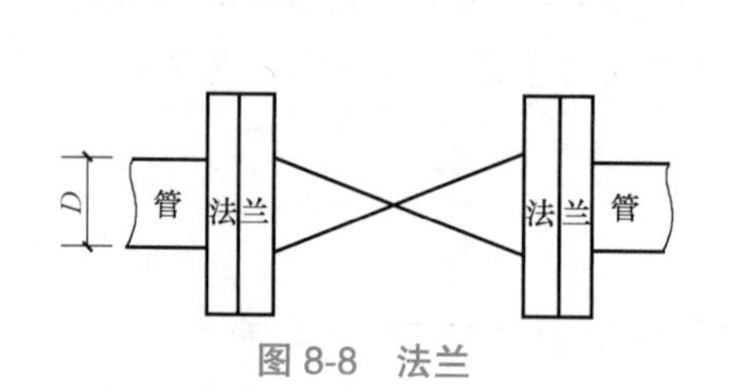

图8-8　法兰

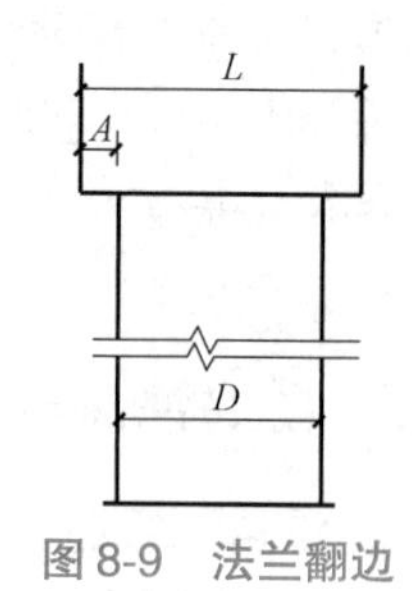

图8-9　法兰翻边

6）带封头的设备防腐工程量计算公式为

$$S=L\times\pi\times D+(D2/2)\times\pi\times1.5\times N \tag{8-15}$$

式中　N——封头个数；

1.5——综合考虑平封头和圆封头后的系数值。

2. 防火涂料

项目特征需说明除锈级别、涂刷（喷）品种、涂刷（喷）遍数及漆膜厚度、耐火极限（h）、耐火厚度（mm）。防火涂料按设计图示表面积以“m^2”计。

3. H型钢制钢结构防腐蚀、金属油罐内壁防静电

项目特征需说明除锈级别、涂刷（喷）品种、分层内容、涂刷（喷）遍数及漆膜厚度。以“m^2”为计量单位，按设计图示表面积计算。

4. 埋地管道防腐蚀、环氧煤沥青防腐蚀

项目特征需说明除锈级别、刷缠品种、分层内容、刷缠遍数。可以“m^2”或“m”为计量单位。以“m^2”计量，按设计图示表面积尺寸以面积计算；以“m”计量，按图示中心线以延长米计算，不扣除附属构筑物、管件及阀门等所占长度。

5. 涂料聚合一次

项目特征需说明聚合类型、聚合部位。以“m^2”为计量单位，按设计图示表面积计算。

以上分项工程，如设计要求热固化，则应在项目特征里注明。计算设备、管道内壁防腐蚀工程量时，当壁厚大于10mm时，按其内径计算；当壁厚小于10mm时，按其外径计算。

8.1.3　手工糊衬玻璃钢工程

碳钢设备糊衬项目特征需说明除锈级别、糊衬玻璃钢品种、分层内容、糊衬玻璃钢遍数；塑料管道增强糊衬项目特征需说明糊衬玻璃钢品种、分层内容、糊衬玻璃钢遍数；各种玻璃钢聚合项目特征需说明聚合次数。手工糊衬玻璃钢工程均以“m^2”为计量单位，按设计图示表面积计算。遍数是指底漆、面漆、涂刮腻子、缠布层数。如设计对胶液配合比、材料品种有特殊要求，需在项目特征里说明。

8.1.4　橡胶板及塑料板衬里工程

塔或槽类设备衬里、锥形设备衬里、多孔板衬里、管道衬里、阀门衬里、管件衬里、金属表面衬里项目特征均需说明除锈级别、衬里品种、衬里层数，此外，根据项目各自特征，还需说明设备直径、管道规格、阀门规格或管件名称及规格。以“m^2”为计量单位，按设计图示表面积计算。热硫化橡胶板如设计要求采取特殊硫化处理需注明。塑料板搭接如设计要求采取焊接需注明。带有超过总面积 15% 衬里零件的贮槽、塔类设备需说明。

8.1.5　衬铅及搪铅工程

衬铅及搪铅工程分为设备衬铅、型钢及支架包铅、设备封头或底搪铅、搅拌叶轮或轴类搪铅 4 个分项。项目特征需说明除锈级别、衬铅方法、铅板厚度或搪层厚度。以“m^2”为计量单位，按设计图示表面积计算。设备衬铅如设计要求安装后再衬铅需在项目特征里注明。

8.1.6　喷镀（涂）工程

设备、管道、型钢喷镀（涂）项目特征需说明除锈级别、喷镀（涂）品种、喷镀（涂）厚度、喷镀（涂）层数。设备喷镀（涂）可以“m^2”或“kg”为计量单位：以“m^2”计量，按设计图示表面积尺寸以面积计算；以“kg”计量，按设备零部件质量计量。管道、型钢喷镀（涂）以“m^2”为计量单位，按设计图示表面积计算。

一般钢结构喷（涂）塑项目特征需说明除锈级别、喷（涂）镀品种，以“kg”为计量单位，按图示金属结构质量计算。

8.1.7　耐酸砖、板衬里工程

1. 圆形设备耐酸砖、板衬里

项目特征需说明除锈级别、衬里品种、砖厚度及规格、板材规格、设备形式、设备规格、抹面厚度、涂刮面材质。以“m^2”为计量单位，按设计图示表面积计算。圆形设备形式是指立式或卧式。

2. 矩形设备耐酸砖、板衬里

项目特征需说明除锈级别、衬里品种、砖厚度及规格、板材规格、设备规格、抹面厚度、涂刮面材质。以“m^2”为计量单位，按设计图示表面积计算。

3. 锥（塔）形设备耐酸砖、板衬里

项目特征需说明除锈级别、衬里品种、砖厚度及规格、板材规格、设备规格、抹面厚度、涂刮面材质。以“m^2”为计量单位，按设计图示表面积计算。

4. 供水管内衬

项目特征需说明衬里品种、材料材质、管道规格型号、衬里厚度。以“m^2”为计量单位，按设计图示表面积计算。

5. 衬石墨管接

项目特征需说明规格。以“个”为计量单位，按图示数量计算。

6. 耐酸砖板衬砌体热处理

项目特征需说明部位。以“m^2”为计量单位，按设计图示表面积计算。

以上耐酸砖、板衬里工程中，硅质耐酸胶泥衬砌块材如设计要求勾缝需注明；衬砌砖、板如设计要求采用特殊养护需注明；胶板、金属面如设计要求脱脂需注明；设备拱砌筑需注明。矩形设备衬里按最小边长，按塔、槽类设备衬里相关项目编码。

8.1.8　绝热工程

1. 绝热保温结构组成

绝热是降低能源消耗的一种措施。绝热（保冷）是为了减少冷载体（液氨、液氮、液氯、冷冻盐水、低温水等）的冷效率损失；保温是为了减少热载体（热蒸汽、饱和蒸汽、热水、热烟气等）的热量损失。

保温结构组成：防腐层→保温层→保护层→识别层。

绝热结构组成：防腐层→保冷层→防潮层→保护层→识别层。

1）防腐层是为防止大气、雨水或某些绝热（冷）材料对管道、设备的腐蚀而设置的。形成防腐层的方法有：保温的碳钢管道、设备表面，一般刷 2 遍红丹漆或防锈漆；保冷的碳钢管道、设备表面，一般刷 2 遍沥青漆；高温管道和设备表面不刷防腐漆。

2）保温（冷）绝热层是采用传热系数低的材料防止热效率或冷效率损失的一层。保温（冷）绝热层根据保温（冷）材料制品的形状不同，其施工安装方法有拼砌式、包扎式、填充式、喷涂式、浇注式及粘贴式等。

保温（冷）材料有下列种类：

a. 纤维类制品：矿棉、岩棉、玻璃棉、超细玻璃棉、泡沫石棉制品、硅酸铝制品等。一般用填充式、喷涂式、胶泥涂抹式等施工。

b. 泡沫类制品：聚苯乙烯泡沫塑料、聚氨酯泡沫塑料。一般用包扎式、缠绕式、喷涂式或粘贴式等施工。

c. 毡类制品：岩棉毡、矿棉毡、玻璃棉毡制品。一般用包扎式、缠绕式或粘贴式等施工。其中铝箔玻璃棉筒及铝箔玻璃棉毡保温材料，安装极为方便，套在或缠绕在管道及设备上，用胶钉粘上或用铝箔粘合带粘连成整体即成保温层。

d. 硬质材料类：珍珠岩制品、泡沫玻璃制品、硅酸钙制品、蛭石制品等。制品为瓦状、块状的预制块，一般用镀锌铅丝或镀锌铅丝网绑扎成形，再抹石棉水泥保护壳而成。

3）防潮层一般用于保冷管道或设备。管道或设备内输送冷载体时，大气中的水分子凝结成水珠，浸入保冷层，使其浸湿降低性能，或霉变而损坏，因此设置防潮层。施工方法有两种，即涂抹法和绑扎法。一般用阻燃沥青胶或沥青漆，缠绕粘贴聚乙烯薄膜、玻璃丝布等而成。

4）保护层是为防止雨水对保温层、保冷层、防潮层等的侵蚀或机械碰撞而设置的，能起到延长寿命、增加美观的作用。保护层有两种：一种是金属保护层，如镀锌钢板或铝板扣贴在保温层或防潮层上；另一种是非金属保护层，如复合制品紧贴在保温层或防潮层上。

5）识别层一般在保护层上涂刷色漆，作为对设备或管道输送的介质、压力等的标识，也起保护作用。

2. 设备、管道绝热

项目特征需说明绝热材料品种、绝热厚度、设备形式或管道外径、软木品种。设备形式是指立式、卧式或球形。设备、管道绝热以“m^3”为计量单位，按图示表面积加绝热层厚度及调整系数计算。

微课 8-5

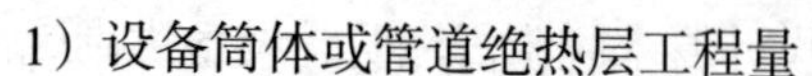

1）设备筒体或管道绝热层工程量

$$V=\pi\times(D+1.033\delta)\times1.033\delta\times L \tag{8-16}$$

式中　D——直径（m）；

1.033——调整系数（保温层偏差）；

δ——绝热层厚度（m）；

L——设备筒体高或管道延长米（m）。

2）单管伴热或双管伴热，管径相同，夹角小于 90° 时，如图 8-10 所示，伴热管道综合值计算公式为

$$D'=D_1+D_2+（10\sim20mm） \tag{8-17}$$

式中　D'——伴热管道综合值（mm）；

D_1——主管道直径（mm）；

D_2——伴热管道直径（mm）；

10~20mm——主管道与伴热管道之间的间隙。

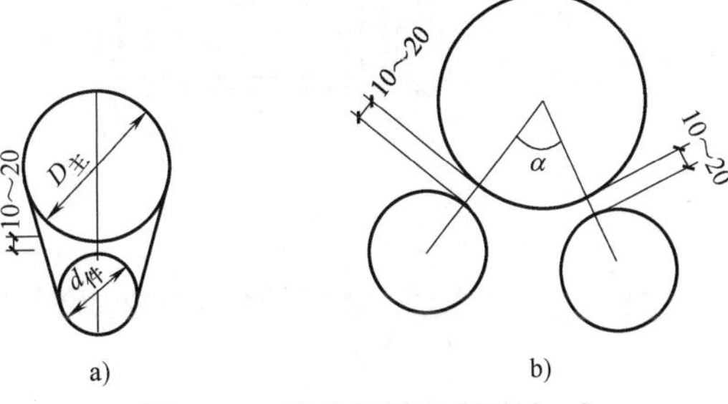

图 8-10　伴热管道示意图（一）

a) 单管伴热　b) 双管伴热

3）双管伴热，管径相同，夹角大于 90° 时，如图 8-11 所示，伴热管道综合值计算公式为

$$D'=D_1+1.5D_2+（10\sim20mm） \tag{8-18}$$

4）双管伴热，管径不同，夹角小于 90° 时，如图 8-12 所示，伴热管道综合值计算公式为

$$D'=D_1+D_{伴大}+（10\sim20mm） \tag{8-19}$$

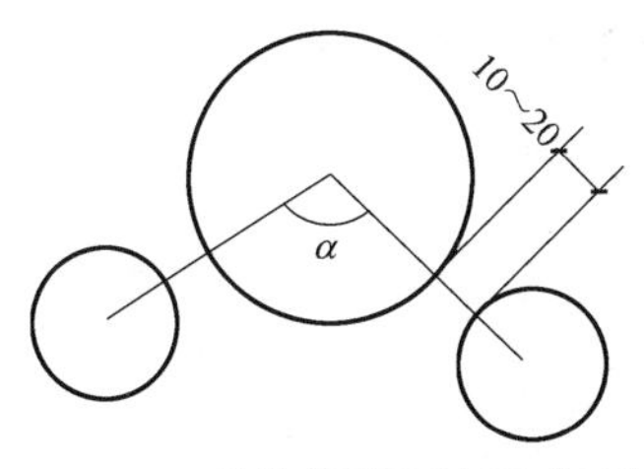

图 8-11　伴热管道示意图（二）

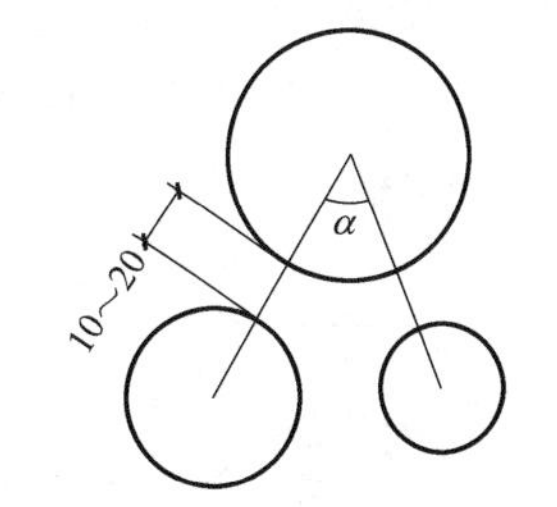

图 8-12　伴热管道示意图（三）

将上述 D' 计算结果分别代入式（8-20）计算出伴热管道的绝热层工程量：

$$V=L\times\pi\times(D'+1.033\delta)\times1.033\delta \tag{8-20}$$

5）设备封头绝热工程量：

$$V=[(D+1.033\delta)/2]^2\times\pi\times1.033\delta\times1.5\times N \tag{8-21}$$

式中　N——设备封头个数。

6）弯头绝热工程量：

$$V=\pi(D+1.033\delta)\times1.5D\times2\pi\times1.033\delta\times N/B \tag{8-22}$$

式中　N——弯头个数；

B——90° 弯头 B=4，45° 弯头 B=8。

7）拱顶罐封头绝热工程量：

$$V=2\pi r\times(h+1.033\delta)\times1.033\delta \tag{8-23}$$

8）人孔绝热（图 8-13）工程量：

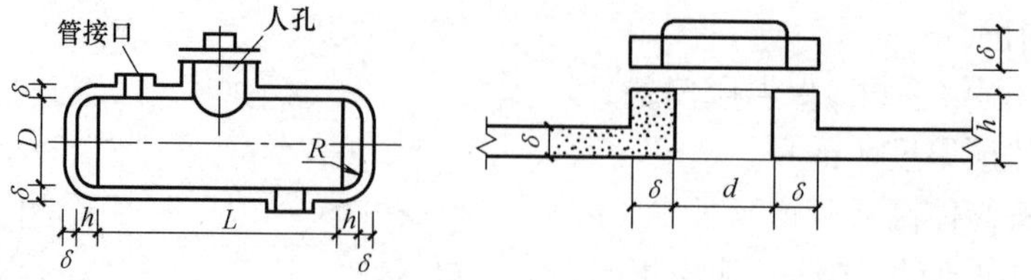

图 8-13　人孔绝热

$$V=\pi\,(d+1.033\delta)\times(h+1.05\delta)\times1.033\delta\times1.05\times N \tag{8-24}$$

式中　N——人孔个数。

3. 通风管道绝热

项目特征需说明绝热材料品种、绝热厚度、软木品种。可以“m^3”或“m^2”为计量单位。以“m^3”计量，按图示表面积加绝热层厚度及调整系数计算；以“m^2”计量，按图示表面积及调整系数计算。

4. 阀门、法兰绝热

项目特征需说明绝热材料、绝热厚度、阀门或法兰规格。以“m^3”为计量单位，按图示表面积加绝热层厚度及调整系数计算。

1）阀门绝热（图 8-14）工程量：

$$V=\pi\,(D+1.033\delta)\times2.5D\times1.033\delta\times1.05\times N \tag{8-25}$$

式中　N——阀门个数。

2）法兰绝热（图 8-15）工程量：

$$V=\pi\,(D+1.033\delta)\times1.5D\times1.033\delta\times1.05\times N \tag{8-26}$$

式中　N——法兰个数。

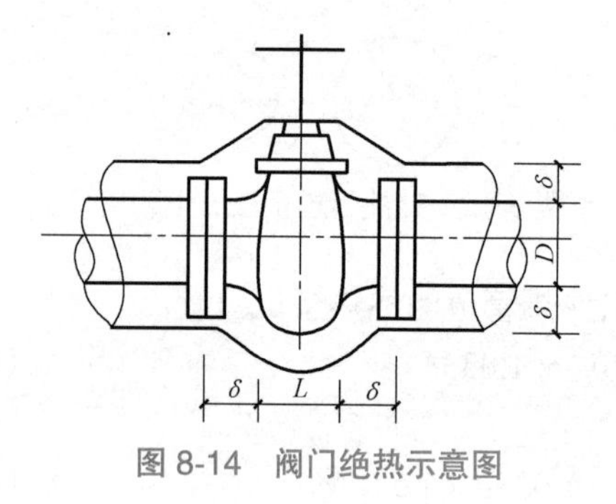

图 8-14　阀门绝热示意图

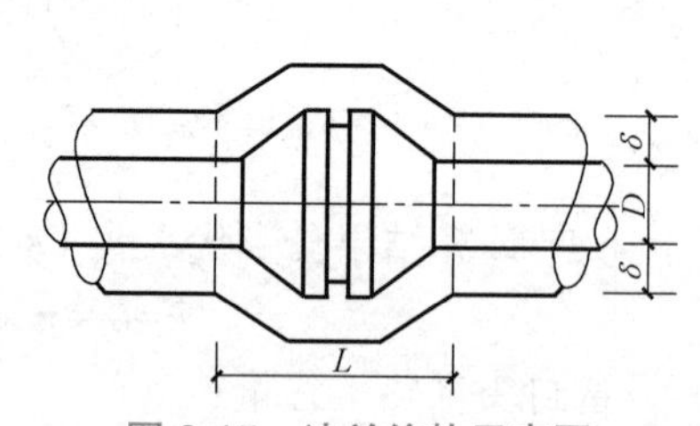

图 8-15　法兰绝热示意图

5. 无缝钢管绝热

无缝钢管绝热工程量可直接从计价定额附录“无缝钢管绝热、刷油工程量计算表”中查取。表 8-3 为无缝钢管绝热、刷油工程量计算表（部分）。

无缝钢管绝热工程量在相应的绝热层厚度所在“体积”列对应查取。

6. 喷涂、涂抹

项目特征需说明材料、厚度、对象。以“m^2”为计量单位，按图示表面积计算。

7. 防潮层、保护层

项目特征需说明材料、厚度、层数、对象、结构形式。以“m^2”或“kg”为计量单位。

以“m^2”计量，按图示表面积加绝热层厚度及调整系数计算；以“kg”计量，按图示金属结构质量计算。

1）设备筒体或管道防潮和保护层工程量：

$$S=\pi\times(D+2.1\delta+0.0082)\times L \tag{8-27}$$

式中　2.1——调整系数；

0.0082——捆扎线直径或钢带厚。

2）伴热管道防潮和保护层工程量：

$$S=L\times\pi\times(D'+2.1\delta+0.0082) \tag{8-28}$$

式中，D' 的计算见式（8-17）~式（8-19）。

3）设备封头防潮和保护层工程量：

$$S=[(D+2.1\delta)/2]^2\times\pi\times1.5\times N \tag{8-29}$$

式中　N——设备封头个数。

4）阀门防潮和保护层工程量：

$$S=\pi(D+2.1\delta)\times2.5D\times1.05\times N \tag{8-30}$$

式中　N——阀门个数。

5）法兰防潮和保护层工程量：

$$S=\pi\times(D+2.1\delta)\times1.5D\times1.05\times N \tag{8-31}$$

式中　1.05——调整系数；

N——法兰个数。

6）弯头防潮和保护层工程量：

$$S=\pi\times(D+2.1\delta)\times1.5D\times2\pi\times N/B \tag{8-32}$$

式中　N——弯头个数；

B——90° 弯头 B=4，45° 弯头 B=8。

7）拱顶罐封头防潮和保护层工程量：

$$S=2\pi r\times(h+2.1\delta) \tag{8-33}$$

8）人孔防潮和保护层工程量：

$$S=\pi(d+2.1\delta)\times(h+1.05\delta)\times1.05\times N \tag{8-34}$$

8. 保温盒、保温托盘

项目特征需说明名称。以“m^2”或“kg”为计量单位。以“m^2”计量，按图示表面积计算；以“kg”计量，按图示金属结构质量计算。

【例 8-2】 试对【例 8-1】中的绝热工程进行工程量计算及清单列项。

解：分部分项工程量清单见表 8-5。

表 8-5　分部分项工程和单价措施项目清单与计价表

序号	项目编码	项目名称	项目特征	计量单位	工程数量
1	031208002001	管道绝热	岩棉管壳，厚度 60mm	m^3	48.36
2	031208007001	保护层	铝箔保护层	m^2	981.65

管道绝热工程量计算：

$$V=L\times\pi\times(D+1.033\delta)\times1.033\delta$$
$$=427\times3.14\times(0.325+1.033\times0.06)\times1.033\times0.06\text{m}^3+96\times3.14\times(0.159+1.033\times0.06)\times1.033\times0.06\text{m}^3+365\times3.14\times(0.108+1.033\times0.06)\times1.033\times0.06\text{m}^3=48.36\text{m}^3$$

保护层工程量计算：

$$S=L\times\pi\times(D'+2.1\delta+0.0082)=3.14\times(0.325+2.1\times0.06+0.0082)\times427\text{m}^2+3.14\times(0.159+2.1\times0.06+0.0082)\times96\text{m}^2+3.14\times(0.108+2.1\times0.06+0.0082)\times365\text{m}^2=981.65\text{m}^2$$

上述工程量也可通过计价定额附录“无缝钢管绝热、刷油工程量计算表”查取计算。

8.1.9 管道补口补伤工程

管道刷油补口补伤项目特征需说明除锈级别、油漆品种、涂刷遍数、管外径；管道防腐蚀补口补伤项目特征需说明除锈级别、材料、管外径；管道绝热补口补伤项目特征需说明绝热材料品种、绝热厚度、管道外径。以上项目可以“m^2”或“口”为计量单位。以“m^2”计量，按设计图示表面积尺寸以面积计算；以“口”计量，按设计图示数量计算。

管道热缩套管补口补伤项目特征需说明除锈级别、热缩管品种、热缩管规格，以“m^2”为计量单位，按图示表面积计算。

8.1.10 阴极保护及牺牲阳极

阴极保护项目特征需说明仪表名称及型号、检查头数量、通电点数量、电缆材质、规格及数量、调试类别。以“站”为计量单位，按图示数量计算。

阳极保护项目特征需说明废钻杆规格及数量、均压线材质及数量、阳极材质及规格。以“个”为计量单位，按图示数量计算。

牺牲阳极项目特征需说明材质、袋装数量。以“个”为计量单位，按图示数量计算。

8.2 刷油、防腐蚀、绝热工程工程量清单计价

刷油、防腐蚀、绝热工程综合单价可参考计价定额中“刷油、防腐蚀、绝热工程”分册予以确定。该计价定额分册适用于新建、扩建项目中的设备、管道、金属结构等的刷油、防腐蚀、绝热工程。

8.2.1 除锈工程

微课 8-6

金属管道、设备及构件在刷油、防腐蚀前，需要根据金属表面的锈蚀程度，采用手工、动力工具、喷射除锈、抛丸除锈或化学除锈等方法去除氧化层。手工除锈指操作人员利用钢丝刷、铁砂布、布条等对锈蚀的构件进行除锈处理。动力除锈指操作人员利用电动工具、钢丝刷、砂轮片、布条进行除锈处理。喷射除锈指操作人员利用鼓风机、除锈喷砂机、空气压缩机、轴流风机进行除锈处理。抛丸除锈是采用抛丸器、离心力的抛射，对工件表面进行高速投射，特别对工件的内腔死角进行抛丸

清理。化学除锈指操作人员利用化学反应原理对锈蚀构件进行除锈处理。

1. 除锈工程等级划分

1）手工、动力工具除锈锈蚀标准分为轻、中两种，区分标准如下：

① 轻锈：已发生锈蚀，并且部分氧化皮已剥落的钢材表面。

② 中锈：氧化皮已锈蚀而剥落，或者可以刮除，并且有少量点蚀的钢材表面。

2）手工、动力工具已除锈的钢材表面分为 St2 和 St3 两个标准。

① St2 标准：钢材表面应无可见的油脂和污垢，并且没有附着不牢的氧化皮、铁锈和油漆涂层等附着物。

② St3 标准：钢材表面应无可见的油脂和污垢，并且没有附着不牢的氧化皮、铁锈和油漆涂层等附着物。除锈应比 St2 标准更为彻底，底材显露出部分的表面应具有金属光泽。

3）喷射除锈过的钢材表面分为 Sa2、Sa2.5 和 Sa3 三个标准。

① Sa2 级：彻底的喷射或抛射除锈。钢材表面无可见的油脂、污垢，并且氧化皮、铁锈和油漆层等附着物已基本清除，其残留物应是牢固附着的。

② Sa2.5 级：非常彻底的喷射或抛射除锈。钢材表面无可见的油脂、污垢、氧化皮、铁锈和油漆层等附着物，任何残留的痕迹应仅是点状或条纹状的轻微色斑。

③ Sa3 级：使钢材表观洁净的喷射或抛射除锈钢材表面应无可见的油脂、污垢、氧化皮、铁锈和油漆层等附着物，该表面应显示均匀的金属色泽。

2. 除锈工程工程量计算

除锈工程中设备、管道以“$10m^2$”为计量单位。一般钢结构和管廊钢结构以“100kg”为计量单位；H 型钢制钢结构（包括大于 400mm 的型钢）以“$10m^2$”为计量单位。

（1）管道除锈工程量　管道除锈工程量按管道表面展开面积计算，同“不绝热刷油”。各种管件、阀件及设备上人孔、管口凸凹部分的除锈已综合考虑在计价定额内，计算管道表面积时，管件、阀门、人孔、管口凹凸部分，不再另外计算。

（2）设备除锈工程量　设备除锈工程量，按设备外表展开面积计算，同“不绝热刷油”。

（3）金属结构除锈工程量

1）一般钢结构（包括梯子、栏杆、支吊架、平台等），用人工和喷砂除锈时，按钢结构质量“100kg”计量。

2）管廊钢结构（除去一般钢结构和 H 型钢制钢结构及规格大于 400mm 以上的各类型钢），用人工和喷砂除锈时，按钢结构质量“100kg”计量。

3）H 型钢制钢结构（包括大于 400mm 以上的各类型钢），用人工和喷砂除锈时，按“$10m^2$”计量。

4）动力工具和化学除锈均按“$10m^2$”计量。

（4）散热片除锈工程量　按散热片散热面积计算除锈工程量，见表 8-2。

（5）无缝钢管除锈工程量　无缝钢管除锈工程量可查阅计价定额附录“无缝钢管绝热、刷油工程量计算表”，见表 8-3。绝热层厚度为 0 时对应的面积即为相应管道外径无缝钢管的除锈工程量。

3. 除锈工程相关说明

1）手工和动力工具除锈按 S12 标准确定。若变更级别标准，如按 St3 标准定额乘以系数1.1。

2）喷射除锈按Sa2.5级标准确定。若变更级别标准时，Sa3级定额乘以系数1.1，Sa2级定额乘以系数0.9。

3）本章不包括除微锈（标准：氧化皮完全紧附，仅有少量锈点），发生时执行轻锈定额乘以系数0.2。

4）钢板风管及部件除锈不分锈蚀程度执行管道除轻锈项目。

5）单独列项的各种支架（不锈钢支架除外）除锈，根据锈蚀程度执行相应项目。

8.2.2　刷油工程

1. 刷油工程工程量计算

刷油工程工程量的计算需区分不绝热刷油和绝热层上刷油，计价定额的工程量计算规则与《通用安装工程工程量计算规范》的计量规则一致，计算公式详见8.1.1中式（8-1）~式（8-9）。

刷油工程中设备、管道以“$10m^2$”为计量单位。一般钢结构和管廊钢结构以“100kg”为计量单位；H型钢制钢结构（包括大于400mm的型钢）以“$10m^2$”为计量单位。一般钢结构（包括梯子、栏杆、支吊架、平台等），按钢结构质量“100kg”计量。管廊钢结构（除去一般钢结构和H型钢制钢结构及规格大于400mm以上的各类型钢），按钢结构质量“100kg”计量。

2. 刷油工程相关说明

1）计价定额适用于金属面、管道、设备、通风管道、金属结构与玻璃布面、石棉布面、玛蹄脂面、抹灰面等刷（喷）油漆工程。

2）金属面刷油不包括除锈工作内容。

3）各种管件、阀件和设备上人孔、管口凹凸部分的刷油已综合考虑在定额内，不得另行计算。

4）计价定额按安装地点就地刷（喷）油漆考虑，如安装前管道集中刷油，人工乘以系数0.45（暖气片除外）。

5）标志色环等零星刷油，采用计价定额相应子目，其人工乘以系数2.0。

6）如采用计价定额中未包括的新品种油漆，可套用相近子项，其主材与干稀料可换算，但人工与材料消耗量不变。

【例8-3】室内*DN*50（ϕ60）热水焊接钢管39.05m，焊接，管道除锈，刷红丹漆一遍，银粉漆（成品）两遍。未计价材料单价：型钢，4.85元/kg；焊接钢管*DN*50，21元/m；焊接钢管管件*DN*50，12.58元/m；碳钢管*DN*80，38.21元/m；醇酸防锈漆C53-1，10.1元/kg；银粉漆，12.1元/kg。列出相应的工程量清单并计算综合单价。

解：（1）*DN*50焊接钢管综合单价计算

CK0102：371.83×3.905元+10.12×3.905×21.00元+1.56×3.905×12.58元=2358.52元

计价定额附录三室内钢管、铸铁管道支架用量参考表：支架0.60kg/m

支架用量：0.60kg/m×39.05m=23.43kg

CK0737：（1094.53×0.2343+105×0.2343×4.85）元=375.75元

综合单价：[(2358.52+375.75)/39.05] 元/m =70.02 元/m

定额套用见表 8-6。

表 8-6　*DN*50 焊接钢管定额套用

编号	项目名称	工程量	单位	综合	
				单价	合价
031001002001	钢管	39.05	m	70.02	2734.28
CK0102 换	给排水管道　室内　钢管（焊接）公称直径（mm 以内）50	3.905	10m	603.97	2358.52
	焊接钢管 *DN*50	39.519	m	21.00	829.90
	焊接钢管焊接管件 *DN*50	6.092	个	12.58	76.64
CK0737	管道支架制作　单件重量（kg 以内）5	0.234	100kg	1603.78	375.75
	型钢	24.57	kg	4.85	119.16

（2）管道刷油综合单价计算

$S=\pi \times D \times L=\pi \times 0.060 \times 39.05\text{m}^2=7.36\text{m}^2$

管道除锈 CM0001：37.12×0.736 元 =27.32 元

刷红丹漆 CM0059：(26.34×0.736+1.47×0.736×10.10) 元 =30.31 元

刷银粉漆第一遍 CM0080：(25.95×0.736+0.67×0.736×12.10) 元 =25.07 元

刷银粉漆第二遍 CM0081：(24.48×0.736+0.63×0.736×12.10) 元 =23.63 元

综合单价：(27.32+30.31+25.07+23.63) 元/39.05m=2.72 元/m

定额套用见表 8-7。

表 8-7　分部分项工程和单价措施项目清单与计价表

编号	项目名称	工程量	单位	综合	
				单价	合价
031201001001	管道刷油	39.05	m	2.72	106.22
CM0001	手工除锈　管道　轻锈	0.736	10m^2	37.12	27.32
CM0059	管道刷油　红丹防锈漆　第一遍	0.736	10m^2	41.19	30.31
	醇酸防锈漆　C53-1	1.082	kg	10.10	10.93
CM0080	管道刷油　银粉漆　第一遍	0.736	10m^2	34.06	25.07
	银粉漆	0.493	kg	12.10	5.97
CM0081	管道刷油　银粉漆　增一遍	0.736	10m^2	32.10	23.63
	银粉漆	0.464	kg	12.10	5.61

管道刷油的工程量可以按设计图示尺寸以长度计算，故管道刷油的工程量可以与管道安装的工程量相同，分部分项工程量清单见表 8-8。

表8-8　管道刷油定额套用

序号	项目编码	项目名称	项目特征	计量单位	工程数量	综合单价
1	031001002001	焊接钢管	1. 安装部位：室内 2. 介质：热水 3. 型号、规格：*DN*50 4. 连接方式：焊接	m	39.05	70.02
2	031201001001	管道刷油	1. 除锈级别：人工除轻锈 2. 油漆品种、遍数：红丹漆一遍，银粉漆（成品）两遍	m	39.05	2.72

8.2.3　防腐蚀工程

1. 防腐蚀工程量计算

防腐蚀工程量与刷油工程量相近，只不过不是刷普通油漆而是刷防腐涂料，如聚氨酯漆、环氧树脂漆、酚醛树脂漆等。防腐蚀工程量需计算阀门、弯头、法兰的防腐蚀工程量，其余同不绝热刷油项目。

防腐蚀工程中设备、管道以“$10m^2$”为计量单位；一般金属结构和管廊钢结构以“100kg”为计量单位；H型钢制结构（包括大于400mm的型钢）以“$10m^2$”为计量单位。

2. 防腐蚀涂料工程相关说明

1）计价定额适用于设备、管道、金属结构等各种防腐涂料工程。

2）计价定额中聚合热固化是采用蒸汽及红外线间接聚合固化考虑的，如采用其他方法，应按施工方案另行计算。

3）如采用计价定额未包括的新品种涂料，可按相近项目执行，其人工、机械消耗量不变。

4）计价定额不包括热固化内容，发生时另行计算。

5）涂料配比与实际设计配合比不同时，可根据设计要求进行换算，但人工、机械不变。

6）计价定额中过氯乙烯涂料是按喷涂施工方法考虑的，其他涂料均按刷涂考虑，若发生喷涂施工，其人工乘以系数0.3，材料乘以系数1.16，增加喷涂机械内容。

7）环氧煤沥青漆涂层厚度：①普通级，0.3mm厚，包括底漆一遍，面漆两遍；②加强级，0.5mm厚，包括底漆一遍，面漆三遍及玻璃丝布一层；③特加强级，0.8mm厚，包括底漆两遍，面漆四遍及玻璃丝布二层。

使用计价定额时根据不同级别，组合相应定额子目。

3. 手工糊衬玻璃钢工程相关说明

1）该计价定额适用于碳钢设备手工糊衬玻璃钢和塑料管道玻璃钢增强工程。

2）施工工序：材料运输→填料干燥过筛→设备表面清洗→塑料管道表面打毛→清洗→胶液配制→刷涂→腻子配制→刮涂→玻璃丝布脱脂→下料→贴衬。

3）计价定额施工工序不包括金属表面除锈，发生时其工程量按“除锈工程”有关项目计算。

4）塑料管道玻璃钢增强所用玻璃布幅宽是按 200~250mm 考虑的。

5）如因设计要求或施工条件不同，对所用胶液配合比、材料品种与计价定额不同时，可按计价定额中各种胶液中树脂用量为基数进行换算。

6）玻璃钢聚合固化方法与定额不同时，按施工方案另计。

7）计价定额是按手工糊衬方法考虑的，不适用于手工糊制或机械成形的玻璃钢制品工程。

4. 橡胶板及塑料板衬里工程相关说明

1）本计价定额适用于金属管道、管件、阀门、多孔板、设备的橡胶板衬里；金属表面的软聚氯乙烯塑料板衬里工程。

2）计价定额中橡胶板及塑料板用量包括：①有效面积需用量（不扣除人孔）；②搭接面积需用量；③法兰翻边及下料时的合理损耗量。

3）带有超过总面积 15% 衬里零件的贮槽、塔类设备，其人工乘以系数 1.4。

4）计价定额不包括除锈工作内容。

5）计价定额热硫化橡胶板衬里的硫化方法，按间接硫化处理考虑，需要直接硫化处理时，其人工乘以系数 1.25，其他按施工方案另行计算。

6）计价定额中塑料板衬里工程，搭接缝均按胶接考虑，若采用焊接，其人工乘以系数 1.8，胶浆用量乘以系数 0.5，聚氯乙烯塑料焊条用量为 5.19kg/10m^2。

5. 衬铅及搪铅工程相关说明

1）本计价定额适用于金属设备、型钢等表面衬铅、搪铅工程。

2）铅板焊接采用氢 - 氧焰；搪铅采用氧 - 乙炔焰。

3）计价定额不包括金属表面除锈，发生时其工程量按除锈工程相关项目计算。

4）设备衬铅不分直径大小，均按卧放在滚动器上施工，对已经安装好的设备进行挂衬铅板施工时，其人工乘以系数 1.39，材料、机械消耗量不得调整。

5）计价定额衬铅铅板厚度按 3mm 考虑，若铅板厚度大于 3mm 时，人工乘以系数 1.29，材料、机械另计。

6. 喷镀（涂）工程相关说明

1）本计价定额适用于金属管道、设备、型钢等表面气喷镀工程及塑料和水泥砂浆的喷涂工程。

2）施工工具：喷镀采用国产 SQP-1（高速、中速）气喷枪；喷塑采用塑料粉末喷枪。

3）喷镀和喷塑采用氧 - 乙炔焰。

4）计价定额不包括除锈工作内容。

7. 耐酸砖、板衬里工程相关说明

1）本计价定额适用于各种金属设备的耐酸砖、板衬里工程。

2）树脂耐酸胶泥包括环氧树脂、酚醛树脂、呋喃树脂、环氧酚醛树脂、环氧呋喃树脂耐酸胶泥等。

3）调制胶泥不分机械和手工操作，均执行同一计价定额。

4）工序中不包括金属设备表面除锈，发生时执行除锈工程相关项目。

5）立式设备人孔等部位发生旋拱施工时，每 10m^2 增加木材 0.01m^3、铁钉 0.20kg。

6）硅质耐酸胶泥衬砌块材需要勾缝时，其勾缝材料按相应项目树脂胶泥消耗量的 10%

计算，人工按相应项目人工消耗量的10%计算。

7）衬砌砖、板按规范进行自然养护考虑，若采用其他方法养护，按施工方案另行计算。

8）胶泥搅拌是按机械搅拌考虑的，若采用其他方法时不做调整。

8. 管道补口补伤工程相关说明

1）本计价定额适用于金属管道的补口补伤的防腐工程。

2）管道补口补伤防腐涂料有环氧煤沥青漆、氯磺化聚乙烯漆、聚氨酯漆、无机富锌漆。

3）均采用手工操作。

4）管道补口每个口取定为：直径小于或等于426mm管道每个口补口长度为400mm；直径大于426mm管道每个口补口长度为600mm。

5）各类涂料涂层厚度：①氯磺化聚乙烯漆为0.3~0.4mm厚；②聚氨酯漆为0.3~0.4mm厚。环氧煤沥青漆涂层厚度：①普通级，0.3mm厚，包括底漆一遍、面漆两遍；②加强级，0.5mm厚，包括底漆一遍、面漆三遍及玻璃布一层；③特加强级，0.8mm厚，包括底漆一遍、面漆四遍及玻璃布二层。

6）施工工序包括补伤，但不含表面除锈，发生时其工程量按除锈工程有关项目计算。

9. 阴极保护及牺牲阳极相关说明

1）本计价定额适用于长输管道工程阴极保护、牺牲阳极工程。

2）阴极保护恒电位仪安装包括本身设备安装、设备之间的电器连接线路安装。通电点、均压线塑料电缆长度如超出定额用量的10%时，可以按实调整。牺牲阳极和接地装置安装，已综合考虑了立式和平埋设，不得因埋设方式不同而进行调整。

3）牺牲阳极项目中，每袋装入镁合金、铝合金、锌合金的数量按设计图样确定。

8.2.4　绝热工程

1. 绝热工程工程量计算

绝热层按图示尺寸以绝热体积计算，以“m^3”为计量单位；防潮层、保护层按图示尺寸以面积计算，以“$10m^2$”为计量单位。管道绝热工程，除法兰、阀门外，其他管件均已考虑在内；设备绝热工程除法兰、人孔外，其封头已考虑在内。计算设备、管道内壁防腐蚀工程量时，当壁厚大于等于10mm时，按其内径计算；当壁厚小于10mm时，按其外径计算。绝热厚度大于100mm、保冷厚度大于80mm时应分层施工，工程量分层计算。但是如果设计要求绝热厚度小于100mm、保冷厚度小于80mm也需分层施工时，也应分层计算工程量。

无缝钢管绝热工程量参见表8-3。绝热层工程量在“体积”所在列查取。防潮层、保护层工程量在“面积”所在列查取。

2. 绝热工程相关说明

1）本计价定额适用于设备、管道、通风管道的绝热工程。

2）伴热管道、设备绝热工程量计算方法是：主绝热管道或设备的直径加伴热管道的直径、再加10~20mm的间隙作为计算的直径，即$D=d_{主}+d_{伴}+(10\sim20mm)$。

3）仪表管道绝热工程，也可执行该部分计价定额。

4）保护层：金属薄板钉（挂）口项目也适用于铝皮保护层，主材可以换算。

5）聚氨酯泡沫塑料发泡工程，是按现场直喷无模具考虑的，若采用有模具浇注法施工，其模具制作安装应依据施工方案另行计算。

6）矩形管道绝热需要加防雨坡度时，其人工、材料、机械另行计算。

7）管道绝热均按现场安装后绝热施工考虑，若先绝热后安装时，其人工乘以系数0.9。

8）卷材安装执行相同材质的板材安装项目，其人工、铁线消耗量不变，但卷材用量损耗率按3.1%考虑。

9）复合成品材料安装执行相应材质安装项目。复合材料分层安装时，应分别计算。

10）绝热材料分类见表8-9。

表8-9 绝热材料分类

1	硬质瓦块（板材）	珍珠岩、蛭石、微孔硅酸钙
2	纤维类制品	岩棉瓦块（板）、玻璃棉筒（板）、矿棉，硅酸铝制品、泡沫石棉瓦块（板）
3	泡沫塑料瓦块（板）	发泡橡胶塑料、聚苯乙烯泡沫、泡沫橡胶、聚氨酯泡沫塑料
4	毡类制品	玻璃棉毡、牛毛毡、岩棉毡、矿棉毡、各类缝毡、带网带布制品、粘结成品
5	棉席（被）类制品	超细玻璃棉席
6	纤维散状材料	超细玻璃棉
7	硅酸盐类涂抹材料	硅酸盐、硅酸铝、硅酸镁

11）绝热保温材料不需粘结者，套用有粘结材料的子目时需减去其中的粘结材料，人工乘以系数0.5。

12）计价定额中纤维类制品板材保温项目已综合考虑了钩钉的制作安装工料费，不得重复计算。

13）绝热工程中如需安装塑料保温钉者（纤维类制品板材除外），按保温工程量每平方米20颗计取，列入未计价材料费。需使用粘胶带时，每平方米保温工程量：管道直径小于或等于100mm者按0.25m^2；管道直径大于100mm者按0.18m^2；设备及通风管道按0.15m^{2}计取粘胶带用量，列入未计价材料费。以上各项人工费、综合单价表已综合考虑，不得另计。

14）镀锌薄钢板的规格按1000mm×2000mm和900mm×1800mm，其厚度小于或等于0.8mm综合考虑，若采用其他规格薄钢板时，可按实际调整。厚度大于0.8mm时，其人工乘以系数1.2；卧式设备保护层安装，其人工乘以系数1.05。

15）采用不锈钢薄钢板作保护层安装，执行金属保护层相关项目，其人工乘以系数1.25，材料乘以系数2.0，机械乘以系数1.15计算。管道直径大于100mm者按0.18m^2，设备及通风管道按0.15m^{2}计取粘胶带用量，列入未计价材料费。以上各项人工费，综合单价表已综合考虑，不得另计。

【例8-4】试确定例8-2中管道绝热的综合单价。其中未计价材料单价岩棉管壳（60mm）：220元/m^3。

解：计价定额根据管道外径进行了细目划分，故套用定额时的工程量需要分开计算：

CM1331：$365\times3.14\times(0.108+1.033\times0.06)\times1.033\times0.06\text{m}^3=12.075\text{m}^3$

CM1335：427×3.14×（0.325+1.033×0.06）×1.033×0.06m^3+96×3.14×（0.159+1.033×0.06）×1.033×0.06m^3=36.287m^3

综合单价计算：

CM1331 管道 *DN*125mm 以下，厚度 60mm：12.075×213.60 元 =2579.220 元

未计价材料岩棉管壳（60mm）：12.075÷1×1.030×220 元 =2736.195 元

CM1335 管道 *DN*300mm 以下，厚度 60mm：36.287×194.00 元 =7039.678 元

未计价材料岩棉管壳（60mm）：36.287÷1×1.030×220 元 =8222.634 元

管道绝热的综合单价：

（2579.22+2736.195+7039.678+8222.634）÷48.36 元 /m^3=425.51 元 /m^3

定额套用见表 8-10。

表 8-10　管道绝热定额套用

编　号	项 目 名 称	工程量	单位	综合（元）	
				单价	合价
031208002001	管道绝热	48.36	m^3	425.51	20577.66
CM1331	管道绝热　纤维类制品安装，管道 *DN*25 以下，厚度 60mm	12.08	m^3	440.20	5317.62
	岩棉管壳	12.442	m^3	220.00	2737.24
CM1335	管道绝热　纤维类制品安装，管道 *DN*300 以下，厚度 60mm	36.287	m^3	420.60	15263.57
	岩棉管壳	37.376	m^3	220.00	8222.38

8.3 刷油、防腐蚀、绝热工程措施项目费

8.3.1　安全文明施工费及其他措施项目

安全文明施工措施清单编码为 031302001，内容包括环境保护、文明施工、安全施工以及临时设施相关工作产生的费用。计算公式为

安全文明施工费 = ∑分部分项工程及单价措施项目（定额人工费 + 定额机械费）× 费率　（8-35）

8.3.2　专业措施项目

1. 脚手架搭拆费

脚手架搭拆费，按下列系数计算（其中人工工资占 25%）：

1）刷油工程（清单编码 031301017015）：按定额人工费的 7%。

2）防腐蚀工程（清单编码 031301017016）：按定额人工费的 7%。

3）绝热工程（清单编码 031301017017）：按定额人工费的 10%。

2. 操作高度增加费

操作高度增加费，当安装高度超过 6m 时，超过部分工程量按定额人工费、定额机械费分别乘以表 8-11 所示系数。操作高度增加措施清单编码借用房屋建筑与装饰工程清单编码 011704001。

表 8-11　操作高度增加费系数

操作高度（m）	≤30	≤50
系数	1.20	1.50

本章小结

1. 本章根据《通用安装工程工程量计算规范》“附录 M 刷油、防腐蚀、绝热工程”介绍了新建、扩建项目中的设备、管道、金属结构等的刷油、防腐蚀、绝热工程工程量计算规则，参考《四川省建设工程工程量清单计价定额——通用安装工程》中“刷油、防腐蚀、绝热工程”分册进行了刷油、防腐蚀、绝热工程工程量清单计价的讲解。

2. 除锈、刷油和防腐蚀工程中设备、管道一般以面积计算；一般金属结构和管廊钢结构以理论质量计算；H 型钢制结构（包括大于 400mm 的型钢）一般以面积计算。绝热工程中绝热层以体积计算；防潮层、保护层以面积计算。

3. 涂料和绝热材料新产品不断涌现，注意计价定额的适应性。

思考题与习题

1. 当设计所用油漆涂料或保温材料及衬里材料与定额要求不同时，如何使用定额？
2. 简述刷油、防腐蚀、绝热工程与其他安装工程的相关性。
3. 刷油、防腐蚀、绝热工程需要考虑哪些措施费？

二维码形式客观题

微信扫描二维码，可自行做客观题，提交后可查看答案。

第9章 安装工程计量与计价编制实例

通用安装工程工程量清单应由分部分项工程量清单、措施项目清单、其他项目清单、规费项目清单、税金项目清单组成。其编制依据包括《建设工程工程量清单计价规范》和《通用安装工程工程量计算规范》，国家或省级、行业建设主管部门颁发的计价依据和办法，建设工程设计文件，与建设工程有关的标准、规范、技术资料，拟定的招标文件，施工现场情况、工程特点及常规施工方案，其他相关资料。分部分项工程量清单应根据《通用安装工程工程量计算规范》的项目编码、项目名称、项目特征、计量单位和工程量计算规则进行编制。

采用工程量清单计价，建设工程造价由分部分项工程费、措施项目费、其他项目费、规费和税金组成。分部分项工程量清单应采用综合单价计价。编制招标控制价时，综合单价可依据国家或省级、行业建设主管部门颁发的计价定额和计价办法予以确定；编制投标价时，综合单价则由投标人依据招标文件及其招标工程量清单自主确定。

本章结合工程实例，对电气工程（包括弱电）、给排水工程、通风空调工程工程量清单及招标控制价的编制进行完整示范。读者可在实例中进一步体会安装工程计量与计价的原理、步骤与方法。

9.1 电气工程工程量清单及招标控制价的编制

9.1.1 电气设备工程概况

1）本套图样为某四层住宅楼，由C户型1个单元组成，建筑高度为13.1m。

2）管线敷设：户外线路为电缆穿管埋地敷设，户内线路均为导线穿管敷设。图中SC为穿钢管敷设；PC为穿阻燃塑料管。

3）除AW配电箱底落地明装，其余箱体底距地1.5m暗装。

楼梯间公共照明选用半球吸顶节能灯，其余灯具均安装吸顶或壁灯座（距地2.4m）。强电图例及开关插座等的安装高度见表9-1。

4）建筑防雷：沿屋面女儿墙四周、屋脊和屋顶装饰板暗敷 -40×4 的扁钢作为避雷带，不同标高屋面避雷带连接线采用镀锌圆钢沿外墙粉刷层内暗设，屋面避雷带应焊通构成电气通路，所有暴露于屋面的金属管道、金属爬梯，设备金属外壳等金属体均应就近与防雷装置可靠相连。两根 $\phi16$ 或四根 $\phi12$ 以上主筋通长焊接作为引下线，引上端与避雷带焊接，下端与基础接地连接。在女儿墙转角设置短避雷针（Φ12 镀锌圆钢伸出女儿墙 0.5m）与防雷带可靠焊接。

表 9-1　强电图例

序　号	图　例	名　称	规　格	单　位	安装方式及安装高度
1		单元配电计量箱	非标落地式		
2		用户照明配电箱	非标制作	台	底边距地 1.5m 暗装
3	⊗	普通节能型灯	40W	盏	吸顶安装
4		单相五孔安全插座	250V 10A	个	距地 0.3m 暗装
5	C	厨房单相三孔安全插座	250V 10A 用于厨房	个	距地 1.5m 暗装
6	Y	抽油烟机单相三孔安全插座	250V 10A 用于厨房	个	距地 2.1m 暗装
7	X	洗衣机三孔防溅安全插座	250V 10A	个	距地 1.5m 暗装
8	K	壁式空调三孔安全插座	250V 10A	个	距地 2.45m 暗装
9	G	柜式空调三孔安全插座	250V 15A	个	距地 0.3m 暗装
10	W	卫生间五孔安全单相插座	250V 10A	个	距地 1.5m 暗装
11		暗装单联单极开关	250V 10A	个	距地 1.3m 暗装
12		暗装双联单极开关	250V 10A	个	距地 1.3m 暗装
13		暗装三联单极开关	250V 10A	个	距地 1.3m 暗装
14	t	暗装声光控延时单极开关	250V 10A	个	距地 1.8m 暗装
15	MEB	总等电位箱 MEB	非标制作	个	距地 0.3m 暗装
16	LEB	局部等电位箱 LEB	非标制作	个	距地 0.3m 暗装
17		防湿防潮吸顶灯	40W		吸顶灯
18		防湿防潮壁灯	40W		距地 2.4m
19	B	柜冰箱一、二孔安全插座	250V 15A	个	距地 0.3m 暗装

5）接地：利用基础地梁下层钢筋及沿室外散水沟外设置 -40×4 的扁钢的环形接地体（埋深 1m）作共用接地装置。

6）各弱电在公共走道经分线盒进入户内多媒体箱，再分配到各房间，便于户内集中管理。弱电图例见表 9-2，设备表见表 9-3，弱电管线说明见表 9-4。

表 9-2　弱电图例

序　号	图　例	名　称	单　位	安装方式及安装高度
1	TP	电话插座	个	底边距地 0.3m 暗装
2	TV	电视插座	个	底边距地 0.3m 暗装

（续）

序　号	图　例	名　称	单　位	安装方式及安装高度
3	TV0	电视器件总箱	个	底边距地 1.5m 暗装
4	DZ	对讲主机（1.5m）	个	底边距地 1.5m 暗装
5	TV	电视分支器楼层线盒	个	底边距地 0.3m 暗装
6	DF	对讲楼层线盒	个	底边距地 0.5m 暗装
7	TP	电话楼层线盒	个	底边距地 0.5m 暗装
8	FX	集中分线盒 50mm × 150mm × 100mm		底边距地 0.3m 暗装
9		可燃气体探测器	个	（吸顶）
10		对讲电话分机	个	1.3m
11	Dm	访客对讲门机	个	1.5m
12	TV	网络插座	个	底边距地 0.3m 暗装
13	DMT	户内多媒体箱	底边距地 0.3m 暗装 300mm × 200mm × 100mm	
		集中多媒体箱 500mm × 500mm × 100mm	底边距地 1.5m 暗装，专业厂家成套	

表 9-3　设备表

序　号	图　例	名　称
1	SW	网络交换机
2	LIU	光纤互联装置
3		网络配线架

注：各弱电箱内设备由弱电系统集成厂商配。

表 9-4　弱电管线说明

电视（V）	—— V ——	SYWV-75-5 PC25 FC WC
电话（F）	—— F ——	RVS（2 × 1.0）-PC20-WC，FC
网络超五类线（H）	—— H ——	CAT.5e/4（UTP）PC20 FC WC

9.1.2　电气设备施工图

电气设备施工图见图 9-1~ 图 9-13。

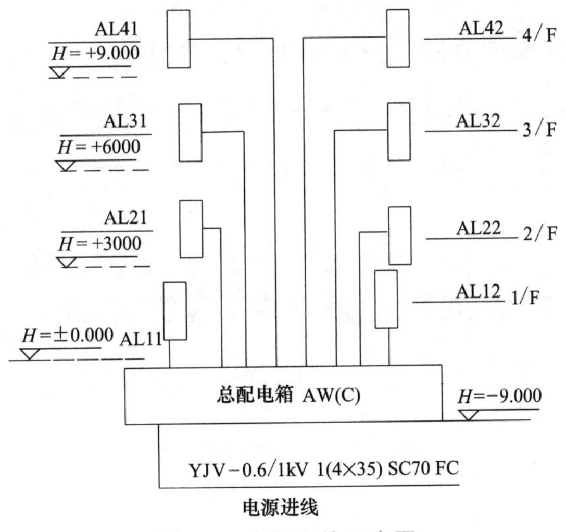

图 9-1　电源干线示意图

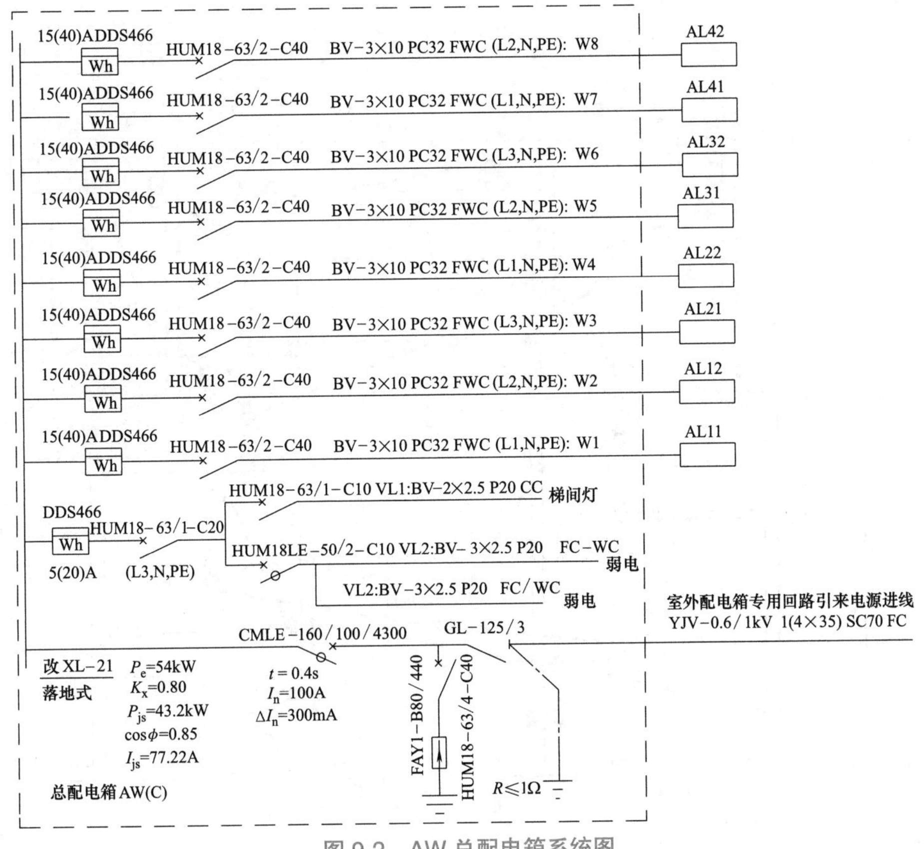

图 9-2　AW 总配电箱系统图

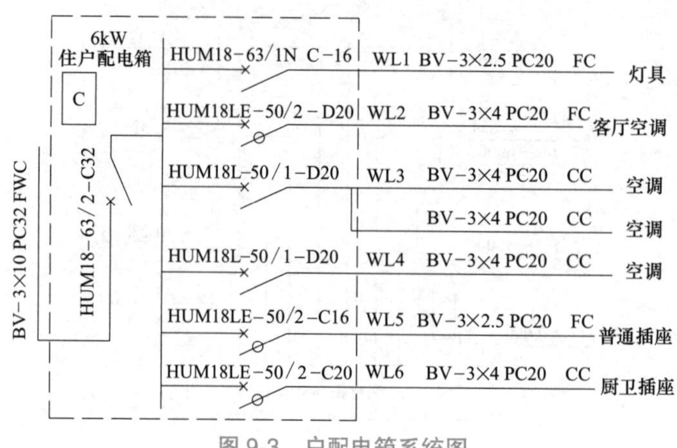

图 9-3　户配电箱系统图

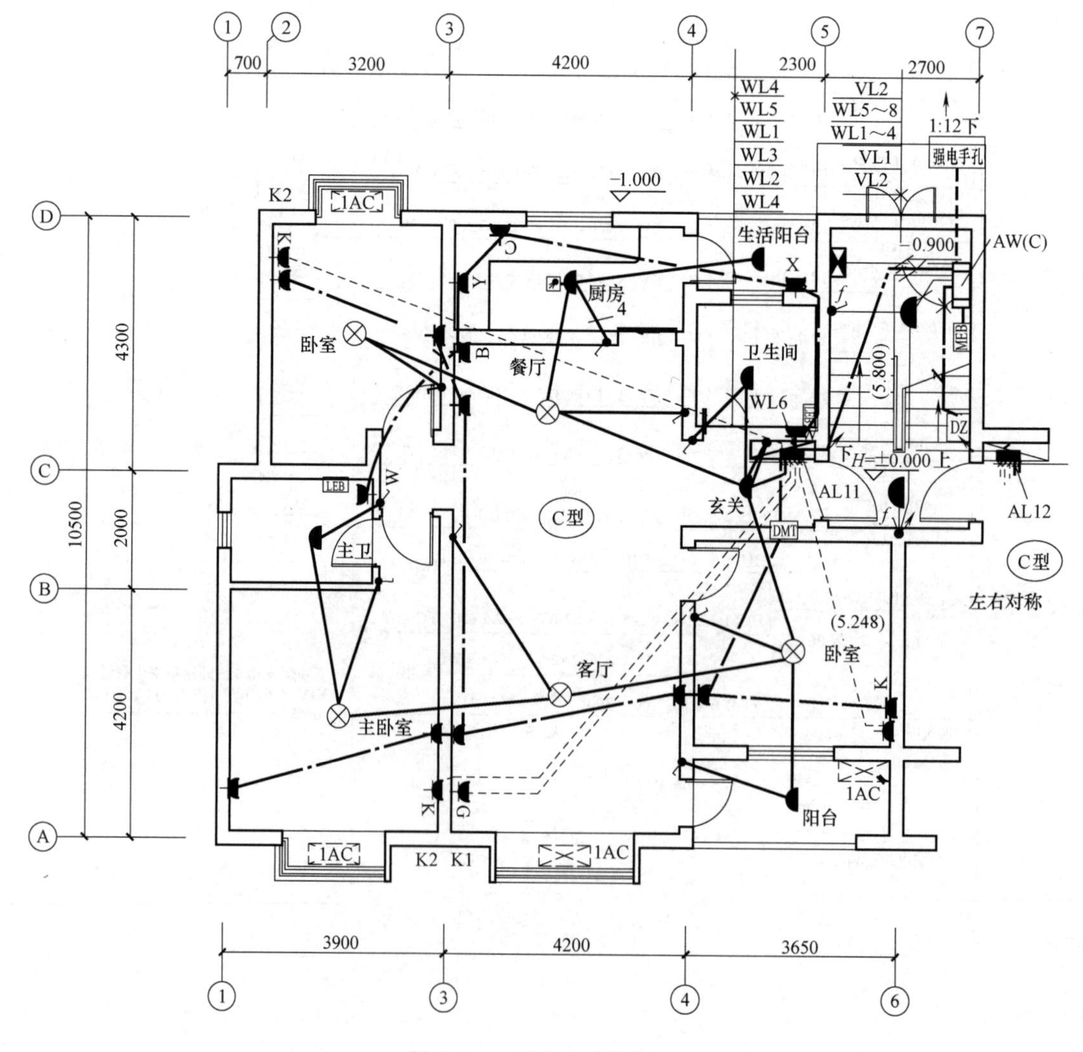

图 9-4　一层强电平面图

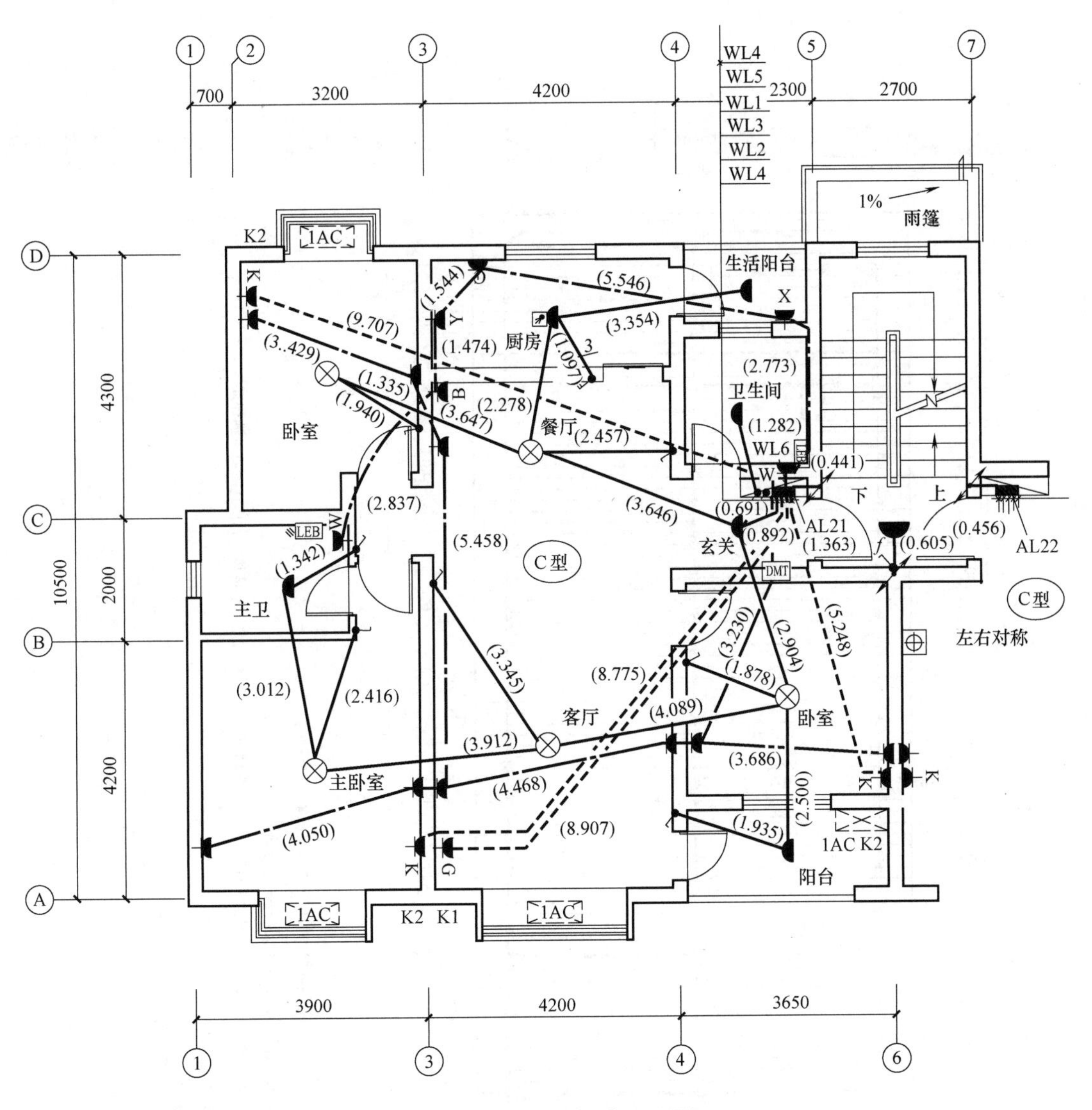

图 9-5　二～四层强电平面图

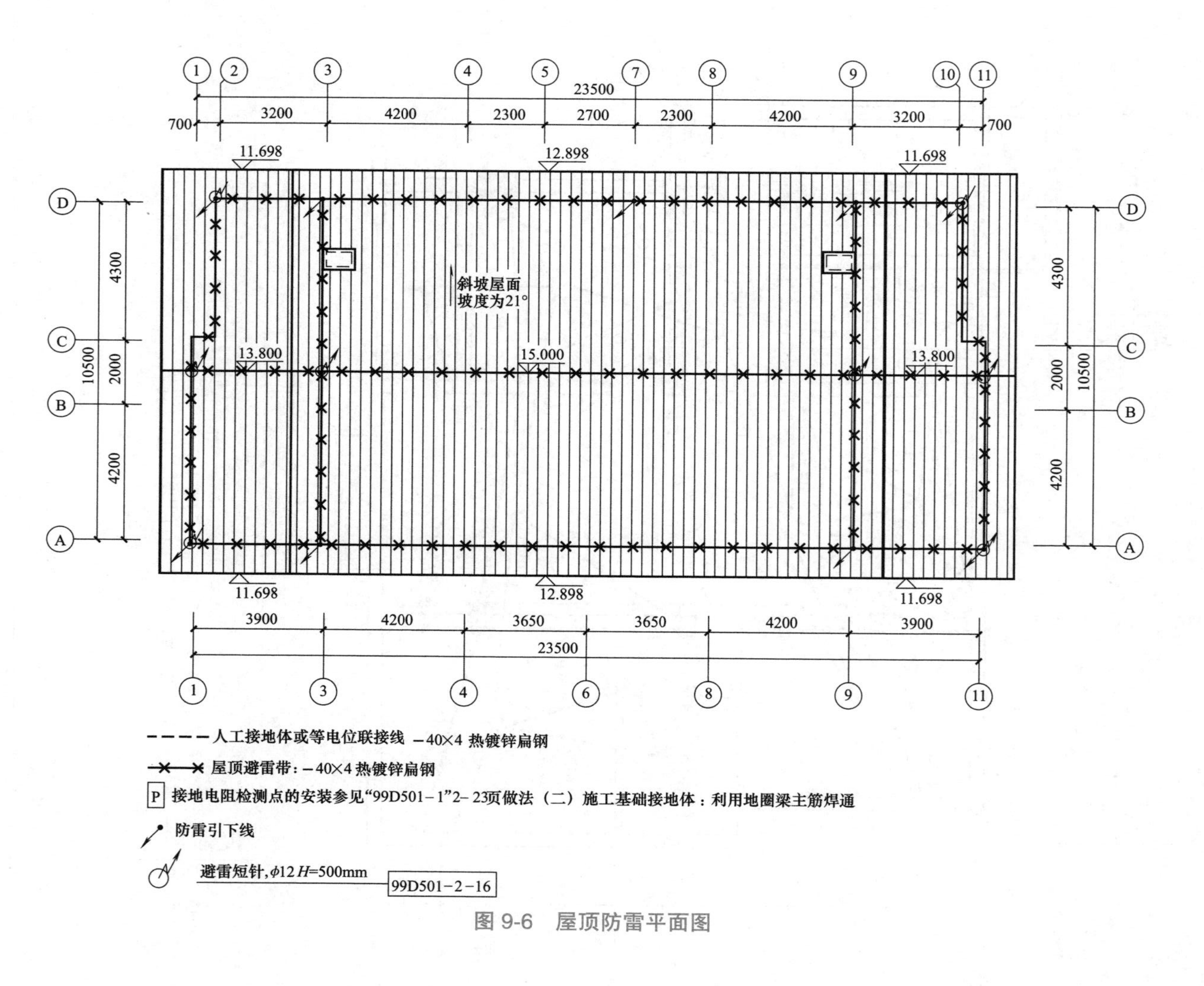
23500
700
3200
4200
2300
2700
2300
4200
3200
700
11.698
12.898
11.698
4300
2000
4200
10500
斜坡屋面
坡度为21°
13.800
15.000
13.800
11.698
12.898
11.698
3900
4200
3650
3650
4200
3900
23500
人工接地体或等电位联接线 －40×4 热镀锌扁钢
屋顶避雷带：－40×4 热镀锌扁钢
P 接地电阻检测点的安装参见“99D501－1”2－23页做法（二）施工基础接地体：利用地圈梁主筋焊通
防雷引下线
避雷短针，φ12 H=500mm
99D501－2－16

图 9-6　屋顶防雷平面图

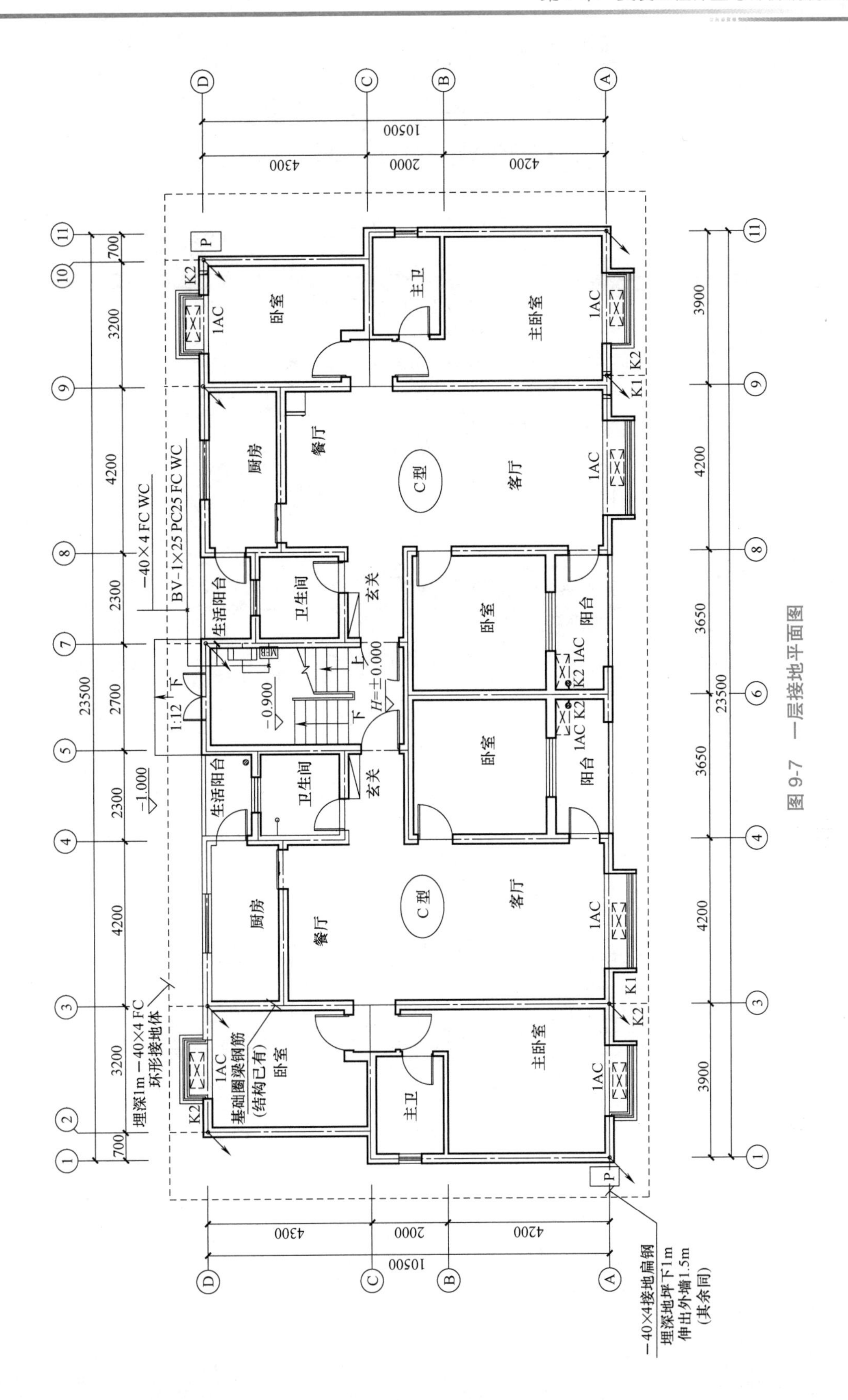

−40×4 FC WC
BV−1×25 PC25 FC WC
埋深1m −40×4 FC
环形接地体
基础圈梁钢筋
(结构已有)
−40×4接地扁钢
埋深地坪下1m
伸出外墙1.5m
(其余同)
卧室
主卧室
主卫
厨房
餐厅
客厅
C型
生活阳台
卫生间
玄关
阳台
MEB
1AC
K1
K2
P
H=±0.000
−0.900
−1.000
1:12
上
下
10500
4300
2000
4200
23500
700
3200
2300
2700
3900
3650

图 9-7　一层接地平面图

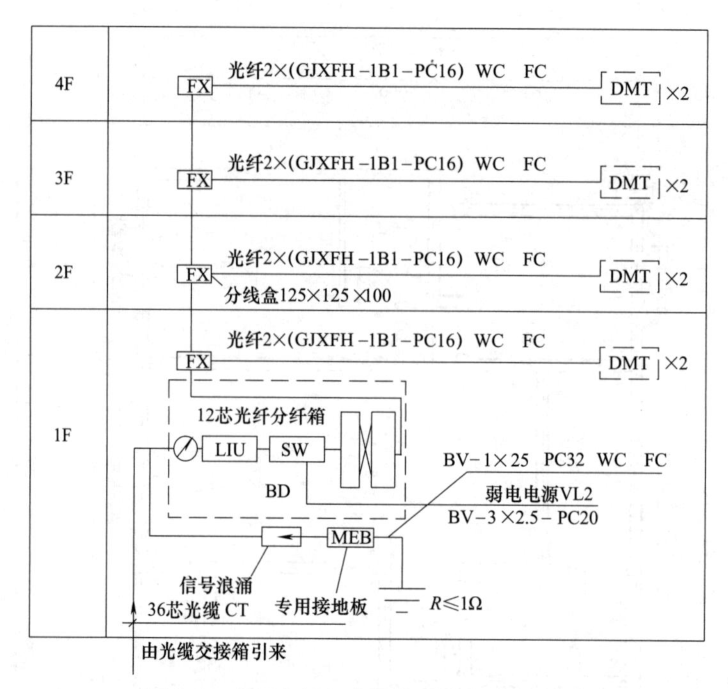

图9-8　单元光纤入户通信系统图（FTTH）

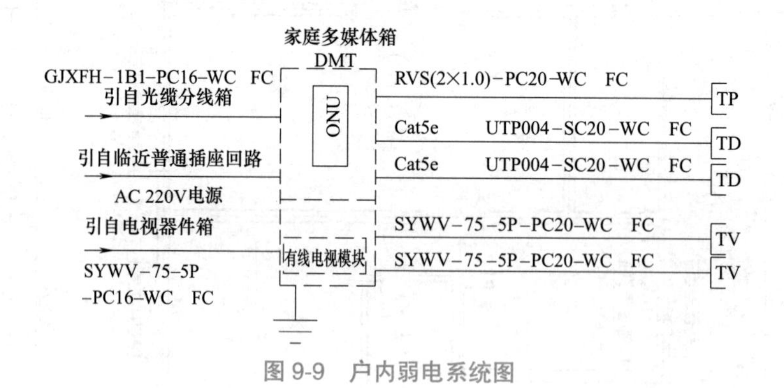

图9-9　户内弱电系统图

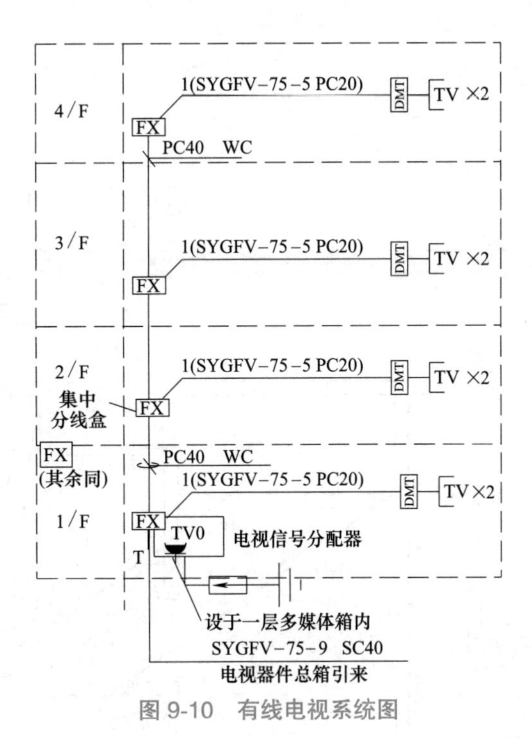

图 9-10　有线电视系统图

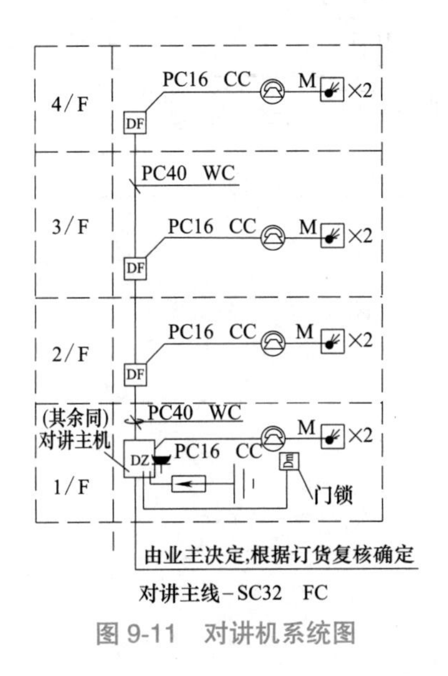

图 9-11　对讲机系统图

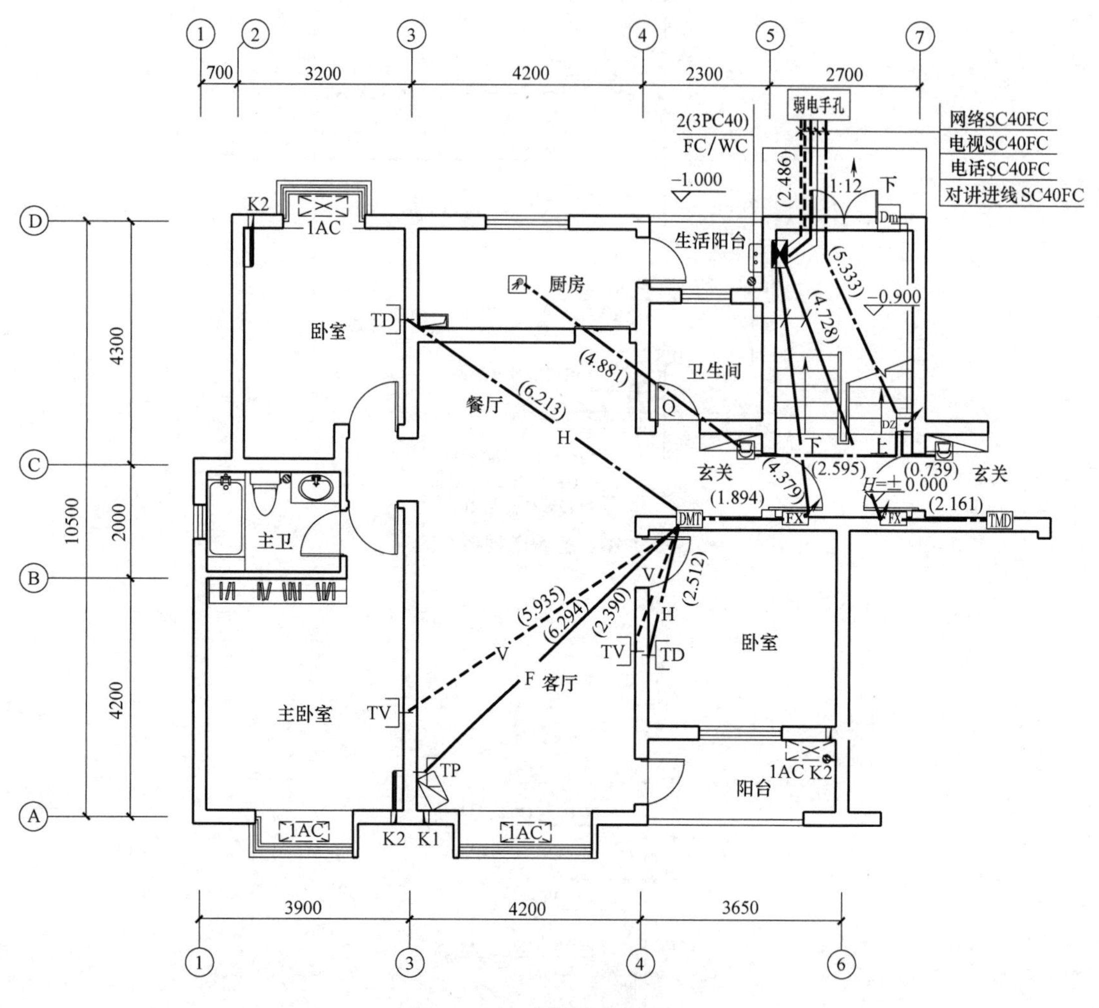

图9-12　一层弱电平面图

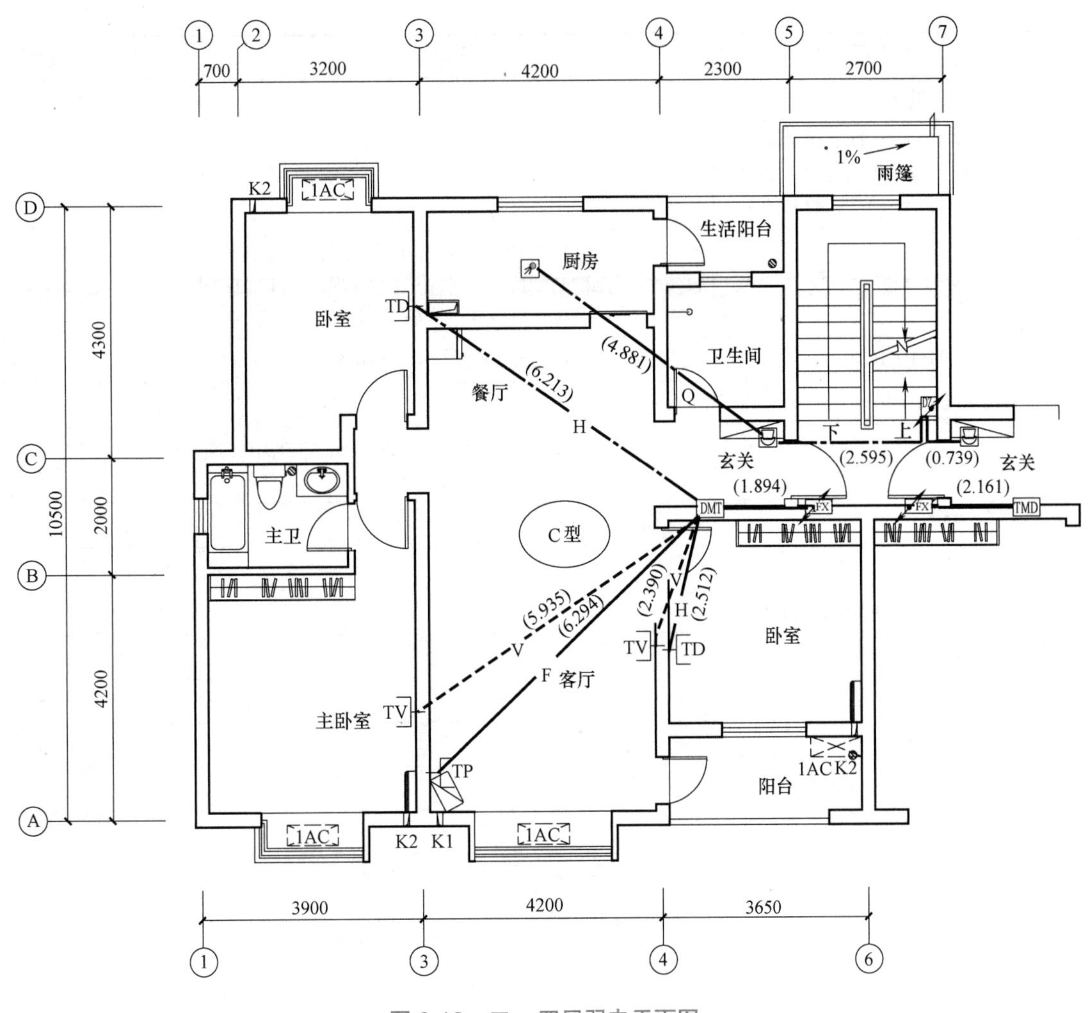

图 9-13　二～四层弱电平面图

9.1.3　电气工程工程量计算

电气工程工程量计算见表 9-5~ 表 9-9。

表 9-5　电气工程工程量计算——强电

工程名称：某住宅楼电气工程

序号	分部分项工程名称	计算式及说明	单位	数量
1	配电箱			
		总配电箱（AW）1600mm×600mm×370mm（高×宽×厚）1×1=1	台	1
		户配电箱（AL）400mm×500mm×200mm（高×宽×厚）1×8=8	台	8

（续）

序号	分部分项工程名称	计算式及说明	单位	数量
2	总配电箱（AW）			
2.1	W1-W8 回路（AW—AL11，AL12，AL21，AL22，AL31，AL32，AL41，AL42）			
	穿管 PC32	（0.1（埋地）+1.107+3.245+0.474+1.5+0.1（埋地））×4+（3+6+9）（AL11，21，31，41）+（0.1（埋地）+1.021+2.962+1.994+1.5+0.1（埋地））×4+（3+6+9）（AL21，22，32，42）	m	92.81
	穿线 BV10	［92.81+（1.6+0.6）AW 预留 ×8+（0.4+0.5）AL 预留 ×8］×3	m	352.83
2.2	VL1 回路			
	PC20	（3−1.6）+9（竖直）+（0.714+3.129+0.563+0.589+0.589×3+1.476）（水平）+（3−1.8）×5（竖直）	m	24.64
	BV2.5	24.64×2+（1.6+0.6）×2	m	53.68
	半球吸顶节能灯	5	个	5
	暗装声光控延时单极开关	5	个	5
	灯头盒	5	个	5
	开关盒	5	个	5
	接线盒	4	个	4
	总配电箱（AW）—弱电			
2.3	VL2 回路			
	PC20	2.523（水平）+（0.1+1.5+0.1）（竖直）	m	4.22
	BV2.5	（4.22+1.6+0.6）×3	m	19.26
2.4	VL3 回路			
	PC20	1.872（水平）+（0.1+1.5+0.1）（竖直）	m	3.57
	BV2.5	（3.57+1.6+0.6+0.5+0.5）×3	m	20.31
3	户配电箱各回路			
3.1	WL1 回路			
	PC20（穿 3 线管）	（3−1.5−0.4）配电箱竖向+（0.9+1.731+3.646+2.278+3.354+3.647+2.904+2.5+4.089+3.912+3.012）+1.097+（3−1.3）双联开关竖向 =35.87 35.87×2（一梯两户）×4（4 层楼）=286.96	m	286.96
	PC20（穿 2 线管）	0.828+1.341+2.457+1.744+1.878+1.935+3.345+2.416+1.342+（3−1.3）×9 单联开关竖向 =32.59 32.59×2（一梯两户）×4（4 层楼）=260.72	m	260.72
	BV2.5	286.96×3+260.72×2+［（0.4+0.5）×3］×4（4 层楼）×2（一梯两户）	m	1403.92
	开关盒	10×4（4 层楼）×2（一梯两户）	个	80
	灯头盒	11×4（4 层楼）×2（一梯两户）	个	88
	暗装单极单控开关	9×4（4 层楼）×2（一梯两户）	个	72

（续）

序号	分部分项工程名称	计算式及说明	单位	数量
	暗装双联单极开关	1×4（4层楼）×2（一梯两户）	个	8
	防湿防潮灯	6×4（4层楼）×2（一梯两户）	个	48
	普通节能型灯	5×4（4层楼）×2（一梯两户）	个	40
3.2	WL2 回路			
	PC20	[（7.377+1.296）（水平）+（3-1.5+0.1+0.3+0.1）（竖直）]×4×2	m	85.38
	BV4	85.38×3+[（0.4+0.5）×3]×4×2	m	277.74
	插座盒	1×4×2	个	8
	柜式空调三孔安全插座	1×4×2	个	8
3.3	WL3 回路			
	PC20	{（7.072+1.861）+[3-1.5-0.4+（3-2.45）]}×4×2	m	84.66
	BV4	84.66×3+（0.4+0.5）×3×4×2	m	275.58
	插座盒	1×4×2	个	8
	壁式空调三孔安全插座	1×4×2	个	8
3.4	WL4 回路			
	PC20	{5.248（水平）+[3-1.5-0.4+（3-2.45）]（竖直）}×4×2	m	55.18
	BV4	55.18×3+（0.4+0.5）×3×2×4	m	187.14
	插座盒	1×4×2	个	8
	壁式空调三孔安全插座	1×4×2	个	8
3.5	WL5 回路			
	PC20	{9.707（水平）+[3-1.5-0.4+（3-2.45）]（竖直）}×4×2	m	90.86
	BV4	90.86×3+（0.4+0.5）×3×2×4	m	294.18
	插座盒	1×4×2	个	8
	壁式空调三孔安全插座	1×4×2	个	8
3.6	WL6 回路			
	PC20	[1.5+0.1+1.363+2.910+0.2（墙厚）+（0.3+0.1）×3+3.686+（0.3+0.1）+4.468+0.2（墙厚）+（0.3+0.1）×3+4.050+（0.3+0.1）+5.458+（0.3+0.1）×2+1.416+（0.3+0.1）+3.429+（0.3+0.1）]×4×2	m	268.64
	BV2.5	268.64×3+（0.4+0.5）×3×4×2	m	827.52
	插座盒	9×4×2	个	72
	单相五孔安全插座	9×4×2	个	72
3.7	WL7 回路			
	PC20	[（3-1.5-0.4）+2.773+（3-1.5）×2+（3-1.5）×2+5.546+（3-1.5）×2+1.544+（3-2.1）×2+1.274+（3-0.3）×2+2.837+（3-1.5）]×2×4	m	262.19
	BV4	262.19×3+（0.4+0.5）×3×2×4	m	808.17

（续）

序号	分部分项工程名称	计算式及说明	单位	数量
	洗衣机三孔防溅安全插座	1×4×2	个	8
	抽油烟机单相三孔安全插座	1×4×2	个	8
	厨房单相三孔安全插座	1×4×2	个	8
	卫生间五孔安全单相插座	2×4×2	个	16
	柜冰箱二、三孔安全插座	1×4×2	个	8
	插座盒		个	48
3.8	WL8 回路			
	PC20	［1.137（水平）+1.5+0.1+0.3+0.1（竖直）］×4×2	m	25.10
	BV2.5	25.10×3+［（0.4+0.5）+（0.3+0.2）］×3×4×2	m	108.90
4	小计			
	PC32	92.81	m	92.81
	BV10	352.83	m	352.83
	PC20	24.64+4.22+3.57+286.96+260.72+85.38+84.66+55.18+90.86+268.64+262.19+25.10	m	1452.12
	BV2.5	53.68+19.26+20.31+1403.92+827.52+108.90	m	2433.59
	BV4	277.74+275.58+187.14+294.18+808.17	m	1842.81
	接线盒	4	个	3
	半球吸顶节能灯（楼梯间）	5	个	5
	普通节能型灯	40	个	40
	防潮防湿吸顶灯	48	个	48
	灯具接线盒	5+88	个	93
	暗装单极单控开关	72	个	72
	暗装双联单极开关	8	个	8
	暗装声光控延时单极开关	5	个	5
	开关接线盒	5+80	个	85
	壁式空调三孔安全插座	8+8+8	个	24
	柜式空调三孔安全插座	8	个	8
	单相五孔安全插座	72	个	72
	卫生间五孔安全单相插座	16	个	16
	洗衣机三孔防溅安全插座	8	个	8
	厨房单相三孔安全插座	8	个	8
	抽油烟机单相三孔安全插座	8	个	8
	柜冰箱五孔安全单相插座	8	个	8
	插座盒	8+8+8+8+72+48	个	152

（续）

序号	分部分项工程名称	计算式及说明	单位	数量
5	防雷系统			
	屋顶避雷带 -40×4 扁钢	［23.5×3+10.5×4+（15.3−13.8）×6］×1.039	m	126.24
	防雷引下线	［15.3+1（基础圈梁深度）］×9	m	146.70
	接地电阻测试点	2	块	2
	户外接地母线 -40×4 镀锌扁钢	［（10.5+1.5×2）×2+（23.5+1.5×2）×2+1.5×9］×（1+3.9%）	m	97.15
	基础圈梁钢筋接地	（3.2+4.2×2+2.3×2+3.9×2+3.65×2+4.2+10.5×3+3.45）×2+2.7+（4.2+1）	m	148.80
	总等电位端子箱	1	个	1
	扁钢—40×4	1.6+0.2+1.5	m	3.30
	PC25	0.689+0.2+1.5	m	2.39
	BV25	2.389+1.6+0.6+0.5+0.5	m	5.59

表 9-6　电气工程工程量计算——弱电（1）

工程名称：某住宅楼弱电系统集中箱、盒安装

序号	分部分项工程名称	计算式及说明	单位	数量
1	集中多媒体箱	（包含电视器件总箱）500mm×500mm×100mm	个	1
2	集中分线盒	150mm×150mm×100mm　1×4×2	个	8
3	户内多媒体箱	300mm×200mm×100mm　1×4×2	个	8

表 9-7　电气工程工程量计算——弱电（2）

工程名称：某住宅楼通信系统

序号	分部分项工程名称	计算式及说明	单位	数量
1	集中多媒体箱—集中分线盒			
	PC40	4.379+4.728+1.5×2+（0.3+0.9）×2+3×3×2	m	32.51
	36 芯光缆	［32.51+ 预留（1+0.3×7）×2］×1.025	m	39.68
2	集中分线盒—户内多媒体箱			
	PC16	［1.894+2.161+（0.3+0.3）×2］×4	m	21.02
	GJXFH-1B1	［21.02+ 预留（0.3+0.5）×8］×1.025	m	28.11
3	户内多媒体箱—电话插座			
	PC20	（6.294+0.3×2）×4×2	m	55.15
	RVS（2×1.0）	55.15+ 预留 0.5×8	m	58.15

（续）

序号	分部分项工程名称	计算式及说明	单位	数量
	电话插座盒	1×4×2	个	8
	电话插座	1×4×2	个	8
4	户内多媒体箱—网络插座			
	SC20	（0.3×2+2.512+6.213+0.3×2）×4×2	m	79.4
	Cat5e UTP004	（79.4+ 预留 0.5×2×8）×1.025	m	89.59
	网络插座盒	2×4×2	个	16
	网络插座	2×4×2	个	16

表 9-8　电气工程工程量计算——弱电（3）

工程名称：某住宅楼电视系统

序号	分部分项工程名称	计算式及说明	单位	数量
1	集中多媒体箱—集中分线盒			
	PC40	4.379+4.728+1.5×2+（0.3+0.9）×2+3×3×2	m	32.51
	SYGFV-75-5	［32.51+ 预留（1+0.3×7）×2］×1.025	m	39.68
	同轴电缆接头 SYGFV-75-9	2×8	个	16
2	集中分线箱—户内多媒体箱			
	PC20	［1.894+2.161+（0.3+0.3）×2］×4	m	21.02
	SYGFV-75-5	［21.02+ 预留（0.3+0.5）×8］×1.025	m	28.11
	同轴电缆接头 SYGFV-75-5	2×8	个	16
3	户内多媒体箱—电视插座			
	PC20	（5.935+2.390+0.3×2+0.3×2）×4×2	m	76.20
	SYWV-75-5P	（76.20+ 预留 0.5×2×2×4）×1.025	m	86.31
	同轴电缆接头 SYWV-75-5P	2×16	个	32
4	电视插座	2×4×2	个	16
	电视插座盒	2×4×2	个	16
5	管线小计			
	SYGFV-75-9	39.675	m	39.68
	SYGFV-75-5	28.106	m	28.11

（续）

序号	分部分项工程名称	计算式及说明	单位	数量
	SYWV-75-5P	86.305	m	86.31
	PC40	32.507	m	32.51
	PC20	21.02+76.20	m	97.22

表 9-9　电气工程工程量计算——弱电（4）

工程名称：某住宅楼对讲系统（预留埋管）

序号	分部分项工程名称	计算式及说明	单位	数量
1	访客对讲门机—对讲主机			
	PC40	3.345+1.5+0.9+1.5	m	7.25
2	对讲主机—对讲楼层线盒			
	PC40	9–1.5+0.5	m	8
3	对讲主机—对讲电话分机			
	PC16	0.739+2.595+（3–1.5+3–1.3）×2	m	9.73
4	对讲楼层线盒—对讲电话分机			
	PC16	［0.739+2.595+（3–0.5+3–1.3）×2］×3	m	35.20
5	对讲电话分机—可燃气体探测器			
	PC16	（4.881+3–1.3）×4×2	m	52.65
6	对讲机	1	个	1
7	对讲楼层线盒	3	个	3
8	对讲电话分机	8	个	8
9	可燃气体探测器	8	个	8
10	管道小计			
	PC40	7.25+8	m	15.25
	PC16	9.734+35.202+52.648	m	97.58

9.1.4　电气工程工程量清单

按工程量清单的编订顺序，完整的电气工程的工程量清单见表 9-10~ 表 9-23，包括封面、编制说明、分部分项工程量清单、措施项目清单、其他项目清单、规费、税金项目清单。

表9-10　某住宅楼电气及弱电工程招标工程量清单封面

某住宅楼电气及弱电＿＿＿＿＿工程

招标工程量清单

招标人：＿＿＿＿＿＿＿＿＿＿＿＿

（单位盖章）

造价咨询人：＿＿＿＿＿＿＿＿＿＿

（单位盖章）

表9-11　总说明

总　说　明

工程名称：某住宅楼工程电气及弱电工程

1. 工程概况

1.1　工程名称：成都某科技公司住宅楼。

1.2　工程概况：本项目建设单位为成都某科技有限公司，项目位于成都市龙泉驿区，建筑面积为1340m^2，结构形式为框架结构，建筑高度13.1m。

1.3　工程设计单位：成都某建筑设计有限公司。

2. 工程量清单编制范围

成都某科技有限公司新建成都某科技公司住宅楼项目电气施工图范围内的电气设备安装工程，具体施工范围及内容详见施工图、工程量清单等。

2.1　电气设备安装工程：包括控制设备及低压电器安装、配管、配线、照明器具安装、防雷接地及其他工程等（具体详见工程量清单）。

2.2　电气设备安装工程需说明的问题

主体施工阶段的预留、预埋、设备基础、凿槽刨沟、预埋件等，以及设备、部件、构配件、配管、照明器具等安装到位后的堵补、管吊洞、收边收口和防火封堵工作等由主体施工单位负责，包括整个项目的技术管理、进度管理、资料管理等，施工单位报价须综合考虑上述工作，后期结算上述工作不再单独计价。

3. 工程量清单编制依据

3.1　成都某建筑设计有限公司设计的《成都某科技公司综合楼项目设计施工图》2018年11月版。

3.2　施工现场实际情况、工程特点及常规施工方案。

3.3　国家、省、市有关工程量清单编制的文件。

3.4　中华人民共和国国家标准《建设工程工程量清单计价规范》（GB 50500—2013），《通用安装工程工程量计算规范》（GB 50856—2013）及相关配套文件。

3.5　2020年《四川省建设工程工程量清单计价定额》及相关配套文件。

3.6　工程相关的规范、标准、技术资料。

4. 工程质量、材料、施工等的特殊要求

4.1　工程质量要求：工程质量及材料应达到国家、省、市现行验收标准，并按四川省现行相关文件规定满足安全文明施工的相关要求，材料品质、规格必须满足施工图的要求且达到国家或地方相关质量技术规范、标准的要求及甲方合同约定要求。本工程所有项目应满足国家相关法律、法规、规范及相关章程、条例等，满足相应工程竣工验收规范，满足使用要求及移交物业要求。

4.2　材料质量要求：本工程使用的材料均为符合国家环保要求的材料，工程所用的材料均应达到国家相关质量技术规范、标准的要求且有合格证及相应检验报告。

（续）

5. 报价注意事项

5.1　工程量清单是依据《通用安装工程工程量计算规范》（GB 50856—2013）、施工图及相关技术规范、标准图集等进行编制的。清单项工程量计算规则如清单编制说明或项目特征有说明的按清单说明或项目特征计量，未说明的按上述规范计量规则计量。

5.2　本工程所有项目的工作内容应包含清单计价规范所列出的工作内容（但不仅限于此），其完整的工作内容应为按照设计图、现行的相关施工工艺、技术规范标准、施工质量验收标准和施工规范等要求实施、完成该项工程，并达到设计和验收规范要求的所有内容。

5.3　工程量清单中所列工程量仅作为报价基础，不能作为最终结算的依据，结算时以合同约定的计量方式为准。

5.4　甲方保留取消工程量清单中某些项目以及减少或增加某些项目工程数量的权利。施工方须在综合单价内充分考虑此风险，不得以此作为理由提出任何形式的索赔。

5.5　本清单所提供暂估材料及设备品牌范围仅作为此次报价之用，甲方保留对其品牌更换的权利。更换材料及设备品牌对应项目的结算综合单价为该项目所报综合单价扣除原报品牌材料及设备价格后，加经甲方认质认价的更换品牌材料及设备价格，施工方须充分考虑此风险，不得以此作为理由提出任何形式的索赔。

6. 报价要求

6.1　本次招标工程分部分项与单价措施项目清单采用工程量清单综合单价报价，综合单价的测定应按设计要求（包括需施工方完成或配合完成的深化设计图范围）、工程量清单中的工程项目特征及工作内容、施工及验收规范的要求，以保证工程质量、工程进度和安全生产及文明施工管理为前提。报价应由施工方依据甲方提供的工程量清单、图样、勘察报告、补遗书、答疑书等，结合施工现场实际情况、自然条件和施工方自身技术、管理水平、经营状况、机械设备以及编制的施工组织设计和有关要求自行编制确定。

6.2　综合单价为完成一个规定清单项目所需的人工费、材料和工程设备费、施工机具使用费和企业管理费、利润，以及一定范围内的风险费用。

6.3　安全文明施工费、规费与税金：总价措施项目清单安全文明施工费（包含环境保护费、安全施工费、文明施工费、临时设施费），投标人投标报价时按施工期间国家现行相关文件计取。规费是指政府和政府有关部门规定必须缴纳的费用，投标人投标报价时按投标人持有的《四川省施工企业工程规费计取标准》中核定费率标准计取。销项增值税及附加税按国家相关文件计取。

6.4　工程量清单的每一个项目，都须填入综合单价及合价，对于没有填入综合单价及合价的项目，其费用视为已包括在工程量其他综合单价及合价中；不同单位工程的分部分项清单相同项目的报价应统一，如有差异，按最低报价进行结算。

6.5　施工方到工地踏勘以充分了解工地位置、情况、道路、装卸限制及任何其他影响报价的情况，任何因忽视或误解工地情况而导致的索赔或工期延长申请将不被批准；施工现场内部道路等由施工方自行完成。由施工单位自行从甲方提供的取水接驳点引至使用点安装水表计量，按月付费使用，上述费用由施工方自行完成并办理相关手续及承担相应费用（含水费）；由施工单位自行从甲方提供的电源接驳点箱变引至各使用点，安装电表计量，按月付费使用，接驳点后的所有费用（含电费）由施工方承担。施工过程中总承包单位需协调并配合分包单位水电使用，施工方报价须综合考虑上述因素。

6.6　清单内的工作内容和工程特征描述为该分部分项的主要内容，未列完或未明确的内容及特征以设计及相关规范为准，设计及规范未明确的由投标人根据现场考察、施工经验和所有资料综合考虑报价，中标后，其所报综合单价不予调整。

6.7　清单项目中所包含的各种主材、辅材等全部材料均应包含在清单项目综合单价内；所有设施设备均应满足设计及相关规范要求、业主的使用要求，包含对移交单位人员培训等相关费用。

6.8　特别注意：若投标文件中通过汇总计算的合价出现计算错误，则结算时以不利于投标人的原则进行相应单价或合价的修正；若投标文件中修改了招标人给定的数据时，则结算时以不利于投标人的原则进行相应单价或合价的修正。

6.9　其他未尽事宜详见招标文件。

表 9-12　分部分项工程和单价措施项目清单与计价表

工程名称：某住宅楼 / 安装工程【电气设备安装工程】　　　　标段：

序号	项目编码	项目名称	项目特征	计量单位	工程量	金额（元）		
						综合单价	合价	其中 暂估价
		0304 电气设备安装工程						
1	030404017001	配电箱 AW	1. 名称：单元配电计量箱 2. 型号：AW 3. 规格：1600mm × 600mm × 370mm 4. 端子板外部接线材质、规格：BV10、BV2.5 5. 安装方式：落地式	台	1			
2	030404017002	配电箱 AL	1. 名称：用户照明配电箱 2. 型号：AL 3. 规格：400mm × 500mm × 200mm 4. 端子板外部接线材质、规格：BV10、BV4、BV2.5 5. 安装方式：悬挂嵌入式	台	8			
3	030404034001	单极单控开关	1. 名称：单极单控开关 2. 规格：250V，10A 3. 安装方式：距地 1.3m 暗装	个	72			
4	030404034002	双联单控开关	1. 名称：双联单控开关 2. 规格：250V，10A 3. 安装方式：距地 1.3m 暗装	个	8			
5	030404034003	声光控延时单极开关	1. 名称：声光控延时单极开关 2. 规格：250V，10A 3. 安装方式：距地 1.8m 暗装	个	5			
6	030404035001	空调三孔安全插座	1. 名称：壁式空调三孔安全插座 2. 规格：250V，10A 3. 安装方式：距地 2.45m 暗装	个	24			

7	030404035002	空调三孔安全插座	1. 名称：柜式空调三孔安全插座 2. 规格：250V，15A 3. 安装方式：距地 0.3m 暗装	个	8			
8	030404035003	单相五孔安全插座	1. 名称：单相五孔安全插座 2. 规格：250V，10A 3. 安装方式：距地 0.3m 暗装	个	72			
9	030404035004	卫生间五孔安全单相插座	1. 名称：卫生间五孔安全单相插座 2. 规格：250V，10A 3. 安装方式：距地 1.5m 暗装	个	16			
10	030404035005	洗衣机三孔防溅安全插座	1. 名称：洗衣机三孔防溅安全插座 2. 规格：250V，10A 3. 安装方式：距地 1.5m 暗装	个	8			
11	030404035006	抽油烟机单相三孔安全插座	1. 名称：抽油烟机单相三孔安全插座 2. 规格：250V，10A 3. 安装方式：距地 2.1m 暗装	个	8			
12	030404035007	厨房单相三孔安全插座	1. 名称：厨房单相三孔安全单相插座 2. 规格：250V，10A 3. 安装方式：距地 1.5m 暗装	个	8			
13	030404035008	柜冰箱二、三孔安全单相插座	1. 名称：柜冰箱二、三孔安全插座 2. 规格：250V，10A 3. 安装方式：距地 0.3m 暗装	个	8			
14	030411001001	配管	1. 名称：塑料管 2. 材质：阻燃塑料管 3. 规格：*DN*32 4. 配置形式：暗配	m	92.81			
15	030411001002	配管	1. 名称：塑料管 2. 材质：阻燃塑料管 3. 规格：*DN*20 4. 配置形式：暗配	m	1455.29			

(续)

序号	项目编码	项目名称	项目特征	计量单位	工程量	金额（元）		
						综合单价	合价	其中
								暂估价
16	030411004001	配线	1. 名称：管内穿线 2. 配线形式：照明线路 3. 型号：BV 4. 规格：$10mm^2$	m	352.83			
17	030411004002	配线	1. 名称：管内穿线 2. 配线形式：照明线路 3. 型号：BV 4. 规格：$2.5mm^2$	m	2443.13			
18	030411004003	配线	1. 名称：管内穿线 2. 配线形式：照明线路 3. 型号：BV 4. 规格：$4mm^2$	m	1840.41			
19	030411006001	接线盒	1. 名称：接线盒 2. 材质：塑料 3. 规格：86 型 4. 安装形式：暗装	个	4			
20	030411006002	灯头接线盒	1. 名称：灯头盒 2. 安装形式：暗装	个	93			
21	030411006003	开关接线盒	1. 名称：开关盒 2. 材质：塑料 3. 规格：86 型 4. 安装形式：暗装	个	85			
22	030411006004	插座接线盒	1. 名称：插座盒 2. 材质：塑料 3. 规格：86 型 4. 安装形式：暗装	个	152			

23	030412001001	普通灯具	1. 名称：半球吸顶节能灯（楼梯间） 2. 型号：XD-40 40W 3. 规格：灯罩直径 350mm	套	5			
24	030412001002	普通灯具	1. 名称：普通节能型灯 2. 型号：XD-36 40W 3. 规格：灯罩直径 200mm	套	40			
25	030412001003	普通灯具	1. 名称：防湿防潮吸顶灯 2. 型号：FSFC-40 40W 3. 规格：灯罩直径 250mm	套	48			
		030409 防雷及接地装置						
26	030409002001	接地母线	1. 名称：户外接地母线 2. 材质：镀锌扁钢 3. 规格：40 × 4 4. 安装部位：地坪下 0.75m 5. 安装形式：埋地	m	97.15			
27	030409004001	均压环	1. 名称：基地钢筋 2. 材质：圆钢 3. 规格：2 根 Φ16mm 4. 安装形式：利用基础圈梁钢筋	m	148.8			
28	030409003001	避雷引下线	1. 名称：防雷引下线 2. 材质：柱内主筋 3. 规格：2 根 Φ16mm 4. 安装形式：柱主筋通长焊接	m	146.7			
29	030409005001	避雷网	1. 名称：屋顶避雷带 2. 材质；−40 × 4 3. 规格：热镀锌扁钢 4. 安装形式：沿女儿墙及屋面	m	126.24			
30	030409008001	总等电位端子箱	1. 名称：总等电位端子箱 2. 规格：500mm × 500mm × 100mm	台	1			

(续)

序号	项目编码	项目名称	项目特征	计量单位	工程量	金额（元）		
						综合单价	合价	其中 暂估价
31	030409008002	测试板	1. 名称：接地电阻测试点 2. 安装参见《建筑物防雷设施安装图集》99D501-1 相关做法	块	2			
32	030411004004	配线	1. 名称：管内穿线 2. 配线形式：砖、混凝土结构 3. 型号：BV 4. 规格：$25mm^2$	m	4.39			
33	030411001003	配管	1. 名称：塑料管 2. 材质：阻燃塑料管 3. 规格：*DN*25 4. 配置形式：暗配	m	2.4			
		分部小计						
		分部小计						
合计								

表 9-13　总价措施项目清单计价表

工程名称：某住宅楼 / 安装工程【电气设备安装工程】　　　　标段：

序号	项 目 编 码	项 目 名 称	计 算 基 础	费率（%）	金额（元）	调整费率（%）	调整后金额（元）	备注
1	031302001001	安全文明施工						
1.1	①	环境保护	分部分项工程量清单项目定额人工费 + 单价措施项目定额人工费					
1.2	②	文明施工	分部分项工程量清单项目定额人工费 + 单价措施项目定额人工费					
1.3	③	安全施工	分部分项工程量清单项目定额人工费 + 单价措施项目定额人工费					
1.4	④	临时设施	分部分项工程量清单项目定额人工费 + 单价措施项目定额人工费					
2	031302002001	夜间施工增加						
3	031302003001	非夜间施工增加						
4	031302004001	二次搬运						
5	031302005001	冬雨季施工增加						
6	031302006001	已完工程及设备保护						
7	031302007001	高层施工增加						
8	031302008001	工程定位复测费						
合计								

表 9-14　其他项目清单与计价汇总表

工程名称：某住宅楼 / 安装工程【电气设备安装工程】　　　　标段：

序　号	项 目 名 称	金额（元）	结算金额（元）	备　注
1	暂列金额	6967.89		
2	暂估价			
2.1	材料（工程设备）暂估价 / 结算价	—		
2.2	专业工程暂估价 / 结算价			
3	计日工			
4	总承包服务费			
合计		6967.89		—

表 9-15　暂列金额明细表

工程名称：某住宅楼 / 安装工程【电气设备安装工程】　　　　标段：

序　号	项 目 名 称	计 量 单 位	暂定金额（元）	备　注
1	暂列金额	项	6967.89	
合计			6967.89	—

表 9-16　计日工表

工程名称：某住宅楼 / 安装工程【电气设备安装工程】　　　　标段：

编　号	项目名称	单　位	暂定数量	实际数量	综合单价（元）	合价（元）	
						暂定	实际
一	人工						
1	通用安装技工	工日	10				
2	通用安装普工	工日	10				
人工小计							
二	材料						
材料小计							
三	施工机械						
施工机械小计							
四、 综合费							
总计							

表 9-17　规费、税金项目计价表

工程名称：某住宅楼 / 安装工程【电气设备与安装工程】　　　　标段：

序号	项目名称	计算基础	计算基数	计算费率（%）	金额（元）
1	规费	分部分项清单定额人工费 + 单价措施项目清单定额人工费			
1.1	社会保险费	分部分项清单定额人工费 + 单价措施项目清单定额人工费			
(1)	养老保险费	分部分项清单定额人工费 + 单价措施项目清单定额人工费			
(2)	失业保险费	分部分项清单定额人工费 + 单价措施项目清单定额人工费			
(3)	医疗保险费	分部分项清单定额人工费 + 单价措施项目清单定额人工费			
(4)	工伤保险费	分部分项清单定额人工费 + 单价措施项目清单定额人工费			
(5)	生育保险费	分部分项清单定额人工费 + 单价措施项目清单定额人工费			
1.2	住房公积金	分部分项清单定额人工费 + 单价措施项目清单定额人工费			
1.3	工程排污费	按工程所在地环境保护部门收取标准，按实计入			
2	销项增值税额	分部分项工程费 + 措施项目费 + 其他项目费 + 规费 + 创优质工程奖补偿奖励费 – 按规定不计税的工程设备金额 – 除税甲供材料（设备）设备费			
合计					

表 9-18　分部分项工程和单价措施项目清单与计价表

工程名称：某住宅楼【弱电工程】　　　　标段：

序号	项目编码	项目名称	项目特征描述	计量单位	工程量	金额（元）		
						综合单价	合价	其中
								暂估价
1	030502003001	集中多媒体箱	1. 名称：集中多媒体箱 2. 规格：500mm × 500mm × 100mm 3. 安装方式：距地 1.5m 暗装	个	1			
2	030502003002	集中分线盒	1. 名称：集中分线盒 2. 规格：150mm × 150mm × 100mm 3. 安装方式：距地 0.3m 暗装	个	8			
3	030502003003	户内多媒体箱	1. 名称：户内多媒体箱 2. 规格：300mm × 200mm × 100mm 3. 安装方式：距地 0.3m 暗装	个	8			
		电视系统						
4	030411001001	配管 PC20	1. 名称：塑料管 2. 材质：刚性阻燃塑料 3. 规格：*DN*20 4. 配置形式：暗配 5. 接地要求：满足设计规范要求	m	97.22			
5	030411001002	配管 PC40	1. 名称：塑料管 2. 材质：刚性阻燃塑料 3. 规格：*DN*40 4. 配置形式：暗配 5. 接地要求：满足设计规范要求	m	32.51			
6	030502003004	电视插座盒	1. 名称：电视插座盒 2. 材质：塑料 3. 规格：86mm × 86mm 4. 安装方式：距地 0.3m 暗装	个	16			

(续)

序号	项目编码	项目名称	项目特征描述	计量单位	工程量	金额（元）		
						综合单价	合价	其中 暂估价
7	030502004001	电视插座	1. 名称：电视插座 2. 安装形式：距地 0.3m 暗装	个	16			
8	030505005001	同轴电缆 SYGFV-75-9	1. 名称：同轴电缆 2. 规格：SYGFV-75-9 3. 敷设方式：穿管	m	39.68			
9	030505005002	同轴电缆 SYGFV-75-5	1. 名称：同轴电缆 2. 规格：SYGFV-75-5 3. 敷设方式：穿管	m	28.11			
10	030505005003	同轴电缆 SYWV-75-5P	1. 名称：同轴电缆 2. 规格：SYWV-75-5P 3. 敷设方式：穿管	m	86.31			
11	030505006001	同轴电缆接头 SYGFV-75-9	1. 规格：SYGFV-75-9	个	16			
12	030505006002	同轴电缆接头 SYGFV-75-5	1. 规格：SYGFV-75-5	个	16			
13	030505006003	同轴电缆接头 SYWV-75-5P	1. 规格：SYWV-75-5P	个	32			
14	030505014001	终端调试	1. 名称：终端调试 2. 功能：电视插座调试	个	16			
		分部小计						
		对讲系统（预留埋管）						
15	030411001003	配管 PC16	1. 名称：塑料管 2. 材质：刚性阻燃塑料 3. 规格：*DN*16 4. 配置形式：暗配 5. 接地要求：满足设计规范要求	m	97.584			

16	030411001004	配管 PC40	1. 名称：塑料管 2. 材质：刚性阻燃塑料 3. 规格：*DN*40 4. 配置形式：暗配 5. 接地要求：满足设计规范要求	m	14.35			
17	030502003005	对讲楼层分线盒	1. 名称：对讲楼层分线盒 2. 安装方式：距地 0.3m 暗装	个	3			
18	030507002001	对讲电话分机	1. 名称：对讲电话分机 2. 类别：用户机 3. 安装方式：距地 1.3m 安装	套	8			
19	030507012001	对讲主机	1. 名称：对讲主机 2. 类别：有线对讲	台	1			
20	030904001001	可燃气体探测器	1. 名称：可燃气体探测器 2. 安装方式：吸顶安装	个	8			
		分部小计						
		通信系统						
21	030411001005	配管 PC16	1. 名称：塑料管 2. 材质：刚性阻燃塑料 3. 规格：*DN*16 4. 配置形式：暗配 5. 接地要求：满足设计规范要求	m	21.02			
22	030411001006	配管 SC20	1. 名称：钢管 2. 材质：镀锌钢管 3. 规格：*DN*20 4. 配置形式：暗配 5. 接地要求：满足设计规范要求	m	79.4			

(续)

序号	项目编码	项目名称	项目特征描述	计量单位	工程量	金额（元）		
						综合单价	合价	其中 暂估价
23	030411001007	配管 PC40	1. 名称：塑料管 2. 材质：刚性阻燃塑料 3. 规格：*DN*40 4. 配置形式：暗配 5. 接地要求：满足设计规范要求	m	32.51			
24	030411001008	配管 PC20	1. 名称：塑料管 2. 材质：刚性阻燃塑料 3. 规格：*DN*20 4. 配置形式：暗配 5. 接地要求：满足设计规范要求	m	55.15			
25	030411004001	双绞线 RVS（2×1.0）	1. 名称：双绞线 2. 配线形式：穿管配线 3. 型号、规格：RVS-2×1.0 4. 材质：铜芯 5. 配线部位：沿墙楼板暗敷	m	59.15			
26	030502003006	电话插座盒	1. 名称：电话插座盒 2. 材质：塑料 3. 规格：86mm×86mm 4. 安装方式：距地 0.3m 暗装	个	16			
27	030502003007	网络插座盒	1. 名称：网络插座盒 2. 材质：塑料 3. 规格：86mm×86mm 4. 安装方式：距地 0.3m 暗装	个	16			
28	030502004002	电话插座	1. 名称：电话插座 2. 安装方式：底边距地 0.3m 暗装	个	8			

29	030502005001	超五类数据线 Cat5e/4（UTP）	1. 名称：网络超五类数据线 2. 规格：Cat5e/4（UTP） 3. 线缆对数：超五类4对 4. 敷设方式：穿管	m	89.59			
30	030502007001	36芯光缆	1. 名称：36芯单模光缆 2. 线缆对数：18对 3. 敷设方式：穿管	m	39.68			
31	030502007002	单芯单模皮线光缆 GJXFH-1B1	1. 名称：单芯单模皮线光缆 2. 线缆对数：单芯 3. 敷设方式：穿管敷设	m	28.11			
32	030502012001	网络插座	1. 名称：网络插座 2. 安装方式：底边距地0.3m暗装	个	8			
33	030505014002	电话终端调试	1. 名称：电话终端调试 2. 功能：电话插座调试	个	8			
34	030505014003	网络终端调试	1. 名称：网络终端调试 2. 功能：网络插座调试	个	16			
		分部小计						
合计								

表9-19　总价措施项目清单计价表

工程名称：成都市某住宅楼/安装工程【建筑智能化工程】　　　　标段：

序号	项目编码	项目名称	计算基础	费率（%）	金额（元）	调整费率（%）	调整后金额（元）	备注
1	031302001001	安全文明施工						
1.1	①	环境保护	分部分项定额人工费＋单价措施定额人工费					
1.2	②	文明施工	分部分项定额人工费＋单价措施定额人工费					
1.3	③	安全施工	分部分项定额人工费＋单价措施定额人工费					
1.4	④	临时设施	分部分项定额人工费＋单价措施定额人工费					
2	031302002001	夜间施工增加						
3	031302004001	二次搬运						
4	031302005001	冬雨季施工增加						
合计								

表9-20　其他项目清单与计价汇总表

工程名称：成都市某住宅楼/安装工程【建筑智能化工程】　　　　标段：

序号	项目名称	金额（元）	结算金额（元）	备注
1	暂列金额	1798.59		
2	暂估价			
2.1	材料（工程设备）暂估价/结算价	—		
2.2	专业工程暂估价/结算价			
3	计日工			
4	总承包服务费			
合计		1798.59		—

表9-21　暂列金额明细表

工程名称：成都市某住宅楼/安装工程【建筑智能化工程】　　　　标段：

序号	项目名称	计量单位	暂定金额（元）	备注
1	暂列金额	项	1798.59	
合计			1798.59	—

表 9-22　计日工表

工程名称：某住宅楼【弱电工程】　　　　　　　　　　　　　　　标段：

编　号	项目名称	单　位	暂定数量	实际数量	综合单价（元）	合价（元）	
						暂定	实际
一	人工						
1	通用安装技工	工日	10				
2	通用安装普工	工日	10				
人工小计							
二	材料						
材料小计							
三	施工机械						
施工机械小计							
四、综合费							
总计							

表 9-23　规费、税金项目计价表

工程名称：成都市某住宅楼 / 安装工程【建筑智能化工程】　　　　　　标段：

序号	项目名称	计算基础	计算基数	计算费率（%）	金额（元）
1	规费	分部分项清单定额人工费 + 单价措施项目清单定额人工费			
1.1	社会保险费	分部分项清单定额人工费 + 单价措施项目清单定额人工费			
(1)	养老保险费	分部分项清单定额人工费 + 单价措施项目清单定额人工费			
(2)	失业保险费	分部分项清单定额人工费 + 单价措施项目清单定额人工费			
(3)	医疗保险费	分部分项清单定额人工费 + 单价措施项目清单定额人工费			
(4)	工伤保险费	分部分项清单定额人工费 + 单价措施项目清单定额人工费			
(5)	生育保险费	分部分项清单定额人工费 + 单价措施项目清单定额人工费			
1.2	住房公积金	分部分项清单定额人工费 + 单价措施项目清单定额人工费			
1.3	工程排污费	按工程所在地环境保护部门收取标准，按实计入			
2	销项增值税额	分部分项工程费 + 措施项目费 + 其他项目费 + 规费 + 创优质工程奖补偿奖励费 – 按规定不计税的工程设备金额 – 除税甲供材料（设备）设备费			
合计					

9.1.5 电气工程招标控制价

按招标控制价的编订顺序，完整的电气工程招标控制价见表 9-24~ 表 9-40。

表 9-24 电气工程招标控制价封面

某住宅楼电气及弱电工程

招 标 控 制 价

招标控制价（小写）：114383 元

（大写）：壹拾壹万肆仟叁佰捌拾叁元

招 标 人：__________（单位盖章）

造价咨询人：__________（单位资质专用章）

法定代表人或其授权人：__________（签字或盖章）

法定代表人或其授权人：__________（签字或盖章）

编 制 人：__________（造价人员签字盖专用章）

复 核 人：__________（造价工程师签字盖专用章）

编制时间：

复核时间：

表 9-25 总说明

总 说 明

工程名称：某住宅楼工程电气及弱电工程

1. 工程概况

1.1 工程名称：成都某科技公司住宅楼。

1.2 工程概况：本项目建设单位为成都某科技有限公司，项目位于成都市龙泉驿区，建筑面积为 1340m^2，结构形式为框架结构，建筑高度 13.1m。

1.3 工程设计单位：成都某建筑设计有限公司。

2. 工程量清单编制范围

成都某科技有限公司新建成都某科技公司住宅楼项目电气施工图范围内的电气设备安装工程，具体施工范围及内容详见施工图、工程量清单等。

2.1 电气设备安装工程：包括控制设备及低压电器安装、配管、配线、照明器具安装、防雷接地及其他工程等（具体详见工程量清单）。

2.2 电气设备安装工程需说明的问题

主体施工阶段的预留、预埋、设备基础、凿槽刨沟、预埋件等，以及设备、部件、构配件、配管、照明器具等安装到位后的堵补、管吊洞、收边收口和防火封堵工作等由主体施工单位负责，包括整个项目的技术管理、进度管理、资料管理等，施工单位报价须综合考虑上述工作，后期结算上述工作不再单独计价。

3. 招标控制价编制依据

3.1 成都某建筑设计有限公司设计的《成都某科技公司综合楼项目设计施工图》2018 年 11 月版。

3.2 施工现场实际情况、工程特点及常规施工方案。

3.3 国家、省、市有关工程量清单编制的文件。

3.4 中华人民共和国国家标准《建设工程工程量清单计价规范》（GB 50500—2013），《通用安装工程工程量计算规范》（GB 50856—2013）及相关配套文件。

（续）

3.5　2020 年《四川省建设工程工程量清单计价定额》及相关配套文件。

3.6　材料价格：材料价格按 2019 年 6 月成都市《工程造价信息》中龙泉驿区材料价格及相关市场价格按中等水平计取。

3.7　人工费调整按照川建价发［2019］6 号文件执行。

3.8　安全文明施工措施费依据川建造价发［2017］5 号及川建造价发［2019］180 号文件相关规定计取。

3.9　规费：规费费率按高限进行计算。

3.10　销项增值税按川建造价发［2019］181 号文件计取。

3.11　工程相关的施工和验收规范。

4. 工程质量、材料、施工等的特殊要求

4.1　工程质量要求：工程质量及材料应达到国家、省、市现行验收标准，并按四川省现行相关文件规定满足安全文明施工的相关要求，材料品质、规格必须满足施工图的要求且达到国家或地方相关质量技术规范、标准的要求及甲方合同约定要求。本工程所有项目应满足国家相关法律、法规、规范及相关章程、条例等，满足相应工程竣工验收规范，满足使用要求及移交物业要求。

4.2　材料质量要求：本工程使用的材料均为符合国家环保要求的材料，工程所用的材料均应达到国家相关质量技术规范、标准的要求且有合格证及相应检验报告。

5. 本工程招标控制价为 114382.59 元，其中暂列金额为 8766.48 元。

表 9-26　单项工程招标控制价汇总表

工程名称：某住宅楼电气及弱电工程

序号	单位工程名称	金额（元）	其中：（元）		
			暂估价	安全文明施工费	规费
1	电气设备安装工程	88920.54		4299.46	2303.28
2	弱电工程	25462.05		996.02	946.77
合计		114382.59		5295.48	3250.05

表 9-27　单位工程招标控制价汇总表

工程名称：某住宅楼 / 安装工程【电气设备安装工程】　　　　标段：

序号	汇 总 内 容	金额（元）	其中：暂估价（元）
1	分部分项及单价措施项目	65090.73	
	电气设备安装工程	65090.73	
2	总价措施项目	4588.14	—
2.1	其中：安全文明施工费	4299.46	—
3	其他项目	6967.89	—
3.1	其中：暂列金额	6967.89	—
3.2	其中：专业工程暂估价		—
3.3	其中：计日工	2865.00	—
3.4	其中：总承包服务费		—
4	规费	2303.28	—
5	创优质工程奖补偿奖励费		—
6	税前工程造价	78950.04	—
6.1	其中：甲供材料（设备）费		—
7	销项增值税额	7105.50	—
招标控制价 / 投标报价总价合计 = 税前工程造价 + 销项增值税额		88 920.54	

表 9-28　分部分项工程和单价措施项目清单与计价表

工程名称：某住宅楼 / 安装工程【电气设备安装工程】　　　　标段：

序号	项目编码	项目名称	项目特征	计量单位	工程量	金额（元）		
						综合单价	合价	其中 暂估价
		0304 电气设备安装工程						
1	030404017001	配电箱 AW	1. 名称：单元配电计量箱 2. 型号：AW 3. 规格：1600mm × 600mm × 370mm 4. 端子板外部接线材质、规格：24 个 $10mm^2$ 无端子外部接线，8 个 $2.5mm^2$ 无端子外部接线 5. 安装方式：落地式	台	1	1836.43	1836.43	
2	030404017002	配电箱 AL	1. 名称：用户照明配电箱 2. 型号：AL 3. 规格：400mm × 500mm × 200mm 4. 端子板外部接线材质、规格：3 个 $10mm^2$ 无端子外部接线，9 个 $2.5mm^2$ 无端子外部接线，15 个 $4mm^2$ 无端子外部接线 5. 安装方式：悬挂嵌入式	台	8	899.66	7197.28	
3	030404034001	单极单控开关	1. 名称：单极单控开关 2. 规格：250V，10A 3. 安装方式：距地 1.3m 暗装	个	72	33.10	2383.20	
4	030404034002	双联单控开关	1. 名称：双联单控开关 2. 规格：250V，10A 3. 安装方式：距地 1.3m 暗装	个	8	42.67	341.36	
5	030404034003	声光控延时单极开关	1. 名称：声光控延时单极开关 2. 规格：250V，10A 3. 安装方式：距地 1.8m 暗装	个	5	67.31	336.55	

6	030404035001	空调三孔安全插座	1. 名称：壁式空调三孔安全插座 2. 规格：250V，10A 3. 安装方式：距地 2.45m 暗装	个	24	36.84	884.16	
7	030404035002	空调三孔安全插座	1. 名称：柜式空调三孔安全插座 2. 规格：250V，15A 3. 安装方式：距地 0.3m 暗装	个	8	59.28	474.24	
8	030404035003	单相五孔安全插座	1. 名称：单相五孔安全插座 2. 规格：250V，10A 3. 安装方式：距地 0.3m 暗装	个	72	49.47	3561.84	
9	030404035004	卫生间五孔安全单相插座	1. 名称：卫生间五孔安全单相插座 2. 规格：250V，10A 3. 安装方式：距地 1.5m 暗装	个	16	54.97	879.52	
10	030404035005	洗衣机三孔防溅安全插座	1. 名称：洗衣机三孔防溅安全插座 2. 规格：250V，10A 3. 安装方式：距地 1.5m 暗装	个	8	49.15	393.20	
11	030404035006	抽油烟机单相三孔安全插座	1. 名称：抽油烟机单相三孔安全插座 2. 规格：250V，10A 3. 安装方式：距地 2.1m 暗装	个	8	46.09	368.72	
12	030404035007	厨房单相三孔安全插座	1. 名称：厨房单相三孔安全插座 2. 规格：250V，10A 3. 安装方式：距地 1.5m 暗装	个	8	46.09	368.72	
13	030404035008	柜冰箱二、三孔安全单相插座	1. 名称：柜冰箱二、三孔安全插座 2. 规格：250V，10A 3. 安装方式：距地 0.3m 暗装	个	8	52.93	423.44	
14	030411001001	配管	1. 名称：塑料管 2. 材质：阻燃塑料管 3. 规格：*DN*32 4. 配置形式：暗配	m	92.81	10.69	992.14	

(续)

序号	项目编码	项目名称	项目特征	计量单位	工程量	金额（元）		
						综合单价	合价	其中 暂估价
15	030411001002	配管	1. 名称：塑料管 2. 材质：阻燃塑料管 3. 规格：*DN*20 4. 配置形式：暗配	m	1455.29	6.60	9604.91	
16	030411004001	配线	1. 名称：管内穿线 2. 配线形式：照明线路 3. 型号：BV 4. 规格：10mm^2	m	352.83	7.55	2663.87	
17	030411004002	配线	1. 名称：管内穿线 2. 配线形式：照明线路 3. 型号：BV 4. 规格：2.5mm^2	m	2443.13	2.74	6694.18	
18	030411004003	配线	1. 名称：管内穿线 2. 配线形式：照明线路 3. 型号：BV 4. 规格：4mm^2	m	1840.41	3.03	5576.44	
19	030411006001	接线盒	1. 名称：接线盒 2. 材质：塑料 3. 规格：86 型 4. 安装形式：暗装	个	4	6.88	27.52	
20	030411006002	灯头接线盒	1. 名称：灯头盒 2. 安装形式：暗装	个	93	8.36	777.48	

21	030411006003	开关接线盒	1. 名称：开关盒 2. 材质：塑料 3. 规格：86 型 4. 安装形式：暗装	个	85	6.72	571.20	
22	030411006004	插座接线盒	1. 名称：插座盒 2. 材质：塑料 3. 规格：86 型 4. 安装形式：暗装	个	152	7.09	1077.68	
23	030412001001	普通灯具	1. 名称：半球吸顶节能灯（楼梯间） 2. 型号：XD-40 40W 3. 规格：灯罩直径 350mm	套	5	89.78	448.90	
24	030412001002	普通灯具	1. 名称：普通节能型灯 2. 型号：XD-36 40W 3. 规格：灯罩直径 200mm	套	40	87.23	3489.20	
25	030412001003	普通灯具	1. 名称：防湿防潮吸顶灯 2. 型号：FSFC-40 40W 3. 规格：灯罩直径 250mm	套	48	92.62	4445.76	
		分部小计					55817.94	
		030409 防雷及接地装置						
26	030409002001	接地母线	1. 名称：户外接地母线 2. 材质：镀锌扁钢 3. 规格：−40 × 4 4. 安装部位：地坪下 0.75m 5. 安装形式：埋地	m	97.15	37.30	3623.70	

(续)

序号	项目编码	项目名称	项目特征	计量单位	工程量	金额（元）		
						综合单价	合价	其中 暂估价
27	030409004001	均压环	1. 名称：基地钢筋 2. 材质：圆钢 3. 规格：2根 Φ16mm 4. 安装形式：利用基础圈梁钢筋	m	148.8	5.90	877.92	
28	030409003001	防雷引下线	1. 名称：防雷引下线 2. 材质：柱内主筋 3. 规格：2根 Φ16mm 4. 安装形式：柱主筋通长焊接	m	146.7	15.84	2323.73	
29	030409005001	避雷网	1. 名称：屋顶避雷带 2. 材质：−40×4 3. 规格：热镀锌扁钢 4. 安装形式：沿女儿墙及屋面	m	126.24	16.89	2132.19	
30	030409008001	总等电位端子箱	1. 名称：总等电位端子箱 2. 规格：500mm×500mm×100mm	台	1	148.54	148.54	
31	030409008002	测试板	1. 名称：接地电阻测试点 2. 安装参见《建筑物防雷设施安装图集》99D501-1相关做法	块	2	40.54	81.08	
32	030411004004	配线	1. 名称：管内穿线 2. 配线形式：砖、混凝土结构 3. 型号：BV 4. 规格：25mm²	m	4.39	14.29	62.73	
33	030411001003	配管	1. 名称：塑料管 2. 材质：阻燃塑料管 3. 规格：*DN*25 4. 配置形式：暗配	m	2.4	9.54	22.90	
		分部小计					9272.79	
合计							65090.73	

表 9-29　总价措施项目清单计价表

工程名称：某住宅楼 / 安装工程【电气设备安装工程】　　　　　　标段：

序号	项 目 编 码	项 目 名 称	计 算 基 础	费率（%）	金额（元）	调整费率（%）	调整后金额（元）	备注
1	031302001001	安全文明施工			4299.46			
1.1	①	环境保护	分部分项工程量清单项目定额人工费＋单价措施项目定额人工费	1.54	236.47			
1.2	②	文明施工	分部分项工程量清单项目定额人工费＋单价措施项目定额人工费	1.54	1001.16			
1.3	③	安全施工	分部分项工程量清单项目定额人工费＋单价措施项目定额人工费	4.84	1744.35			
1.4	④	临时设施	分部分项工程量清单项目定额人工费＋单价措施项目定额人工费	7.86	1317.48			
2	031302002001	夜间施工增加			119.77			
3	031302003001	非夜间施工增加						
4	031302004001	二次搬运			58.35			
5	031302005001	冬雨季施工增加			89.06			
6	031302006001	已完工程及设备保护						
7	031302007001	高层施工增加						
8	031302008001	工程定位复测费			21.50			
合计					4588.14	—	—	—

表 9-30　其他项目清单与计价汇总表

工程名称：某住宅楼 / 安装工程【电气设备安装工程】　　　　　　标段：

序号	项 目 名 称	金额（元）	结算金额（元）	备　注
1	暂列金额	6967.89		
2	暂估价			
2.1	材料（工程设备）暂估价 / 结算价	—		
2.2	专业工程暂估价 / 结算价			
3	计日工			
4	总承包服务费			
合计		6967.89		—

表 9-31　暂列金额明细表

工程名称：某住宅楼 / 安装工程【电气设备安装工程】　　　　　　　　　　标段：

序　　号	项目名称	计量单位	暂定金额（元）	备　　注
1	暂列金额	项	6967.89	
合计			6967.89	—

表 9-32　计日工表

工程名称：某住宅楼 / 安装工程【电气设备安装工程】　　　　　　　　　　标段：

编号	项目名称	单　　位	暂定数量	实际数量	综合单价（元）	合价（元）	
						暂　　定	实　　际
一	人工						
1	通用安装技工	工日	10		143.25	1432.50	
2	通用安装普工	工日	10		143.25	1432.50	
人工小计						2865.00	
二	材料						
材料小计							
三	施工机械						
施工机械小计							
四、综合费							
总计						2865.00	

表 9-33　规费、税金项目计价表

工程名称：某住宅楼 / 安装工程【电气设备安装工程】　　　　　　　　　　标段：

序　　号	项目名称	计算基础	计算基数	计算费率（%）	金额（元）
1	规费	分部分项清单定额人工费＋单价措施项目清单定额人工费			2303.28
1.1	社会保险费	分部分项清单定额人工费＋单价措施项目清单定额人工费			1796.56
（1）	养老保险费	分部分项清单定额人工费＋单价措施项目清单定额人工费	15355.20	7.5	1151.64
（2）	失业保险费	分部分项清单定额人工费＋单价措施项目清单定额人工费	15355.20	0.6	92.13
（3）	医疗保险费	分部分项清单定额人工费＋单价措施项目清单定额人工费	15355.20	2.7	414.59
（4）	工伤保险费	分部分项清单定额人工费＋单价措施项目清单定额人工费	15355.20	0.7	107.49
（5）	生育保险费	分部分项清单定额人工费＋单价措施项目清单定额人工费	15355.20	0.2	30.71

（续）

序　　号	项 目 名 称	计 算 基 础	计 算 基 数	计算费率（%）	金额（元）
1.2	住房公积金	分部分项清单定额人工费 + 单价措施项目清单定额人工费	15355.20	3.3	506.72
1.3	工程排污费	按工程所在地环境保护部门收取标准，按实计入			
2	销项增值税额	分部分项工程费 + 措施项目费 + 其他项目费 + 规费 + 创优质工程奖补偿奖励费 – 按规定不计税的工程设备金额 – 除税甲供材料（设备）设备费	78950.04	9	7105.50
合计					9408.78

表 9-34　单位工程招标控制价汇总表

工程名称：成都市某住宅楼 / 安装工程【弱电工程】　　　　标段：

序　　号	汇 总 内 容	金额（元）	其中：暂估价（元）
1	分部分项及单价措施项目	16880.03	
	电视系统	3313.53	
	对讲系统（预留埋管）	5619.32	
	通信系统	4266.44	
2	总价措施项目	1105.85	—
2.1	其中：安全文明施工费	996.02	—
3	其他项目	1798.59	—
3.1	其中：暂列金额	1798.59	—
3.2	其中：专业工程暂估价		—
3.3	其中：计日工	2865.00	—
3.4	其中：总承包服务费		—
4	规费	946.77	—
5	创优质工程奖补偿奖励费		—
6	税前工程造价	20731.24	—
6.1	其中：甲供材料（设备）费		—
7	销项增值税额	1865.81	—
招标控制价 / 投标报价总价合计 = 税前工程造价 + 销项增值税额		25462.05	

表9-35　分部分项工程和单价措施项目清单与计价表

工程名称：成都市某住宅楼/安装工程【弱电工程】　　　　　　　　　　标段：

序号	项目编码	项目名称	项目特征描述	计量单位	工程量	金额（元）		
						综合单价	合价	其中 暂估价
1	030502003001	集中多媒体箱	1. 名称：集中多媒体箱 2. 规格：500mm×500mm×100mm 3. 安装方式：距地1.5m暗装	个	1	364.51	364.51	
2	030502003002	集中分线盒	1. 名称：集中分线盒 2. 规格：150mm×150mm×100mm 3. 安装方式：距地0.3m暗装	个	8	192.10	1536.80	
3	030502003003	户内多媒体箱	1. 名称：户内多媒体箱 2. 规格：300mm×200mm×100mm 3. 安装方式：距地0.3m暗装	个	8	203.99	1631.92	
		电视系统						
4	030411001001	配管PC20	1. 名称：塑料管 2. 材质：刚性阻燃塑料 3. 规格：*DN*20 4. 配置形式：暗配 5. 接地要求：满足设计规范要求	m	97.22	11.41	1109.28	
5	030411001002	配管PC40	1. 名称：塑料管 2. 材质：刚性阻燃塑料 3. 规格：*DN*40 4. 配置形式：暗配 5. 接地要求：满足设计规范要求	m	32.51	17.78	578.03	
6	030502003004	电视插座盒	1. 名称：电视插座盒 2. 材质：塑料 3. 规格：86mm×86mm 4. 安装方式：距地0.3m暗装	个	16	7.95	127.20	
7	030502004001	电视插座	1. 名称：电视插座 2. 安装形式：距地0.3m暗装	个	16	23.57	377.12	
8	030505005001	同轴电缆SYGFV-75-9	1. 名称：同轴电缆 2. 规格：SYGFV-75-9 3. 敷设方式：穿管	m	39.68	5.69	225.78	
9	030505005002	同轴电缆SYGFV-75-5	1. 名称：同轴电缆 2. 规格：SYGFV-75-5 3. 敷设方式：穿管	m	28.11	2.02	56.78	

（续）

序号	项目编码	项目名称	项目特征描述	计量单位	工程量	金额（元）		
						综合单价	合价	其中
								暂估价
10	030505005003	同轴电缆SYWV-75-5P	1. 名称：同轴电缆 2. 规格：SYWV-75-5P 3. 敷设方式：穿管	m	86.31	2.00	172.62	
11	030505006001	同轴电缆接头SYGFV-75-9	1. 规格：SYGFV-75-9	个	16	7.11	113.76	
12	030505006002	同轴电缆接头SYGFV-75-5	1. 规格：SYGFV-75-5	个	16	6.82	109.12	
13	030505006003	同轴电缆接头SYWV-75-5P	1. 规格：SYWV-75-5P	个	32	6.88	220.16	
14	030505014001	终端调试	1. 名称：终端调试 2. 功能：电视插座调试	个	16	13.98	223.68	
		分部小计					3313.53	
		对讲系统（预留埋管）						
15	030411001003	配管PC16	1. 名称：塑料管 2. 材质：刚性阻燃塑料 3. 规格：*DN*16 4. 配置形式：暗配 5. 接地要求：满足设计规范要求	m	97.584	10.73	1047.08	
16	030411001004	配管PC40	1. 名称：塑料管 2. 材质：刚性阻燃塑料 3. 规格：*DN*40 4. 配置形式：暗配 5. 接地要求：满足设计规范要求	m	14.35	17.78	255.14	
17	030502003005	对讲楼层分线盒	1. 名称：对讲楼层分线盒 2. 安装方式：距地0.3m暗装	个	3	246.71	740.13	
18	030507002001	对讲电话分机	1. 名称：对讲电话分机 2. 类别：用户机 3. 安装方式：距地1.3m安装	套	8	268.65	2149.20	
19	030507012001	对讲主机	1. 名称：对讲主机 2. 类别：有线对讲	台	1	362.86	362.86	
20	030904001001	可燃气体探测器	1. 名称：可燃气体探测器 2. 安装方式：吸顶安装	个	8	133.06	1064.48	

（续）

序号	项目编码	项目名称	项目特征描述	计量单位	工程量	金额（元）		
						综合单价	合价	其中
								暂估价
		分部小计					5619.32	
		通信系统						
21	030411001005	配管 PC16	1. 名称：塑料管 2. 材质：刚性阻燃塑料 3. 规格：*DN*16 4. 配置形式：暗配 5. 接地要求：满足设计规范要求	m	21.02	10.73	225.54	
22	030411001006	配管 SC20	1. 名称：钢管 2. 材质：镀锌钢管 3. 规格：*DN*20 4. 配置形式：暗配 5. 接地要求：满足设计规范要求	m	79.4	15.16	1203.70	
23	030411001007	配管 PC40	1. 名称：塑料管 2. 材质：刚性阻燃塑料 3. 规格：*DN*40 4. 配置形式：暗配 5. 接地要求：满足设计规范要求	m	32.51	17.78	578.03	
24	030411001008	配管 PC20	1. 名称：塑料管 2. 材质：刚性阻燃塑料 3. 规格：*DN*20 4. 配置形式：暗配 5. 接地要求：满足设计规范要求	m	55.15	11.41	629.26	
25	030411004001	双绞线 RVS（2×1.0）	1. 名称：双绞线 2. 配线形式：穿管配线 3. 型号、规格：RVS-2×1.0 4. 材质：铜芯 5. 配线部位：沿墙楼板暗敷	m	59.15	2.54	150.24	
26	030502003006	电话插座盒	1. 名称：电话接线盒 2. 材质：塑料 3. 规格：86mm×86mm 4. 安装方式：距地 0.3m 暗装	个	16	7.95	127.20	
27	030502003007	网络插座盒	1. 名称：网络接线盒 2. 材质：塑料 3. 规格：86mm×86mm 4. 安装方式：距地 0.3m 暗装	个	16	7.95	127.20	
28	030502004002	电话插座	1. 名称：电话插座 2. 安装方式：底边距地 0.3m 暗装	个	8	27.67	221.36	

（续）

序号	项目编码	项目名称	项目特征描述	计量单位	工程量	金额（元）		
						综合单价	合价	其中 暂估价
29	030502005001	超五类数据线 Cat5e/4（UTP）	1. 名称：网络超五类线 2. 规格：Cat5e/4（UTP） 3. 线缆对数：超五类 4 对 4. 敷设方式：穿管	m	89.59	2.13	190.83	
30	030502007001	36 芯光缆	1. 名称：36 芯单模光缆 2. 线缆对数：18 对 3. 敷设方式：穿管	m	39.68	4.26	169.04	
31	030502007002	单芯单模皮线光缆 GJXFH-1B1	1. 名称：单芯单模皮线光缆 2. 线缆对数：单芯 3. 敷设方式：穿管敷设	m	28.11	1.59	44.69	
32	030502012001	网络插座	1. 名称：网络插座 2. 安装方式：底边距地 0.3m 暗装	个	8	32.91	263.28	
33	030505014002	电话终端调试	1. 名称：电话终端调试 2. 功能：电话插座调试	个	8	13.98	111.84	
34	030505014003	网络终端调试	1. 名称：网络终端调试 2. 功能：网络插座调试	个	16	13.98	223.68	
		分部小计					4266.44	
合计							16880.03	

表 9-36　总价措施项目清单计价表

工程名称：成都市某住宅楼 / 安装工程【弱电工程】　　　　标段：

序号	项目编码	项目名称	计算基础	费率（%）	金额（元）	调整费率（%）	调整后金额（元）	备注
1	031302001001	安全文明施工			996.02			
1.1	①	环境保护	分部分项定额人工费 + 单价措施定额人工费	1.54	97.20			
1.2	②	文明施工	分部分项定额人工费 + 单价措施定额人工费	1.54	97.20			
1.3	③	安全施工	分部分项定额人工费 + 单价措施定额人工费	4.84	305.50			
1.4	④	临时设施	分部分项定额人工费 + 单价措施定额人工费	7.86	496.12			
2	031302002001	夜间施工增加			49.23			
3	031302004001	二次搬运			23.99			
4	031302005001	冬雨季施工增加			36.61			
合计					1105.85	—	—	—

表 9-37 其他项目清单与计价汇总表

工程名称：成都市某住宅楼 / 安装工程【弱电工程】 标段：

序号	项目名称	金额（元）	结算金额（元）	备注
1	暂列金额	1798.59		
2	暂估价			
2.1	材料（工程设备）暂估价 / 结算价	—		
2.2	专业工程暂估价 / 结算价			
3	计日工			
4	总承包服务费			
合计		1798.59		—

表 9-38 暂列金额明细表

工程名称：成都市某住宅楼 / 安装工程【弱电工程】 标段：

序号	项目名称	计量单位	暂定金额（元）	备注
1	暂列金额	项	1798.59	
合计			1798.59	—

表 9-39 计日工表

工程名称：成都市某住宅楼 / 安装工程【弱电工程】 标段：

编号	项目名称	单位	暂定数量	实际数量	综合单价（元）	合价（元）	
						暂定	实际
一	人工						
1	通用安装技工	工日	10		143.25	1432.50	
2	通用安装普工	工日	10		143.25	1432.50	
人工小计						2865.00	
二	材料						
材料小计							
三	施工机械						
施工机械小计							
四、综合费							
总计						2865.00	

表 9-40　规费、税金项目计价表

工程名称：成都市某住宅楼 / 安装工程【弱电工程】　　标段：

序号	项目名称	计算基础	计算基数	计算费率（%）	金额（元）
1	规费	分部分项清单定额人工费 + 单价措施项目清单定额人工费			946.77
1.1	社会保险费	分部分项清单定额人工费 + 单价措施项目清单定额人工费			738.48
（1）	养老保险费	分部分项清单定额人工费 + 单价措施项目清单定额人工费	6311.90	7.5	473.39
（2）	失业保险费	分部分项清单定额人工费 + 单价措施项目清单定额人工费	6311.90	0.6	37.87
（3）	医疗保险费	分部分项清单定额人工费 + 单价措施项目清单定额人工费	6311.90	2.7	170.42
（4）	工伤保险费	分部分项清单定额人工费 + 单价措施项目清单定额人工费	6311.90	0.7	44.18
（5）	生育保险费	分部分项清单定额人工费 + 单价措施项目清单定额人工费	6311.90	0.2	12.62
1.2	住房公积金	分部分项清单定额人工费 + 单价措施项目清单定额人工费	6311.90	3.3	208.29
1.3	工程排污费	按工程所在地环境保护部门收取标准，按实计入			
2	销项增值税额	分部分项工程费 + 措施项目费 + 其他项目费 + 规费 + 创优质工程奖补偿奖励费 – 按规定不计税的工程设备金额 – 除税甲供材料（设备）设备费	20731.24	9	1865.81
合计					2812.58

9.2 给排水工程工程量清单及招标控制价的编制

9.2.1 给排水工程概况

该套图样为六层住宅楼，每个单元 2 户，共 2 个单元。建筑高度为 18.6m。

（1）给水系统

1）该工程由市政直接下行上给供水，市政给水引入管见总平面图。

2）该工程用水集中计量靠外墙明设。

3）该工程支管图中卫生器具给水管径未标注者均为 *DN*15，大便器冲洗管为 *DN*25，冲洗角阀为 *DN*25。

（2）排水系统

1）排水制度：采用雨、污分流的排水制度。

2）系统：卫生间排水设有伸顶通气管。高度为非上人屋面 0.70m，上人屋面 2.00m，地漏和卫生器具存水弯的水封深度不得小于 50mm。洗衣机设置专用地漏，楼板下带存水弯。

3）污水经化粪池处理后，排入市政管网；空调冷凝水及阳台雨水有组织排放。

（3）管道及附件材料

1）给水管上的阀门，当 *DN*<50mm 时，采用 JIIW-10T 型铜截止阀，水表采用 LXS 型旋翼式水表。*DN*50 进户管上阀门采用闸阀。

2）污水管采用硬聚氯乙烯塑料排水管（UPVC），承插连接，颜色为白色。

3）给水管采用 PPR 热熔连接。

（4）管道敷设

1）给水管在穿越楼板时设置钢套管，给水立管间距 100mm。

2）污水管和雨水管在穿越楼板时设钢套管，穿越屋面时设钢制防水套管。

3）污水管道上的三通或四通，均为 45° 三通或四通、90° 斜三通或四通；出户管及立管底部转弯处采用 45° 弯头相连。

该工程图例见表 9-41，管道直径与公称直径的关系见表 9-42。

表 9-41　给排水工程图例

名　称	图　例	名　称	图　例	名　称	图　例
给水管	——	排水立管	PL−n	检查井	
排水管	——	延时自闭式阀		LXS 型水表	
生活给水立管	JL−m	检查口		地漏	
雨水管	YL−n	空调水管独立管	KL−n	灭火器	
止回阀		闸阀		消防卷盘	

表 9-42　塑料管外径与公称直径对照表

公称直径	*DN*15	*DN*20	*DN*25	*DN*32	*DN*40	*DN*50	*DN*65	*DN*80	*DN*100	*DN*150
公称外径	*De*20	*De*25	*De*32	*De*40	*De*50	*De*63	*De*75	*De*90	*De*110	*De*160

9.2.2　给排水工程施工图

给排水工程施工图见图 9-14~ 图 9-22。

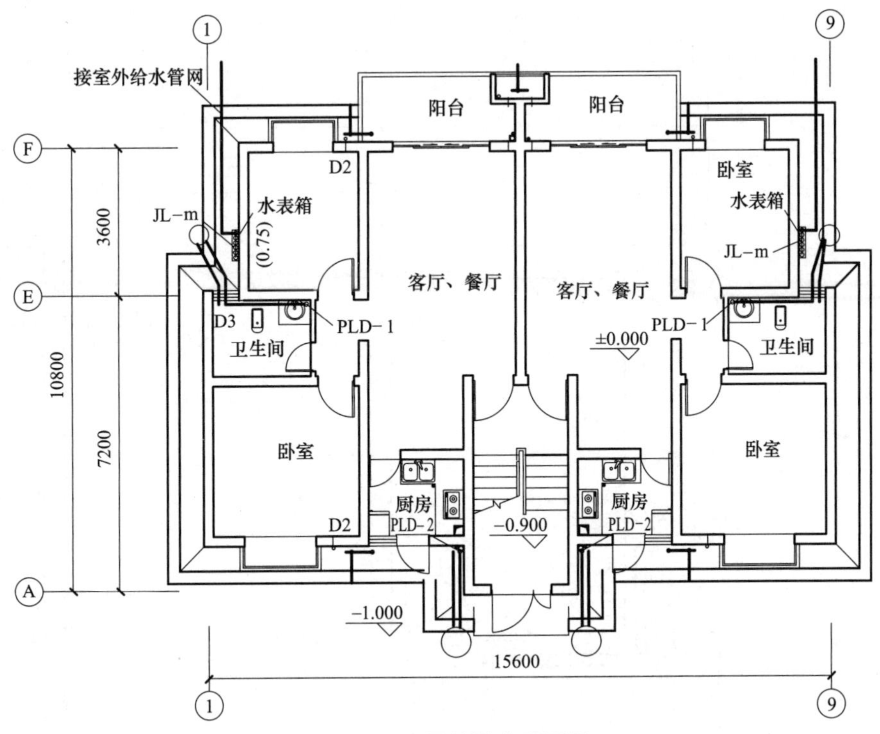

图 9-14　底层给排水平面图

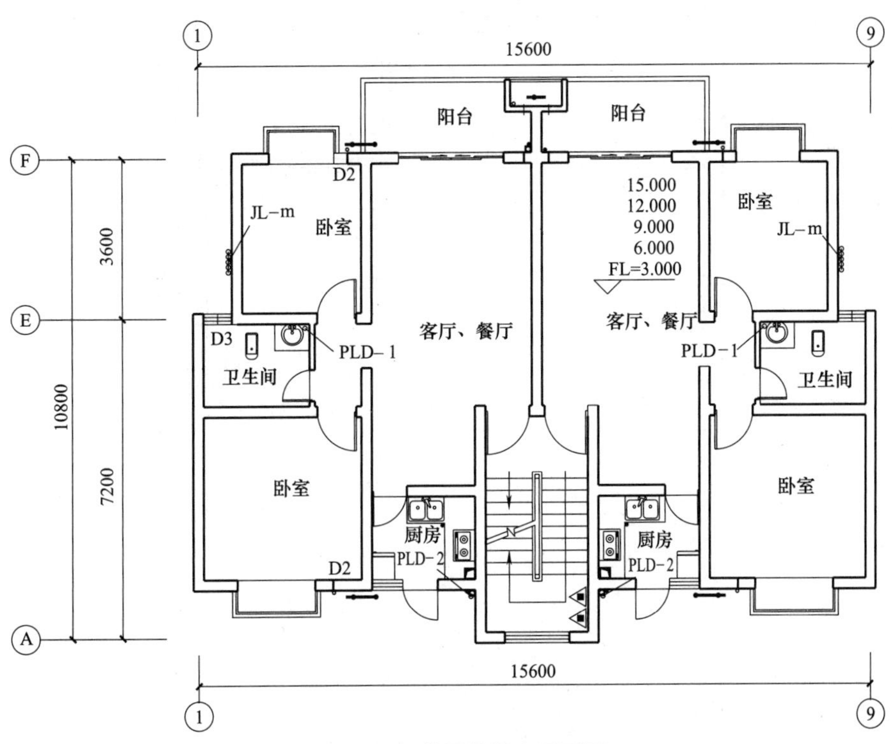

图 9-15　标准层给排水平面图

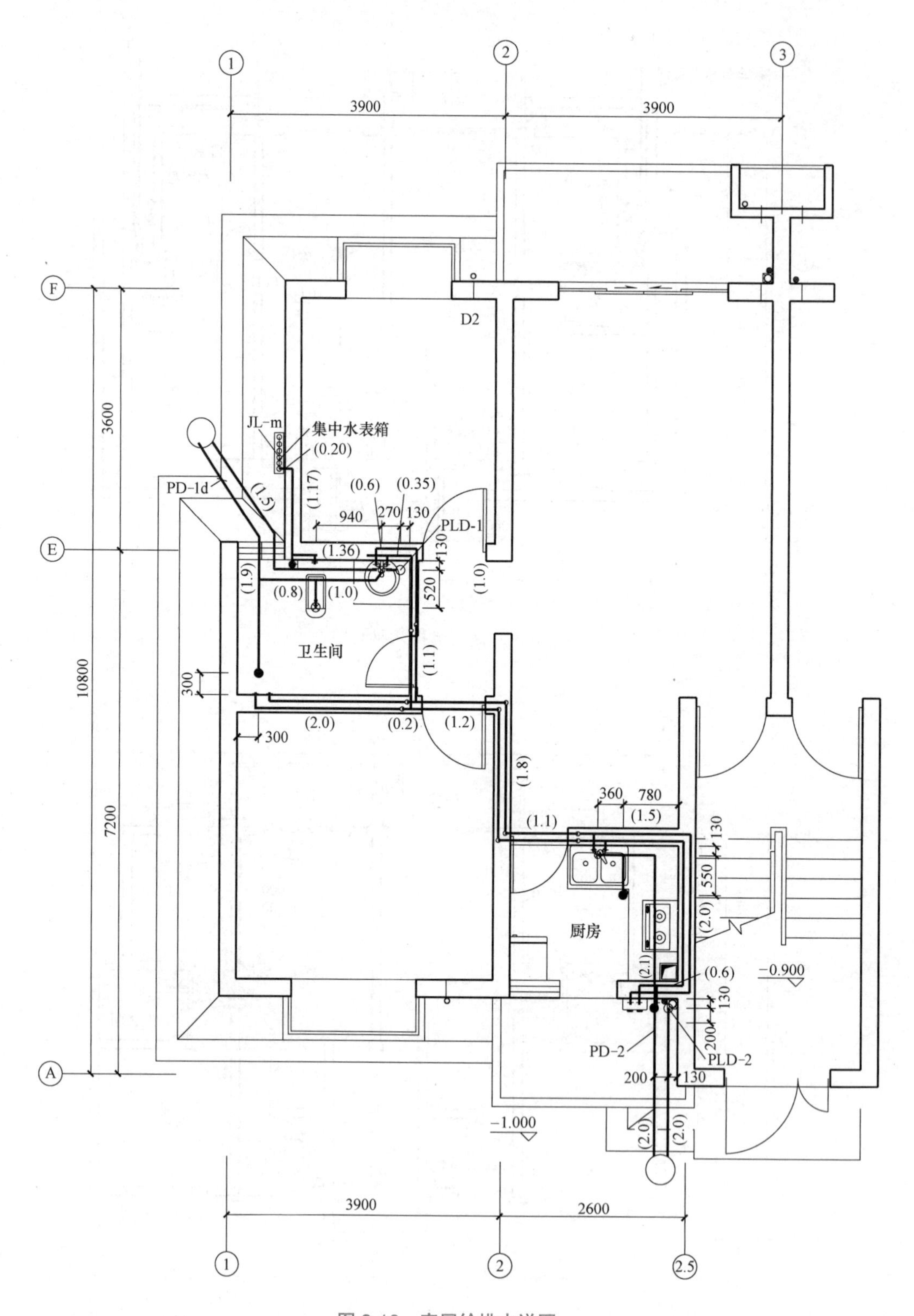

图 9-16　底层给排水详图

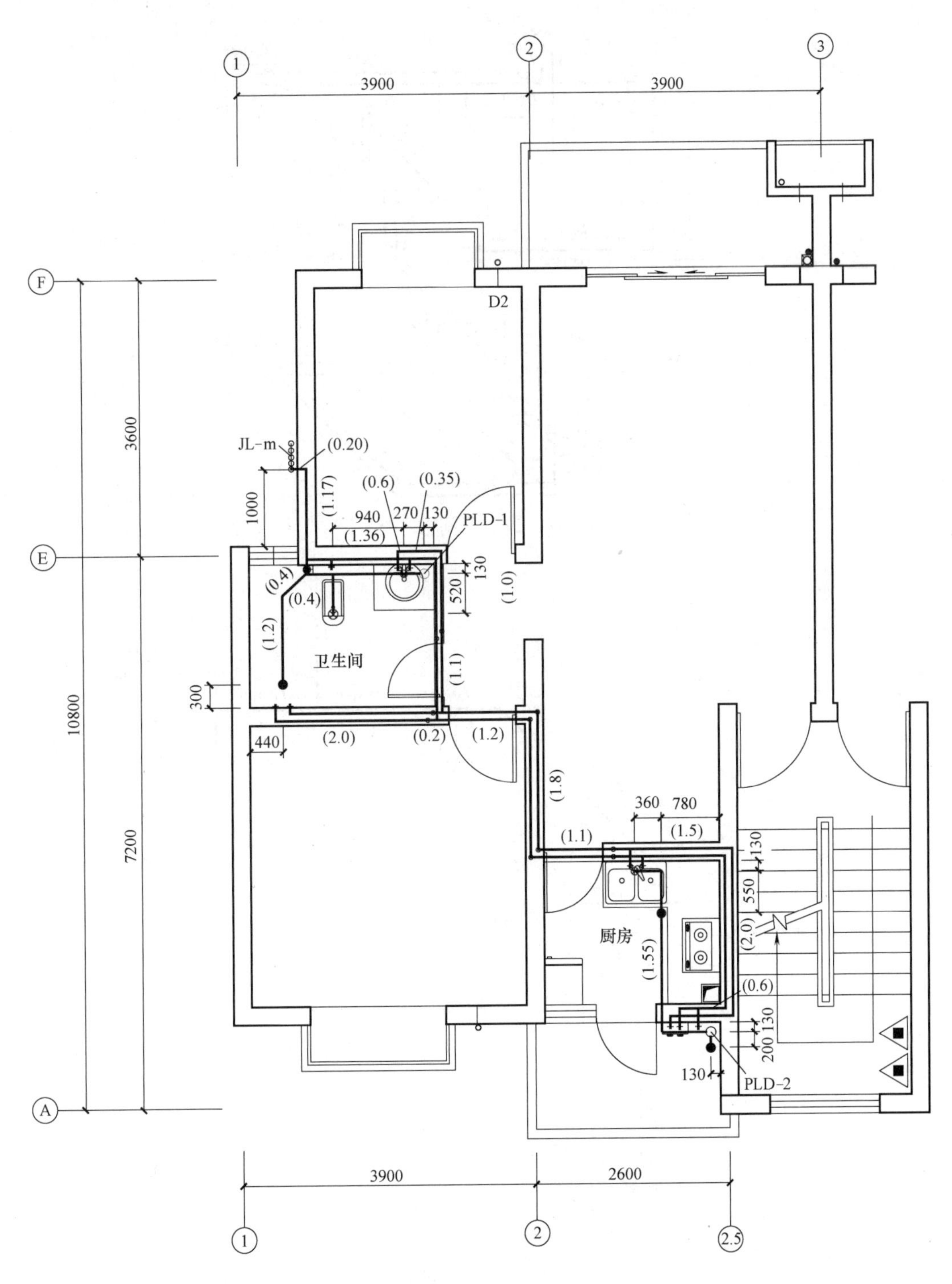

图 9-17　标准层给排水详图

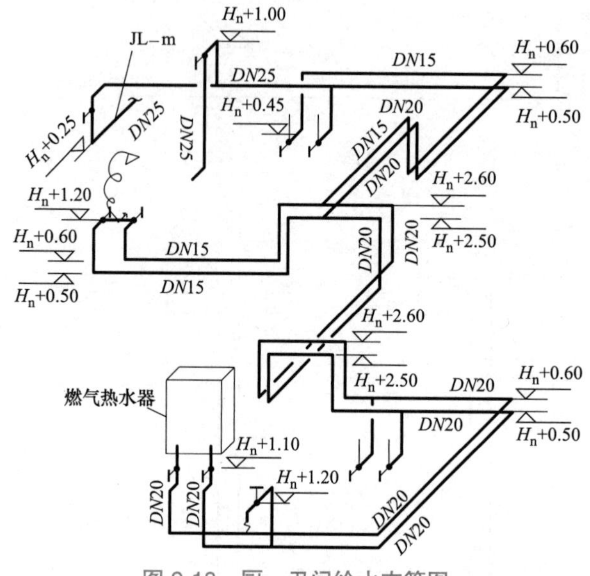

图 9-18 厨、卫间给水支管图

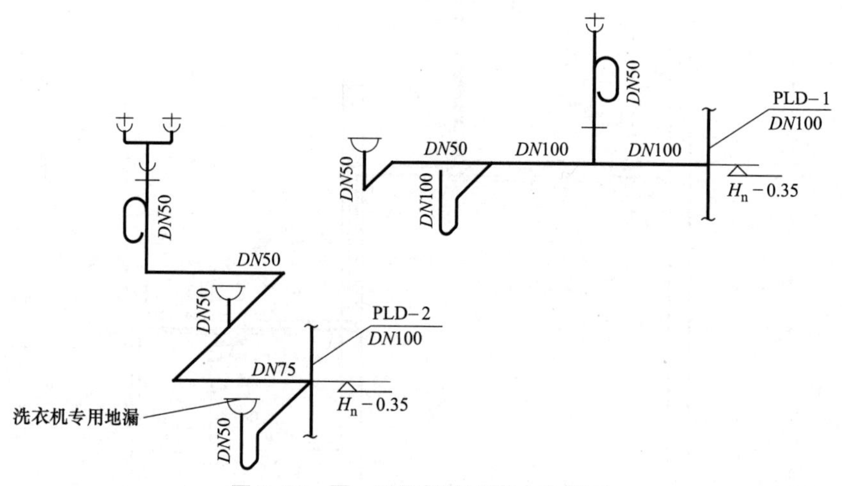

图 9-19 厨、卫间标准层排水支管图

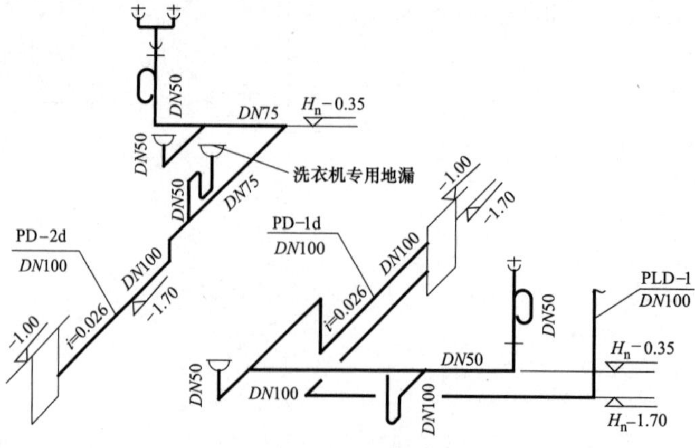

图 9-20 厨、卫间底层排水支管图

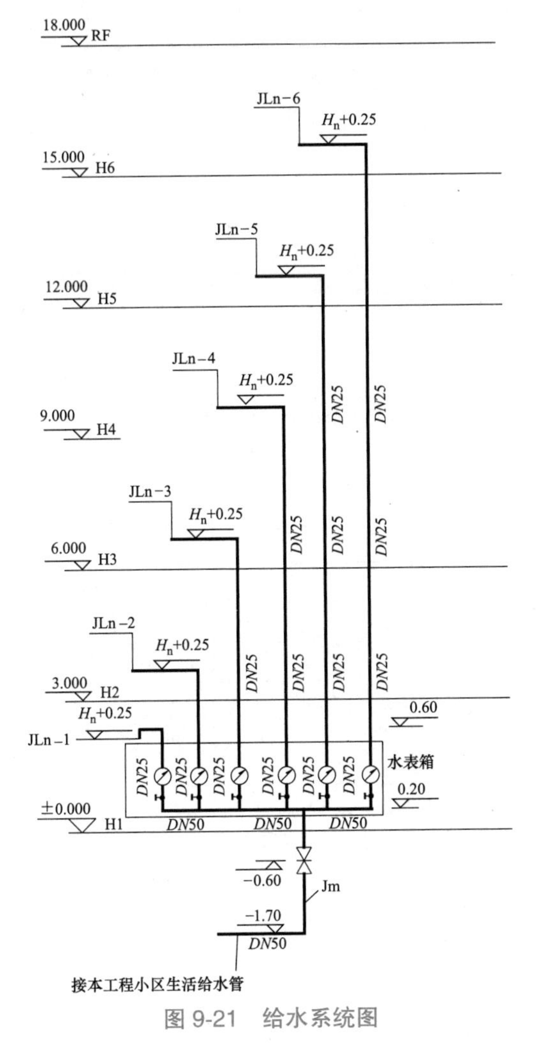

图 9-21　给水系统图

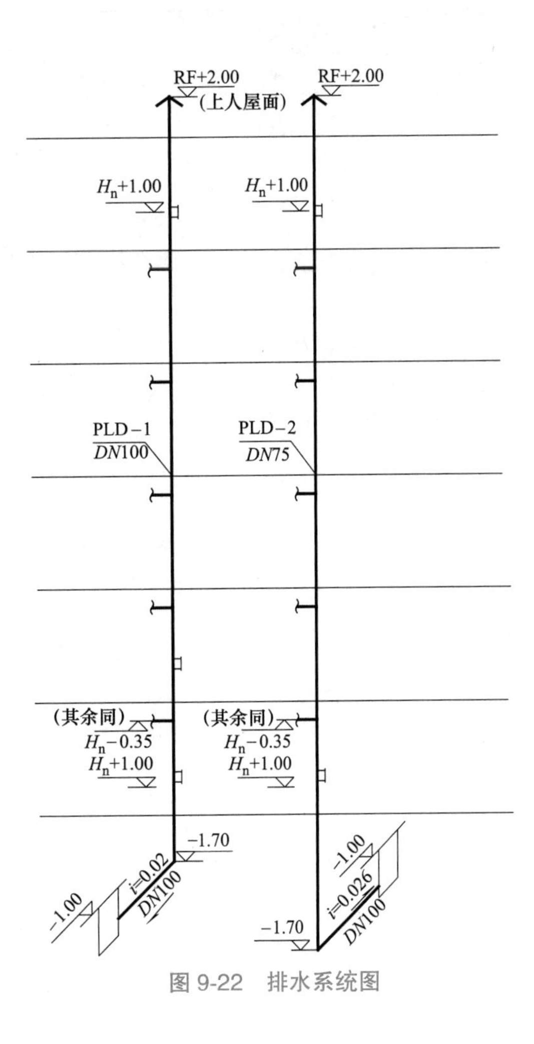

图 9-22　排水系统图

9.2.3　给排水工程工程量计算

给排水工程工程量计算——给水系统见表 9-43。

给排水工程工程量计算——排水系统见表 9-44。

表 9-43　给排水工程工程量计算——给水系统

工程名称：某住宅楼

序号	分部分项工程名称	计算式及说明	单位	数量
1	引入管	PPR 热熔连接		
	*DN*50	单根长度 =0.6+0.2+0.75（水平）=1.55 1.55×2 户 ×2 单元 =6.2	m	6.20
	闸阀 *DN* 50	1×2 户 ×2 单元 =4	个	4.00
2	管道附件			
	水表 *DN* 25	6×2 户 ×2 单元 =24	组	24.00

（续）

序号	分部分项工程名称	计算式及说明	单位	数量
3	给水立管	PPR热熔连接		
	JLn-1（*DN*25）	0.25−0.2=0.05 0.05×2户×2单元=0.2	m	0.20
	JLn-2（*DN*25）	（3−0.2）+0.25=3.05 3.05×2户×2单元=12.2	m	12.20
	JLn-3（*DN*25）	（6−0.2）+0.25=6.05 6.05×2户×2单元=24.2	m	24.20
	JLn-4（*DN*25）	（9−0.2）+0.25=9.05 9.05×2户×2单元=36.2	m	36.20
	JLn-5（*DN*25）	（12−0.2）+0.25=12.05 12.05×2户×2单元=48.2	m	48.20
	JLn-6（*DN*25）	（15−0.2）+0.25=15.05 15.05×2户×2单元=60.2	m	60.20
		给水立管（*DN*25）小计	m	181.20
4	给水支管	PPR热熔连接		
4.1	冷水管			
	*DN*25	单根长度=（0.5−0.25）+0.2+1.17+（1−0.5）（蹲便器）+1.36=3.48 3.48×6层×2户×2单元=83.52	m	83.52
	*DN*20	单根长度=0.35+1.0+（2.5−0.5）+1.1+1.2+（2.5−0.5）+1.8+（2.5−0.5）+1.1+（2.5−0.5）+1.5+2+0.6+（1.1−0.5）（热水器）=19.25 19.25×6层×2户×2单元=462	m	462.00
	*DN*15	单根长度=0.2+（2.5−0.5）+2+（1.2−0.5）（淋浴器）+（1.2−0.5）（洗衣机水龙头）+（0.5−0.45）（洗脸盆）+（0.5−0.45）（洗涤盆）=5.7 5.7×6层×2户×2单元=136.8	m	136.80
4.2	热水管			
	*DN*20	单根长度=（1.1−0.6）（热水器）+0.8+2+1.5+（2.6−0.6）+1.1+（2.6−0.6）+1.8+（2.6−0.6）+1.2）=14.9 14.9×6层×2户×2单元=357.6	m	357.60
	*DN*15	单根长度=（1.2−0.6）（淋浴器）+2.0+0.2+（2.6−0.6）+1.1+（2.6−0.6）+1.0+0.6+（0.6−0.45）（洗脸盆）+（0.6−0.45）（洗涤盆）=9.8 9.8×6层×2户×2单元=253.2	m	235.20
5	给水管汇总	PPR热熔连接		
	引入管*DN*50		m	6.20
	冷水管*DN*25	181.2+83.52	m	264.72
	冷水管*DN*20		m	462.00
	冷水管*DN*15		m	136.80
	热水管*DN*20		m	357.60
	热水管*DN*15		m	235.20

表 9-44　给排水工程工程量计算——排水系统

工程名称：某住宅楼

序号	分部分项工程名称	计算式及说明	单位	数量
1	PLD-1	UPVC 承插连接		
1.1	干管 DN100	单根长度 =（18+2+1.7）立管 +（0.27+0.94+0.6+0.5+1.5）=25.51 25.51×2 户 ×2 单元 =102.04	m	102.04
1.2	底层 PD-1d			
	DN 50	单根长度 =0.35（地漏）+1.0+0.35（洗脸盆）+1.0=2.7 2.7×2 户 ×2 单元 =10.8	m	10.80
	DN 100	单根长度 =0.9+（1.7−0.35）+1.5+0.8=4.55 4.55×2 户 ×2 单元 =18.2	m	18.20
1.3	标准层			
	DN 50	单根长度 =0.35（洗脸盆）+（1.2+0.4+0.4）+0.35（地漏）=2.7 2.7×5 层 ×2 户 ×2 单元 =54	m	54.00
	DN 100	单根长度 =（0.94+0.27）=1.21 1.21×5 层 ×2 户 ×2 单元 =24.2	m	24.20
2	PLD-2	UPVC 承插连接		
2.1	干管 DN 100	单根长度 =18+2.0+1.7+2.0=23.7 小计：23.7×2 户 ×2 单元 =94.8	m	94.80
2.2	底层 PD-2d			
	DN 50	单根长度 =0.35（洗涤盆）+0.35×2（地漏）+0.36+0.55=1.96 1.96×2 户 ×2 单元 =7.84	m	7.84
	DN 75	单根长度 =（0.78−0.2−0.13）+2.1=2.55 2.55×2 户 ×2 单元 =10.2	m	10.20
	DN 100	单根长度 =（1.7−0.35）+2=3.35 3.35×2 户 ×2 单元 =13.4	m	13.40
2.3	标准层			
	DN 50	单根长度 =0.35（洗涤盆）+0.35（地漏）+0.35（地漏）+0.36+0.55+0.2=2.16 2.16×5 层 ×2 户 ×2 单元 =43.2	m	43.20
	DN 75	单根长度 =1.55+（0.78−0.13）=2.2 2.2×5 层 ×2 户 ×2 单元 =44	m	44.00
3	排水管汇总	UPVC 承插连接		
	DN 100	102.04+18.2+24.2+94.8+13.4=252.64	m	252.64
	DN 75	10.2+44=54.2	m	54.20
	DN 50	10.8+54+7.84+43.2=115.84	m	115.84
4	管沟	（0.1+0.3×2）×（1.5+1.5+2.0+2.0）×（1.7−0.45）=6.125	m^3	6.13
5	套管			
	钢套管 DN 150	5×2×2×2=40	个	40
	刚性防水套管 DN 100	2×2×2=8	个	8

（续）

序号	分部分项工程名称	计算式及说明	单位	数量
6	卫生器具			
	大便器	1×6×2×2=24	组	24
	洗脸盆	1×6×2×2=24	组	24
	洗涤盆	1×6×2×2=24	组	24
7	给排水附件			
	普通地漏	2×6×2×2=48	组	48
	洗衣机地漏	1×6×2×2=24	组	24

9.2.4　给排水工程工程量清单

按工程量清单的编制顺序，完整的给排水工程的工程量清单见表9-45~表9-52，包括封面、编制说明、分部分项工程量清单、措施项目清单、其他项目清单、规费、税金项目清单。

表9-45　给排水工程工程量清单封面

<u>　　　　某住宅楼给排水　　　　</u>工程

招标工程量清单

招　标　人：＿＿＿＿＿＿＿＿＿＿

（单位盖章）

造价咨询人：＿＿＿＿＿＿＿＿＿＿

（单位盖章）

表9-46　工程项目计价总说明

总　说　明

工程名称：某住宅楼给排水工程

1. 工程概况

1.1　工程名称：成都某科技公司住宅楼。

1.2　工程概况：本项目建设单位为成都某科技有限公司，项目位于成都市龙泉驿区，建筑面积为1905m^2，结构形式为框架结构，建筑高度18.6m。

1.3　工程设计单位：成都某建筑设计有限公司。

2. 工程量清单编制范围

成都某科技有限公司新建成都某科技公司住宅楼项目给排水施工图范围内的给排水工程，具体施工范围及内容详见施工图、工程量清单等。

2.1　给排水工程：包括管道安装、套管安装、管道附件、卫生洁具及其他工程等（具体详见工程量清单）。

2.2　给排水工程需说明的问题

主体施工阶段的预留、预埋、设备基础、凿槽刨沟、预埋件等，以及设备、部件、构配件、管道等安装到位后的堵补、管吊洞、收边收口和防火封堵工作等由主体施工单位负责，包括整个项目的技术管理、进度管理、资料管理等，施工单位报价须综合考虑上述工作，后期结算上述工作不再单独计价。

（续）

3. 工程量清单编制依据

3.1　成都某建筑设计有限公司设计的《成都某科技公司综合楼项目设计施工图》2018年11月版。

3.2　施工现场实际情况、工程特点及常规施工方案。

3.3　国家、省、市有关工程量清单编制的文件。

3.4　中华人民共和国国家标准《建设工程工程量清单计价规范》（GB 50500—2013），《通用安装工程工程量计算规范》（GB 50856—2013）及相关配套文件。

3.5　2020年《四川省建设工程工程量清单计价定额》及相关配套文件。

3.6　工程相关的规范、标准、技术资料。

4. 工程质量、材料要求

4.1　工程质量要求：工程质量及材料应达到国家、省、市现行验收标准，并按四川省现行相关文件规定满足安全文明施工的相关要求，材料品质、规格必须满足施工图的要求且达到国家或地方相关质量技术规范、标准的要求及甲方合同约定要求。本工程所有项目应满足国家相关法律、法规、规范及相关章程、条例等，满足相应工程竣工验收规范，满足使用要求及移交物业要求。

4.2　材料质量要求：本工程使用的材料均为符合国家环保要求的材料，工程所用的材料均应达到国家相关质量技术规范、标准的要求且有合格证及相应检验报告。

5. 报价注意事项

5.1　工程量清单是依据《通用安装工程工程量计算规范》（GB 50856—2013）、施工图及相关技术规范、标准图集等进行编制的。清单项工程量计算规则如清单编制说明或项目特征有说明的按清单说明或项目特征计量，未说明的按上述规范计量规则计量。

5.2　本工程所有项目的工作内容应包含清单计价规范所列出的工作内容（但不仅限于此），其完整的工作内容应为按照设计图、现行的相关施工工艺、技术规范标准、施工质量验收标准和施工规范等要求实施、完成该项工程，并达到设计和验收规范要求的所有内容。

5.3　工程量清单中所列工程量仅作为报价基础，不能作为最终结算的依据，结算时以合同约定的计量方式为准。

5.4　甲方保留取消工程量清单中某些项目以及减少或增加某些项目工程数量的权利。施工方须在综合单价内充分考虑此风险，不得以此作为理由提出任何形式的索赔。

5.5　本清单所提供暂估材料及设备品牌范围仅作为此次报价之用，甲方保留对其品牌更换的权利。更换材料及设备品牌对应项目的结算综合单价为该项目所报综合单价扣除原报品牌材料及设备价格后，加经甲方认质认价的更换品牌材料及设备价格，施工方须充分考虑此风险，不得以此作为理由提出任何形式的索赔。

6. 报价要求

6.1　本次招标工程分部分项与单价措施项目清单采用工程量清单综合单价报价，综合单价的测定应按设计要求（包括需施工方完成或配合完成的深化设计图范围）、工程量清单中的工程项目特征及工作内容、施工及验收规范的要求，以保证工程质量、工程进度和安全生产及文明施工管理为前提。报价应由施工方依据甲方提供的工程量清单、图样、勘察报告、补遗书、答疑书等，结合施工现场实际情况、自然条件和施工方自身技术、管理水平、经营状况、机械设备以及编制的施工组织设计和有关要求自行编制确定。

6.2　综合单价为完成一个规定清单项目所需的人工费、材料和工程设备费、施工机具使用费和企业管理费、利润，以及一定范围内的风险费用。

6.3　安全文明施工费、规费与税金：总价措施项目清单安全文明施工费（包含环境保护费、安全施工费、文明施工费、临时设施费），投标人投标报价时按施工期间国家现行相关文件计取。规费是指政府和政府有关部门规定必须缴纳的费用，投标人投标报价时按投标人持有的《四川省施工企业工程规费计取标准》中核定费率标准计取。销项增值税及附加税按国家相关文件计取。

6.4　工程量清单的每一个项目，都须填入综合单价及合价，对于没有填入综合单价及合价的项目，其费用视为已包括在工程量其他综合单价及合价中；不同单位工程的分部分项清单相同项目的报价应统一，如有差异，按最低报价进行结算。

（续）

6.5　施工方到工地踏勘以充分了解工地位置、情况、道路、装卸限制及任何其他影响报价的情况，任何因忽视或误解工地情况而导致的索赔或工期延长申请将不被批准；施工现场内部道路等由施工方自行完成。由施工单位自行从甲方提供的取水接驳点引至使用点安装水表计量，按月付费使用，上述费用由施工方自行完成并办理相关手续及承担相应费用（含水费）；由施工单位自行从甲方提供的电源接驳点箱变引至各使用点，安装电表计量，按月付费使用，接驳点后的所有费用（含电费）由施工方承担。施工过程中总承包单位须协调并配合分包单位水电使用，施工方报价须综合考虑上述因素。 6.6　清单内的工作内容和工程特征描述为该分部分项的主要内容，未列完或未明确的内容及特征以设计及相关规范为准，设计及规范未明确的由投标人根据现场考察、施工经验和所有资料综合考虑报价，中标后，其所报综合单价不予调整。 6.7　清单项目中所包含的各种主材、辅材等全部材料均应包含在清单项目综合单价内；所有设施设备均应满足设计及相关规范要求、业主的使用要求，包含对移交单位人员培训等相关费用。 **6.8　特别注意：若投标文件中通过汇总计算的合价出现计算错误，则结算时以不利于投标人的原则进行相应单价或合价的修正；若投标文件中修改了招标人给定的数据时，则结算时以不利于投标人的原则进行相应单价或合价的修正。** 6.9　其他未尽事宜详见招标文件。

表9-47　分部分项工程和单价措施项目清单与计价表

工程名称：某住宅楼/安装工程【给排水工程】　　　　标段：

序号	项目编码	项目名称	项目特征	计量单位	工程量	金额（元）		
						综合单价	合价	其中
								暂估价
1	031001006001	塑料管	1. 安装部位：室内 2. 介质：冷水 3. 材质、规格：PP-R管、*DN*15 4. 连接方式：热熔	m	136.8			
2	031001006002	塑料管	1. 安装部位：室内 2. 介质：冷水 3. 材质、规格：PP-R管、*DN*20 4. 连接方式：热熔	m	462			
3	031001006003	塑料管	1. 安装部位：室内 2. 介质：冷水 3. 材质、规格：PP-R管、*DN*25 4. 连接方式：热熔	m	264.72			
4	031001006004	塑料管	1. 安装部位：室内 2. 输送介质：冷水 3. 材质、规格：PP-R、*DN*50 4. 连接方式：热熔	m	6.2			
5	031001006005	塑料管	1. 安装部位：室内 2. 介质：热水 3. 材质、规格：PP-R管、*DN*15 4. 连接方式：热熔	m	235.2			
6	031001006006	塑料管	1. 安装部位：室内 2. 介质：热水 3. 材质、规格：PP-R管、*DN*20 4. 连接方式：热熔	m	357.6			

（续）

序号	项目编码	项目名称	项目特征	计量单位	工程量	金额（元）		
						综合单价	合价	其中 暂估价
7	031001006007	塑料管	1. 安装部位：室内 2. 输送介质：排水 3. 材质、规格：UPVC、*DN* 50 4. 连接方式：承插式	m	115.84			
8	031001006008	塑料管	1. 安装部位：室内 2. 输送介质：排水 3. 材质、规格：UPVC、*DN* 100 4. 连接方式：承插式	m	54.2			
9	031001006009	塑料管	1. 安装部位：室内 2. 输送介质：排水 3. 材质、规格：UPVC、*DN* 100 4. 连接方式：承插式	m	252.64			
10	031002003001	钢套管	1. 名称、类型：管楼板套管 2. 材质：钢制 3. 规格：*DN* 150 4. 填制材料：满足设计和规范要求	个	40			
11	031002003002	刚性防水套管	1. 名称、类型：刚性防水套管 2. 材质：钢制 3. 规格：*DN* 100 4. 填制材料：满足设计和规范要求	个	8			
12	031003001001	闸阀	1. 名称：闸阀 2. 规格：Z44T、*DN* 50 3. 连接形式：螺纹连接	个	4			
13	031003013001	水表	1. 安装部位：室内 2. 型号、规格：LXS 型旋翼式、*DN* 25 3. 连接形式：螺纹连接 4. 附件配置：JIIW-10T 型铜截止阀 1 个	组	24			
14	031004006001	大便器	1. 材质：陶瓷 2. 规格、类型：*DN* 25 蹲式 3. 组装形式：自闭阀 4. 附件名称、数量：自闭延时冲洗阀 1 个	组	24			
15	031004003001	洗脸盆	1. 材质：陶瓷 2. 规格、类型：M2212 3. 组装形式：冷热水 4. 附件名称、数量：冷热水混合龙头 1 个	组	24			

（续）

序号	项目编码	项目名称	项目特征	计量单位	工程量	金额（元）		
						综合单价	合价	其中
								暂估价
16	031004004001	洗涤盆	1. 材质：不锈钢 2. 规格、类型：*DN* 15 3. 附件名称、数量：回转混合龙头1个	组	24			
17	031004014001	普通地漏	1. 名称：塑料地漏 2. 型号、规格：*DN* 50	个	48			
18	031004014002	洗衣机地漏	1. 名称：不锈钢地漏 2. 型号、规格：*DN* 50	个	24			
19	010101007001	管沟土方	1. 土壤类别：综合考虑 2. 管径：*DN* 100 3. 挖沟深度：1.25m 4. 回填要求：夯填	m^3	6.13			
		单价措施项目清单						
		专业措施项目						
20	031301017013	脚手架搭拆		项	1			
		分部小计						
		分部小计						
合计								

表 9-48 总价措施项目清单计价表

工程名称：某住宅楼 / 安装工程【给排水工程】　　标段：

序号	项目编码	项目名称	计算基础	费率（%）	金额（元）	调整费率（%）	调整后金额（元）	备注
1	031302001001	安全文明施工						
	①	环境保护	分部分项工程量清单项目定额人工费＋单价措施项目定额人工费					
	②	文明施工	分部分项工程量清单项目定额人工费＋单价措施项目定额人工费					
	③	安全施工	分部分项工程量清单项目定额人工费＋单价措施项目定额人工费					
	④	临时设施	分部分项工程量清单项目定额人工费＋单价措施项目定额人工费					
2	031302002001	夜间施工增加						
	①	夜间施工费	分部分项工程量清单项目定额人工费＋单价措施项目定额人工费					
3	031302003001	非夜间施工增加						

（续）

序号	项目编码	项目名称	计算基础	费率（%）	金额（元）	调整费率（%）	调整后金额（元）	备注
4	031302004001	二次搬运						
	①	二次搬运费	分部分项工程量清单项目定额人工费 + 单价措施项目定额人工费					
5	031302005001	冬雨季施工增加						
	①	冬雨季施工	分部分项工程量清单项目定额人工费 + 单价措施项目定额人工费					
6	031302006001	已完工程及设备保护						
7	031302007001	高层施工增加						
8	031302008001	工程定位复测费						
	①	工程定位复测	分部分项工程量清单项目定额人工费 + 单价措施项目定额人工费					
合计								

表 9-49　其他项目清单与计价汇总表

工程名称：某住宅楼 / 安装工程【给排水工程】　　　　标段：

序　号	项 目 名 称	金额（元）	结算金额（元）	备　注
1	暂列金额	10660.59		
2	暂估价			
2.1	材料（工程设备）暂估价 / 结算价	—		
2.2	专业工程暂估价 / 结算价			
3	计日工			
4	总承包服务费			
合计		10660.59		—

表 9-50　暂列金额明细表

工程名称：某住宅楼 / 安装工程【给排水工程】　　　　标段：

序　号	项 目 名 称	计 量 单 位	暂定金额（元）	备　注
1	暂列金额	项	10660.59	
合计			10660.59	—

表9-51　计日工表

工程名称：某住宅楼/安装工程【给排水工程】　　　　　　标段：

编号	项目名称	单位	暂定数量	实际数量	综合单价（元）	合价（元）	
						暂定	实际
一	人工						
1	通用安装技工	工日	10				
2	通用安装普工	工日	10				
人工小计							
二	材料						
材料小计							
三	施工机械						
施工机械小计							
四、综合费							
总计							

表9-52　规费、税金项目计价表

工程名称：某住宅楼/安装工程【给排水工程】　　　　　　标段：

序号	项目名称	计算基础	计算基数	计算费率（%）	金额（元）
1	规费	分部分项清单定额人工费+单价措施项目清单定额人工费			
1.1	社会保险费	分部分项清单定额人工费+单价措施项目清单定额人工费			
(1)	养老保险费	分部分项清单定额人工费+单价措施项目清单定额人工费			
(2)	失业保险费	分部分项清单定额人工费+单价措施项目清单定额人工费			
(3)	医疗保险费	分部分项清单定额人工费+单价措施项目清单定额人工费			
(4)	工伤保险费	分部分项清单定额人工费+单价措施项目清单定额人工费			
(5)	生育保险费	分部分项清单定额人工费+单价措施项目清单定额人工费			
1.2	住房公积金	分部分项清单定额人工费+单价措施项目清单定额人工费			
1.3	工程排污费	按工程所在地环境保护部门收取标准，按实计人			
2	销项增值税额	分部分项工程费+措施项目费+其他项目费+规费+创优质工程奖补偿奖励费-按规定不计税的工程设备金额-除税甲供材料（设备）设备费			
合计					

9.2.5　给排水工程招标控制价

按招标控制价的编制顺序，完整的给排水工程招标控制价见表 9-53~ 表 9-61。

表 9-53　工程项目招标控制价封面

某住宅楼给排水　　工程

招 标 控 制 价

招标控制价（小写）：135558 元

（大写）：壹拾叁万伍仟伍佰伍拾捌元

招　标　人：________　　造价咨询人：________

（单位盖章）　　（单位资质专用章）

法定代表人
或其授权人：________　　法定代表人
或其授权人：________

（签字或盖章）　　（签字或盖章）

编　制　人：________　　复　核　人：________

（造价人员签字盖专用章）　　（造价工程师签字盖专用章）

编制时间：　　复核时间：

表 9-54　工程计价总说明

总　说　明

工程名称：某住宅楼给排水工程

1. 工程概况

1.1　工程名称：成都某科技公司住宅楼。

1.2　工程概况：本项目建设单位为成都某科技有限公司，项目位于成都市龙泉驿区，建筑面积为 1905m^2，结构形式为框架结构，建筑高度 18.6m。

1.3　工程设计单位：成都某建筑设计有限公司。

2. 工程量清单编制范围

成都某科技有限公司新建成都某科技公司住宅楼项目给排水施工图范围内的给排水工程，具体施工范围及内容详见施工图、工程量清单等。

2.1　给排水工程：包括管道安装、套管安装、管道附件、卫生洁具及其他工程等（具体详见工程量清单）。

2.2　给排水工程需说明的问题。

主体施工阶段的预留、预埋、设备基础、凿槽刨沟、预埋件等，以及设备、部件、构配件、管道等安装到位后的堵补、管吊洞、收边收口和防火封堵工作等由主体施工单位负责，包括整个项目的技术管理、进度管理、资料管理等，施工单位报价须综合考虑上述工作，后期结算上述工作不再单独计价。

3. 招标控制价编制依据

3.1　成都某建筑设计有限公司设计的《成都某科技公司综合楼项目设计施工图》2018 年 11 月版。

3.2　施工现场实际情况、工程特点及常规施工方案。

3.3　国家、省、市有关工程量清单编制的文件。

3.4　中华人民共和国国家标准《建设工程工程量清单计价规范》（GB 50500—2013）、《通用安装工程工程量计算规范》（GB 50856—2013）及相关配套文件。

3.5　2020 年《四川省建设工程工程量清单计价定额》及相关配套文件。

（续）

3.6　材料价格：材料价格按2019年6月成都市《工程造价信息》中龙泉驿区材料价格及相关市场价格按中等水平计取。

3.7　人工费调整按照川建价发［2019］6号文件执行。

3.8　安全文明施工措施费依据川建造价发［2017］5号及川建造价发［2019］180号文件相关规定计取。

3.9　规费：规费费率按高限进行计算。

3.10　销项增值税按川建造价发［2019］181号文件计取。

3.11　工程相关的施工和验收规范。

4. 工程质量、材料要求

4.1　工程质量要求：工程质量及材料应达到国家、省、市现行验收标准，并按四川省现行相关文件规定满足安全文明施工的相关要求，材料品质、规格必须满足施工图的要求且达到国家或地方相关质量技术规范、标准的要求及甲方合同约定要求。本工程所有项目应满足国家相关法律、法规、规范及相关章程、条例等，满足相应工程竣工验收规范，满足使用要求及移交物业要求。

4.2　材料质量要求：本工程使用的材料均为符合国家环保要求的材料，工程所用的材料均应达到国家相关质量技术规范、标准的要求且有合格证及相应检验报告。

5. 本工程招标控制价为135558.14元，其中暂列金额为10660.59元。

表9-55　单位工程招标控制价汇总表

工程名称：某住宅楼/安装工程【给排水工程】　　　　　　　　标段：

序　号	汇 总 内 容	金额（元）	其中：暂估价（元）
1	分部分项及单价措施项目	98145.17	
2	总价措施项目	8460.76	—
2.1	其中：安全文明施工费	7928.43	—
3	其他项目	13360.59	—
3.1	其中：暂列金额	10660.59	—
3.2	其中：专业工程暂估价		—
3.3	其中：计日工	2865.00	—
3.4	其中：总承包服务费		—
4	规费	4247.37	—
5	创优质工程奖补偿奖励费		—
6	税前工程造价	124213.89	—
6.1	其中：甲供材料（设备）费		—
7	销项增值税额	11179.25	—
招标控制价/投标报价总价合计=税前工程造价+销项增值税额		135558.14	

表 9-56　分部分项工程和单价措施项目清单与计价表

工程名称：某住宅楼/安装工程【给排水工程】　　　　　　　　　　　　标段：

序号	项目编码	项目名称	项目特征	计量单位	工程量	金额（元）		
						综合单价	合价	其中 暂估价
1	031001006001	塑料管	1. 安装部位：室内 2. 介质：冷水 3. 材质、规格：PP-R 管、*DN*15 4. 连接方式：热熔	m	136.8	25.01	3421.37	
2	031001006002	塑料管	1. 安装部位：室内 2. 介质：冷水 3. 材质、规格：PP-R 管、*DN* 20 4. 连接方式：热熔	m	462	25.17	11628.54	
3	031001006003	塑料管	1. 安装部位：室内 2. 介质：冷水 3. 材质、规格：PP-R 管、*DN* 25 4. 连接方式：热熔	m	264.72	36.66	9704.64	
4	031001006004	塑料管	1. 安装部位：室内 2. 输送介质：冷水 3. 材质、规格：PP-R、*DN* 50 4. 连接方式：热熔	m	6.2	69.44	430.53	
5	031001006005	塑料管	1. 安装部位：室内 2. 介质：热水 3. 材质、规格：PP-R 管、*DN* 15 4. 连接方式：热熔	m	235.2	25.72	6049.34	
6	031001006006	塑料管	1. 安装部位：室内 2. 介质：热水 3. 材质、规格：PP-R 管、*DN* 20 4. 连接方式：热熔	m	357.6	25.88	9254.69	
7	031001006007	塑料管	1. 安装部位：室内 2. 输送介质：排水 3. 材质、规格：UPVC、*DN* 50 4. 连接方式：承插式	m	115.84	27.30	3162.43	
8	031001006008	塑料管	1. 安装部位：室内 2. 输送介质：排水 3. 材质、规格：UPVC、*DN* 100 4. 连接方式：承插式	m	54.2	40.54	2197.27	
9	031001006009	塑料管	1. 安装部位：室内 2. 输送介质：排水 3. 材质、规格：UPVC、*DN* 100 4. 连接方式：承插式	m	252.64	61.20	15461.57	
10	031002003001	钢套管	1. 名称、类型：管楼板套管 2. 材质：钢制 3. 规格：*DN* 150 4. 填制材料：满足设计和规范要求	个	40	25.05	1002.00	

（续）

序号	项目编码	项目名称	项目特征	计量单位	工程量	金额（元）		
						综合单价	合价	其中 暂估价
11	031002003002	刚性防水套管	1. 名称、类型：刚性防水套管 2. 材质：钢制 3. 规格：*DN* 100 4. 填制材料：满足设计和规范要求	个	8	799.98	6399.84	
12	031003001001	闸阀	1. 名称：闸阀 2. 规格：Z44T、*DN* 50 3. 连接形式：螺纹连接	个	4	113.53	454.12	
13	031003013001	水表	1. 安装部位：室内 2. 型号、规格：LXS 型旋翼式、*DN*25 3. 连接形式：螺纹连接 4. 附件配置：JIIW-10T 型铜截止阀 1 个	组	24	129.38	3105.12	
14	031004006001	大便器	1. 材质：陶瓷 2. 规格、类型：*DN* 25 蹲式 3. 组装形式：自闭阀 4. 附件名称、数量：自闭延时冲洗阀 1 个	组	24	313.28	7518.72	
15	031004003001	洗脸盆	1. 材质：陶瓷 2. 规格、类型：M2212 3. 组装形式：冷热水 4. 附件名称、数量：冷热水混合龙头 1 个	组	24	298.31	7159.44	
16	031004004001	洗涤盆	1. 材质：不锈钢 2. 规格、类型：*DN* 15 3. 附件名称、数量：回转混合龙头 1 个	组	24	294.15	7059.60	
17	031004014001	普通地漏	1. 名称：塑料地漏 2. 型号、规格：*DN* 50	个	48	30.19	1449.12	
18	031004014002	洗衣机地漏	1. 名称：不锈钢地漏 2. 型号、规格：*DN* 50	个	24	41.19	988.56	
19	010101007001	管沟土方	1. 土壤类别：综合考虑 2. 管径：*DN* 100 3. 挖沟深度：1.25m 4. 回填要求：夯填	m^3	6.13	56.30	345.12	
		单价措施项目清单						
		专业措施项目						
20	031301017013	脚手架搭拆		项	1	1353.15	1353.15	
合计							98145.17	

表 9-57　总价措施项目清单计价表

工程名称：某住宅楼 / 安装工程【给排水工程】　　　　标段：

序号	项 目 编 码	项 目 名 称	计 算 基 础	费率（%）	金额（元）	调整费率（%）	调整后金额（元）	备注
1	031302001001	安全文明施工			7928.43			
1.1	①	环境保护	分部分项工程量清单项目定额人工费＋单价措施项目定额人工费	1.54	436.06			
1.2	②	文明施工	分部分项工程量清单项目定额人工费＋单价措施项目定额人工费	1.54	1846.19			
1.3	③	安全施工	分部分项工程量清单项目定额人工费＋单价措施项目定额人工费	4.84	3216.68			
1.4	④	临时设施	分部分项工程量清单项目定额人工费＋单价措施项目定额人工费	7.86	2429.50			
2	031302002001	夜间施工增加			220.86			
3	031302003001	非夜间施工增加						
4	031302004001	二次搬运			107.60			
5	031302005001	冬雨季施工增加			164.23			
6	031302006001	已完工程及设备保护						
7	031302007001	高层施工增加						
8	031302008001	工程定位复测费			39.64			
合计					8460.76	—	—	—

表 9-58　其他项目清单与计价汇总表

工程名称：某住宅楼 / 安装工程【给排水工程】　　　　标段：

序号	项 目 名 称	金额（元）	结算金额（元）	备　注
1	暂列金额	10660.59		
2	暂估价			
2.1	材料（工程设备）暂估价 / 结算价	—		
2.2	专业工程暂估价 / 结算价			
3	计日工			
4	总承包服务费			
合计		10660.59		—

表 9-59 暂列金额明细表

工程名称：某住宅楼/安装工程【给排水工程】 标段：

序 号	项目名称	计量单位	暂定金额（元）	备 注
1	暂列金额	项	10660.59	
合计			10660.59	—

表 9-60 计日工表

工程名称：某住宅楼/安装工程【给排水工程】 标段：

编号	项目名称	单位	暂定数量	实际数量	综合单价（元）	合价（元）	
						暂定	实际
一	人工						
1	通用安装技工	工日	10		143.25	1432.50	
2	通用安装普工	工日	10		143.25	1432.50	
人工小计						2865.00	
二	材料						
材料小计							
三	施工机械						
施工机械小计							
四、综合费							
总计						2865.00	

表 9-61 规费、税金项目计价表

工程名称：某住宅楼/安装工程【给排水工程】 标段：

序 号	项目名称	计算基础	计算基数	计算费率（%）	金额（元）
1	规费	分部分项清单定额人工费＋单价措施项目清单定额人工费			4247.37
1.1	社会保险费	分部分项清单定额人工费＋单价措施项目清单定额人工费			3312.95
（1）	养老保险费	分部分项清单定额人工费＋单价措施项目清单定额人工费	28315.82	7.5	2123.69
（2）	失业保险费	分部分项清单定额人工费＋单价措施项目清单定额人工费	28315.82	0.6	169.89
（3）	医疗保险费	分部分项清单定额人工费＋单价措施项目清单定额人工费	28315.82	2.7	764.53
（4）	工伤保险费	分部分项清单定额人工费＋单价措施项目清单定额人工费	28315.82	0.7	198.21
（5）	生育保险费	分部分项清单定额人工费＋单价措施项目清单定额人工费	28315.82	0.2	56.63

（续）

序　　号	项目名称	计算基础	计算基数	计算费率（%）	金额（元）
1.2	住房公积金	分部分项清单定额人工费＋单价措施项目清单定额人工费	28315.82	3.3	934.42
1.3	工程排污费	按工程所在地环境保护部门收取标准，按实计入			
2	销项增值税额	分部分项工程费＋措施项目费＋其他项目费＋规费＋创优质工程奖补偿奖励费－按规定不计税的工程设备金额－除税甲供材料（设备）设备费	124213.89	9	11179.25
合计					15426.62

9.3 通风空调工程工程量清单及招标控制价的编制

9.3.1 通风空调工程概况

该套图样为某厂房通风空调工程施工图。

厂房为现浇 4 层框架结构，开间 6m，层高 5.2m。通风空调工程在该厂房底层⑧～⑫轴线之间，风管安装在 3.5m 高的吊顶内。

产品生产工艺要求厂房内要有一定温度、湿度和洁净度的空气。通风空调系统由新风口吸入新鲜空气，经新风管进入 ZK-1 金属叠加式空气调节器内，将空气处理后，由镀锌钢板（δ=1）制作的五支风管，用方形直流片式散流器向房间均匀送风。风管用铝箔玻璃棉毡绝热，厚度 δ=100。风管用吊架吊在房间顶板上（顶板底高 5m），并安装在房间吊顶内（吊顶高 3.5m）。

叠式金属空气调节器分 6 个段室：风机段、喷淋段、过滤段、加热段、空气冷处理段和中间段等，其外形尺寸为 3342mm × 1620mm × 2109mm，共 1200kg。其供风量为 8000~12000m^3/h。

由 FJZ-30 型制冷机组、冷水箱、泵两台与 *DN*100 及 *DN*70 的冷水管、回水管相连，组成供应冷冻水系统。

由 *DN*32 和 *DN*25 蒸汽动力管和凝结水管相连，组成供热系统。由配管、配线、配电箱柜组成控制系统。

该工程只发包镀锌钢板通风管道制作安装，通风管道的附件和阀件的制作安装，管道铝箔玻璃棉毡绝热，叠式金属空气调节器安装。冷水机组，供冷、供热管网系统，配电及控制系统的安装另行发包。

9.3.2 通风空调工程施工图

通风空调工程施工图见图 9-23~ 图 9-26。

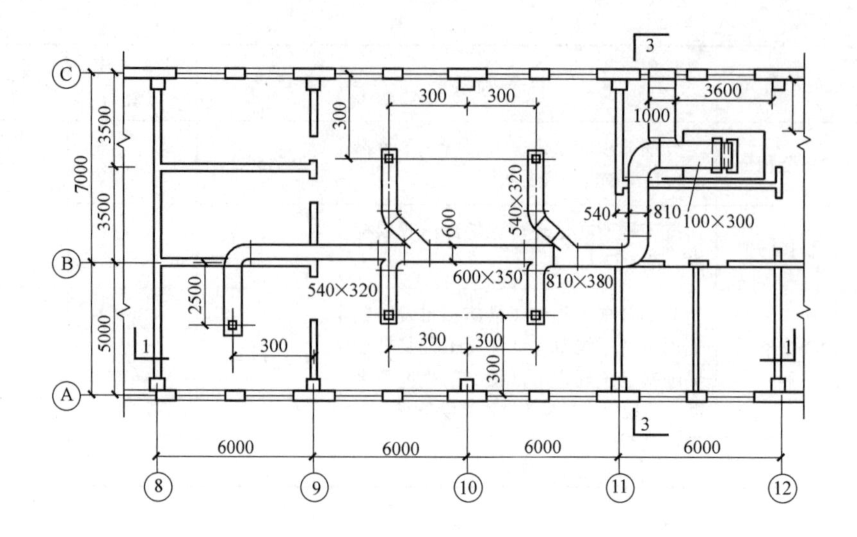

图 9-23　通风工程平面图

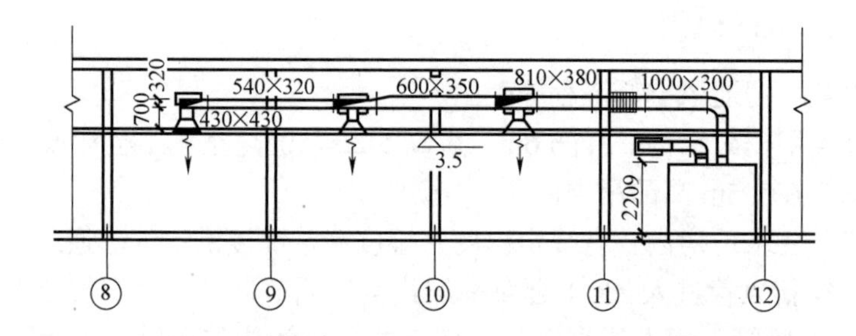

图 9-24　通风工程立面图

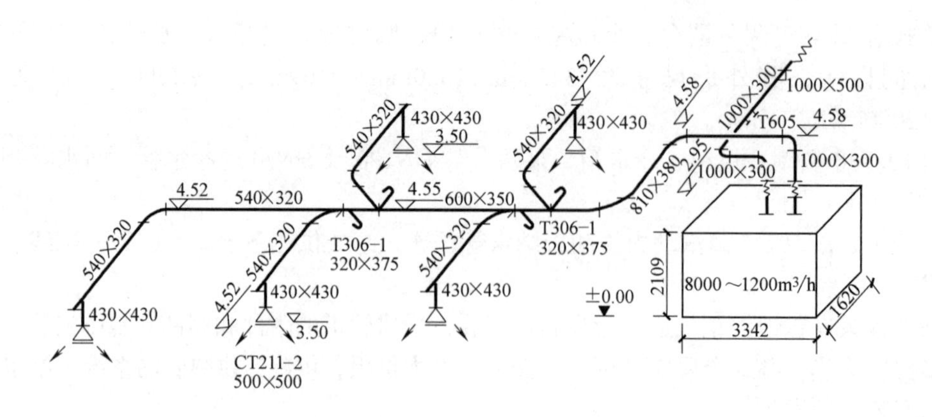

图 9-25　通风工程系统图

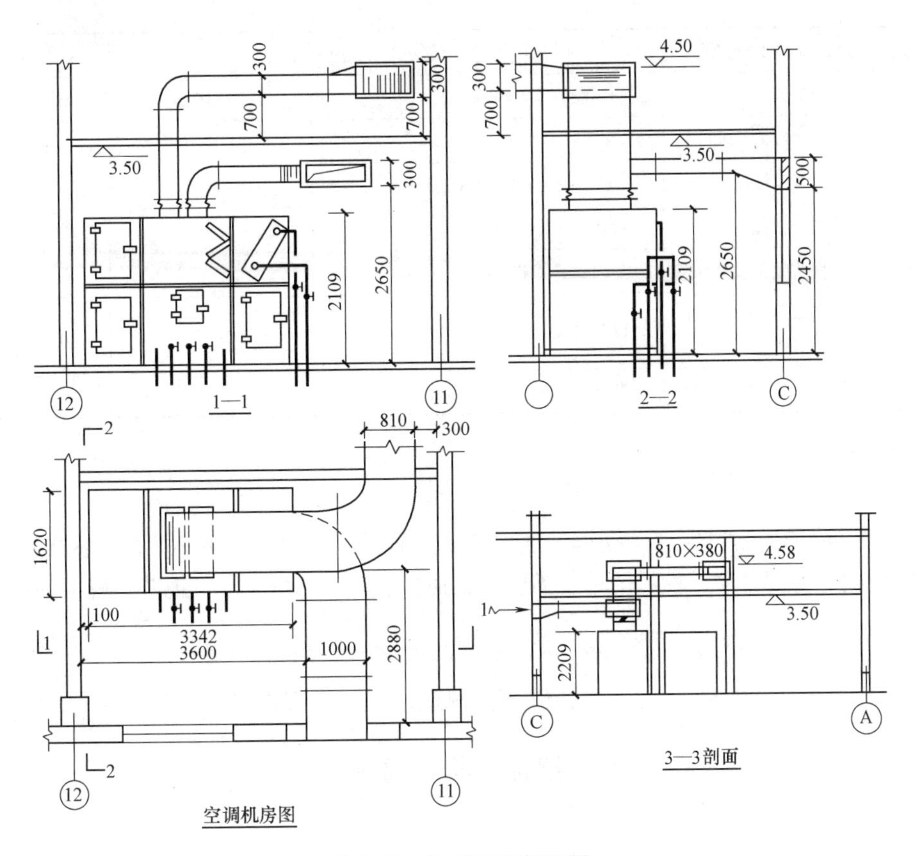

图 9-26 通风工程剖面图

9.3.3 通风空调工程工程量计算

通风空调工程工程量计算见表 9-62。

表 9-62 通风空调工程工程量计算

序 号	分部分项工程名称	计算式及说明	单位	数量
1	叠式金属空气调节器	6×200	kg	1200
2	镀锌钢板矩形风管 δ=1（主管）	（1+0.3）×2×（3.5−2.209+0.7+0.3/2−0.2+4+1）+（0.81+0.38）×2×（3.5+3）+（0.6+0.35）×2×6+（0.54+0.32）×2×（3+3+0.54/2）	m^2	55.75
	镀锌钢板矩形风管 δ=1（支管）	（0.54+0.32）×2×（4+0.5+4+0.5+0.43/2×2+3+0.5+3+0.5+0.43/2+2.5+0.43/2）+（0.43+0.43）×2×（5×0.7）+0.54×0.32×5	m^2	40.20
	镀锌钢板矩形风管 δ=1（新风管）	（1+0.5）×2×0.8+（1+0.3）×2×（2.88−0.8+1/2+3.342/2+1/2+2.65−2.1+0.3/2−0.2）	m^2	16.05
	风管小计	管周长 2m 以内共 71.56m^2 管周长 4m 以内共 40.44m^2	m^2	112

（续）

序　号	分部分项工程名称	计算式及说明	单位	数量
3	帆布接头	（1+0.3）×2×0.2×2	m^2	1.04
4	钢百叶窗（新风口）	1×0.5	m^2	0.5
5	方形直片散流器	CT211-2（500×500）5×12.23	kg	61.15
6	温度检测孔	T605	个	1
7	矩形风管三通调节阀	4×12.23（T306-1）	kg	48.92
8	铝箔玻璃棉毡风管保温 δ=100	112×0.1	m^3	11.2
9	角钢∠25×4（法兰）	75×（0.6+0.4）×4×1.459	kg	437.7

9.3.4　通风空调工程工程量清单

按工程量清单的编订顺序，完整的通风空调工程的工程量清单见表 9-63~ 表 9-70，包括封面、编制说明、分部分项工程量清单、措施项目清单、其他项目清单、规费、税金项目清单。

表 9-63　工程项目招标工程量清单封面

某厂房通风空调　　　　工程

招标工程量清单

招　标　人：＿＿＿＿＿＿＿＿＿＿

（单位盖章）

表 9-64　工程计价总说明

总　说　明

工程名称：某厂房通风空调工程

1. 工程概况

建设规模：厂房为现浇 4 层框架结构，开间 6m，层高 5.2m。通风空调工程在该厂房底层⑧ ~⑫轴线之间，风管安装在 3.5m 高的吊顶内。

计划工期：以招标文件为准。

施工现场及变化情况：以现场踏勘情况为准。

自然地理条件：以现场踏勘情况为准。

环境保护要求：满足 ×× 市及当地政府对环境保护的相关要求。

2. 工程招标和分包范围

本工程只发包镀锌钢板通风管道制作安装，通风管道的附件和阀件的制作安装，管道铝箔玻璃棉毡绝热，叠式金属空气调节器安装。冷水机组，供冷、供热管网系统，配电及控制系统的安装另行发包。

3. 工程量清单编制依据

3.1　中华人民共和国国家标准《建设工程工程量清单计价规范》（GB 50500—2013）。

3.2　中华人民共和国国家标准《通用安装工程工程量计算规范》（GB 50856—2013）。

3.3　×× 市某住宅楼给排水工程施工图及相关图集、规范。

（续）

4. 工程质量、材料、施工等的特殊要求 4.1　工程质量要求：达到现行施工质量验收规范中的合格标准。 4.2　材料质量要求：材料、设备选用要满足设计和国家现行相关质量标准的要求，并必须得到招标人现场代表、现场监理工程师的认可。 4.3　施工要求：满足当地政府及建设部建办文件和《×× 市房屋建筑和市政基础设施工程施工现场管理暂行标准（环境和卫生）》对安全文明施工相关要求的规定。工程施工必须按经批准的施工组织设计实施，并要符合施工规范及验收标准的相关要求。 **5. 其他需说明的问题**

表 9-65　分部分项工程和单价措施项目清单与计价表

工程名称：某厂房【通风空调工程】　　　　标段：

序号	项目编码	项目名称	项目特征描述	计量单位	工程量	金额（元）			
						综合单价	合价	其中	
								定额人工费	暂估价
1	030701003001	叠式组装金属空调器安装 ZK-1	1. 名称：叠式组装金属空调器 2. 规格：3342mm×1620mm×2109mm 3. 安装形式：组装式 4. 质量：1200kg	组	1				
2	030702001001	镀锌钢板矩形风管咬口制作安装	1. 名称：镀锌钢板矩形风管 2. 材质：镀锌钢板 3. 形状：矩形 4. 规格：540mm×320mm、1000mm×300mm、1000mm×500mm 渐变至 1000mm×300mm 5. 板材厚度：1mm 6. 接口形式：咬口	m^2	112				
3	031201003002	法兰、支架、吊架除锈、刷油	1. 除锈级别：手工，轻锈 2. 油漆品种：红丹漆两遍	kg	437.7				
4	031208003001	通风管道绝热	1. 绝热材料品种：铝箔玻璃棉毡 2. 绝热厚度：100mm	m^2	112				
5	030702011001	温度测定孔	1. 名称：温度测定孔 2. 规格：T615	个	1				
6	030703001001	碳钢三通阀门	1. 名称：碳钢三通阀门 2. 型号：T306-1 3. 质量：12.23kg	个	4				
7	031201003003	矩形三通阀除锈、刷油	1. 除锈级别：手工，轻锈 2. 油漆品种：红丹漆两遍	kg	48.9				

（续）

序号	项目编码	项目名称	项目特征描述	计量单位	工程量	金额（元）			
						综合单价	合价	其中	
								定额人工费	暂估价
8	030703007001	钢百叶窗制作、安装	1. 名称：钢百叶窗 2. 型号：1000mm×500mm 3. 规格：J718-1	个	1				
9	031201003004	钢百叶窗除锈、刷油	1. 除锈级别：手工，轻锈 2. 油漆品种：红丹漆、磁漆 3. 涂刷遍数：红丹漆两遍，磁漆两遍	kg	62.35				
10	030703011001	铝合金方形散流器安装	1. 名称：铝合金方形散流器 2. 型号：CT211-2 3. 规格：500mm×500mm	个	5				
11	030703019001	帆布接头	1. 名称：柔性接头 2. 规格：1000mm×300mm 3. 材质：人造革	m^2	1.04				
合计									

表 9-66　总价措施项目清单计价表

工程名称：某厂房【通风空调工程】　　　　标段：

序号	项目编码	项目名称	计算基础	费率（%）	金额（元）	调整费率（%）	调整后金额（元）	备注
1	031302001001	安全文明施工						
1.1	①	环境保护	分部分项定额人工费+单价措施定额人工费					
1.2	②	文明施工	分部分项定额人工费+单价措施定额人工费					
1.3	③	安全施工	分部分项定额人工费+单价措施定额人工费					
1.4	④	临时设施	分部分项定额人工费+单价措施定额人工费					
2	031302002001	夜间施工增加						
3	031302003001	非夜间施工增加						
4	031302004001	二次搬运						
5	031302005001	冬雨季施工增加						

（续）

序号	项目编码	项目名称	计算基础	费率（%）	金额（元）	调整费率（%）	调整后金额（元）	备注
6	031302006001	已完工程及设备保护						
7	031302007001	高层施工增加						
8	031302008001	工程定位复测费						
9	030704001	通风工程检测、调试						
合计								

表 9-67　其他项目清单与计价汇总表

工程名称：某厂房【通风空调工程】　　　　标段：

序号	项目名称	金额（元）	结算金额（元）	备注
1	暂列金额	2350.29		
2	暂估价			
2.1	材料（工程设备）暂估价 / 结算价			
2.2	专业工程暂估价 / 结算价			
3	计日工			
4	总承包服务费			
合计		2350.29		

表 9-68　暂列金额明细表

工程名称：某厂房【通风空调工程】　　　　标段：

序号	项目名称	计量单位	暂定金额（元）	备注
1	暂列金额	项	2350.29	
合计			2350.29	

表 9-69　计日工表

工程名称：某厂房【通风空调工程】　　　　标段：

编号	项目名称	单位	暂定数量	实际数量	综合单价（元）	合价（元）	
						暂定	实际
一	人工						
1	通用安装技工	工日	10				
2	通用安装普工	工日	10				

（续）

编　号	项目名称	单　位	暂定数量	实际数量	综合单价（元）	合价（元）	
						暂　定	实　际
人工小计							
二	材料						
材料小计							
三	施工机械						
施工机械小计							
四、综合费							
总计							

表 9-70　规费、税金项目计价表

工程名称：某厂房【通风空调工程】　　标段：

序　号	项目名称	计算基础	计算基数	计算费率（%）	金额（元）
1	规费				
1.1	社会保险费				
（1）	养老保险费	分部分项清单定额人工费＋单价措施项目清单定额人工费			
（2）	失业保险费	分部分项清单定额人工费＋单价措施项目清单定额人工费			
（3）	医疗保险费	分部分项清单定额人工费＋单价措施项目清单定额人工费			
（4）	工伤保险费	分部分项清单定额人工费＋单价措施项目清单定额人工费			
（5）	生育保险费	分部分项清单定额人工费＋单价措施项目清单定额人工费			
1.2	住房公积金	分部分项清单定额人工费＋单价措施项目清单定额人工费			
1.3	工程排污费	按工程所在地环境保护部门收取标准，按实计入			
2	销项增值税额	分部分项工程费＋措施项目费＋其他项目费＋规费＋创优质工程奖励补偿费－按规定不计税的工程设备金额			
合计					

9.3.5　通风空调工程招标控制价

按招标控制价的编订顺序，完整的通风空调工程招标控制价见表 9-71~ 表 9-79。

表 9-71　工程项目招标控制价封面

某厂房通风空调　　　　工程

招 标 控 制 价

招标控制价（小写）：　33086 元

（大写）：　叁万叁仟零捌拾陆元

招　标　人：______________
（单位盖章）

造价咨询人：______________
（单位资质专用章）

法定代表人
或其授权人：______________
（签字或盖章）

法定代表人
或其授权人：______________
（签字或盖章）

编　制　人：______________
（造价人员签字盖专用章）

复　核　人：______________
（造价工程师签字盖专用章）

编制时间：

复核时间：

表 9-72　工程项目计价总说明

总　说　明

工程名称：某厂房通风空调工程

1. 工程概况

建设规模：厂房为现浇 4 层框架结构，开间 6m，层高 5.2m。通风空调工程在该厂房底层⑧ ~ ⑫轴线之间，风管安装在 3.5m 高的吊顶内。

计划工期：以招标文件为准。

施工现场及变化情况：以现场踏勘情况为准。

自然地理条件：以现场踏勘情况为准。

环境保护要求：满足 ×× 市及当地政府对环境保护的相关要求。

2. 工程招标和分包范围

本工程只发包镀锌钢板通风管道制作安装，通风管道的附件和阀件的制作安装，管道铝箔玻璃棉毡绝热，叠式金属空气调节器安装。冷水机组，供冷、供热管网系统，配电及控制系统的安装另行发包。

3. 工程量清单编制依据

3.1　中华人民共和国国家标准《建设工程工程量清单计价规范》（GB 50500—2013）。

3.2　中华人民共和国国家标准《通用安装工程工程量计算规范》（GB 50856—2013）。

3.3　×× 市某住宅楼给排水工程施工图及相关图集、规范。

3.4　×× 省通用安装工程计价表。

4. 工程质量、材料、施工等的特殊要求

4.1　工程质量要求：达到现行施工质量验收规范中的合格标准。

4.2　材料质量要求：材料、设备选用要满足设计和国家现行相关质量标准的要求，并必须得到招标人现场代表、现场监理工程师的认可。

4.3　施工要求：满足当地政府及建设部建办文件和《×× 市房屋建筑和市政基础设施工程施工现场管理暂行标准（环境和卫生）》对安全文明施工相关要求的规定。工程施工必须按经批准的施工组织设计实施，并要符合施工规范及验收标准的相关要求。

（续）

5. 其他需说明的问题
5.1　本工程安全文明施工费费率按单独施工的安装工程考虑。如实际工程为土建工程总承包项目，则安全文明费按土建工程的费率计算。
5.2　招标控制价中规费按照施工企业取费证核定费率上限计取。
5.3　本工程暂不考虑工程排污费用。
5.4　税金：采用增值税一般计税法，税率为11%。
5.5　本工程招标控制价材料价格按 ×× 市工程造价信息计取；工程造价信息没有发布的参照市场价计取。

表 9-73　单位工程招标控制价汇总表

工程名称：某厂房【通风空调工程】　　　　标段：

序　号	汇 总 内 容	金额（元）	其中：暂估价（元）
1	分部分项及单价措施项目	21714.86	
2	总价措施项目	1788.04	—
2.1	其中：安全文明施工费	1002.12	—
3	其他项目	5215.29	—
3.1	其中：暂列金额	2350.29	—
3.2	其中：专业工程暂估价		—
3.3	其中：计日工	2865.00	—
3.4	其中：总承包服务费		—
4	规费	1089.26	—
5	创优质工程奖补偿奖励费		—
6	税前工程造价	29807.45	—
7	销项增值税额	3278.82	—
招标控制价 / 投标报价合计 = 税前工程造价 + 销项增值税额		33086.27	

表 9-74　分部分项工程和单价措施项目清单与计价表

工程名称：某厂房【通风空调工程】　　　　标段：

序号	项 目 编 码	项 目 名 称	项 目 特 征	计量单位	工程量	金额（元）		
						综合单价	合价	其中 暂估价
1	030701003001	叠式组装金属空调器安装 ZK-1	1. 名称：叠式组装金属空调器 2. 规格：3342mm×1620mm×2109mm 3. 安装形式：组装式 4. 质量：1200kg	组	1	2338.32	2338.32	

（续）

序号	项目编码	项目名称	项目特征	计量单位	工程量	金额（元）		
						综合单价	合价	其中
								暂估价
2	030702001001	镀锌钢板矩形风管咬口制作安装	1. 名称：镀锌钢板矩形风管 2. 材质：镀锌钢板 3. 形状：矩形 4. 规格：540mm×320mm、1000mm×300mm、1000mm×500mm 渐变至 1000mm×300mm 5. 板材厚度：1mm 6. 接口形式：咬口	m^2	112	91.98	10301.76	
3	031201003002	法兰、支架、吊架除锈、刷油	1. 除锈级别：手工，轻锈 2. 油漆品种：红丹漆两遍	kg	437.7	1.20	525.24	
4	031208003001	通风管道绝热	1. 绝热材料品种：铝箔玻璃棉毡 2. 绝热厚度：100mm	m^2	112	47. 27	5294.24	
5	030702011001	温度测定孔	1. 名称：温度测定孔 2. 规格：T615	个	1	64.79	64.79	
6	030703001001	碳钢三通阀门	1. 名称：碳钢三通阀门 2. 型号：T306-1 3. 质量：12.23kg	个	4	514.10	2056.40	
7	031201003003	矩形三通阀除锈、刷油	1. 除锈级别：手工，轻锈 2. 油漆品种：红丹漆两遍	kg	48.9	1.20	58.68	
8	030703007001	钢百叶窗制作、安装	1. 名称：钢百叶窗 2. 型号：1000mm×500mm 3. 规格：J718-1	个	1	278.34	278.34	
9	031201003004	钢百叶窗除锈、刷油	1. 除锈级别：手工，轻锈 2. 油漆品种：红丹漆、磁漆 3. 涂刷遍数：红丹漆两遍，磁漆两遍	kg	62.35	2.13	132.81	
10	030703011001	铝合金方形散流器安装	1. 名称：铝合金方形散流器 2. 型号：CT211-2 3. 规格：500mm×500mm	个	5	64.60	323.00	
11	030703019001	帆布接头	1. 名称：柔性接头 2. 规格：1000mm×300mm 3. 材质：人造革	m^2	1.04	328.15	341.28	
合计							21714.86	

表 9-75　总价措施项目清单计价表

工程名称：某厂房【通风空调工程】　　　　标段

序号	项目编码	项目名称	计算基础	费率（%）	金额（元）	调整费率（%）	调整后金额（元）	备注
1	031302001001	安全文明施工			1002.12			
1.1	①	环境保护	分部分项定额人工费 + 单价措施定额人工费	0.4	29.05			
1.2	②	文明施工	分部分项定额人工费 + 单价措施定额人工费	2.48	180.09			
1.3	③	安全施工	分部分项定额人工费 + 单价措施定额人工费	4.1	297.73			
1.4	④	临时设施	分部分项定额人工费 + 单价措施定额人工费	6.82	495.25			
2	031302002001	夜间施工增加			56.64			
3	031302003001	非夜间施工增加						
4	031302004001	二次搬运			27.59			
5	031302005001	冬雨季施工增加			42.12			
6	031302006001	已完工程及设备保护						
7	031302007001	高层施工增加						
8	031302008001	工程定位复测费			10.17			
9	030704001	通风工程检测、调试			649.40			
合计					1788.04	—	—	—

表 9-76　其他项目清单与计价汇总表

工程名称：某厂房【通风空调工程】　　　　标段：

序　号	项 目 名 称	金额（元）	结算金额（元）	备　注
1	暂列金额	2350.29		
2	暂估价			
2.1	材料（工程设备）暂估价 / 结算价	—		
2.2	专业工程暂估价 / 结算价			
3	计日工	2865.00		
4	总承包服务费			
合计		5215.29		

表9-77　暂列金额明细表

工程名称：某厂房【通风空调工程】　　　　　　　　　　　　　　标段：

序　号	项目名称	计量单位	暂定金额（元）	备　注
1	暂列金额	项	2350.29	
合计			2350.29	

表9-78　计日工表

工程名称：某厂房【通风空调工程】　　　　　　　　　　　　　　标段：

编　号	项目名称	单　位	暂定数量	实际数量	综合单价（元）	合价（元）	
						暂　定	实　际
一	人工						
1	通用安装技工	工日	10		143.25	1432.50	
2	通用安装普工	工日	10		143.25	1432.50	
人工小计						2865.00	
二	材料						
材料小计							
三	施工机械						
施工机械小计							
四、综合费							
总计						2865.00	

表9-79　规费、税金项目计价表

工程名称：某厂房【通风空调工程】　　　　　　　　　　　　　　标段：

序　号	项目名称	计算基础	计算基数	计算费率（%）	金额（元）
1	规费				1089.26
1.1	社会保险费				849.62
（1）	养老保险费	分部分项清单定额人工费＋单价措施项目清单定额人工费	7261.73	7.5	544.63
（2）	失业保险费	分部分项清单定额人工费＋单价措施项目清单定额人工费	7261.67	0.6	43.57
（3）	医疗保险费	分部分项清单定额人工费＋单价措施项目清单定额人工费	7261.85	2.7	196.07
（4）	工伤保险费	分部分项清单定额人工费＋单价措施项目清单定额人工费	7261.43	0.7	50.83

（续）

序　号	项目名称	计算基础	计算基数	计算费率（%）	金额（元）
（5）	生育保险费	分部分项清单定额人工费+单价措施项目清单定额人工费	7260	0.2	14.52
1.2	住房公积金	分部分项清单定额人工费+单价措施项目清单定额人工费	7261.82	3.3	239.64
1.3	工程排污费	按工程所在地环境保护部门收取标准，按实计入			
2	销项增值税额	分部分项工程费+措施项目费+其他项目费+规费+创优质工程奖励补偿费－按规定不计税的工程设备金额	29807.45	11	3278.82
合计					4368.08

参 考 文 献

[1] 住房和城乡建设部标准定额研究所，四川省建设工程造价管理总站．建设工程工程量清单计价规范：GB 50500—2013［S］．北京：中国计划出版社，2013.

[2] 住房和城乡建设部标准定额研究所，四川省建设工程造价管理总站．通用安装工程工程量计算规范：GB 50856—2013［S］．北京：中国计划出版社，2013.

[3] 四川省建设工程造价管理总站．四川省建设工程工程量清单计价定额——通用安装工程（一）~（四）［M］．北京：中国计划出版社，2020.

[4] 管锡珺，夏宪成．安装工程计量与计价［M］．北京：中国电力出版社，2009.

[5] 吴心伦，黎诚．安装工程造价［M］．重庆：重庆大学出版社，1995.

[6] 吴心伦．安装工程计量与计价［M］．重庆：重庆大学出版社，2012.

[7] 苗月季，刘临川．安装工程基础与计价［M］．北京：中国电力出版社，2010.

[8] 苑辉．安装工程工程量清单计价实施指南［M］．北京：中国电力出版社，2009.

[9] 张国栋．一图一算之安装工程造价［M］．北京：机械工业出版社，2010.

[10] 栋梁工作室．给排水、采暖燃气工程概预算手册［M］．北京：中国建筑工业出版社，2004.

[11] 陈妙芳．建筑设备［M］．上海：同济大学出版社，2002.